电梯
——原理·安装·维修

DIANTI YUANLI ANZHUANG WEIXIU

上海市电梯行业协会　编著
上海市电梯培训中心

中国纺织出版社

内 容 提 要

本书全面系统地介绍了电梯及自动扶梯、自动人行道的结构、运行控制原理、安装工艺、调试与维修技术等。以独到的见解深入地解析了当代电梯技术和电梯节能技术的原理与应用。

本书可作为电梯专业教学或培训机构的教科书，也可作为从事电梯或自动扶梯（自动人行道）设计、制造、安装、维修与相关使用、管理人员的参考书。

图书在版编目（CIP）数据

电梯：原理·安装·维修/上海市电梯行业协会，上海市电梯培训中心编著.—北京：中国纺织出版社，2011.11（2021.8重印）
ISBN 978-7-5064-7820-5

Ⅰ.①电… Ⅱ.①上… ②上… Ⅲ.①电梯—安装 ②电梯—维修 Ⅳ.①TU857

中国版本图书馆CIP数据核字（2011）第171757号

策划编辑：朱萍萍　　责任校对：楼旭红
责任设计：李　然　　责任印制：何　艳

中国纺织出版社出版发行
地址：北京市朝阳区百子湾东里A407号楼　邮政编码：100124
销售电话：010—67004422　传真：010—87155801
http://www.c-textilep.com
中国纺织出版社天猫旗舰店
官方微博 http://weibo.com/2119887771
三河市宏盛印务有限公司印刷　各地新华书店经销
2011年11月第1版　2021年8月第7次印刷
开本：787×1092　1/16　印张：22.5
字数：503千字　定价：45.00元

凡购本书，如有缺页、倒页、脱页，由本社图书营销中心调换

前言

三十年前，电梯对大多数人来说还比较陌生，能偶然乘上一回，可以津津乐道好几天；到三十年后的今天，乘电梯已经成为极平常的事情，它已经和我们的生活休戚相关了。作为垂直运输设备，电梯已然成为城市交通中的重要组成部分，为人们的社会活动提供了便捷、迅速、优质的服务。由于电梯是较复杂的机电一体化设备，涉及的专业范围相当广泛，因此对电梯的设计制造、安装维修以及使用管理人员的专业素质有较高的要求。

为积极推动电梯技术的普及、提高与发展，上海市电梯行业协会特邀请多位长期从事电梯技术工作的专家和学者编写了本书。本书对当前最先进的电梯控制技术以及永磁同步无齿轮曳引技术做了较为深入地阐述，并以详尽的实例介绍了电梯节能技术的原理与应用；采用详尽、严谨的设计计算或公式推导的方式进行了叙述和分析。书中对自动扶梯与自动人行道的技术作了较详细的叙述。

本书注重理论与实用相结合，图文并茂，以大量的实物或示意图配合理论上的阐述，为初学者的学习提供了感性认知上的方便。本书每章结尾都作了专门的归纳小结并附有一定数量的思考题，为读者能尽快了解、熟悉、掌握电梯的结构、原理、安装、调试、检验、维护以及运行管理等相关知识提供了方便。

本书共分为十章。第一章为概述，叙述了电梯发展的历史、电梯结构、常用参数、相关的国家标准、术语、电梯的分类、选用等。第二章~第五章较详细地叙述了电梯机械部件、电梯电气控制、电梯电力拖动、电梯安全保护装置等各系统的结构及原理。第六章~第九章对电梯的安装、调试、维修保养与改造、检验技术做了系统叙述。第十章对自动扶梯与自动人行道的结构、原理、安装、调试及验收做了较全面的叙述。

本书的第一章、第十章第二节~第四节由韩志和编写，第二章第一节~第四节由曾晓东编写，第五节~第九节由周仲达编写，第三章、第五章由徐卫玉编写，第四章由朱武标编写，第六章、第九章第一节由赵国先编写，第七章、第八章、第九章第二节由丁毅敏编写，第十章第一节由孙钱华编写。韩志和负责全书的统稿和润色。

上海电梯行业专家和相关领导周国兴、朱昌明、支锡凤、梅水麟、童素平等在对本书的关注及编审中提出了宝贵的意见，在此一并表示诚挚的感谢。

本书难免会有不妥或有待进一步完善之处，恳请读者谅解与批评指正。

编　者

2011 年 9 月

目录

第一章　概述 ………………………………………………………………（001）
　第一节　电梯发展简史 …………………………………………………（001）
　　一、国际电梯技术的发展 ……………………………………………（001）
　　二、中国电梯工业的发展历程 ………………………………………（002）
　　三、电梯发展趋势 ……………………………………………………（002）
　第二节　电梯总体结构 …………………………………………………（003）
　　一、电梯的定义 ………………………………………………………（003）
　　二、电梯结构图 ………………………………………………………（003）
　　三、电梯主要部件的作用及分布 ……………………………………（004）
　第三节　电梯的基本功能 ………………………………………………（014）
　　一、标准功能的要求 …………………………………………………（014）
　　二、特殊功能的要求 …………………………………………………（015）
　　三、功能的实现 ………………………………………………………（016）
　　四、基本性能要求 ……………………………………………………（017）
　第四节　电梯正常运行条件及现行规范 ………………………………（019）
　　一、运行条件 …………………………………………………………（019）
　　二、现行国家规范 ……………………………………………………（020）
　第五节　常用参数和术语 ………………………………………………（020）
　　一、常用参数 …………………………………………………………（020）
　　二、常用术语 …………………………………………………………（023）
　第六节　电梯的分类 ……………………………………………………（027）
　　一、按用途分类 ………………………………………………………（027）
　　二、按速度分类 ………………………………………………………（028）
　　三、按拖动方式分类 …………………………………………………（028）
　　四、按控制方式分类 …………………………………………………（028）
　第七节　其他电梯 ………………………………………………………（029）
　　一、无障碍电梯 ………………………………………………………（029）
　　二、防爆电梯 …………………………………………………………（030）
　　三、船用电梯 …………………………………………………………（031）
　　四、液压电梯 …………………………………………………………（031）
　第八节　电梯的配置、布置与选择 ……………………………………（031）
　　一、电梯的配置 ………………………………………………………（031）

二、电梯的布置 ··· (032)
三、电梯的选择 ··· (032)
本章小结 ··· (033)
思考题 ··· (033)

第二章　电梯机械部件 ··· (034)
第一节　曳引机 ·· (034)
　　一、曳引机的分类 ··· (035)
　　二、曳引机的构造 ··· (035)
　　三、曳引能力 ··· (039)
　　四、常用曳引机的基本评价 ·· (040)
　　五、曳引机驱动的一般问题 ·· (042)
第二节　轿厢 ·· (052)
　　一、轿厢架 ·· (052)
　　二、轿厢体 ·· (053)
　　三、称量装置 ··· (055)
　　四、轿厢内装置 ·· (057)
　　五、轿厢的面积限制 ·· (057)
第三节　导轨、导靴与对重 ··· (057)
　　一、导轨 ··· (057)
　　二、导靴 ··· (058)
　　三、对重和平衡重 ·· (060)
第四节　层门、门锁、轿门和门机 ··· (061)
　　一、门的主要类型 ·· (062)
　　二、门的结构形式 ·· (063)
　　三、门的传动装置 ·· (064)
　　四、门的联动机构 ·· (066)
　　五、门锁 ··· (067)
　　六、门入口保护装置 ··· (068)
第五节　限速器、安全钳和轿厢上行超速保护装置 ··························· (070)
　　一、定义及其动作过程 ·· (070)
　　二、限速器 ··· (071)
　　三、安全钳 ··· (076)
　　四、轿厢上行超速保护装置 ··· (080)
第六节　缓冲器 ·· (082)
　　一、缓冲器的类别和性能要求 ·· (082)
　　二、缓冲器的结构 ··· (084)

三、缓冲器的技术参数 …………………………………………………（085）
第七节　电梯用钢丝绳及端接装置 ………………………………………（085）
　　一、电梯用钢丝绳 ……………………………………………………（085）
　　二、新型的复合钢带 …………………………………………………（091）
　　三、电梯用钢丝绳的选择与计算 ……………………………………（091）
　　四、电梯用钢丝绳的报废指标 ………………………………………（094）
　　五、钢丝绳端接装置 …………………………………………………（094）
第八节　绕绳方式及包角 …………………………………………………（097）
　　一、绕绳方式 …………………………………………………………（097）
　　二、包角 ………………………………………………………………（098）
第九节　补偿装置 …………………………………………………………（099）
　　一、补偿装置的形式 …………………………………………………（099）
　　二、补偿重量的计算 …………………………………………………（100）
本章小结 ……………………………………………………………………（103）
思考题 ………………………………………………………………………（105）

第三章　电梯电气控制系统 …………………………………………（107）
第一节　电梯控制技术概述 ………………………………………………（107）
　　一、可编程控制器的主要特点 ………………………………………（108）
　　二、可编程控制器的结构 ……………………………………………（109）
第二节　电梯控制系统概述 ………………………………………………（110）
　　一、电梯电气控制系统组成 …………………………………………（110）
　　二、电梯控制系统工作原理 …………………………………………（111）
　　三、电梯工作过程 ……………………………………………………（111）
第三节　电梯控制原理 ……………………………………………………（112）
　　一、电梯的运行条件 …………………………………………………（112）
　　二、选层器 ……………………………………………………………（114）
　　三、启动运行、减速、平层 …………………………………………（117）
　　四、自动定向 …………………………………………………………（120）
　　五、召唤运行、单梯控制和群控、信号指示 ………………………（121）
　　六、开关门控制 ………………………………………………………（125）
　　七、检修运行和紧急操作装置 ………………………………………（130）
　　八、消防控制 …………………………………………………………（131）
　　九、多方通话及紧急报警 ……………………………………………（133）
　　十、照明控制 …………………………………………………………（134）
　　十一、门禁控制 ………………………………………………………（135）
　　十二、监控 ……………………………………………………………（136）

  本章小结 …………………………………………………………………………… (138)
  思考题 ……………………………………………………………………………… (138)

第四章　电梯电力拖动基础 ………………………………………………………… (139)
第一节　电机学基础 ………………………………………………………………… (139)
  一、电机的种类 …………………………………………………………………… (139)
  二、电梯用电动机的容量选择 …………………………………………………… (153)
第二节　电梯电力拖动系统的发展 ………………………………………………… (154)
  一、电梯交流调速技术的发展 …………………………………………………… (154)
  二、电梯曳引技术的发展 ………………………………………………………… (157)
第三节　电梯对电力拖动系统的要求与交流变频调速 …………………………… (157)
  一、变频调速原理 ………………………………………………………………… (158)
  二、电梯变频调速的实现 ………………………………………………………… (161)
  三、正弦波脉宽调制原理 ………………………………………………………… (163)
  四、非能量回馈型变压变频调速系统 …………………………………………… (166)
  五、能量回馈型变压变频调速系统 ……………………………………………… (167)
第四节　电梯用变频器的菜单与参数 ……………………………………………… (169)
  一、基本参数设置 ………………………………………………………………… (169)
  二、影响运行质量的参数 ………………………………………………………… (172)
  三、速度参数的设置 ……………………………………………………………… (173)
第五节　变频器的外围电路 ………………………………………………………… (173)
  一、通用变频器的主要接口 ……………………………………………………… (173)
  二、变频器接口的实例 …………………………………………………………… (174)
第六节　电梯的节能技术与能效评价 ……………………………………………… (175)
  一、电梯的节能技术 ……………………………………………………………… (175)
  二、电梯的能效评价 ……………………………………………………………… (176)
  本章小结 …………………………………………………………………………… (181)
  思考题 ……………………………………………………………………………… (181)

第五章　电梯安全保护装置 ………………………………………………………… (182)
第一节　电梯安全保护装置概述 …………………………………………………… (182)
第二节　电梯安全保护装置的作用 ………………………………………………… (183)
  一、防止被挤压、撞击、坠落、剪切 …………………………………………… (183)
  二、防止轿厢超速 ………………………………………………………………… (184)
  三、防止超越行程保护 …………………………………………………………… (186)
  四、防止超载运行 ………………………………………………………………… (186)
  五、防止人员被困于轿厢或井道 ………………………………………………… (186)

六、防止人员被电梯运动部件的伤害 ……………………………………（188）
　　七、防止轿厢意外移动对人员的伤害 ……………………………………（188）
　　八、电气安全保护 …………………………………………………………（189）
本章小结 ………………………………………………………………………（192）
思考题 …………………………………………………………………………（192）

第六章　电梯安装工艺 ……………………………………………………（193）
第一节　电梯安装的前期工作 ………………………………………………（193）
　　一、现场土建勘察 …………………………………………………………（193）
　　二、制定工程施工方案及进度计划 ………………………………………（193）
　　三、施工前的技术交底及安全培训 ………………………………………（196）
　　四、资料、工具及防护用品 ………………………………………………（197）
　　五、开箱清点、部件安放 …………………………………………………（199）
　　六、脚手架及安全设施 ……………………………………………………（199）
第二节　样板架及放样 ………………………………………………………（201）
　　一、样板架的制作 …………………………………………………………（201）
　　二、样板架及架设 …………………………………………………………（202）
　　三、挂放铅垂线及放样 ……………………………………………………（202）
第三节　机房内设备安装 ……………………………………………………（202）
　　一、曳引机承重梁的架设 …………………………………………………（202）
　　二、曳引机的安装 …………………………………………………………（203）
　　三、限速器及张紧装置的安装 ……………………………………………（203）
　　四、机房控制屏的安装 ……………………………………………………（203）
第四节　井道内部件安装 ……………………………………………………（204）
　　一、导轨的安装 ……………………………………………………………（204）
　　二、轿厢与对重的安装 ……………………………………………………（205）
　　三、缓冲器的安装 …………………………………………………………（206）
　　四、补偿装置的安装 ………………………………………………………（206）
　　五、曳引钢丝绳的安装 ……………………………………………………（206）
　　六、电气装置的安装 ………………………………………………………（207）
　　七、其他 ……………………………………………………………………（208）
第五节　层门安装 ……………………………………………………………（209）
　　一、层门地坎及门套安装 …………………………………………………（209）
　　二、层门门扇安装 …………………………………………………………（209）
　　三、层门门锁安装 …………………………………………………………（209）
本章小结 ………………………………………………………………………（209）
思考题 …………………………………………………………………………（210）

第七章　电梯的调试 (211)

第一节　调试前工作环境的检查 (211)
一、机房部位 (211)
二、轿厢与轿顶 (211)
三、井道与对重 (212)
四、底坑与轿底 (212)

第二节　慢车调试 (212)
一、通电前的检查 (213)
二、通电检查 (217)
三、基本参数设定 (217)
四、机房检修操作（紧急电动运行） (218)
五、轿顶检修操作 (219)
六、井道部件检查与调整 (219)
七、轿厢位置及部件检查与调整 (220)
八、层门的检查与调整 (222)
九、端站保护装置的检查与调整 (223)
十、底坑及轿厢底部的检查与调整 (224)
十一、自动门机系统的检查与调整 (224)
十二、轿厢称量装置的检查与调整 (225)
十三、轿厢及层外指令与显示系统的检查 (227)

第三节　快车调试 (228)
一、准备工作 (228)
二、快车运行的检查与测试 (230)
三、电梯调试基本参数记录 (231)
四、施工现场易被静电放电损坏的设备（ESD）的处理 (236)

本章小结 (236)
思考题 (236)

第八章　电梯的维修保养与改造技术 (237)

第一节　维护保养概述 (237)
一、电梯维护保养的意义 (237)
二、电梯维护保养的基本要素 (237)
三、维修保养作业的安全操作规程 (238)

第二节　维护保养技术 (243)
一、机房（井道顶部）设施的维护与保养 (243)
二、层门与轿门系统的维护与保养 (245)
三、悬挂系统的维护与保养 (248)

四、导轨的维护与保养 ……………………………………………………………… (252)
　　五、导靴的维护与保养 ……………………………………………………………… (252)
　　六、对重(平衡重)装置的维护与保养 …………………………………………… (254)
　　七、限速器的维护与保养 …………………………………………………………… (254)
　　八、轿厢上行超速保护装置的维护与保养 ……………………………………… (255)
　　九、端站保护装置的维护与保养 ………………………………………………… (256)
　　十、电梯井道信息采集系统的维护与保养 ……………………………………… (257)
　　十一、轿厢称量装置的维护与保养 ……………………………………………… (257)
　　十二、底坑部位设备设施的维护与保养 ………………………………………… (257)
　　十三、轿厢内及层外设施的维护与保养 ………………………………………… (258)
　第三节　电梯日常维护保养项目(内容)和要求 …………………………………… (259)
　　一、电梯每半月的维护保养项目(内容)与要求 ………………………………… (259)
　　二、电梯每季度的维护保养项目(内容)与要求 ………………………………… (260)
　　三、电梯半年的维护保养项目(内容)与要求 …………………………………… (261)
　　四、电梯年度的维护保养项目(内容)与要求 …………………………………… (262)
　第四节　电梯改造、重大维修与维护保养的区分 ………………………………… (263)
　　一、电梯的改造 ……………………………………………………………………… (263)
　　二、电梯的重大维修 ………………………………………………………………… (263)
　　三、电梯的普通维修 ………………………………………………………………… (264)
　　四、电梯的维护保养 ………………………………………………………………… (264)
　第五节　电梯的改造设计 ……………………………………………………………… (264)
　　一、电梯改造方案设计程序框图 ………………………………………………… (264)
　　二、改造电梯现场勘查 ……………………………………………………………… (265)
　　三、电梯改造项目的确定 …………………………………………………………… (265)
　　四、改造技术中通常部件的更新与维修后再利用 ……………………………… (265)
　　五、改造项目的设计和开发 ………………………………………………………… (267)
　第六节　电梯常见故障分析 …………………………………………………………… (269)
　　一、机械系统的故障 ………………………………………………………………… (269)
　　二、电气系统的故障 ………………………………………………………………… (269)
　本章小结 ……………………………………………………………………………………… (270)
　思考题 ………………………………………………………………………………………… (270)

第九章　电梯的检验 …………………………………………………………………… (271)
　第一节　检验的依据与分类 …………………………………………………………… (271)
　　一、检验的依据 ……………………………………………………………………… (271)
　　二、电梯的检验分类 ………………………………………………………………… (271)
　　三、电梯检验现场的条件 …………………………………………………………… (271)

第二节　检验的内容 ………………………………………………………… (272)
　　一、电梯安装自检 …………………………………………………………… (272)
　　二、电梯监督检验 …………………………………………………………… (281)
　　三、电梯定期检验 …………………………………………………………… (282)
本章小结 ………………………………………………………………………… (283)
思考题 …………………………………………………………………………… (283)

第十章　自动扶梯与自动人行道 ………………………………………… (284)
第一节　自动扶梯 ……………………………………………………………… (284)
　　一、自动扶梯的分类 ………………………………………………………… (284)
　　二、主要参数 ………………………………………………………………… (284)
　　三、结构及工作原理 ………………………………………………………… (285)
第二节　自动人行道 …………………………………………………………… (313)
　　一、基本构造 ………………………………………………………………… (313)
　　二、主要参数 ………………………………………………………………… (314)
第三节　自动扶梯安装技术 …………………………………………………… (316)
　　一、安装准备与吊装 ………………………………………………………… (316)
　　二、自动扶梯的安装 ………………………………………………………… (319)
　　三、自动扶梯整机调试 ……………………………………………………… (323)
第四节　自动扶梯的验收 ……………………………………………………… (324)
　　一、资料准备 ………………………………………………………………… (325)
　　二、验收项目 ………………………………………………………………… (325)
　　三、安全间隙的检测 ………………………………………………………… (326)
　　四、其他项目的检测 ………………………………………………………… (326)
本章小结 ………………………………………………………………………… (327)
思考题 …………………………………………………………………………… (327)

参考文献 ……………………………………………………………………… (328)

附录 …………………………………………………………………………… (329)
附录A　曳引力计算 …………………………………………………………… (329)
附录B　导轨应力计算实例 …………………………………………………… (341)

■第一章 概述

第一节 电梯发展简史

一、国际电梯技术的发展

电梯的起源可以追溯到一百多年前。1854年，在美国纽约举办的第二届世界博览会上，美国工程师伊莱沙·格雷夫斯·奥的斯向世人展示了他的发明。奥的斯站在装满货物的升降机平台上，助手将平台拉升到观众都能看到的高度。然后他发出信号，当助手用利斧砍断了升降机的提拉缆绳时，奇迹发生了，升降机并没有坠毁，而是安然无恙地被牢牢地锁定在半空中。当奥的斯站在升降机平台上向周围观看的人们挥手致意时，预示着人类历史上第一部具有安全保护功能的升降机诞生了。至此，人类垂直交通运输工具的雏形已经初露端倪。

人类利用升降工具解决垂直运输问题的历史非常悠久，曾经出现过以人力为动力、以牲畜为动力、以蒸汽为动力、以水压为动力的升降工具。但安全问题始终没有得到解决，即用于提拉负载平台的缆绳万一发生断裂时，就必然发生坠毁事故。因此，奥的斯发明的升降机安全装置在解决垂直运输的安全保障技术领域具有革命性、里程碑的重大意义，为此后电梯技术的发展奠定了基础，开创了先河。

1889年，美国奥的斯电梯公司首先将以直流电动机为动力的电梯安装在纽约德玛利斯大厦，成为名副其实的电梯。

1900年，以交流感应电动机拖动的电梯问世。由于交流电动机结构简单、造价低而得到了迅速发展。

1900年，在奥的斯电梯公司诞生了第一台自动扶梯。

1903年，美国出现了曳引式无齿轮高速电梯，改写了卷筒式传动方式的历史，并一直沿用至今。

自1915年起，伴随着机械制造业的不断进步，电力电子技术的发展，以及自动控制、拖动技术、微型计算机被逐步应用于电梯技术领域，世界电梯技术得到不断改进与突破。电梯控制技术从早期的人工手动停层、自动平层控制、信号控制，发展到现在的集选控制、并联、群控、智能控制。

早期的电梯拖动技术一直沿袭的是直流电动机调速、交流电动机变极调速、变压调速，自1984年日本三菱电机公司在世界上首先推出电梯变压变频调速技术（VVVF）起，传统的直流调速、交流变压调速技术成为历史。直流电梯因高耗能、高造价、高噪音、维护成本高等诸多因素被淘汰。至此，变压变频调速技术完全颠覆了直流电梯占据的高速电梯世袭领地。

交流曳引电动机也从传统的异步机发展到永磁同步电动机，以高效、节能的显著特点正广泛地运用在电梯曳引机上。

二、中国电梯工业的发展历程

我国电梯工业的发展大致经历了三个时期。

(1)1900～1949 年，属于初级时期，国内尚没有电梯制造工业，主要由国内的电梯工程技术以及安装维保人员对进口电梯进行安装与维护保养。

(2)1950～1979 年，属于独立自主、艰苦研制与制造时期。新中国成立初期，我国的电梯制造业尚处于萌芽状态。1951 年，第一台由我国工程技术人员自己设计制造的电梯诞生，电梯载重量为 1000kg，速度为 0.7m/s，交流单速、全手动控制。这台电梯安装在北京天安门城楼内。此举为我国电梯制造领域填补了空白，在中国电梯发展史上具有划时代的意义，至此掀开了国内电梯制造业崭新的一页。

(3)1980 年至今，是中国电梯行业突飞猛进的时期。自改革开放以来，合资、独资、民营等电梯整机、部件制造企业如雨后春笋般高速发展起来。到目前为止，我国已成为全球最大的电梯生产基地，占有 50% 以上的份额。

国外先进技术的快速引入、消化极大地促进了国内电梯技术的发展。自 20 世纪 80 年代初起，电子器件在国内电梯工业开始得到广泛应用，大量的无触点半导体逻辑控制技术开始用于电梯控制，电子开关取代了传统的继电器触点，控制系统迅速趋向电子化和模块化。结构的简化和稳定性的提高明显降低了故障率，同时给日常维护带来了诸多便利。

20 世纪 80 年代初，微机控制系统在电梯上的应用技术逐步由国外引进和普及，从早期的 1 位微机发展到 32 位、64 位机，彻底淘汰了继电控制系统。

1987 年，变压变频调速技术(VVVF)引入了国内电梯交流拖动技术领域，具有里程碑的意义。

2000 年，永磁同步无齿轮曳引机开始进入国内市场，并成为今后发展的趋势。这是继交流异步电动机变压变频调速技术之后，电梯行业又一次重大的技术进步。由于具有高效节能、结构简单、低噪声、无污染等优点，因此具有广阔的发展前景。中国电梯工业正在力争与国际先进电梯技术的发展保持同步。

三、电梯发展趋势

(一)电梯控制系统的集成化

电梯自动控制系统已经成为计算机技术应用领域中具有相当活力的一个分支。为适应对系统的安全性、可靠性和功能实现灵活性的高要求需要，发展起来的系统是以微型计算机为核心。这种系统是将 4C 技术，即计算机技术(COMPUTER)、自动控制技术(CONTROL)、通信技术(COMMUNICATION)及转换技术(CHANGE)整合成高度关联、融合的体系。它在适应范围、可扩展性、可维护性、系统工作稳定性等诸多方面较以往控制系统具有明显的优越性,并已成为推动电梯控制技术发展的基石。

(二)电梯速度趋于超高速化

随着摩天楼的群起,对电梯的运行速度不断提出挑战,同时也促进了电梯技术的发展。目前世界上电梯的最高速度已达到17m/s,更有18m/s的电梯将要运行在600多米高的"上海中心大厦"内。可以预期,随着多用途、全功能的超高层建筑的发展,超高速电梯必定继续成为研发的方向。超大容量曳引电动机、高性能的微处理器、减振、噪声抑制技术、轿内自动调压系统、适用于超高速电梯的安全部件等技术都将会积极地推进。

(三)绿色电梯的普及呈必然趋势

节能、环保材料在电梯零部件上的应用已经初露端倪。永磁同步无齿轮曳引机、能量回馈装置正在迅速提高整机配套率。非金属材料制作的轿壁、导向轮、曳引轮已经投入应用。电梯悬挂系统以扁平复合曳引钢带取代了传统曳引钢丝绳。以非金属材料制成的曳引绳取代钢丝绳更具有革命性。此外,采用直线电机驱动的电梯也有较大研究空间。两台电梯共用同一井道的双子电梯已经开始运行。

电梯群控系统更趋于智能化。如基于专家系统、模糊逻辑的群控系统能适应电梯交通的不确定性、控制目标的多样化、非线性表现等动态特性。随着智能建筑的发展,电梯的智能群控系统能与大楼所有的自动化服务设备结合成整体智能系统。

第二节　电梯总体结构

一、电梯的定义

GB/T 7024—2008《电梯、自动扶梯、自动人行道术语》中规定电梯的定义为:服务于建筑物内若干特定的楼层,其轿厢运行在至少两列垂直于水平面或与铅垂线倾斜角小于15°的刚性导轨运动的永久运输设备。

二、电梯结构图

通常见到最多的电梯是上机房电梯,其在井道的上方建造了专门为安置电梯曳引机(主机)和电气控制屏等部件的房间,称之为机房。电梯的总体结构如图1-1所示。此外,在特殊情况下,也可将机房设置在井道底部(其他层)旁侧,称为下机房电梯。无机房电梯是将曳引机等安装在井道内部,省去了传统的电梯专用机房,曳引机既可以设置在井道上部,也可以设置在井道下部,如图1-2所示。

图1-3所示是一般电梯的主要部件组成示意图,从图中可以看出一部完整电梯部件组成的大致情况。

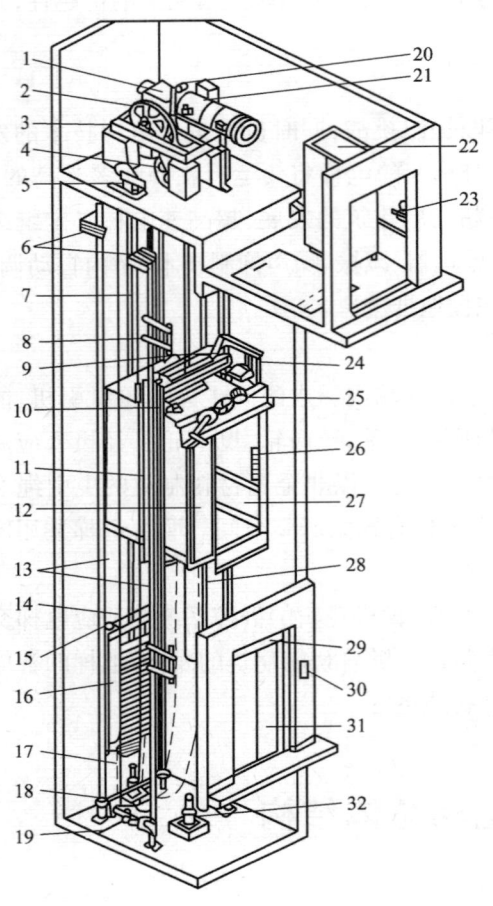
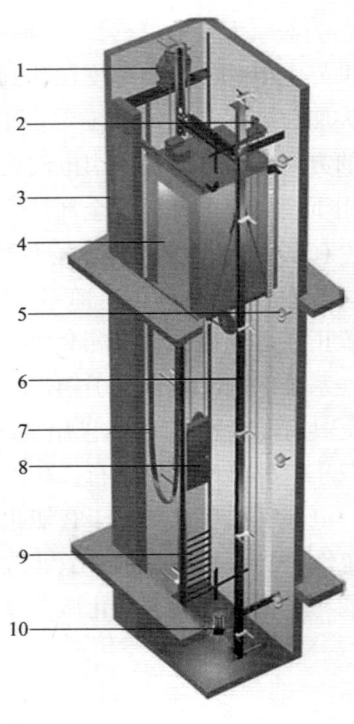

图 1-1　电梯基本结构

1—蜗轮蜗杆减速箱　2—曳引轮　3—曳引机底座　4—导向轮
5—限速器　6—导轨支架　7—曳引钢丝绳　8—限位开关终端打板
9—轿厢导靴　10—限位开关　11—轿厢架　12—轿厢门　13—导轨
14—限速器钢丝绳　15—对重导靴　16—对重　17—补偿链条
18—补偿链条导向装置　19—限速器张紧装置　20—电磁制动器
21—交流曳引电机　22—控制柜　23—供电装置　24—井道传感器
25—开门机　26—轿内操纵盘　27—轿壁　28—随行电缆
29—层门位置显示装置　30—召唤盒　31—层门　32—液压缓冲器

图 1-2　无机房电梯基本结构

1—曳引机　2—限速器
3—控制柜　4—轿厢
5—井道照明　6—轿厢导轨
7—随行电缆　8—对重装置
9—对重护栏　10—缓冲器

三、电梯主要部件的作用及分布

(一)机房

1.曳引机　曳引机包括电动机、制动器和曳引轮在内的靠曳引绳和曳引轮槽摩擦力驱动或停止电梯的装置。曳引机分为无齿轮曳引机和有齿轮曳引机,如图 1-4 所示。有齿轮曳引机是指电动机通过减速齿轮箱驱动曳引轮的曳引机。无齿轮曳引机是指电动机直接驱动曳引轮

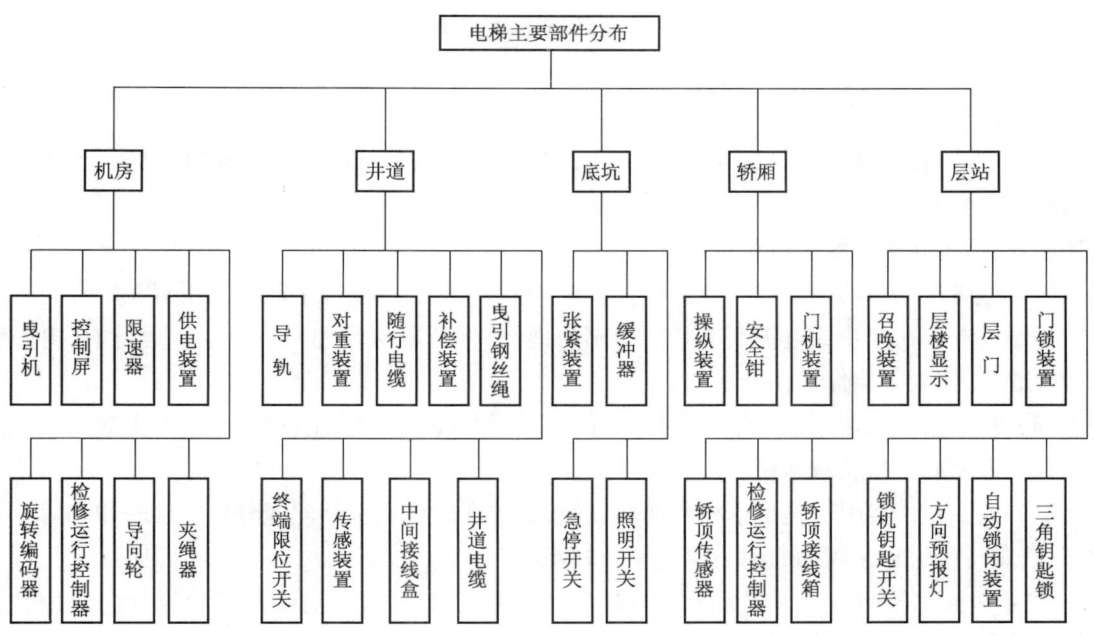

图1-3　电梯主要部件的分布

(a) 无齿轮曳引机

(b) 有齿轮曳引机

图1-4　曳引机

的曳引机。若是下机房电梯,曳引机安装在井道下部旁侧;若是无机房电梯,曳引机安装在井道上部或下部。

曳引机包括以下主要部件:

(1) 电动机。电梯曳引机上配置的电动机分为交流电动机与直流电动机。交流电梯使用专用的三相交流异步电动机或永磁同步电动机,直流电梯使用专用的直流电动机。直流电梯由于耗能大、造价高等因素已被逐步淘汰。

(2) 电磁制动器。电磁制动器是一种机电一体化装置,在电梯上通常采用双瓦块常闭式电磁制动器。电梯在停止或电源断电状态下制动抱闸,保证电梯轿厢不再移动。运行时,电磁线圈持续通电,使制动器保持松开状态。

(3) 减速箱。减速箱仅用于有齿轮电梯。蜗轮蜗杆减速箱使用较普遍,也有少数曳引机配置了行星齿轮或斜齿轮减速箱。

(4) 曳引轮。曳引轮是曳引机上的驱动轮,常称绳轮。曳引钢丝绳分别连接轿厢和对重装置,并依靠与曳引轮槽间的摩擦力驱动轿厢升降。

2. 导向轮 导向轮是为增大轿厢与对重之间的距离,使曳引绳经曳引轮再导向对重装置一侧而设置的绳轮,确保轿厢悬挂中心和对重悬挂中心间的距离。

3. 复绕轮 为增大曳引绳对曳引轮的包角,将曳引绳绕出曳引轮后经绳轮再次绕入曳引轮,这种兼有导向作用的绳轮即为复绕轮。

4. 限速器 限速器是指当电梯的运行速度超过额定速度时,其动作能切断电气安全回路并进一步导致安全钳或上行超速保护装置起作用,使电梯减速直到停止的自动安全装置,如图1-5所示。无机房电梯的限速器安装在井道上部曳引机的附近。

图1-5 限速器

5. 控制屏(柜) 控制屏是指有独立的支架,支架上有金属绝缘底板或横梁,各种电子器件和电器元件安装在底板或横梁上的一种屏式电控设备,如图1-6所示。控制柜是指各种电子器件和电器元件安装在一个有防护作用的柜形结构内的电控设备。无机房电梯的控制屏(柜)一般安装在上端站等处,也有安装在井道内的情况。

6. 配电箱 配电箱包括总电源开关、照明开关、熔断器、接地、接零装置等,如图1-7所示。无机房电梯的配电箱一般设置在控制屏(柜)内。

7. 夹绳器 夹绳器是一种轿厢上行超速保护装置,如图1-8所示。当轿厢上行超速时,通过夹紧机构夹持曳引钢丝绳,使电梯迅速减速。

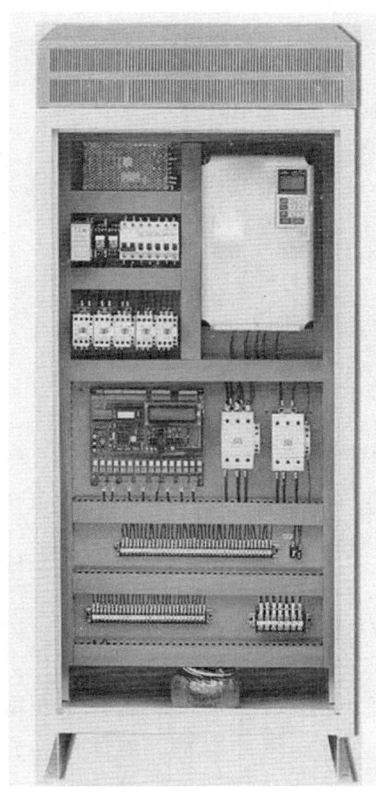

图 1-7 配电箱

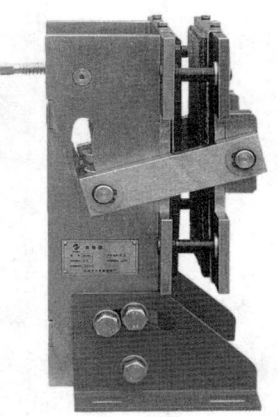

图 1-6 控制屏　　　　　　　　　图 1-8 夹绳器

(二) 井道

1. 导轨　导轨是供轿厢和对重运行的导向部件,如图 1-9 所示。

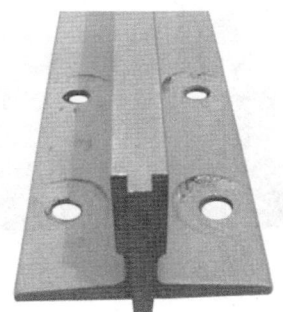
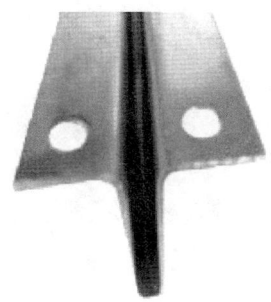

(a) T 形导轨　　　　　　　(b) U 形(空心)导轨

图 1-9 导轨

2. 轿厢　轿厢是电梯中用于运载乘客或其他载荷的箱形装置,如图 1-10 所示。

3. 对重装置　对重装置由曳引钢丝绳经曳引轮与轿厢连接,是在电梯运行过程中起重量平衡作用、保持曳引能力的装置,如图 1-11 所示。

图 1-10　轿厢 　　　　　　　　　图 1-11　对重装置

4. 缓冲器　若因故障而使轿厢的运行超过上(下)极限位置时,缓冲器是用以吸收轿厢或对重动能的一种缓冲安全装置。缓冲器安装在井道底坑底面上。液压缓冲器是以液体作为介质吸收轿厢或对重动能的一种耗能型缓冲器;弹簧缓冲器是以弹簧变形来吸收动能的一种蓄能型缓冲器;聚氨酯缓冲器是以非线性变形材料来吸收动能的一种蓄能型缓冲器,如图 1-12 所示。

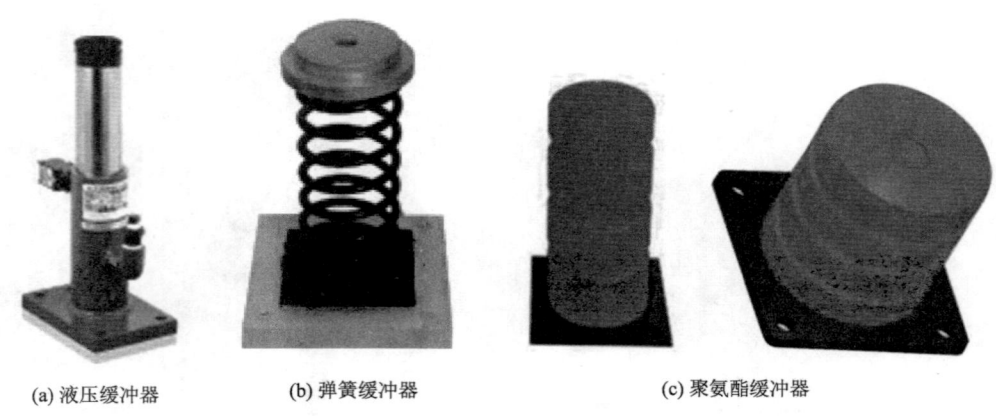

(a) 液压缓冲器　　　　(b) 弹簧缓冲器　　　　(c) 聚氨酯缓冲器

图 1-12　缓冲器

5. 极限开关　当轿厢运行超越端站位置时,在轿厢或对重接触缓冲器前,极限开关将被挡

板(撞弓)触及,其触点断开后切断控制电路,使电梯紧急停止运行,如图1-13所示。极限开关的安装位置有轿厢顶或井道两个端站附近两种情况。

图1-13　极限开关

6. 平层感应器　平层感应器安装在轿厢顶上,与之配合作用的遮光板(隔磁板)安装在井道平层区内。其作用是在到达层站时发出门区信号,使轿厢达到平层准确度的要求,如图1-14所示。

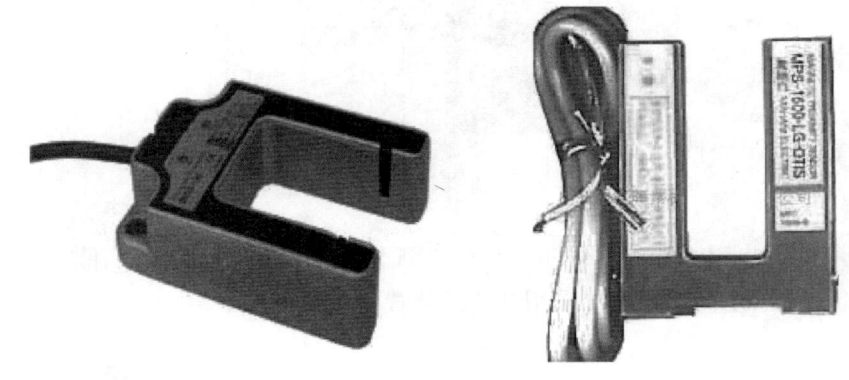

图1-14　平层感应器

图1-15　随行电缆

7. 随行电缆　随行电缆是连接于轿厢底部与井道固定点之间的柔性电缆,主要用于轿厢与控制屏(柜)之间的信号传输,如图1-15所示。

8. 曳引钢丝绳　曳引钢丝绳是连接轿厢和对重装置,并靠与曳引轮槽的摩擦力驱动轿厢升降的专用钢丝绳,如图1-16所示。

9. 扁平复合曳引钢带　扁平复合曳引钢带是指聚氨酯等弹性体包裹多股钢丝形成的扁平状曳引轿厢用的带子,如图1-17所示。

10. 曳引绳补偿装置　曳引绳补偿装置是用

图 1-16　曳引钢丝绳

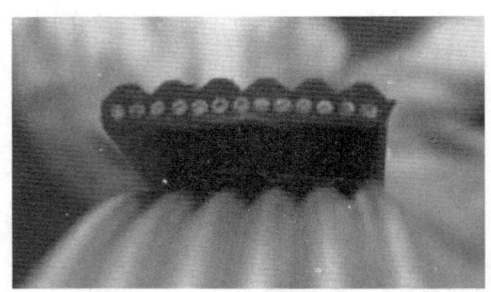

图 1-17　扁平复合曳引钢带

来补偿电梯运行时因曳引绳造成的轿厢或对重两侧重量不平衡的部件。中、低速电梯采用补偿链装置，如图 1-18 所示。高速电梯采用补偿绳装置。

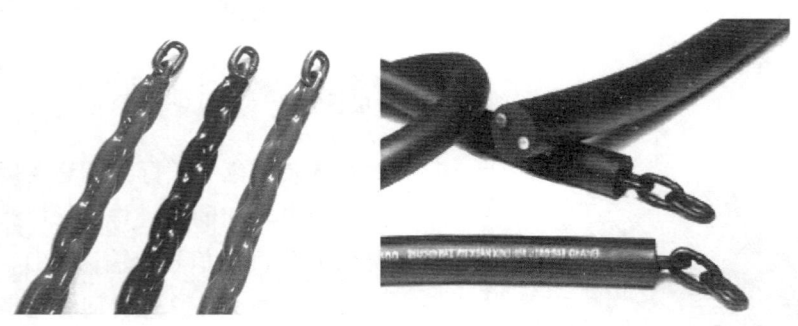

图 1-18　补偿链

（三）轿厢

1. 自动门机　自动门机是使轿门和层门开启或关闭的装置，由交流或直流电动机以及传动机构组成，如图 1-19 所示。自动门机装置安装在轿厢顶的前部。

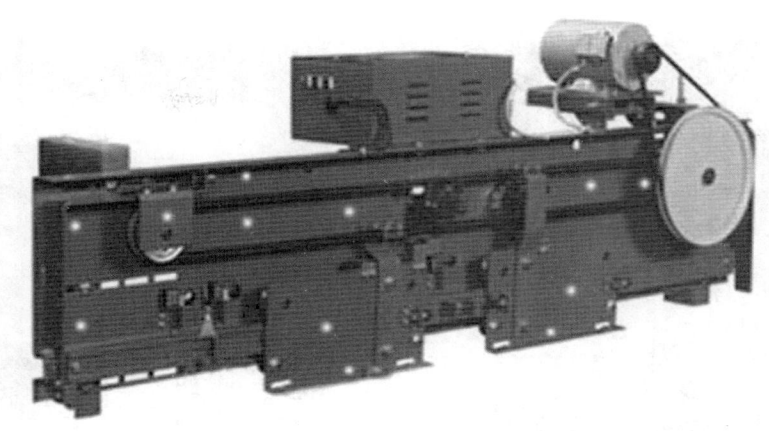

图 1-19 自动门机

2. 操纵箱 操纵箱是用开关、按钮操纵轿厢运行的电气装置,其面板如图 1-20 所示。操纵箱通常安装在轿厢前壁上。

3. 轿厢位置显示装置 轿厢位置显示装置是用于显示轿厢运行位置和方向的装置,其面板如图 1-21 所示。轿厢位置显示装置通常安装在轿厢门旁侧。

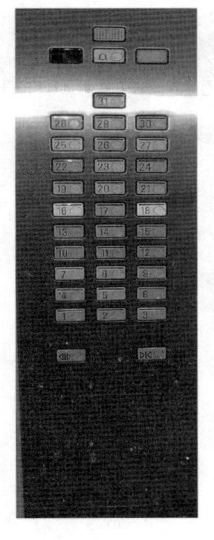  

图 1-20 操纵箱面板　　　　图 1-21 轿内显示面板

4. 安全触板或红外线光幕 在轿门关闭过程中,当有乘客或障碍物触及安全触板或遮住光线时,安全触板或红外线光幕随即发出信号,使轿门立刻停止关闭并反向开启。安全触板或红外线光幕设置在轿厢门上,如图 1-22 和图 1-23 所示。

5. 称量装置 称量装置是指能检测轿厢内载荷值,并发出信号的装置,如图 1-24 所示。称量装置通常设置在轿厢底部或钢丝绳端接装置上。

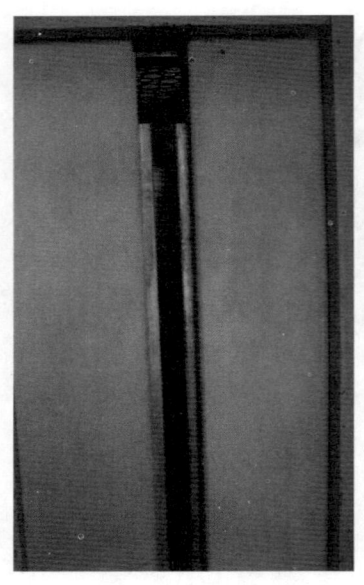
图 1-22 安全触板

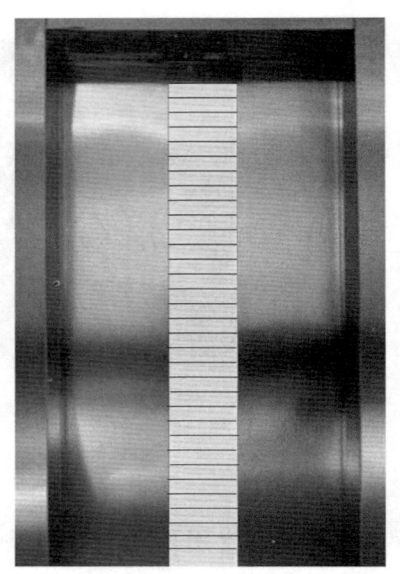
图 1-23 红外线光幕

图 1-24 称量装置

6. 轿门 轿门是指设置在轿厢入口的全封闭门。

7. 安全钳 安全钳是指限速器动作时,使轿厢或对重停止运行保持静止状态,并能夹紧在导轨上的一种机械安全装置,如图 1-25 所示。安全钳设置在轿厢底部。

8. 导靴 导靴是指设置在轿厢架和对重装置上,使轿厢和对重装置沿着导轨运行的装置。分为滑动导靴与滚轮导靴两种形式,如图 1-26 所示。

(四)层站

1. 层门(厅门) 层门(厅门)是指设置在层站入口的全封闭门。

2. 门锁装置 门锁装置是指轿门与层门关闭后锁紧,同时接通控制回路,轿厢方可运行的机电联锁安全装置,如图 1-27 所示。门锁装置设置在层门内侧上部。

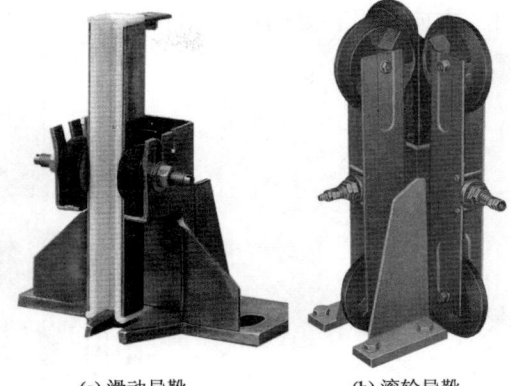

(a) 滑动导靴　　　　(b) 滚轮导靴

图 1-25　安全钳　　　　　　　　　　　图 1-26　导靴

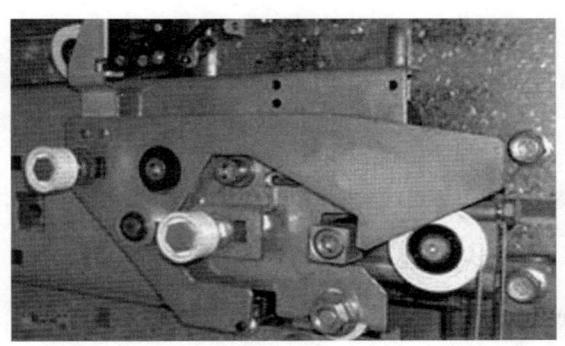

图 1-27　门锁装置

3. 层楼位置显示装置　层楼位置显示装置是指设置在层门上方或一侧,用于以显示轿厢运行位置和方向的装置,如图 1-28 所示。

4. 召唤盒(呼梯盒)　召唤盒(呼梯盒)是指设置在层站门一侧,召唤轿厢停靠在呼梯层站的装置,其面板如图 1-29 所示。

图 1-28　层楼位置显示装置　　　图 1-29　召唤盒面板

5. 到站钟与方向预报装置 到站钟是一种当轿厢将到达选定楼层时提醒乘客电梯到站的音响装置。方向预报装置用以显示轿厢下次将要运行的方向。设置在层门上方或一侧,如图1-30所示。

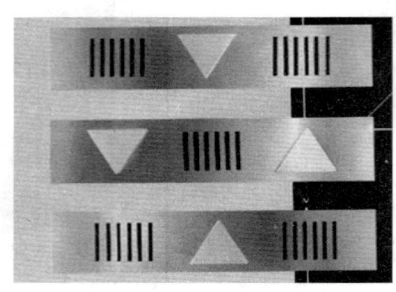

图1-30 到站钟与方向预报装置

第三节 电梯的基本功能

电梯的功能包括国家规范规定的功能和用户根据自己的实际需要,向制造厂提出的额外配置的功能。

一、标准功能的要求

电梯的标准功能是指用户不需要每项指明,制造厂根据国家相关规范的要求对产品必须配置的功能,如轿内选层(指令)按钮,层站(厅外)召唤按钮,轿内楼层指示,开、关门按钮,警铃及轿厢内应急电话,轿厢照明、风扇,关门保护功能(如安全触板、光幕等),终端限位开关等。

1. 信号登记与应答功能 信号登记与应答包括轿厢内指令和厅外召唤两种。

按压选层或召唤按钮,除电梯本层按钮灯不能自保外,其余被按压的按钮灯都应能点亮。电梯应按顺向截梯原则响应轿内选层以及层站召唤信号,到达目的层站后熄灭按钮灯。电梯在执行完同一方向的登记信号后才能应答相反方向的信号。

若正在关门过程中或门虽已关好,但还未启动,按压本层厅外召唤按钮时,门应立即重新打开。

2. 楼层指示功能 电梯轿厢内和所有楼层厅外均应装有楼层数字指示。当电梯正常运行时,轿厢内应与厅外指示一致(检修状态时无厅外显示)。此外,厅外还应有运行方向预报以及电梯到站音响信号。

3. 轿内开、关门 轿厢内操纵箱上的开、关门按钮是为了方便轿厢内电梯司机或乘客随意缩短或延长电梯在本层的停站时间而设置。开门和关门按钮的作用不受调试时设定的自动开、关门时间控制。若在门打开后按压关门按钮,则应立即提前关门;如门在关闭过程中按开门按钮或本层厅外召唤按钮,门应立刻停止关闭并重新开启。

4. 轿厢内警铃、电话　乘客在被困需要向外界求援时,可以按压轿厢内乘客易于识别的"警铃"按钮,此时位于轿厢外(轿顶、轿底、井道或其他地方)的电铃会发出声响。此外,还可以通过轿内的对讲电话与机房或值班室直接通话。

需要注意的是,警铃和对讲电话供电应由备用电池支持,其供电电池应采用可自动再充电电池。

5. 停电应急照明　轿厢内除了配备正常的照明灯外,还应设置停电应急照明装置。当正常供电的交流电源断电时,轿内应急照明灯自动点亮。应急照明的供电电源应采用可自动再充电装置,其容量为可供至少 1W 的灯泡持续照明 1h。

6. 自动返基站　当电梯执行完已登记的所有信号后,已超过设定的停站时间仍未接到新的运行指令时,电梯便自动关门空载返回基站。基站的设定不一定在最底层,可以根据用户的需要设定在任意层站。一般只有一台电梯单独运行时,基站常设在底层;而有多台电梯时,各电梯基站可分别设在底层、最高层或中间层站,方便不同楼层乘客及时用梯。

7. 关门防夹　电梯在关门过程中,当任意一扇门受到阻力或乘客被门夹住时,门会立即停止关门并反向开启,以防伤害乘客。当电梯门是中分门时,左右两边门扇均应装置安全触板,只要触动其中任何一个安全触板都应立即由关门转为开门状态。常用的部件是安全触板、光幕、超声波探测器、红外探测器等。

8. 超载保护功能　当轿内载荷超出额定载荷 10% 并至少为 75kg 时,电梯不允许关门启动,保持开门状态,同时蜂鸣器发出声响、超载灯闪烁,直到轿内载荷减至额定载荷以内时,警告信号才能自动停止,电梯随即关门,恢复正常运行。

二、特殊功能的要求

在技术条件允许的情况下,电梯制造厂都能根据用户的合理要求设计一些特殊功能,如满载直驶、防捣乱、消防、空闲时节电、语音报站、时钟显示、刷卡用梯、密码用梯、残疾人用梯、并联或群控等。

1. 防捣乱功能　防捣乱功能用于防止某些乘客恶作剧。如果轿厢内仅有一个乘客,而在轿厢内按下两个及以上指令,电梯会根据预先设定的轿厢内载荷参数发出控制信号。在此状态下,只应答最近一个层楼指令,到站后自动将原已登记的信号全部消除。这样可以防止电梯空耗,提高电梯的运行效率,节约能源。

2. 轿厢照明、风扇自动关闭功能　轿厢内的照明和风扇除了手动开、关以外,在电梯不运行时,可以设置自动关闭的功能。

(1) 自动开启。当电梯接收到信号后,已关闭的轿厢照明和风扇应立刻自动开启,处于正常工作状态。

(2) 自动关闭。当电梯停站时间超过预定停梯时间时,在没有接到新的信号前,轿厢照明及风扇应自动关闭,处于待命状态。

(3) 手动开关一旦关闭,就断开了照明和风扇的总电源,轿厢照明、风扇自动控制功能同时失效。

3. 关门受阻反转功能 当电梯在关门过程中,由于门(包括轿门和厅门)的运动阻力过大,导致门机输出力矩过大,门机控制系统便自动往反方向运转,开门后再次关门。此功能不但自动调节了门机构的阻力,也防止了门电动机因长时间通电"堵转"而损毁。

4. 反平层功能 电梯因曳引绳的伸缩产生长度变化或控制受到干扰而引起电梯离开平层区时,电梯会缓慢地向不平层的反方向运行,至平层位置后停车。反平层功能可以保证平层准确度符合要求。

5. 满载直驶功能 当轿厢内的载荷达到电梯额定载荷时,电梯自动转为直驶运行。此时只响应轿厢内指令,不应答厅外召唤(但厅外召唤信号仍允许登记)。当轿内载荷减少至非满载状态时,则自动重新响应厅外召唤。

6. 停电自动平层功能(应急运行) 电梯正常运行时,因某些原因电梯突然失电,应急控制系统在备用电池组的驱动下自动使电梯以低速就近平层(自动选择上、下最小负载方向),开门放人。

7. 消防功能 当拨动基站的"消防开关"后,电梯原登记的轿厢内指令和厅外召唤信号全部清除,就近平层后不开门(指电梯此时向基站反方向运行),立即返回基站,开门放出乘客,停止运行。此阶段通常又称为"消防返回"。当电梯处于"消防运行"时,只能应答轿内最近的一个指令信号,切断外召唤信号。此外,电梯的自动开、关门被取消,通常由人工按下相应的按钮来实现。

8. 并联(或群控)运行功能 为了节约能源,缩短乘客候梯时间,提高电梯运行效率,将两台以上电梯安装在同一区域,电梯厅外召唤利用群控装置统一管理起来,进行合理调度,达到高效、快捷、省时、节能的目的。

除了以上介绍的功能以外,电梯可以配置的特殊功能还有很多,如人流高低峰自动转换运行方式、故障远程监控、自检测自诊断功能等。但不管是哪种功能,都必须严格遵守电梯标准,在绝对保证人员及设备安全的基础上方便乘客使用。

三、功能的实现

电梯作为交通运输设备,同汽车、火车一样,有起点站也有终点站,区别在于电梯是垂直运行的。电梯的起点站和终点站称为端站。端站又分为上端站和下端站。最低的轿厢停靠站即为下端站或称底层端站,最高的轿厢停靠站即为上端站或称顶层端站。轿厢无投入运行指令时停靠的层站称作基站,一般位于大厅或底层端站等乘客最多的地方。基站可以根据需要自行设置。两端站之间的各个层站统称为中间层站,尽管不同类型的电梯有不同的控制技术,但它们的一般运行过程完全相同。

为便于电梯的运行管理,在电梯基站的厅外召唤箱上设置了锁机钥匙开关装置,以控制电梯开启或关闭。司机或管理人员把电梯开到基站后,可以通过专用钥匙扭动该钥匙开关,能使电梯处于关门停梯状态,即使电梯总电源未断开,也不会应答任何呼梯信号。

轿厢内都设置有操纵箱,操纵箱上设置有与层站数对应的按钮(触钮),供司机或乘用人员选择目的层站,以控制电梯上下运行。每个层站设置了召唤盒,面板上设有用于召唤电梯用的按钮。在两个端站的召唤面板上各设置一个上行或下行的箭头按钮,中间层站的召唤面板上各设置两个按钮。若设计为下集选无司机控制的电梯,在各层站的召唤面板上均只设置一个下箭头按钮。轿内操纵面板上按钮的作用是命令电梯到某层站去,故称为轿内指令按钮,发出的电信号称为轿内指令信号,又称内呼信号。层站上按钮的作用是在某层站处发出需要电梯到本层来的信号,故称为召唤信号,又称外呼(召)信号。

电梯的运行过程与通常的交通运输设备类似,较大的区别在于电梯的自动化程度相当高。当轿内发出指令信号或层站上出现召唤信号时,微机控制系统经过处理后立即发出指令,电梯就能自动确定运行方向、关门、启动、加速,并在预定的层站减速、平层停靠开门,整个运行过程的速度调节均实现闭环自动控制。电梯运行的速度曲线如图1-31所示。

(一)有司机操纵时的正常运行过程

司机根据进入电梯轿厢乘客欲往层站的要求,揿按轿内操纵箱相应层站的选层按钮,电梯由此即可自动定出电梯的运行方向。然后司机揿按方向开车按钮(亮灯的一个按钮)并保持,随即开始关门。当门全部关闭好后,电梯立即启动、加速直至稳速运行。

当电梯快要接近目的层站前方的某一位置(即预先设置的发出制动减速信号点)时,经电梯的运行控制环节和拖动系统的自动调速环节自动发出减速信号,并经调速装置使电梯沿着给定的运行曲线制动减速,直至准确平层停车,最后再开门放客和接受新的乘客进入轿厢。当司机再次揿按方向启动按钮时,电梯再次关门启动,重复上述过程。

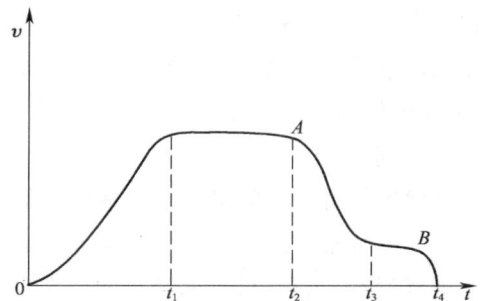

图1-31 电梯运行的速度曲线
$0 \sim t_1$启动、加速过渡过程 $t_1 \sim t_2$满速运行过程
$t_2 \sim t_3$减速制动过渡过程 $t_3 \sim t_4$自动平层过程
A—换速点 B—平层停站

电梯设有防止关门夹人的安全触板或光电保护装置。在关门过程中,如有乘客碰撞安全触板或遮住光线,则经安全触板或光电保护装置发出信号,使电梯立即停止关门并反向开启。当轿厢内的乘客过多时,电梯超载检测装置会起作用,超载信号灯会闪亮并发出连续声响,司机应劝说后来进入的乘客离开电梯轿厢,直至超载状态消失,电梯方可正常继续运行。

在电梯运行过程中,如果中间某层站有与电梯运行方向同向的厅外召唤信号时,集选控制电梯的"顺向截车"功能会起作用,应答该层的顺向召唤信号而自动减速、停车、接客。

(二)无司机操纵时的正常运行过程

无司机操纵电梯与有司机操纵电梯的主要区别在于其电梯门是自动关闭的,乘客只要发出召唤信号,便会自动关门、启动。即使在没有运行方向的情况下,超过事先设置的时间后电梯即可自动关门。此外,集选控制电梯在某层站完成最后一个运行任务后,经过一定的延时,电梯便会自动关门,并自动返回预先设置的基站(一般设定在底层)。

四、基本性能要求

电梯作为垂直运输设备,与一般交通运输设备的工作环境和运行状态存在较大差异。此外,作为特种设备,电梯对运行的安全性有更特殊的要求。因此,国家相关的法规、规范对电梯的设计制造、安装及日常维护均有明确的规定,并有相当多的量化指标加以制约。电梯投入运行后也必须加强日常维修保养,只有这样才能保证电梯的各项性能指标始终控制在规定范围内,以确保电梯安全、正常运行。电梯的主要性能要求包括以下几个方面。

(一)安全

电梯最基本的功能就是载人,因此安全性能是其第一重要的性能指标。像任何交通工具一样,电梯在给人们节省时间和体力的同时,也存在一定风险。为了把这种风险降到最低,人们一直在对电梯的安全性进行探索,使它的安全保障措施日趋完善,相关电梯规范上也对电梯安全系数做了充分的规定。随着科学的发展与电梯技术的不断进步,不仅电梯安全保障系统性的设计制造更加科学、合理、可靠,而且已经构建了完整的电梯安全性能测量与评估体系,包括关键部件测试系统、安全性能评价系统、电梯安装质量评价系统和电梯维保质量评价系统等诸多方面,确保电梯运行的安全性。

(二)可靠

电梯运行可靠性的最直接表现就是低故障率和高运行效率。这涉及电梯的设计、制造及投入运行后的日常维护等各个环节。在设计上,除了必须满足 GB 7588—2003《电梯制造与安装安全规范》等相关标准以外,还应充分考虑到投入运行后系统工作的稳定性。这是由于电梯在现场安装竣工并通过政府相关监督检验部门的验收后,仅表明是当时的状态,而且所有的零部件都是全新的,都还未经过长时间、大负荷的运行,所以电梯的可靠性只能在投入运行一定时期后才得以体现。

因此,电梯的可靠性应该从源头进行控制。从零部件的加工、配置质量到电气系统的设计都应给予足够的冗余度,尤其是电气元件工作的稳定性相当重要,电梯故障大部分来自于电气系统。当然,现场安装质量也不能忽视,性能优越的电梯只能通过高水平、高质量的安装竣工后才能得以体现。做好日常的维护和预检修,既是电梯质量的延伸,又是维持电梯运行可靠性的重要环节。

因此,电梯运行的可靠性在本质上可以涉及电梯的设计、制造、安装和日常维护的质量,应该给予足够的重视。

(三)舒适

电梯在运行过程中,人们要求越稳越好。无论是以何种速度运行的电梯,对其电力驱动系统的启动和制动过程均要求平稳而又不过分浪费时间。因此,电梯规范对电梯的加、减速度有所限制。总之,电梯既要保证有良好的运行舒适感,又要兼顾运行效率。这对速度较低的电梯较易满足,但对高速电梯驱动系统技术及机械系统的结构设计等多方面提出了更高的要求。

电梯在一个运行周期中,都有启动加速与减速平层两个调速阶段,在这两个过渡过程中,必然会产生加速度和减速度现象,并对轿内乘客的感觉产生直接影响。为了避免加、减速度过快,使人由于产生超重感和失重感而感到身体不适,同时又要避免过渡的时间太长,因此标准对电梯的调速做出了相关规定。乘客电梯启动加速度和制动减速度最大值均不应大于 1.5m/s^2;当乘客电梯额定速度为 $1.0\text{m/s}<v\leqslant 2.0\text{m/s}$ 时,其 A95 加、减速度不应小于 0.5m/s^2;当乘客电梯额定速度为 $2.0\text{m/s}<v\leqslant 6.0\text{m/s}$ 时,其 A95 加、减速度不应小于 0.7m/s^2。

此外,电梯在运行过程中,几乎不可避免地会出现振动现象,其程度大小同样也会对舒适感产生影响,必须控制在一定范围内。根据要求,乘客电梯轿厢运行在恒加速区域内垂直振动的最大峰峰值不应大于 0.3m/s^2;乘客电梯轿厢运行期间水平振动的最大峰峰值不应大于 0.2m/s^2。

电梯在运行中产生噪音是不能忽视的问题,不仅会影响到乘坐舒适感,而且噪音严重时会波及周边环境。噪音主要来源于曳引传动系统、开(关)门时的响声,以及电动机、电磁制动器、控制屏内电器元件工作时产生的机械动作声或电磁噪音等。

为此,在 GB/T 10058—2009《电梯技术条件》中要求,电梯的各机构和电气设备在工作时不得有异常振动或撞击声响,电梯的噪声值应符合以下规定,见表 1-1。

表 1-1 乘客电梯的噪声值　　　　　　　　单位:dB(A)

项　目	噪　声　值	
额定速度 $v(\text{m/s})$	$v \leq 2.5$	$2.5 < v \leq 6.0$
额定速度运行时机房内平均噪声值	≤80	≤85
运行中轿厢内内最大噪声值	≤55	≤60
开关门过程中最大噪声值	≤65	

注　无机房电梯的"机房内平均噪声值"是指距离曳引机 1m 处所测得的平均噪声值。

(四)准确

平层准确度是指轿厢到站停靠后,轿厢地坎上平面与层门地坎上平面之间垂直方向的偏差值。影响平层准确度的因素较多,包括电梯运行速度、调速系统性能以及减速制动装置的特性等多方面。因此,电梯停得准确与否是衡量电梯电力驱动系统的重要品质之一。

GB/T 10058—2009《电梯技术条件》中规定,电梯轿厢的平层准确度宜在 ±10mm 范围内,平层保持精度宜在 ±20mm 范围内。

第四节　电梯正常运行条件及现行规范

一、运行条件

为确保电梯安全、可靠地运行,国家标准对电梯的正常运行条件做了以下规定:
(1) 安装地点的海拔高度不超过 1000m。
(2) 机房内的空气温度应保持在 +5 ~ +40℃。
(3) 运行地点的空气相对湿度在最高温度为 +40℃ 时不超过 50%,在较低温度下可有较高的相对湿度。最湿月的月平均最低温度不超过 +25℃,该月的平均最大相对湿度为不超过 90%。若可能在电器设备上产生凝露,应采取相应措施。
(4) 供电电压相对于额定电压的波动应在 ±7% 范围内。
(5) 环境空气中不应含有腐蚀性和易燃性气体,污染等级不应大于 GB 14048.1—2006《低压开关设备和控制设备　第一部分:总则》中规定的 3 级。

二、现行国家规范

电梯作为垂直运输设备,属于特种设备,根据国务院颁发的《特种设备安全监察条例》基本精神,凡从事电梯制造、安装、维护保养的企业以及电梯安装、维修人员都应按照规定取得相应的资质,并应严格按照规定的技术规范实施。从宏观上看,电梯工业的产业链已经相当成熟,相应的以及与之相关的标准也较齐全。但由于近年来电梯技术发展相当迅速,新技术、新材料、新工艺不断应用到电梯领域内,因此电梯及其相关标准也一直在逐步修订或完善之中。

以下是现行的电梯标准,是电梯设计、制造、安装、维修以及监督检验的相关企业与人员必须严格执行的,同时为建筑设计、电梯招投标、电梯采购、物业管理等相关领域提供了科学的参考依据。

(1) GB 7588—2003　电梯制造与安装安全规范。
(2) GB 16899—2011　自动扶梯和自动人行道的制造与安装安全规范。
(3) GB 10060—1993　电梯安装验收规范。
(4) GB 50310—2002　电梯工程施工质量验收规范。
(5) GB/T 18775—2009　电梯、自动扶梯和自动人行道维修规范。
(6) GB/T 10058—2009　电梯技术条件。
(7) GB/T 10059—2009　电梯试验方法。
(8) GB/T 7024—2008　电梯、自动扶梯、自动人行道术语。
(9) GB/T 7025.1—2008　电梯主参数及轿厢、井道、机房的型式与尺寸　第1部分:Ⅰ、Ⅱ、Ⅲ类电梯。
(10) GB/T 7025.2—2008　电梯主参数及轿厢、井道、机房的型式与尺寸　第2部分:Ⅳ类电梯。
(11) GB/T 7025.3—1997　电梯主参数及轿厢、井道、机房的型式与尺寸　第3部分:Ⅴ类电梯。
(12) GB 8903—2005　电梯用钢丝绳。
(13) GB/T 12974—1991　交流电梯电动机通用技术条件。
(14) GB/T 24478—2009　电梯曳引机。
(15) GB 21240—2007　液压电梯制造与安装安全规范。
(16) GB/T 22562—2008　电梯T型导轨。
(17) GB/T 24479—2009　火灾情况下的电梯特性。
(18) GB/T 24477—2009　适用于残障人员的电梯附加要求。
(19) GB/T 21739—2008　家用电梯制造与安装规范。
(20) GB/T 20900—2007　电梯、自动扶梯和自动人行道　风险评价和降低的方法。

第五节　常用参数和术语

一、常用参数

1. 额定载重量(kg)　额定载重量是制造和设计电梯时规定的电梯的额定载重量。

2. 轿厢尺寸（mm） 轿厢尺寸用宽×深×高表示。

3. 轿门形式 轿门有中分门、双折门、双折中分门等。轿门均为封闭式。

4. 开门宽度（mm） 开门宽度为轿厢门和层门完全开启的净宽度。

5. 开门方向 人在轿厢外面对着轿厢门，向左方向开启的为左开门，向右方向开启的为右开门，两扇门分别向左右两边开启者为中分门。

6. 曳引比 曳引比是悬吊轿厢的钢丝绳根数与曳引轮轿厢侧下垂的钢丝绳根数之比，又俗称悬挂比。常用的悬挂方式有：半绕1∶1悬挂法，轿厢的运行速度等于钢丝绳的运行速度；半绕2∶1悬挂法，轿厢的运行速度等于钢丝绳运行速度的一半；全绕1∶1悬挂法，轿厢的运行速度等于钢丝绳的运行速度。这几种悬挂方式如图1-32所示。

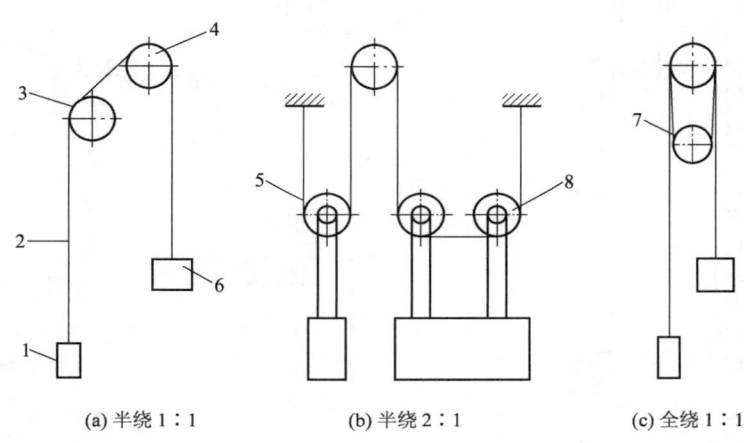

图1-32 常用悬挂方式示意图

1—对重装置 2—曳引绳 3—导向轮 4—曳引轮 5—对重轮 6—轿厢 7—复绕轮 8—轿顶轮

7. 额定速度（m/s） 额定速度是制造和设计电梯所规定的电梯的运行速度。

8. 停层站数（站） 凡在建筑物内各楼层用于出入轿厢的地点均称为站。

9. 提升高度（mm） 提升高度为底层端站楼面和顶层端站楼面之间的垂直距离。

10. 顶层高度 顶层高度为顶层端站楼面和机房楼板或隔音层楼板下最突出构件之间的垂直距离。电梯的运行速度越快，顶层高度越高。

11. 底坑深度（mm） 底坑深度为底层端站楼面和井道底面之间的垂直距离。电梯的运行速度越快，底坑越深，如图1-33所示。

12. 井道高度（mm） 井道高度为井道底面和机房楼板或隔音层楼板下最突出构件之间的垂直距离，如图1-33所示。

13. 井道尺寸（mm） 井道尺寸用宽×深表示，如图1-33所示。

规定的顶层高度、底坑深度、井道尺寸与电梯的额定速度及轿厢结构等有关，可参见表1-2。

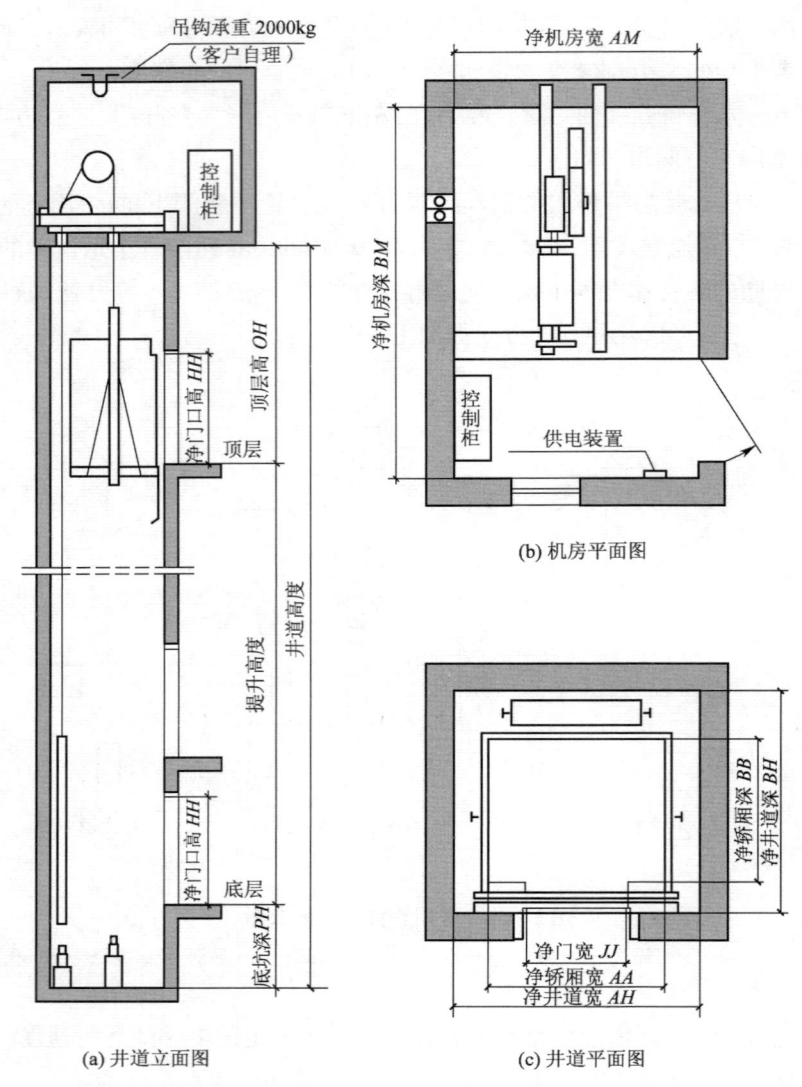

图 1-33 电梯井道土建图

表 1-2 乘客电梯(载重量=1000kg)土建布置主要参考参数

项 目	主 要 参 考 参 数				
速度(m/s)	1.0	1.6	1.75	2.0	2.5
顶层高度 OH(mm)	4200	4500	4600	4800	5000
底坑深度 PH(mm)	1500	1600	1700	1800	2200
井道尺寸(宽 AH×深 BH, mm×mm)	1900×2100	1900×2100	1900×2100	1900×2100	1900×2100

二、常用术语

电梯的常用术语见表1-3。

表1-3 电梯常用术语

序号	术语名称	技术含义	序号	术语名称	技术含义
1	额定速度	电梯设计所规定的轿厢运行速度	19	检修速度	电梯检修运行时的速度
2	平层准确度	轿厢到站停靠后,轿厢地坎上平面与层门地坎上平面之间垂直方向的偏差值	20	基站	轿厢无投入运行指令时停靠的层站。一般位于大厅或底层端站乘客最多处
3	提升高度	底层端站楼面至顶层端站楼面之间的垂直距离	21	额定载重量	电梯设计所规定的轿厢内最大载荷
4	机房	一台或多台曳引机及其附属设备的专用房间	22	机房高度	机房地面至机房顶板之间的最小垂直距离
5	机房深度	机房内垂直于机房宽度的水平距离	23	机房宽度	机房内沿平行于轿厢宽度方向的水平距离
6	层站	各楼层用于出入轿厢的地点	24	机房面积	机房的宽度与深度乘积
7	井道	轿厢和对重装置运动的空间。此空间是以井道底坑的底、井道壁和井道顶为界限的	25	预定基站	并联或群控制的电梯轿厢无运行指令时,自动停靠待命运行的层站
8	层站入口	在井道壁上的开口部分,它构成了从层站到轿厢之间的通道	26	层间距离	两个相邻层站层门地坎之间的距离
9	底层端站	最低的轿厢停靠站	27	顶层端站	最高的轿厢停靠站
10	单梯井道	只供一台电梯运行的井道	28	多梯井道	供两台及以上电梯运行的井道
11	井道壁	用来隔开井道和其他场所的结构	29	井道宽度	平行于轿厢宽度方向井道壁内表面之间的水平距离
12	井道深度	垂直于井道宽度方向井道壁内表面之间的水平距离	30	平层	在平层区域内,使轿厢地坎与层门地坎达到同一平面的运动
13	底坑深度	由底层端站地板至井道底坑地板之间的垂直距离	31	顶层高度	由顶层端站地板至井道顶板下最突出构件之间的垂直距离
14	底坑	底层端站地板以下的井道部分	32	开门宽度	轿厢门和层门完全开启的净宽
15	开锁区域	轿厢停靠层站时在地坎上、下延伸的一段区域	33	轿厢顶	在轿厢的上部,具有一定强度要求的顶盖
16	平层区	轿厢停靠站上方和(或)下方的一段有限区域	34	轿厢入口尺寸	轿厢到达停靠站,轿厢门完全开启后,所测得的门口宽度和高度
17	轿厢入口	在轿厢壁上的开口部分,它构成了从轿厢到层站之间的正常通道	35	轿厢壁	由金属板与轿厢底、轿厢顶和轿厢门围成的一个封闭空间
18	轿厢宽度	平行于轿厢入口宽度的方向,在距轿厢底1m高处测得的轿厢壁两个内表面之间的水平距离	36	轿厢深度	垂直于轿厢宽度方向,在距轿厢底部1m高处测得的轿厢壁两个内表面之间的水平距离

续表

序号	术语名称	技术含义	序号	术语名称	技术含义
37	轿厢高度	从轿厢内部测得的地板至轿厢顶部之间的垂直距离。轿厢顶灯罩和可拆卸的吊顶在此距离之内	54	轿顶间隙	当对重装置处于完全压缩缓冲器位置时,从轿厢顶部最高部分至井道顶部最低部分的垂直距离
38	乘客人数	电梯设计限定的最多乘客量,包括司机在内	55	液压缓冲器工作行程	液压缓冲器柱塞端面受压后所移动的垂直距离
39	电梯司机	经过专门训练、有合格操作证的授权操纵电梯的人员	56	检修操作	在电梯检修状态下,手动操作检修控制装置使电梯轿厢以检修速度运行的操作
40	控制屏	有独立的支架,支架上有金属绝缘底板或横梁,各种电子器件和电器元件安装在底板或横梁上的一种屏式电控设备	57	轿底间隙	当轿厢处于完全压缩缓冲器位置时,从底坑地面到安装在轿厢底下部最低构件的垂直距离。最低构件不包括导靴、滚轮、安全钳和护脚板
41	对重装置顶部间隙	当轿厢处于完全压缩缓冲器的位置时,对重装置最高的部分至井道顶部最低部分的垂直距离	58	轿顶防护栏杆	设置在轿顶上部,对维修人员起防护作用的构件
42	消防服务	操纵消防开关能使电梯投入消防员专用的状态	59	轿厢底	在轿厢底部,支撑载荷的组件,包括地板、框架等构件
43	弹簧缓冲器工作行程	弹簧受压后变形的垂直距离	60	轿厢架	固定和支撑轿厢的框架
44	弹簧缓冲器	以弹簧变形来吸收轿厢或对重产生动能的缓冲器	61	液压缓冲器	以油作为介质,吸收轿厢或对重产生动能的缓冲器
45	轿顶检修装置	设置在轿顶上部,供检修人员检修时应用的装置	62	轿厢	运载乘客或其他载荷的箱形装置
46	独立操作、专用服务	通过专用开关转换状态,电梯将只接受轿内指令,不响应召唤(外呼)的服务功能	63	电梯曳引绳曳引比	悬吊轿厢的钢丝绳根数与曳引轮轿厢侧下垂的钢丝绳根数之比
47	中分门	层门或轿门由门口中间各自向左、右以相同速度开启的门	64	旁开门	层门或轿门的门扇向同一侧开启的门
48	左开门	站在层站面对轿厢,门扇向左方向开启的门	65	导轨	供轿厢和对重运行的导向部件
49	开门机	使轿门和(或)层门开启或关闭的装置	66	检修门	设在井道壁上,通向底坑或滑轮间供检修人员使用的门
50	防火层门	能防止或延缓炽热气体或火焰通过的一种层门	67	水平滑动门	沿门导轨和地坎槽水平滑动开启的门
51	右开门	站在层站面对轿厢,门扇向右方向开启的门	68	补偿链装置	用金属链构成的曳引绳补偿装置
52	层门、厅门	设置在层站入口的门	69	轿厢门、轿门	设置在轿厢入口的门
53	安全触板	在轿门关闭过程中,当有乘客或障碍物触及时,使轿门重新打开的机械式门保护装置	70	曳引绳补偿装置	用来补偿电梯运行时因曳引绳造成的轿厢和对重两侧重量不平衡的部件

续表

序号	术语名称	技术含义	序号	术语名称	技术含义
71	补偿绳装置	用钢丝绳和张紧轮构成的曳引绳补偿装置	87	地坎	轿厢或层门入口处的带槽踏板
72	补偿绳防跳装置	当补偿绳张紧装置超出限定位置时,能使曳引机停止运转的安全装置	88	曳引绳	连接轿厢和对重装置,并靠与曳引轮槽的摩擦力驱动轿厢升降的专用钢丝绳
73	层门地坎	层门入口处的地坎	89	层门门套	装饰层门门框的构件
74	轿厢地坎	轿厢入口处的地坎	90	绳头板	架设绳头组合的部件
75	底坑检修照明装置	设置在井道底坑,供检修人员检修时照明的装置	91	轿厢位置显示装置	设置在轿厢内,显示其运行位置和(或)方向的装置
76	层门方向显示器	设置在层门上方或一侧,显示轿厢运行方向的装置	92	层门显示器	设置在层门上方或一侧,显示轿厢位置和运行方向的装置
77	曳引机	包括电动机、减速箱、制动器和曳引轮在内的靠曳引绳和曳引轮槽摩擦力驱动或停止电梯的装置	93	控制柜	各种电子器件和电器元件安装在一个有防护作用的柜形结构内的电控设备
78	导向轮	为增大轿厢与对重之间的距离,使曳引绳经曳引轮再导向对重装置或轿厢一侧而设置的绳轮	94	极限开关	当轿厢运行超越端站停止装置时,在轿厢或对重装置未接触缓冲器之前,强迫切断主电源和控制电源的安全装置
79	承重梁	承受曳引机自重及其负载的钢梁	95	操纵箱、操纵盘	用开关、按钮操纵轿厢运行的电气装置
80	警铃按钮	设置在操纵盘上操纵警铃的按钮	96	急停按钮、停止按钮	能断开控制电路使轿厢停止运行的按钮
81	绳头组合	曳引绳与轿厢、对重装置或机房承重梁连接用的部件	97	有齿轮曳引机	电动机通过减速齿轮箱驱动曳引轮的曳引机
82	无齿轮曳引机	电动机直接驱动曳引轮的曳引机	98	曳引轮	曳引机上悬挂钢丝绳的驱动轮
83	超载装置	当轿厢超过额定载重量时,能发出警告信号并使轿厢不能运行的安全装置	99	称量装置	能检测轿厢内的载荷值,并发出信号的装置
84	端站停止装置	当轿厢将达到端站时,强迫其减速并停止的保护装置	100	平层装置	在平层区域内,使轿厢达到平层准确度要求的装置
85	速度检测装置	检测轿厢运行速度,将其转变成电信号的装置	101	盘手手轮	靠人力使曳引轮转动的专用手轮
86	随行电缆架	架设随行电缆的部件	102	平层感应板	可使平层装置动作的板

续表

序号	术语名称	技术含义	序号	术语名称	技术含义
103	召唤盒、呼梯盒	设置在层站门一侧,召唤轿厢停靠在呼梯层站的装置	115	随行电缆	连接于运行的轿厢底部与井道固定点之间的电缆
104	反绳轮	设置在轿厢架和对重框架上部的动滑轮。根据需要,曳引绳绕过反绳轮可以构成不同的曳引比	116	复绕轮	为增大曳引绳对曳引轮的包角,将曳引绳绕出曳引轮后经滑轮再次绕入曳引轮,这种兼有导向作用的绳轮为复绕轮
105	对重装置、对重	由曳引绳经曳引轮与轿厢相连接,在运行过程中起到平衡作用的装置	117	护脚板	从层站地坎或轿厢地坎向下延伸,并具有平滑垂直部分的安全挡板
106	空心导轨	由钢板经冷轧折弯成空腹T型的导轨	118	导轨支架	固定在井道壁或横梁上,支撑和固定导轨用的构件
107	导轨连接板	紧固在相邻两根导轨的端部底面,起连接导轨作用的金属板	119	导轨润滑装置	设置在轿厢架和对重框架上端两侧,为保护导轨和滑动导靴之间有良好润滑的自动注油装置
108	层门安全开关	当层门未完全关闭时,使轿厢不能运行的安全装置	120	门锁装置	轿门与层门关闭后锁紧,同时接通控制回路,轿厢方可运行的机电联锁安全装置
109	制动器扳手	松开曳引机制动器的手动工具	121	限速器张紧轮	张紧限速器钢丝绳的绳轮装置
110	限速器	当电梯的运行速度超过额定速度一定值时,其动作能导致安全钳起作用的安全装置	122	安全钳装置	限速器动作时,使轿厢或对重停止运行保持静止状态,并能夹紧在导轨上的一种机械安全装置
111	渐进式安全钳	采取特殊措施,使夹紧力逐渐达到最大值,最终能完全夹紧在导轨上的安全装置	123	瞬时式安全钳	能瞬时使夹紧力达到最大值,并能完全夹紧在导轨上的安全钳
112	轿厢安全门、应急门	同一井道内有多台电梯,在相邻轿厢壁上并向内开启的门,供乘客和司机在特殊情况下离开轿厢,而改乘相邻轿厢的安全出口。门上装有当门扇打开即可断开控制电路的开关	124	轿厢安全窗	在轿厢顶部向外开启的封闭窗,属于轿厢应急出口。窗上装有当窗扇打开即可断开控制电路的开关
113	滚轮导靴	设置在轿厢架和对重装置上,其滚轮在导轨上滚动,使轿厢和对重装置沿导轨滚动运行的导向装置	125	滑动导靴	设置在轿厢架和对重装置上,其靴衬在导轨上滑动,使轿厢和对重装置沿导轨运行的导向装置
114	消防员服务	操纵消防开关使电梯投入消防员专用状态的功能	126	钥匙开关盒	一种供专职人员使用钥匙才能使电梯投入运行或停止的电气装置

续表

序号	术语名称	技术含义	序号	术语名称	技术含义
127	紧急开锁装置	为应急需要，在层门外借助层门上三角钥匙孔可将层门打开的装置	130	底坑隔障	设置在底坑，位于轿厢和对重装置之间，对维修人员起防护作用的栅栏
128	消防开关盒	发生火警时，可供消防人员将电梯转入消防状态使用的电气装置。一般设置在基站	131	并联控制	把两台或三台规格相同的电梯并联起来控制，共用一套呼梯信号系统，实行自动调度。无乘客使用电梯时，各自停靠在预先选定的层站
129	集选控制	把呼梯信号集合起来进行有选择的应答。在电梯运行过程中可以应答同一方向所有层站呼梯信号和按照操纵盘上的选层按钮信号停靠	132	梯群控制、群控	将若干台电梯的控制连在一起，分区域进行交通客流量的智能控制，对乘客的召唤信号进行自动分析后，选派就近的电梯及时应答呼梯信号。还可实现上（下）班高峰服务等功能

第六节　电梯的分类

电梯的分类有不同的方法，以下是目前国内常用的电梯基本分类方法。

一、按用途分类

1. 乘客电梯　乘客电梯是为运送乘客设计的电梯。它对运行的舒适感、平层精度、轿厢装潢等要求较高。常用于饭店、宾馆、商务楼、高档公寓楼等场所。高速、高档电梯基本都属于乘客电梯。

2. 载货电梯　载货电梯是主要为运送货物而设计的电梯，同时允许有人员伴随。特点是载重量较大，相应的轿厢面积较大。常用于工矿企业、物流仓库、商场仓库等处。

3. 病床电梯（医用电梯）　病床电梯（医用电梯）是为运送病床（包括病人）及医疗设备设计的电梯。最大特点就是轿厢较深，便于病床进出，要求运行平稳，一般对速度的要求不高。

4. 观光电梯　观光电梯的井道和轿厢壁至少有同一侧透明，乘客可观看轿厢外景物的电梯。轿厢的外观设计比较讲究，装潢较豪华，有的观光电梯的厅门和轿门都采用了透明玻璃。

5. 客货电梯　客货电梯以运送乘客为主，可同时兼顾运送非集中载荷货物。由于与乘客电梯的使用场合不同，所以客货电梯的轿内装潢一般。

6. 住宅电梯　住宅电梯是供住宅楼使用的电梯。轿内装潢一般，普遍用于住宅小区，轿厢空间的设计便于搬运家具等大件物品进出。

7. 杂物电梯　杂物电梯是供图书馆、办公楼、饭店运送图书、文件、食品等设计的电梯，禁止载人。

8. 汽车电梯 汽车电梯是用作运送车辆而设计的电梯。特点是载重量大，轿厢空间大，速度较慢。

9. 船用电梯 船用电梯是船舶上使用的电梯。用于各类大型船舶上，也是豪华邮轮必备的设施。

10. 其他类型的电梯 除上述常用电梯外，还有些在特殊环境中使用的电梯，如防爆电梯、矿井电梯、家用电梯等。

二、按速度分类

电梯无严格的速度分类规则，国内习惯上按下述方法进行分类。

1. 低速梯 低速梯是指 $v \leqslant 1\text{m/s}$ 的电梯。

2. 中速梯 中速梯是指 $1\text{m/s} < v \leqslant 2\text{m/s}$ 的电梯。

3. 高速梯 高速梯是指 $2\text{m/s} < v \leqslant 4\text{m/s}$ 的电梯。

4. 超高速梯 超高速梯是指速度超过 4m/s 的电梯。

随着电梯技术的不断发展，电梯速度越来越高，按速度分类的基数也在相应提高。到目前为止，世界上电梯的最高速度已经达到 17m/s。

三、按拖动方式分类

1. 交流电梯 交流电梯是用交流感应电动机作为驱动力的电梯。根据拖动方式，交流电梯又可分为交流单速、交流双速、交流调压调速、交流变压变频调速等。

2. 直流电梯 直流电梯是用直流电动机作为驱动力的电梯。这类电梯的额定速度一般在 2m/s 以上。由于直流电梯耗能高、造价高、结构复杂及维护成本高等因素，其已在淘汰之列。

3. 液压电梯 液压电梯是依靠液压驱动的电梯。一般利用电动泵驱动液体流动，通过柱塞的运动使轿厢升降。

4. 齿轮齿条电梯 齿轮齿条电梯是将导轨加工成齿条，轿厢装上与齿条啮合的齿轮，电动机带动齿轮旋转使轿厢升降的电梯。广泛使用在建筑工地的升降机就属于此类电梯。

5. 直线电机驱动电梯 直线电机驱动电梯的动力源是直线电动机，是具有革命性驱动方式的电梯。

四、按控制方式分类

1. 信号控制电梯 信号控制电梯属于早期使用继电器控制的电梯之一，电梯运行取决于电梯司机的操纵。除具有自动平层、自动开门功能外，还具有轿内指令登记、层站召唤登记、自动停层、顺向截车和自动换向等综合分析判断功能。

2. 集选控制电梯 集选控制电梯是在信号控制电梯基础上发展起来的全自动控制的电梯，能将轿内指令信号与各层站发出的召唤信号集合起来进行有选择的应答。除具有信号控制电梯的所有功能外，集选控制的主要区别在于其能实现无司机操纵。可通过转换开关实现有/

无司机状态的改变。

3. 下集选控制电梯 电梯仅将其他层站的下方向召唤信号集合起来应答,如果乘客欲从较低的层站到较高的层站去,须乘电梯到底层或基站后再乘电梯到要去的层站。

4. 并联控制电梯 将2~3台电梯的相关控制线路并联起来进行逻辑控制,共用层站外的召唤按钮,按照就近应答的基本原则实现统一调度。参与并联运行的电梯本身都具有集选功能,有效地提高了运行效率,减少了乘客候梯时间。

5. 群控电梯 采用专用微机控制系统,实现多台电梯集中统一调度的电梯群组,共用层站召唤按钮。根据实时采集到的各梯的位置、载荷、运行方向、各区域登记信号的数量等各种数据进行综合分析处理,实现科学、合理调度,实现智能控制。

第七节 其他电梯

一、无障碍电梯

无障碍电梯的设计制造、安装与验收应同时执行 GB 7588—2003《电梯制造与安装安全规范》与 GB/T 24477—2009《适用于残障人员的电梯附加要求》等相关的标准。以下是对无障碍电梯的一些特定要求。

(一)轿厢入口要求

(1)入口净开门宽度应至少为 800mm。

(2)所有层站应具备无障碍可接近性。即残障人员能够安全、独立地接近和使用电梯的特性。

(3)关门时防夹保护装置应为传感器,以防止乘客直接接触关闭中的门扇的前沿。

(二)轿厢尺寸及内部设施

1. 轿厢最小尺寸

(1)450kg。宽度 1000mm,深度 1250mm。

(2)630kg。宽度 1100mm,深度 1400mm。

(3)1275kg。宽度 2000mm,深度 1400mm。

2. 扶手 应至少在一面轿壁上安装扶手。抓握部分与其所固定的轿壁之间的间隙应至少为 35mm。如图 1-34 所示。抓握部分顶边距地板高度应在(900±25)mm 范围内。

3. 镜子 当使用轮椅车的乘客不能在轿厢内转向时,应安装一个使乘客退出轿厢时能观察到身后障碍物的装置(如镜子)。如果采用玻璃镜子,应使用安全玻璃。

4. 操纵盘位置

(1)中分门时,操纵盘应设置在进入轿厢时的右侧。

(2)旁开门时,操纵盘应设置在关门到位侧。

(3)地板与任何按钮中心线之间的最小高度为 900mm。

(4)地板与最高按钮中心线之间的最大高度为 1200mm(宜为 1100mm)。

图1-34 无障碍电梯的轿厢内设施

（三）层站装置

1. 方向预报指示器 当点亮方向指示器时应同时伴有听觉信号，表示上行和下行的听觉信号应有所区别，如响一声表示上行，响两声表示下行。

2. 语音报站 当轿厢停站时，应至少采用一种官方语言告知乘客轿厢的位置。

3. 召唤盒位置 地板与任何按钮中心线之间的最小高度为900mm，地板与最高按钮中心线之间的最大高度为1100mm。召唤盒位置如图1-35所示。

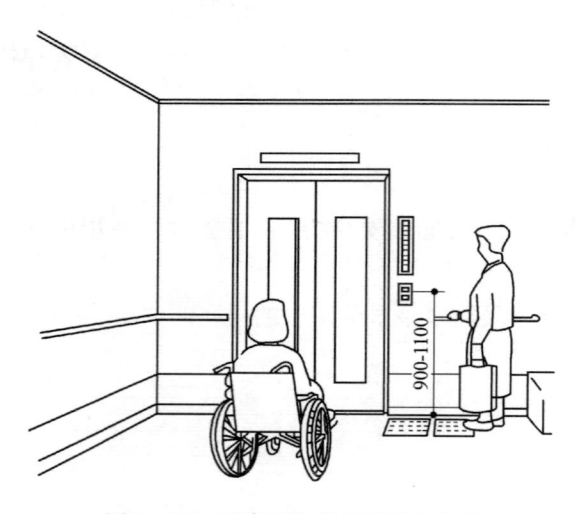

图1-35 无障碍电梯的召唤盒位置

二、防爆电梯

防爆电梯是指采取适当措施，可以应用于有爆炸危险场所的电梯。防爆电梯用于化工、油库等存在有易燃易爆气体和粉尘的一些特定的场所。防爆电梯除了具备一般电梯所必需的性能外，还应具有防爆性能。在正常工作或故障条件下产生的任何火花或热效应均不能点燃规定的爆炸性气体环境。因此，电梯的防爆设计必须能够可靠防止危险火花或高温引燃、引爆。危险火花包括电气火花、机械摩擦火花及静电火花等。所有可能产生危险火花或高温的部件、部位都必须采取相应的防爆安全措施。

防爆电梯的曳引电动机要用隔爆型三相异步电动机，接线端处与外界要经过严密的隔离。必须采用不会因撞击、摩擦而引燃爆炸性混合物的金属材料制造或有可靠的防护措施。轿内操纵盘上的控制按钮、开关、层站上的召唤按钮盒等要选用防爆型产品。控制柜除了具有良好的接地外,还要有良好的隔离设计。

三、船用电梯

船用电梯是指船舶上使用的电梯。船用电梯与陆用电梯存在较大差异。由于船用电梯的运行环境与一般电梯有较大区别,因而其产品技术设计的要求具有特殊性。如电梯工作环境温度的上、下限值要高于一般电梯,具有严密的防潮湿、防雾、防霉菌、防腐蚀设计及可靠措施。

船用电梯的机房位置与陆上不同,由于船体结构设计布局的多样化决定了机房位置的多样性,机房大多不在顶部,从而使船用电梯的曳引比、曳引机位置、对重等整体结构都会有较大变化。

由于船用电梯在船舶航行过程中仍然要满足正常使用要求,而船舶运行中又常会出现摇摆、起伏等特殊工况,因此对电梯结构的机械强度、安全可靠性提出了不少特殊要求。为此,在船用电梯规范中作了许多具体规定。如在设计中采取了包括减小导轨支架间距、自动门加装关闭锁紧装置、驱动主机防止船体大幅度摇晃时发生倾覆、移位,以及阻止随行电缆过度动荡等措施。

四、液压电梯

液压电梯是指依靠液压驱动的电梯。液压电梯是通过液压动力源,把油压入油缸使柱塞做直线运动,直接或通过钢丝绳间接地使轿厢运动的电梯。液压电梯是机电、液压传动一体化的产品。具有建筑利用率高、额定载重量大、噪声低、机房布置灵活等优点。

液压电梯不设置对重装置,因此可以提高井道面积的利用率。液压电梯靠油管传递动力,因此,机房位置可以在离井道周围一定的范围内。液压电梯下行时,靠自重产生的压力驱动,可以较好地节约电能。当液压系统采用低噪声螺杆泵时,油泵、电机可以设计成潜油式工作,构成一个泵站整体,大大降低了噪声。

由于自身结构的原因,液压电梯的提升高度受到了限制,只能用于低层建筑内,因此使用范围较小。

第八节　电梯的配置、布置与选择

电梯作为安装于建筑物内的垂直运输设备,对整个建筑的合理、高效使用有至关重要的作用;尤其是在高层或超高层建筑中,几十台甚至一百多台电梯的运行服务功能与效率就几乎影响到了整个建筑的基本使用功能。因此,无论是建筑设计还是建设方都应对此给予高度的重视,力求使建筑物的利用率和使用性价比最大化。

一、电梯的配置

大楼的建筑面积、使用功能、楼层数、客、货流量等基本因素决定了对电梯需求的多样化,因此,不同的使用环境决定了电梯的使用频率、荷载状况、流量的变化周期。这些参数最终将归结到对电梯合理的需求数量与主要参数的确定,亦即"合理配置"。

所谓"合理配置",就是使大楼中配置的"运输能力"与楼中的"运输量"相适应。任何一幢楼宇的建造都有其既定的用途,不同用途的楼宇就有其不同的交通要求。电梯上的"交通分析"正是解决这一问题的关键。

所谓"交通分析"就是经过多次的参数变换计算,寻找大楼中合理设置电梯的数量、载重量、速度等。"交通分析"所需要的主要资料包括楼宇用途、各楼层的使用功能及人流量、楼层数(含地下层数)、大楼的入口数、提升高度、楼层间距和楼内常驻人数。

二、电梯的布置

由于不同建筑物的功能有较大差别,如商务办公楼、小区住宅楼、酒店宾馆、医院、图书馆、交通枢纽等。因此,在建筑结构内部的分隔以及区域划分上会有较大差异,电梯应根据使用环境的不同进行合理设置。建筑设计人员通常会遵循以下几点原则:

(1)因为电梯是建筑物内频繁使用的垂直运输设备,所以要设置在最易见到的地方。以设置在正门或大厅入口处较理想。

(2)电梯的位置与大楼入口处的距离应尽可能短一些,便于乘客进出。

(3)在建筑结构条件允许的情况下,将楼内的电梯集中设置,使得各台电梯的利用率趋于平均,否则会造成离大楼入口远的电梯利用率很低。此外,集中设置还为多台电梯实现群控功能提供了基本条件。

(4)通常高层或超高层建筑物内的电梯数量较多,采取分区运行的办法较普遍。既减少了中间的停站数,还缩短了运行时间,提高了电梯的运输效率。

三、电梯的选择

在取得了大楼内应配置的电梯数量、速度与载重量等基本数据后,将面临怎样选择的电梯问题,这里涉及电梯轿厢的尺寸、装潢以及电梯附加功能的选择等具体问题。建议以大楼的使用功能为前提,并要充分考虑到电梯的技术含量、售后服务保障、实用性、性价比、环保、节能等诸多因素。现略作以下提示,供参考。

1. 乘客电梯　乘客电梯通常是指用于酒店、宾馆、商务楼、高档公寓楼等场所的电梯,对运行的舒适感、平层精度、轿壁材料、轿厢装潢等要求较高。除满足一般电梯标准规定的必需功能外,可以考虑另外配备轿内扶手、整容镜、空调、安全视屏监测等设施。此外,应尽可能选用并联或梯群控制功能。

2. 载货电梯　由于载货电梯是主要为运送货物而设计的电梯,通常有人伴随。特点是载重量、轿厢面积都较大,而且时常用于铲车等大(重)运输设备进出的场合。因此,轿厢装潢一般即可,轿壁可选用钢板表面喷涂高分子涂料的制作工艺。建议轿壁尽可能不采用不锈钢材料制作,其万一被撞击变形后较难修复,影响美观。

3. 病床电梯(医用电梯)　因为主要是以运送病床(包括病人)及医疗设备而设计的电梯,

所以轿壁一般可采用不锈钢材料制作,清洁明快。此外,还要留意轿厢的深度应满足担架(车)的进出的需求。

4. 住宅电梯 作为住宅楼内使用的电梯,由于常出现人、物同乘电梯情况,轿内装潢一般即可。此外,轿厢空间的设计要便于搬运家具等大件物品进出,轿厢的宽度宜大于深度。

总之,在选择电梯时,其适用性是十分重要的。当远超过上述电梯配置结论时是无形的资源浪费,而且将大幅增加日后的运行成本。

本章小结

电梯问世至今已经有一百多年了。本章以电梯技术的发展为主线,回顾了世界电梯技术发展的历史沿革。1854 年,美国工程师伊莱沙·格雷夫斯·奥的斯发明了电梯,为解决人类具有实用价值的垂直交通运输问题做出了贡献。微型计算机控制、交流永磁同步电动机与变压变频调速的完美结合,已经成为现代电梯的主流配置。

中国电梯工业的发展大致经历了三个时期。1980 年至今是中国电梯行业突飞猛进的时期。到目前为止,我国已经成为全球最大的电梯生产基地,占有全世界 50% 以上的份额。电梯控制系统的集成化、电梯速度趋于超高速化、绿色、环保电梯的普及化已呈必然趋势。

文中从电梯的定义开始,描述了电梯的总体结构,按照主要部件分布的位置逐一做了简要介绍。对电梯的标准功能与特殊功能做了较为详细的解释。电梯运行质量取决于其基本性能要求,包括安全性、可靠性、舒适性和准确性。电梯使用条件则是确保其正常运行的基本要求。

此外,文中罗列了现行的与电梯相关的国家标准目录,其中 GB 7588—2003《电梯制造与安装安全规范》是主要标准。

本文还从电梯的配置、电梯的布置以及电梯的选择三个方面简要介绍了如何根据建筑物的特点来选配电梯。

思考题

1. 中国电梯工业的发展经历了几个时期?
2. 电梯机房、井道、层站、底坑各有哪些主要部件?
3. 电梯的标准功能有哪些?
4. 电梯的运行质量与哪些因素有关?
5. 现行的与电梯相关的国家标准有哪些?
6. 如何选配电梯?

第二章　电梯机械部件

第一节　曳引机

电梯曳引机是电梯的动力设备，又称电梯主机，其功能是输送与传递动力使电梯运行。传统的有减速箱曳引机由电动机、制动器、联轴器、减速箱、曳引轮、底座及附属盘车手轮等组成，如图 2-1 所示。无减速箱曳引机没有减速箱，曳引电动机的动力直接传递到曳引轮上，如图 2-2 所示。

图 2-1　有减速箱曳引机
1—电动机　2—制动器　3—减速箱　4—曳引轮　5—底座　6—联轴器

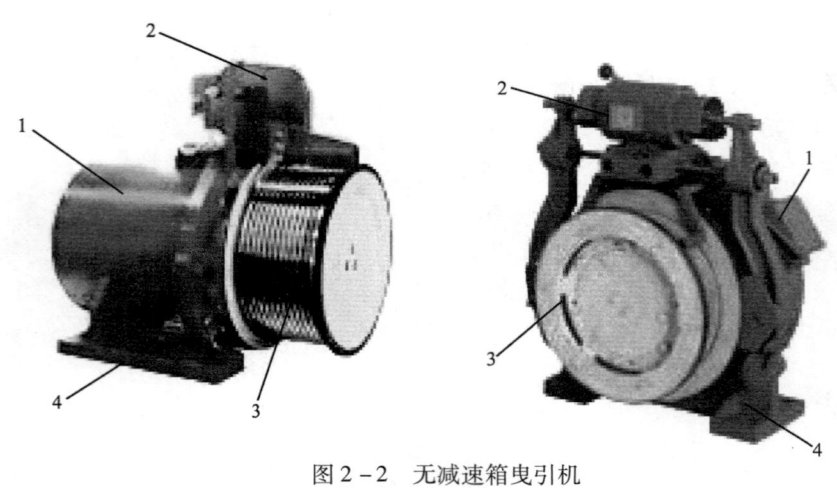

图 2-2　无减速箱曳引机
1—电动机　2—制动器　3—曳引轮　4—底座

一、曳引机的分类

1. 按驱动电动机分类 按驱动电动机划分,曳引机分为交流曳引机和直流曳引机两种。

2. 按有无减速箱分类 按有无减速箱划分,曳引机分为有减速箱曳引机和无减速箱曳引机两种。

(1)有减速箱曳引机。又称有齿轮曳引机。通常通过蜗轮蜗杆、斜齿轮或行星齿轮减速机构实现减速,其中以采用蜗轮蜗杆减速箱的曳引机较普遍,此类曳引机广泛用于中低速梯上。

(2)无减速箱曳引机。又称无齿轮曳引机。由于电动机直接将动力传递到曳引轮上,无中间机械传动损失,具有结构简单、效率高、无污染等优点,将逐步成为电梯曳引机的主流配置。

二、曳引机的构造

(一)曳引电动机

电梯用曳引电动机分为直流和交流两种。

以往的高速电梯上配置的都是直流曳引机,因为直流电动机的调速控制技术相当成熟,而变压变频调速技术在电梯上的应用是从20世纪80年代中期才开始的。但由于直流电动机的结构复杂、系统耗能大、造价高等诸多因素,其已基本被淘汰。

在交流曳引机上配置的交流电动机可以分为交流异步电动机和同步电动机两类,其中交流异步电动机应用的较广泛。自2000年以后,以交流永磁同步电动机为动力的无齿轮曳引机引入国内电梯市场后,以其显著的高效节能、无污染等特点正较快地向主流配置方向发展。

电梯曳引机上电动机的设计、制造与通用电动机有所区别,必须执行相关的规范。对于曳引电动机功率的选用宜采用式(2-1)计算:

$$P = \frac{(1-K_\mathrm{P})QV}{102\eta i} \quad (2-1)$$

式中:P——曳引电动机输出功率,kW;

K_P——电梯平衡系数,一般取0.4~0.5;

Q——电梯轿厢额定载重量,kg;

V——曳引轮节径线速度,m/s;

η——电梯的机械总效率;

i——钢丝绳绕绳倍率。

(二)曳引轮

电梯的曳引力是依靠曳引绳与曳引轮绳槽之间的摩擦力产生的,因此曳引轮绳槽的形状直接关系到曳引力的大小和曳引绳的寿命。常用的曳引轮绳槽有半圆槽、带切口的半圆槽(又称凹形槽)、V形槽,如图2-3所示。

(1)半圆槽。半圆槽与曳引绳的接触面积大,曳引绳变形小,有利于延长曳引绳和曳引轮的寿命。但这种绳槽的当量摩擦系数小,因此曳引能力低。为了提高曳引能力,必须用复绕曳引绳的方法,以增大曳引绳在曳引轮上的包角。

(2)带切口的半圆槽。带切口的半圆槽是在半圆槽的底部切制一条楔形槽,曳引绳与绳槽

(a)半圆槽　(b)带切口的半圆槽　(c)V形槽

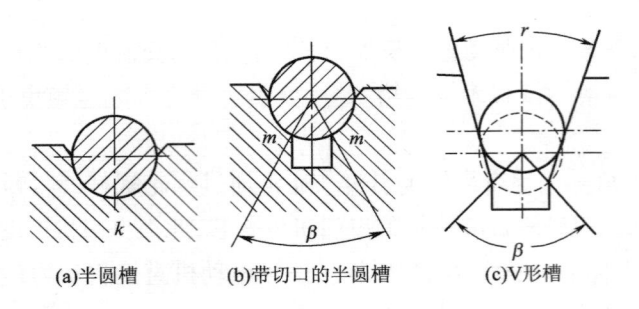

图 2-3　曳引轮绳槽的形状

r—槽的角度

的接触面积减小,比压增大,曳引绳在楔形槽处发生弹性变形,部分楔入沟槽中,使当量摩擦系数大大增加,曳引能力增加。这种槽形在电梯曳引轮上应用的最多。

(3)V形槽。V形槽的两侧对曳引绳产生很大的挤压力,曳引绳与绳槽的接触面积小,接触面的单位压力(比压)大,曳引绳变形大,曳引绳与绳槽间具有较高的当量摩擦系数,可以获得很大的曳引力。但这种绳槽的槽形和曳引绳的磨损都较快。因此这种槽形的使用范围受到一定限制。当槽没有进行附加的硬化处理时,为了限制由于磨损而导致曳引条件恶化,下部切口是必要的。

对于曳引轮、曳引钢丝绳直径的选用,应根据 GB 7588—2003 规定:

$$\frac{D}{d} \geqslant 40 \tag{2-2}$$

式中:D——曳引轮节圆直径,mm;

d——钢丝绳公称直径,mm。

曳引轮的材料一般选用球墨铸铁,其具有一定的硬度及耐磨性能。近年来,已出现了用高分子材料制作的非金属曳引轮,具有造价低、环保等特点。

(三)电磁制动器

曳引机上的电磁制动器至关重要,当电梯停止运行或断电时能产生足够大的制动力矩,使电梯立即制停。当电梯在运行过程中,制动器闸瓦应与制动轮完全脱离,且要使得两边间隙均匀,不大于 0.7mm。

制动力矩(M_b)由静力矩(M_S)和动力矩(M_D)两部分组成。静力矩是指使轿厢保持静止状态所需的力矩。动力矩是指运动部件的惯性力矩。动力矩应能吸收系统所有运动部件的动能。计算公式如式(2-3)~式(2-5):

$$M_S = \left(\frac{1.25Q + P - G}{i} + m_L\right) \cdot g_n \cdot \frac{D}{2I} \cdot \eta \tag{2-3}$$

式中:M_S——静力矩,N·m;

Q——额定载重量,kg;

P——轿厢自重,kg;

G——对重重量,kg;
i——钢丝绳倍率;
m_L——一侧钢丝绳的重量,kg;
D——曳引轮节径,m;
I——减速箱转动比;
η——系统的机械效率。

$$M_D = J \cdot \varepsilon \tag{2-4}$$

式中:M_D——动力矩,N·m;
J——量化到制动轮轴上所有运动零件的转动惯量,kg·m²;
ε——制动轮轴的角减速度,rad/s²。

$$M_b = M_S + M_D \tag{2-5}$$

式中:M_b——制动力矩,N·m。

按电梯制动的最不利工况,即当载有125%额定载重量的轿厢以额定速度下行时制动。

电磁制动器由制动电磁铁、制动臂、制动闸瓦、制动弹簧等组成。图2-4所示为卧式制动器结构图,图2-5所示为永磁同步无齿轮曳引机上的电磁制动器。

根据规定,制动器应采用具有两个制动闸瓦的外抱式结构。为了提高制动的可靠性,可将

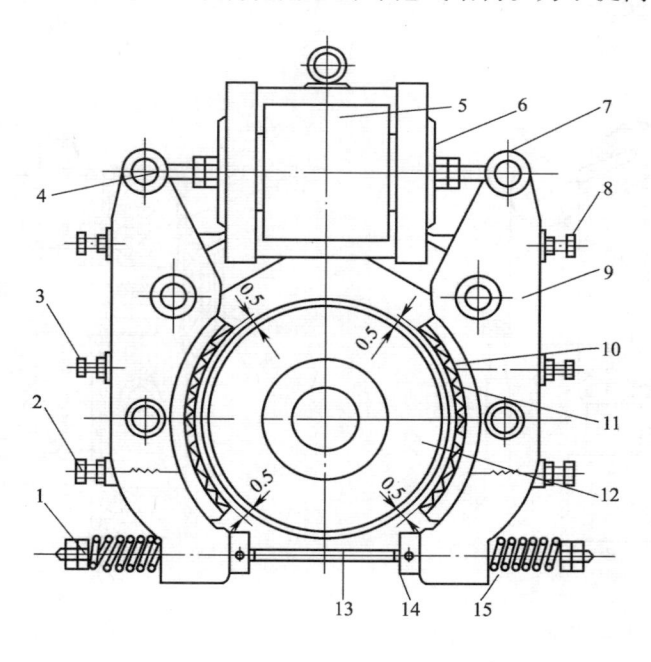

图2-4 卧式制动器结构图
1—制动弹簧调节螺母 2—制动瓦块定位弹簧螺栓 3—制动瓦块定位螺母 4—倒顺螺栓 5—制动电磁铁
6—电磁铁芯 7—拉杆 8—定位螺栓 9—制动臂 10—制动瓦块 11—制动材料
12—制动轮 13—制动弹簧螺杆 14—手动松闸凸轮 15—制动弹簧

所有向制动轮施加制动力的制动器部件分成两组装设,以备当一组部件不起作用时,制动力仍可使额定载荷的轿厢减速。

当电梯处于停止运行状态时,在制动弹簧力的作用下,两块制动闸瓦紧抱制动轮,贴合面应大于闸瓦面积的80%。若电梯启动运行,制动电磁铁中线圈通电,电磁铁芯迅速吸合,带动制动臂克服弹簧作用力,迫使制动闸瓦松开,与制动轮完全脱离,并始终保持这种状态,直至停止运行。

(四)减速箱

有减速箱的电梯曳引轮轴与曳引电机之间设有减速箱,其目的是通过减速机构将曳引电机的转速降至曳引轮所需要的转速。电梯上的减速箱普遍使用蜗轮和蜗杆副,优点是重叠系数大,所以运行平稳,但不足的是发热量大,运行效率低。图2-6为蜗杆下置式减速传动系统,其内部结构如图2-7所示。

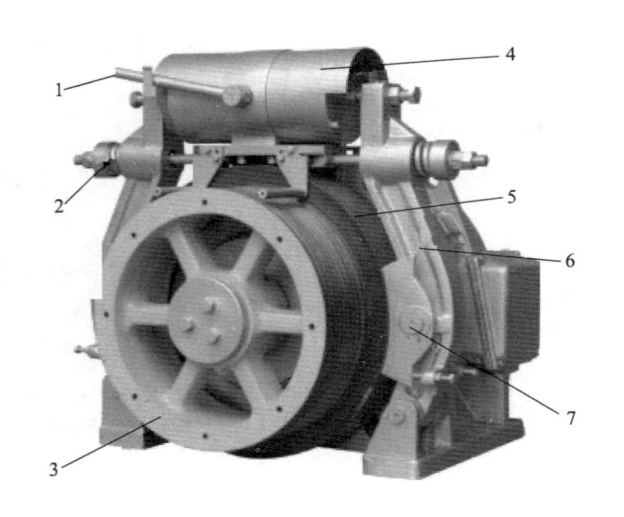

图2-5 永磁同步无齿轮曳引机上的电磁制动器
1—松闸扳手 2—制动弹簧 3—曳引轮 4—电磁线圈
5—制动轮 6—制动臂 7—制动闸瓦

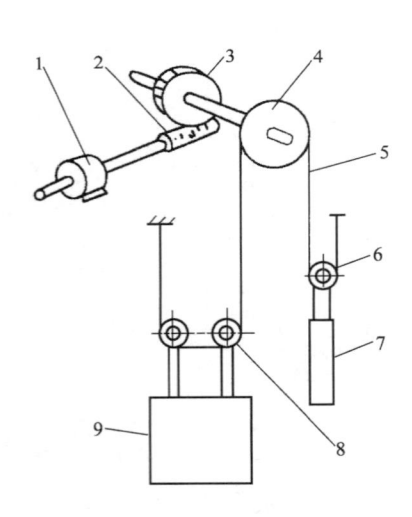

图2-6 蜗杆下置式减速传动系统
1—曳引电动机 2—蜗杆 3—蜗轮
4—曳引绳轮 5—曳引钢丝绳 6—对重轮
7—对重装置 8—轿顶轮 9—轿厢

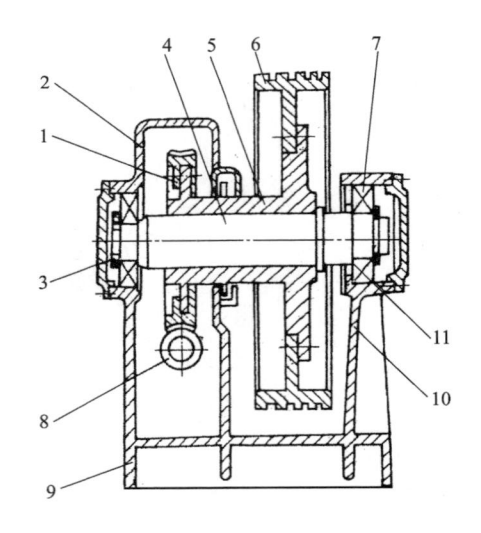

图2-7 蜗杆下置式曳引机
1—蜗轮 2—上箱体 3—轴承盖 4—主轴
5—套筒 6—曳引轮 7—轴承 8—蜗杆
9—下箱体 10—支座 11—偏心套

这种结构的蜗杆可以浸在减速箱下部的润滑油中,使啮合面具有良好的润滑,但蜗杆的两个伸出端要有良好的密封性能。此时曳引电动机下置,以便与蜗杆连接。蜗杆还可以安装在蜗轮上面,称为蜗杆上置式减速箱,结构如2-8所示。

减速箱的主要作用是降低电动机输出转速和提高电动机输出转矩。有齿轮电梯的运行速度与曳引机的减速比、曳引轮直径、曳引比、曳引电动机转速之间的关系如式(2-6)所示:

$$v = \frac{\pi D n}{60 i_y i_j} \tag{2-6}$$

式中:v——电梯运行速度,m/min;
　　　D——曳引轮绳槽当量直径,m;
　　　i_y——曳引比(与曳引方式有关);
　　　i_j——减速比;
　　　n——曳引电动机转速,r/min。

三、曳引能力

(一)曳引系数

轿厢上升过程中曳引钢丝绳的受力情况如图2-9所示。

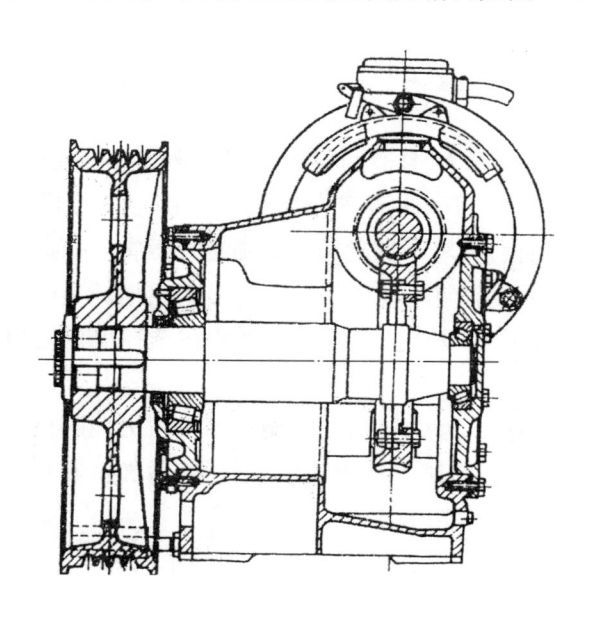

图2-8　蜗杆上置式曳引机

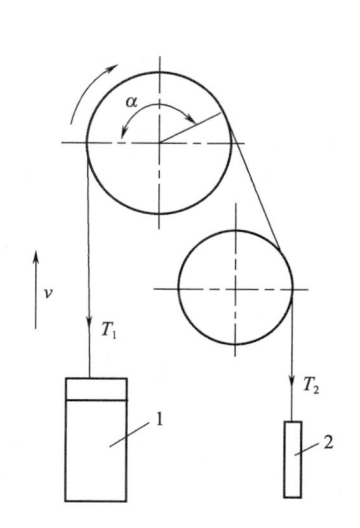

图2-9　曳引力示意图
1—轿厢　2—对重

假设此时曳引钢丝绳与曳引轮之间处于即将打滑的临界状态,则轿厢一侧钢丝绳拉力 T_1 和对重一侧钢丝绳拉力 T_2 之间符合柔韧体摩擦的欧拉公式(式2-7):

$$\frac{T_1}{T_2} = e^{\alpha f} \qquad (2-7)$$

式中：f——曳引钢丝绳与曳引轮槽间的摩擦系数；

α——包角，即曳引钢丝绳与曳引轮相接触的一段圆弧所对的圆心角；

$e^{\alpha f}$——曳引系数。

曳引系数的值决定于包角 α 和曳引钢丝绳与曳引轮绳槽之间的摩擦系数 f。由式（2-7）可见，要提高曳引能力，即要使 T_1-T_2 差值增大，则 $e^{\alpha f}$ 必须增大，也即必须提高 α 和 f 的值。$e^{\alpha f}$ 值大，表明电梯的载客数或载货量大；反之，$e^{\alpha f}$ 值小，则电梯的载客数或载货量就小。

GB 7588—2003《电梯制造与安装安全规范》中 9.3 条规定，钢丝绳曳引应满足以下三个条件：

（1）轿厢装载至 125% GB 7588—2003 第 8.2.1 条或第 8.2.2 条规定的额定载荷的情况下应保持平层状态不打滑。

（2）必须保证在任何紧急制动的状态下，不管轿厢内是空载还是满载，其减速度的值不能超过缓冲器（包括减行程的缓冲器）作用时减速度的值。

（3）当对重压在缓冲器上而曳引机按电梯上行方向旋转时，应不可能提升空载轿厢。

（二）提高曳引能力的途径

1. 增加摩擦系数 f　电梯是靠摩擦力传递动力的一种升降设备。摩擦力大小或摩擦系数 f 值大小与电梯的曳引能力有非常密切的关系。因此，只要设法增大曳引钢丝绳与曳引轮槽之间的摩擦力即可提高电梯曳引能力。

如以图 2-3 中的半圆槽、带切口的半圆槽和 V 形槽为例来分析钢丝绳和曳引轮的摩擦力。在相同条件下，摩擦系数 f 从大到小的排列顺序为 V 形≥切口半圆形≥半圆形。

尽管 V 形槽会增大曳引钢丝绳与绳槽间的 f，但对于钢丝绳的磨损也较厉害。而对于带切口的半圆槽，其 f 介于 V 形槽和半圆槽之间，是当前使用较广泛的一种曳引轮槽。半圆槽曳引轮对钢丝绳的磨损较小，但由于其 f 值小，一般用在复绕式结构上。因此在选择曳引轮槽的结构形式时一定要综合考虑。

2. 增大包角 α　依据欧拉公式（式2-7）可知，增大包角同样能提高曳引力。既可以通过改变曳引轮和反绳轮的直径大小，也可采用复绕办法来提高曳引力。此外，增加轿厢自重和合理配置补偿链或补偿绳装置也可以提高电梯的曳引能力。

尽管提高曳引力的方法有不少，但会带来机构复杂、庞大、成本增加等不利因素，必须从多角度进行权衡，慎重处理。

四、常用曳引机的基本评价

常用曳引机综合情况的比较及评价如表 2-1 所示。

表 2-1　常用曳引机综合分析比较表

曳引机 项目	蜗轮蜗杆	斜齿轮	行星齿轮	永磁无齿轮	特种带传动
历史和现状	使用历史过百年，具有传动比大、零件数少、运行平稳、噪声小的优点，缺点是效率低、齿面非常易于磨损	20世纪50年代在日本开始兴起，曾经在日本广泛使用，主要用于高速电梯，目前使用较少	20世纪90年代在欧洲开始兴起，目前仍未形成规模	随着钕铁硼永磁材料的于20世纪90年代末在世界上开始兴起，目前有广泛流行的趋势	德国在20世纪50年代开始试用过，日本在自动扶梯上广泛采用。中国Suntous公司发明了不打滑的皮带张紧技术
总效率和节能性	总效率很低，为75%以下，齿面滑动速度高，即使采用了耐磨材料，传动效率仍难以根本提高	总效率很高，达90%左右，比蜗轮蜗杆节电40%以上，每年可为业主节约数以万计的电费。如果装设电能回馈装置，节电可达75%	总效率很高，达90%左右，与蜗轮蜗杆相比节电40%以上，每年可为业主节约数以万计的电费。如果装设电能回馈装置，节电可达75%	总效率低，为85%左右，表面看起来没有机械传动损失，实际上由于本身转速低导致电机效率低。作为对比，最普通的Y系列异步电机效率可达89%，而YX系列异步电动机的效率达92%	总效率很高，为90%左右，与蜗轮蜗杆相比节电40%以上，每年可为业主节约数以万计的电费。如果装设电能回馈装置，节电可达75%
重量	体积最大，重量最重，导致现场安装费力	重量轻	结构极其紧凑，重量超轻，非常便于安装，且较易用于无机房电梯	电机重量不够轻，现场安装尚方便。尚能用于无机房电梯	重量很轻，现场安装非常方便，很容易用于无机房电梯
成本	成本低，由于大批量制造，其成本已经降到极低的程度	成本很高，为了达到低噪声要求，齿轮加工精度很高，生产批量仍不是很大，导致成本居高不下	成本很高，为了达到低噪声要求，齿轮加工精度很高，加上生产批量仍不很大，从而导致成本居高不下	成本较高，需要高分辨率的编码器，且电机的铜铁材料没有得到充分的比功率利用	成本低，要求的加工精度比齿轮低，且传动皮带是数以亿计生产的。综合机电优化设计使得所有材料得以物尽其用
维护性	维护性不好，每年要清洗加油，耗油3.5L/年。油封的使用寿命不长，在使用1~2年以后经常会出现漏油问题。大约每5年要调整蜗杆齿隙，且需要高级技师才能进行操作	维护性一般，有时要更换润滑油	维护性一般，有时要更换润滑油	维护性很好，不用加油，不会出现漏油问题，绿色环保。如果编码器移位或更换编码器，需要重新对位	维护性很好，不用加油，不会出现漏油问题，绿色环保。已经有完善的皮带张紧专利，皮带张紧力也不用调整

续表

曳引机 项目	蜗轮蜗杆	斜齿轮	行星齿轮	永磁无齿轮	特种带传动
维修性	维修性差,由于蜗轮至少要求两维对中,甚至三维对中,其至三维对中,现场维修较困难,不易恢复和保证装配调整的精度	维修性差,现场维修较困难,不易恢复和保证装配调整的精度	维修性差,现场维修较困难,不易恢复和保证装配调整的精度	维修性很差,受热、锈蚀或者大电流影响,永磁体可能退磁或脱落。由于永磁体具有强大吸力,因此电机的装和拆都要有专用的工装,现场根本无法维修	维修性很好,任何零部件损坏均可在现场很方便、快捷地修复或更换,且能完全恢复原有的运行性能
安全性	安全性不好,齿轮有断裂危险。制动器作用于高速轴,因此最新安全规范要求电梯附加安全保护装置。在用电梯几乎均不满足最新安全规范要求	安全性不好,齿轮有弯曲疲劳断裂危险。制动器作用于高速轴,因此要加装上行超速保护安全装置	安全性不好,齿轮有弯曲疲劳断裂危险。制动器作用于高速轴,因此要加装上行超速保护安全装置	安全性好,永磁体退磁可能导致驱动力矩不足而超速,但是由于双保险制动器直接作用于低速轴,从根本上保证了安全性,因此不用装设其他上行超速保护装置	安全性很好,排除打滑后,皮带的破断安全系数达到10~15,且多根皮带独立并联驱动。双保险制动器直接作用于低速轴,因此不用装设其他上行超速保护装置
其他	需要更大的空气开关、更粗的保险丝、接触器、导线、容量更大的电源变压器	有时会出现运行噪声不满意的情况	有时会出现运行噪声不满意的情况	需要特殊的较高分辨率的编码器,且配套的变频器容量难以降至最低	设备总成本更低。如果仅计算变频器和附加上行安全装置,每台电梯成本可望降低

五、曳引机驱动的一般问题

(一)电机的物理限制

在中低速(速度小于2m/s)电梯中,驱动系统大多是有齿轮结构——由电动机和减速箱构成,一般只有在高速电梯中才采用无齿轮的结构——由电动机直接驱动。表面看来是由于电动机的转速太高,因此要用减速机构降低其转速,但实际上配用适当的电气调速装置后电动机的转速是可以调节的,不用减速箱照样可以得到需要的转速,因此问题的实质不在于转速。那么是什么因素决定了减速箱的采用与否呢?是转矩。在某种意义上,减速箱的名称并不恰当,而应称其为"增力(矩)箱",理解上也可将其看成"减速增力(矩)箱"。在电梯的载重量已经确定的情况下,需要的转矩也就确定,再根据电梯的运行速度,需要的电动机功率也就基本确定了。

作为机电能量转换装置的电机,其基本的物理参数中存在着一定限制,即其转矩往往不能达到我们需要的数值,根据电磁理论的基本公式,单根导体产生的电磁作用力矩 T 为:

$$T = BILR \tag{2-8}$$

式中：B——磁感应强度，也称为磁负荷；

I——电流；

L——导体在磁场中的长度；

R——电机的等效半径。

由式(2-8)很容易得到电机的体积与其转矩成正比的结论，分析如下。

由于电机中的导体数目很多，因此转矩是所有导体产生的转矩总和，即

$$\sum T = BLR \times \sum I \qquad (2-9)$$

在式(2-9)中：

$$\sum I = 2\pi R \cdot A \qquad (2-10)$$

A 是所谓的电流线密度，定义为沿电机气隙圆周单位长度上的总电流。应该指出的是，电机的发热限度中最主要的表征参数之一就是电流线密度 A，因此 A 也就称为电机的电负荷。

将式(2-10)代入式(2-8)中得到：

$$\sum T = BLR \cdot 2\pi RA = 2BA \cdot \pi R^2 L = 2BA \cdot V \qquad (2-11)$$

从式(2-11)可以看出，在磁感应强度和电流线密度一定的情况下，电机转矩跟电机气隙圆半径的平方成正比，也跟气隙长度成正比。总之，电机转矩跟气隙所围成的圆柱体体积 V 成正比。

上述结论是电机设计理论中重要而又基本的原则关系。事实上，由此还可以引申出所谓的"转切应力"概念。它描述的就是气隙圆柱面单位面积所受的切向力，转切应力跟 B 和 A 直接相关。由于气隙圆柱的体积基本决定了电机的体积，而电机的体积又基本决定了其重量和价格。由此可见，比较电机的最重要参数并非是电机的功率，而应该是电机的转矩。实际中完全有可能两台电机的功率相差 100 倍，而体积、价格和重量却一样。式(2-11)也指明了增加电机转矩的方向。

提高磁负荷 B 受限于磁性材料的性能。在目前的技术条件下，铁芯中的磁感应强度最多在 2T 左右时就达到饱和，而通常交流异步电机中实用的线性区的磁感应强度大约在 1T。直流电机和同步电机中的磁感应强度可以提高到 1.5T。要想得到更高的 B，一方面技术上有较大的难度，另一方面材料的价格也相当昂贵。例如，1983 年首先由日本住友研制出的目前世界上最热门的性能最好的稀土永磁材料钕铁硼(NdFeB)，其目前的最高剩磁也仅为 1.47T，而医疗上磁共振成像仪(MRI)中的超强磁场中的 B 最高也仅为 4T，即使是这种磁场也只有靠超导技术才能实现。

要提高电负荷 A，又受限于导体的发热和绝缘问题，而且 A 的大小也必须统筹考虑 B 的影响，因为这牵涉到电枢反应的问题。简而言之，就是电流对磁场的反作用，这种反作用在过度强烈的情况下会带来电机性能上的一系列问题。

要加大 L 或 R，电机的外形尺寸和体积重量就必须增加。而且，增加电机的直径比增加电

机的长度更加有效。这是由于前者是平方关系而后者是线性关系，这也是低速大力矩电机多数设计成扁平状的原因。低速电梯在所需转矩确定的情况下，如果通过加大电机 L 或 R 的方法达到所需的转矩，则电机本身的允许转速又往往高于工作机构所需的转速，这样电机就不能在最高转速（对应最高电压）下运行，也就是说电机不能达到其最大的功率，导致电机的功率利用率十分低下。总之，电机要达到最高的功率利用率，转速（电压）也必须得到充分的利用，即转速要足够高。

综上所述，在电流发热受限的条件下，电机中的磁感应强度不够强是电机转矩不够大的根本原因。也正是由于 B 太弱，才导致在同样的电压下电机的转速又太高。可以设想，如果电机中的 B 能提高 100 倍，则现实中减速比为 100 以下的机械减速装置都可以取消，目前看来这只有靠将来超导技术的突破来实现了。

（二）减速箱的作用

下面我们举实际的例子来说明电梯驱动系统的机电设计是如何实现相对最优的。假设电梯的基本参数和绕绳方式不变，国内典型的某种用于低速电梯的蜗轮蜗杆减速箱的传动比为 63:2，由此可以估计该电动机的转矩跟曳引轮的转矩大约相差 30 倍，这一数据可以作为我们以下讨论的基准。要将上述有齿轮电梯改成无齿轮电梯，前提是电机的转矩必须设法提高 30 倍，如果不考虑电机的容量利用率，只需简单增大电机的长度和等效半径的平方的乘积到 30 倍就可实现，不过这台无齿轮曳引电机的体积、重量和价格却是让人无法接受的。显然，要在体积和重量不增加或增加不多的条件下将电机的转矩增大 30 倍，技术难度极大。由此可见，蜗轮蜗杆在此起了非常重大的作用，不管如何设计加工该蜗轮蜗杆，它的体积、重量和价格也不会是电机的 29 倍。显而易见，由于电机本身固有的"缺点"，要实现机电系统全局的最优化，在大多数情况下都要采用减速增力的机构。

对碟式电动机无齿轮曳引机采取一些综合技术措施是提高无齿轮驱动性能及性价比的重要前提。这些综合措施是：

增加电机本身的输出力矩。为此可以采用高性能稀土永磁材料励磁，提高电机有效功率（即功率因数）等。然而不管如何改进设计，电机本身的体积和重量都是大大增加了。

减小曳引轮直径。在钢丝绳悬挂的条件下，由于钢丝绳的直径最小为 8mm，而曳引轮的直径最少应为钢丝绳直径的 40 倍，因此曳引轮的直径最小为 320mm，不突破现行标准规范的极限。相关文献从技术经济的角度综合对比分析了钢丝绳直径对电梯驱动系统的影响，结论是钢丝绳越小越好。采用高分子纤维绳和扁平皮带作为电梯的悬挂装置已不少见，目的无非是使曳引轮的驱动力矩减至最小，有的驱动系统的曳引轮直径仅为 100mm，与此对应的曳引机也就成为业内体积最小和重量最轻的。

采用 2:1 悬挂是国内外大多数方案采用的悬挂方式。为什么永磁同步无齿轮曳引机要使用 2:1 悬挂方式而不采用 1:1 悬挂呢？对设计人员来说，如果不考虑成本，实现 1:1 悬挂是易如反掌的——仅需将电梯的体积、重量增加 1 倍即可，这样电机转矩也能增加 1 倍，当然也就可以采用 1:1 悬挂方式了（其实综合考虑到曳引轮直径的差异，力矩相差 3 倍以上，而且制动器的力矩也要增加同样的倍数，轴承轴负荷要加倍）。国内外均有公司生产 1:1 悬挂的永磁同步无齿轮曳引机,主要用于改造市场而很少被新梯配套使用,因为其价格是要显著高于 2∶1 悬挂的曳引机。

(三) 编码器和变频器问题

电机力矩太大不仅导致电机成本过高,而且由于速度很低,相关的速度编码器的分辨率也要相应提高。否则,在低速运转时由于闭环失控时间的延长,将对拖动控制系统——变频器的工作带来难度,随之而来的就是电机运行性能的大幅度降低。

为什么编码器会造成失控呢?这要从编码器的原理来分析,由于广泛使用的光电编码器输出的是离散脉冲信号,脉冲与脉冲之间总有一定的间隔,在相邻两个脉冲之间,编码器无法分辨位置的变化,当然也就无法检测速度了。以传统交流异步 4 极电机为例,每转脉冲一般为 1024 点,也就可以计算电角度每度对应脉冲数为(不考虑倍频):

$$\frac{1024}{\frac{4}{2} \times 360} = 1.4\dot{2} \qquad (2-12)$$

如果要达到同样的电位置检测精度,20 极永磁电机应采用的编码器每转点数应为:

$$1.4\dot{2} \times \frac{20}{2} \times 360 = 5120 \qquad (2-13)$$

由此可见,随着极数的增加,编码器分辨率也成比例地增加,才能保证控制的精度。为此有不少欧洲公司的变频器都推荐采用 sin/cos 编码器,因为这种编码器实际上是一种模拟编码器,其分辨率更多地取决于电路的检测能力,能轻易达到每转上百万的等效脉冲数。

除了速度编码器的分辨率以外,用于永磁同步的电机还要有另外一个编码器,即磁极位置编码器,用来指示磁极的位置,这是由电机原理决定的,变频器将根据磁极位置控制逆变桥臂的换相。如果不计成本的话,也可以采用绝对式光电编码器,直接检测转子位置,包括磁极位置。

速度编码器和磁极位置编码器一般都制作在同一个壳体上。以普通 AB 相方波光电编码器为例,加上 UVW 相进行磁极位置检测,由于 UVW 三路信号可以将 360°电角度分成 6 等份,因此用于永磁同步电机的光电编码器也有极数,且其极数与电机相同,不能混用。这点曾严重制约了永磁同步电机的设计。在电机设计时,总是希望能得到最好的通用性,也就是同一种冲片虽然槽数固定,但是可以被不同极数和不同绕组形式的电机所共用。在理想的情况下,同一种冲片甚至能覆盖从低速到超高速电梯所有的型号规格。然而由于编码器的极数限制——市场不能提供设计人员需要的极数,从源头上影响了设计的选型和优化。

由于 sin/cos 型的磁极位置检测(所谓的 C、D 刻轨)进行了单圈机械绝对位置的检测,就没有极数之分——可适用于任何极数的永磁电机,从根本上影响到电机的设计方案选型,其实用意义是非常巨大的,最典型的产品海德汉 1387 型正余弦编码器目前已经得到大量推广使用。

对于同步电机及异步电机控制的难易问题,必须对电机的数学模型有所了解。下面将 3 种电机的矢量控制进行简单归纳,如表 2-2 所示。

表 2-2　电机的矢量控制简单归纳

电机类型	模型特点	控 制 难 度
异步电机	交直轴磁阻相等	由于转子磁场位置要间接计算得到，因此实时计算工作量大，而且参数变化存在定向不准的问题。 控制精度：一般 控制难度：较难
隐极同步电机	交直轴磁阻相等	转子磁场位置通过转子磁极位置编码器精确测量得到。因此计算简单，且精度高。 控制精度：很高 控制难度：易
凸极同步电机	交直轴磁阻不相等	由于交直轴磁阻不相等，大大增加了模型的复杂性，而且交直轴磁阻也因为磁路饱和而变化。 但是也有转子位置与转子磁场位置相对基本固定的优点。 控制精度：高 控制难度：最难

在异步电机矢量控制中，需要建立电机的多变量数学模型。在建模时，必须忽略很多次要因素，如磁饱和现象、齿槽效应等。其中也要假设电机是磁场性能隐极的——异步电机确实总是设计成隐极的。在这些假设下异步电机的模型将大大简化，剩下的最大问题也就是转子磁场位置的准确性。由于异步机转子位置与转子磁场位置可以相对任意浮动，因此模型中要根据一组观测量间接计算出转子磁场的大小和位置。这不仅大大增加了实时计算的工作量，还由于电机参数的变化导致观测计算的误差，增加了控制的难度。

对于隐极同步电机，同样可以建立多变量数学模型，只是其模型要比异步机更简单准确，这是由于其转子位置与转子磁场位置是完全固定、没有相对移动的。通过转子磁极位置，编码器可以精确地得到转子磁场的位置信息。这既简化了控制算法也保证了控制的精度。

但是，对于凸极同步电机，在建立其多变量的数学模型时，显然不能再假设其交直轴磁阻相等了，这就从根本上增加了模型的复杂性。而且，由于磁路的饱和效应，交直轴磁阻也是变化的。因此，凸极同步电机的数学模型比异步电机复杂得多，控制的难度当然也复杂得多。

当然，由于电枢反应的缘故，影响电机工作特性的最根本之处始终还是气隙磁场，本书不再做深入分析。

由此可见，如果出于增加电机出力的目的，将电机设计成凸极型式以利用磁阻转矩，一定要配用有相应功能的变频器才能达到期望的效果，否则可能适得其反，影响配套性甚至导致电机的运行性能降低。这点在早期的永磁同步电机开发中已有不少前车之鉴。

(四) 制动器问题

1. 制动器的一般问题　无齿轮曳引机在制动器设计上的难度大幅度提高。在制动器系统中，主要的难点仍然在电的方面，即电磁铁的推力仍嫌不够大。与电机本身同样的问题摆在设计人员的面前,就是如何在成本允许的情况下大幅度提高电磁铁的推力。为此世界各国的设计人员做了大量探索,甚至干脆采用液压系统来松闸。就电磁铁松闸形式来说,有的采用了多级杠杆机构,有的采用了多盘式制动器,有的采用了V形槽制动轮,有的采用了非对称块式结构,这些措施间接减小了电磁铁的推力。就电磁铁本身来说,为了缓解推力和发热的矛盾,必须采用电磁场有限元计算来对电磁铁进行优化设计。不仅如此,国内外也有些公司专门为电磁铁设计了基于电力电子技术的电磁铁强励磁电路。在制动器打开瞬间,由于气隙较大,气隙磁压降很高,为了达到必需的励磁安匝数,此时对线圈供给超过额定值3~5倍的电压,在制动器打开后,如果不及时降低电压,由于线圈发热量是额定值的10~25倍,线圈将在短时间内烧毁,因此要通过电子线路在强励磁数秒钟内降压至可靠的维持电压。要完成这一功能一般都要采用半导体变流装置,由此也带来系统复杂化和制造成本的上升。

总之,制动器的制造成本、噪声和可维护性往往成为令人头疼的问题。综合考虑各方面的因素,如果没有特殊的情况,传统的外抱块式制动器仍然是首选的设计方案,这点已经在国内外曳引机的改型设计中得到有力印证。不过,由于制动器直接作用于低速轴上,且普遍采用了双备份的结构形式,这就避免了传动环节失效故障导致的飞车失控,也就自然地满足了新版GB 7588—2003对于上行超速保护的要求,可以不必装设其他的上行超速保护装置,诸如上行安全钳或钢丝绳夹绳器。

传统的制动器为鼓式制动器,近年来曳引机上也逐步流行盘式制动器。选购汽车时配备盘式制动器就意味着高档,同时也是高性能的代名词。同样的,曳引机采用盘式制动器也有很多优点,鼓式制动器和盘式制动器进行简单的对比见表2-3。

表2-3 鼓式制动器和盘式制动器的简单对比

对比项目	盘式制动器	鼓式制动器
热稳定性	热稳定性很好。这是因为制动盘对摩擦衬块无摩擦增力作用,还因为制动摩擦衬块的尺寸不长,其工作表面的面积仅为制动盘面积的12%~16%,故散热性较好	热稳定性一般。摩擦面积达到制动鼓面积的50%以上,散热较为困难
污物稳定性	污物稳定性很好。这是因为摩擦接触面单位压力高,易将水及其他污物挤出,同时在离心力作用下污物也易于甩掉,因此只需经1~2次制动即能恢复正常	污物稳定性一般。摩擦衬片材料承受压力较小,因而水及其他污物的影响需经过10多次制动后才能恢复正常
制动稳定性	制动稳定性很好。制动力矩与弹簧力以及摩擦系数呈线性关系,没有任何自行增势或减势的作用,因此在制动过程中制动力矩增长和缓	制动稳定性一般。由于楔形效应,制动块总是处于自行增势或减势状态,因此制动性能不够稳定,内张鼓式制动器尤其严重
摩擦衬片随位	摩擦衬片自动随位。衬片具万向自随位功能,摩擦面贴合很好,磨合期短	摩擦衬片手调随位。无随位功能,摩擦面接触不良,磨合期长
制动力矩方向性	制动力矩方向性优。与旋转方向完全无关	制动力矩方向性良。即使是对称结构也无法保证与方向完全无关

续表

对比项目	盘式制动器	鼓式制动器
体积和重量	在制动力矩相同的条件下,结构较紧凑,尺寸和重量小	结构不够紧凑,外形尺寸比较膨大
动作灵敏性	动作灵敏性很好。松闸间隙很小(0.10~0.25mm),这就大大缩短了制动器的动作时间,确保了高度的安全可靠性	动作灵敏性不好。松闸间隙很大(0.40~0.70mm),制动器动作有严重的机电迟滞性,易于引起失控
热膨胀影响	热影响小。发热引起的制动盘厚度变化只有鼓式的1/20~1/50,几乎可以忽略不计,因而松闸间隙能很小且维持恒定	热影响大。发热会引起制动鼓直径的显著变化,松闸间隙难以进一步减小,且不能维持恒定
衬片磨损	衬片磨损自动补偿。在衬片磨损后,虽然压缩弹簧伸长,但弹簧是恒刚度的,制动力矩不会下降,故调整维护周期可很长	衬片磨损无补偿。衬片磨损后会导致制动力矩明显下降,故要勤于调整维护
制动器驱动力	制动器驱动力很大。由于无自行增力作用,要求驱动力很大,从而电磁铁吸力也相应要很大	制动器驱动力较小。通过杠杆机构增力,因此可以用小吸力电磁铁来驱动
结构性与经济性	结构复杂,加工精度高,功能完备,同时摩擦材料要能承受很高的压力,因而成本很高	结构简单,加工要求低,性能平平,只需普通的摩擦材料,故成本很低

制动器的制动压紧力要靠有导向的压缩弹簧来施加,而松开制动器最常见的是采用电磁铁。某些高速电梯中也有采用液压来松闸的,液压松闸系统比较复杂且价格也较昂贵,但是液压松闸系统也有一系列的优点,最突出的就是松闸过程的动态特性大范围可调,还可以很方便地实现衬片磨损的自动补偿,另外在同样体积的前提下可以实现比电磁铁更大的松闸力。

2. 安全制动器 传统上,人们有一种误解,认为啮合传动是足够可靠的(当然还有成本的考虑),因此一般将制动器设计成作用于高速轴上。然而,实际情况并非如此,啮合失效的危险不能排除,这是新规范 EN 81—1:1998 的一个基本考虑。

除了传动啮合失效,制动失效也是最常见的一种危险故障,这种故障在我国电梯事故中发生得尤其多,为什么这样说呢？这是由制动器设计上的先天缺陷造成的,即以前广泛应用的曳引机制动器不是所谓的"安全制动器",下面简单介绍安全制动器的基本概念。

在老标准 GB 7588—1995 中 12.4.2.1 条就有规定"所有参与向制动轮(或盘)施加制动力的制动器机械部件应分两组装设,并具有合适的尺寸,以满足:当一组部件不起作用时,制动轮(或盘)上仍能够获得足够的制动力,使载有额定载荷以额定速度下行的轿厢减速。"满足这条规定的制动器就是所谓的安全制动器,而安全制动器完全失效的可能性不必考虑。

然而,这条规定当时却是暂缓执行的,新版 GB 7588—2003 中这条规定不再是暂缓执行了。因此从 2004 年开始投产的电梯,理论上其曳引机上装设的制动器都应是安全制动器,这就从根本上防止了制动器失效的可能。

典型的非安全制动器如图 2-10 所示。其中制动弹簧、拉杆均只有 1 个,其一旦损坏,制动器就完全失效,图中的电磁铁没有静止铁芯,也不符合要求。

图 2-11 所示的隐匿的非安全制动器的可动衔铁只有一个,只要衔铁卡阻而不能向上回退复位,制动器将完全失效。这种制动器目前在老电梯上大量存在,是我们应重点关注的隐患。

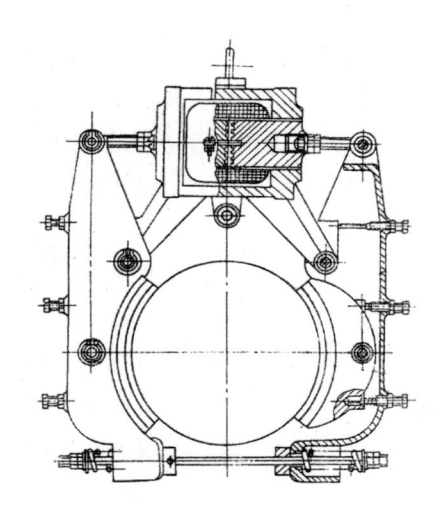

图 2-10 典型的非安全制动器

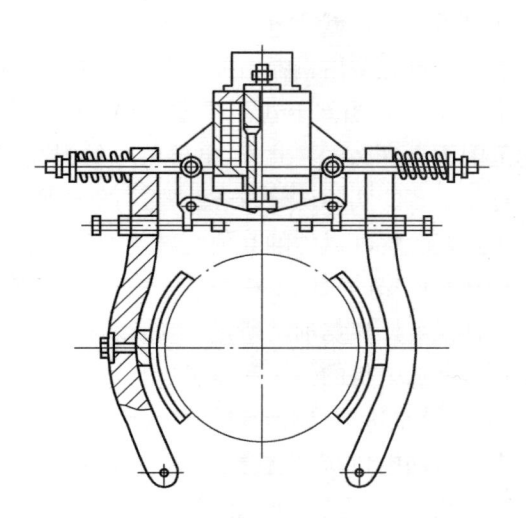

图 2-11 隐匿的非安全制动器

在图 2-12 中,制动弹簧、拉杆也只有一个,不过此处主要用来说明衔铁不完全独立的情况。图 2-12 中的电磁铁其衔铁有两个且分别驱动一个制动臂,这种情况表面看起来有两个可动衔铁,但是这两个衔铁却不是完全相互独立的,其中任一衔铁均是另一衔铁的磁路的一部分,只要剩磁太大,仍可能导致制动器彻底失效,因此建议尽量不要采用这种电磁铁方案。

显然,目前广泛应用的电梯中许多制动器不能完全满足上述安全制动器的要求,而且也由此每年均会出现很多严重事故。

总而言之,判断一个制动器是否为安全制动器,可以设想当制动器的任何一个部件(或部位)失效,如断裂、松弛、不动作、动作后不复位……此时只要不会导致制动功能完全丧失,这个制动器就是安全制动器。

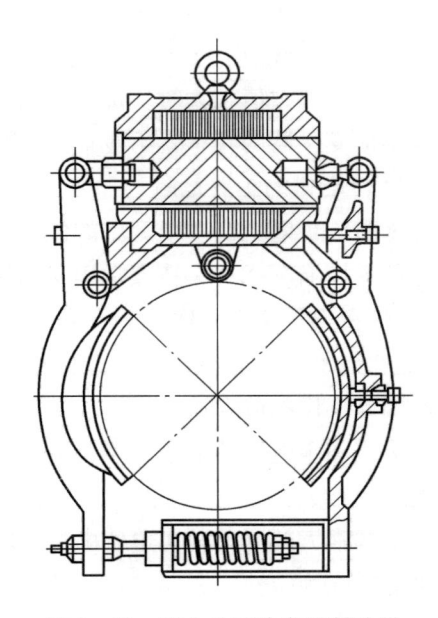

图 2-12 安全性不确定的制动器

(五)电机的效率和功率因数

无齿轮驱动系统的效率也并非十分高。人们时常认为永磁电机的效率很高,其实这仅适用于高速电机,对于低速电机则不尽然。前文已述及,无齿轮曳引电机的转速并没有用足,即功率容量没有得到充分利用,举一个具体例子如下:

某永磁同步电机的额定转速为 150r/min,对应的功率为 11kW。若按照正常的电机设计方案,在不增加任何成本的前提下该电机可以达到的理想转速应为 3000r/min,此时电机的输出功率为220kW，在这种情况下电机的效率才能达到很高。如果效率为98%时，稍加计算就可以得到电机的总损耗为4.5kW。现在电机的转速虽为150r/min但却没有用足，同时电机的铜损耗却几乎不变。机械摩擦损耗为与转速近似成正比，铁耗与转速的平方近似成正比。假设此时电机的总损耗完全由铜耗组成，即减小到一半为2.25kW，由此可以计算出电机在150r/min时的效率为83%。当然上述简单推算并非严格计算，实际永磁电机尽可能增加了极数，电机转速变化范围不会这么大。此外，电机效率的提高还与有效材料的用量（即成本）密切相关。根据国外有关学者的实际试验，在经济可行的通常设计方案下，永磁同步无齿轮系统的总效率要普遍低于除蜗轮蜗杆以外的其他有减速的曳引机。

某些厂家的永磁电机安装了散热风机，有人认为这是其电机效率低温升高的表现，其实这是一种误解。根据前文所述，电机设计时总是要想方设法合理地用足电负荷 A 和磁负荷 B，否则必将增加电机的体积和重量，也就增加了成本。如果电机温升极低就意味着电机的热负荷很小，远远没有达到材料允许的使用限度，这在某种程度上其实是一种浪费。一般来说，增加散热风扇能增加电负荷，也就能提高电机的输出力矩（或功率），或者反过来说，当输出力矩一定时，采用散热风扇能减小电机的体积和重量，从技术经济效益而言是有好处的，这也就是国外很多永磁同步曳引机使用散热风扇的原因。

由于目前多数采用面贴式永磁转子结构，其电磁性能属于隐极特征，最优控制方式为直轴电流为零（$i_d = 0$）时的所谓伺服控制模式。在这种控制模式下，永磁电机的功率因数不高，尤其在同步电感数值较大时。负载的加大会导致功率因数迅速降低，同时端电压也将显著提高，这样的话变频器的容量就不能被充分利用，这是 $i_d = 0$ 控制方式的一个显著缺点。

（六）电机的短路危险

永磁同步电机有一个突出的优点，就是在短接三相绕组时可以作为发电机运行，从而使电梯避免失控溜车。这一特点常用于电梯困人故障的解救操作中：只要松开制动器，短接三相绕组，电梯在不平衡力的作用下将滑行到需要到达的楼层。应该指出，如果直接短接而不串入电阻，电梯溜车的速度将会很慢，因为此时相当于发电机短路，在很小的速度下就会产生很大力矩。因此实用的放人操作中往往要接入适当的电阻。

永磁同步电机的上述特点也带来了潜在的危险，电机在高速运转时是否会由于某种原因导致绕组短路呢？此时带来的后果将是极其严重的。在电机绕组中将会产生巨大的短路电流，同时产生非常大的制动转矩迫使电机停转。过大的短路电流将可能使永磁体失磁，这就是短路现象中的电磁稳定性问题；而过大的冲击制动转矩将使线圈端部变形甚至松散解体或者导致永磁体脱落，这就是短路现象中的机械稳定性问题。总之，发生短路时的机械电磁稳定性问题是非常重要的，必须妥善地考虑和解决，否则发生短路时电机将可能严重损毁。

为此，在设计中应考虑削弱去磁磁势的磁路结构、抑制短路电流的电路结构以及可靠固定线圈端部和永磁体等。尤其重要的是，制作完成的电机均应进行短路试验，以检验在规定的短路电流作用下每台电机实际的机电磁稳定性是否达到规定的要求。

（七）电梯曳引动力学

EN81—1：1998《电梯制造与安装安全规范》的草案版本至今已经20余年了。这期间，世界各地的电梯技术专家对标准内容中出现的大小差错不断地进行指正。

EN 81—1:1998《电梯制造与安装安全规范》附录 M 是关于曳引力计算的内容,其中给出的一个实例包含了相当复杂的公式。在国际电梯技术期刊中,对此公式也有不同的看法,有些论文还依据新老标准比较计算了实际电梯的工况,认为考虑钢丝绳质量以及滑轮惯量甚无必要,只是徒增计算过程的麻烦和复杂而已。

经过计算分析,该公式并不适用于钢丝绳倍率为 3 的时候。有鉴于此,我们有必要对该公式进行详细地推导,只有从根本上理解该公式,才能得到清晰的钢丝绳滑轮系统工作过程的物理图景,以便在实际工作中正确地应用该公式。

因此,下面仿照标准 GB 7588—2003 附录 M 的体例给出了可以直接覆盖原标准内容的最终完整修正结果,参见图 2 – 13。详细的推导过程见附录 A。

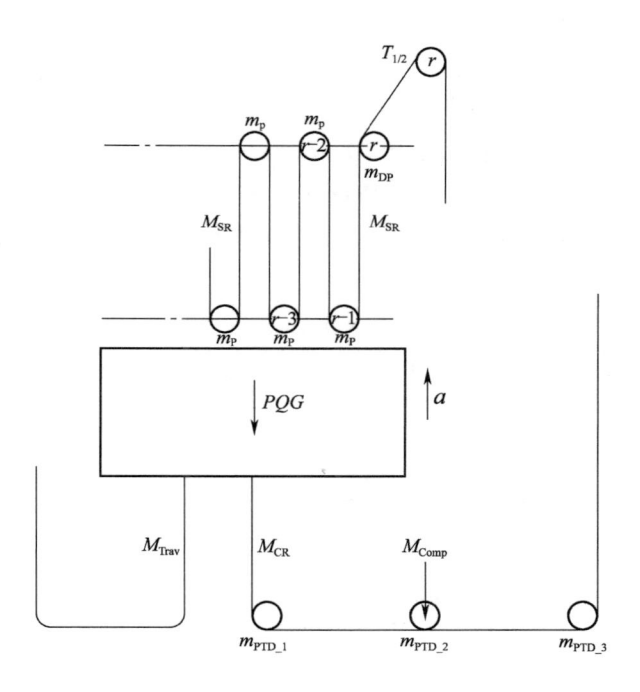

图 2 – 13 通常情况

计算公式如式(2 – 14):

$$T_{1/2} = \frac{(PQG + M_{Trav} + M_{CR})(g_n + a) + \frac{1}{2}M_{Comp}g_n + \frac{a}{2}\sum m_{PTD} \pm FR}{r} + \frac{M_{SR}\left[g_n + \left(\frac{r^2+2}{3}\right)a\right] + \frac{2r^2-3r+1}{6}m_P a + m_{DP} \cdot ra}{r} \quad (2-14)$$

对于空轿厢,$PQG = P$;对于满载轿厢,$PQG = P + Q$;对于对重,$PQG = G$。

$$\frac{T_1}{T_2} \leqslant e^{f\alpha} \quad (2-15)$$

式中：m_P——悬挂滑轮惯量的折算质量，$m_P = J_P/R^2$，kg；

$\sum m_{PTD}$——补偿张紧装置各滑轮惯量的折算质量之和，$\sum m_{PTD} = \sum \dfrac{J_{PTD}}{R^2}$，kg；

m_{DP}——导向滑轮惯量的折算质量，$m_{DP} = J_{DP}/R^2$，kg；

n_s——悬挂绳的数量；

n_c——补偿绳（链）的数量；

n_t——随行电缆的数量；

P——空载轿厢及其支承的其他部件[如部分随行电缆、补偿绳（链）、滑轮等]的质量之和，kg；

Q——额定载重量，kg；

G——对重包括滑轮的质量，kg；

M_{SR}——悬挂绳的实际质量，$M_{SR} = (0.5H - y) \times n_s \times$ 悬挂绳单位长度质量，kg；

M_{CR}——补偿绳（链）的实际质量，$M_{CR} = (0.5H + y) \times n_c \times$ 补偿绳单位长度质量，kg；

M_{Trav}——随行电缆的实际质量，$M_{Trav} = (0.5H + y) \times n_t \times$ 随行电缆单位长度质量，kg；

M_{Comp}——补偿张紧装置（包括滑轮）的质量，kg；

FR——井道上的摩擦力，如轴承的效率和导轨摩擦力等，与速度相反，N；

H——提升高度，m；

y——以 $H/2$ 处为原点的坐标，向上为正，m；

$T_{1/2}$、T_1、T_2——曳引轮两侧钢丝绳的拉力，大者为 T_1，小者为 T_2，N；

r——钢丝绳倍率；

a——加速度，向上为正，m/s^2；

g_n——标准重力加速度，$g_n = 9.81$ m/s^2；

f——钢丝绳与曳引轮之间的当量摩擦系数；

α——钢丝绳在曳引轮上的包角。

第二节　轿　厢

轿厢是运载乘客或其他载荷的轿体部件，是电梯用以承载和运送人员、物资的箱形空间。为了乘客的安全和舒适，轿厢入口和内部的净高度不得小于2m。轿厢由轿厢架和轿厢体两部分组成，基本结构如图2-14所示。

一、轿厢架

轿厢架是轿厢的承载结构，轿厢的负荷（自重和载重）由它传递到曳引钢丝绳。当安全钳动作或蹲底撞击缓冲器时，还要承受由此产生的反作用力，因此轿厢架要有足够的强度。

轿厢架由上梁、下梁和立梁组成。主要作用是固定和悬吊轿厢，是轿厢的主要承载构件。

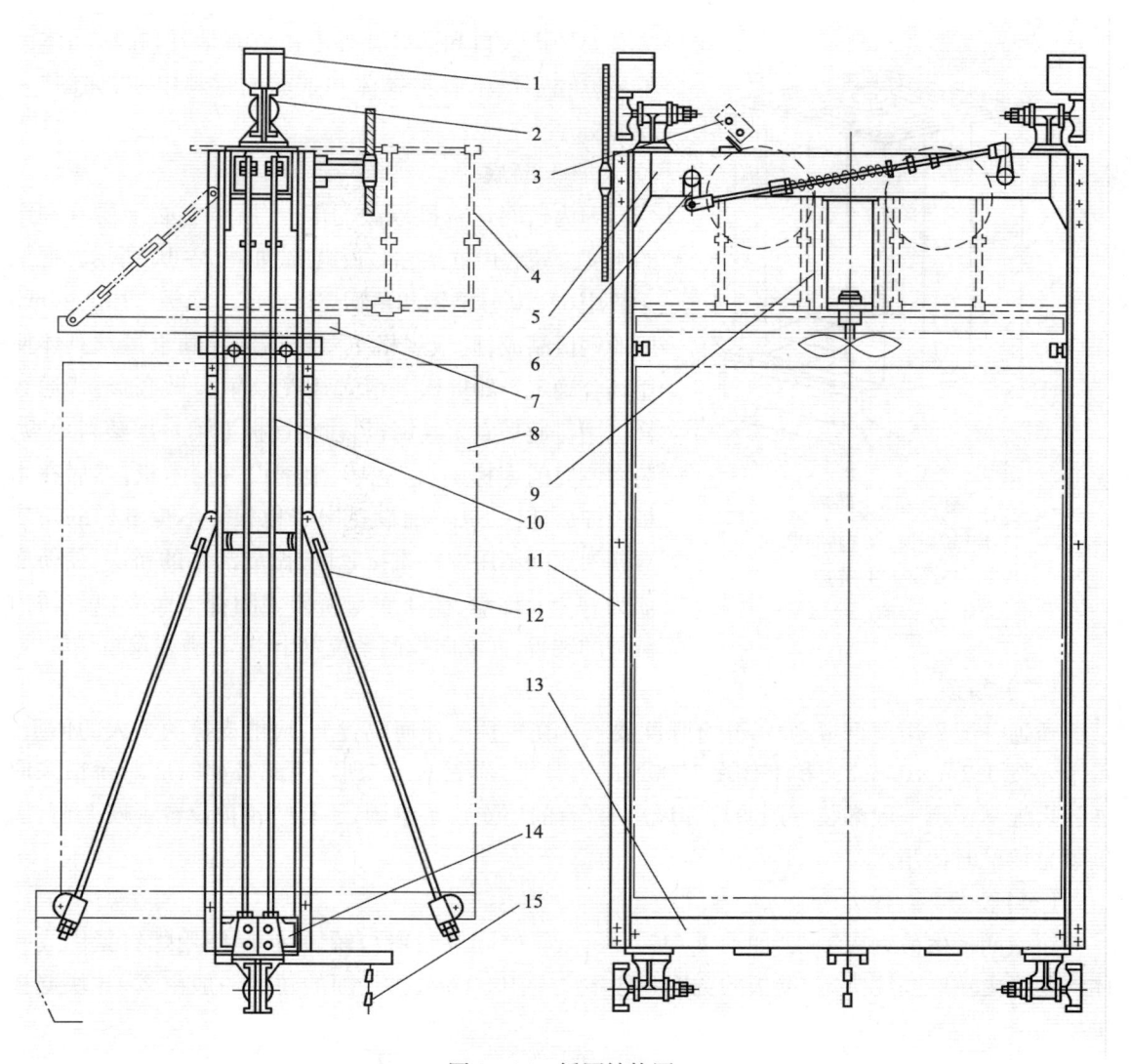

图 2-14 轿厢结构图

1—导轨加油盒　2—导靴　3—轿顶检修箱　4—轿顶安全栅栏　5—轿架上梁　6—安全钳传动机构
7—开门机架　8—轿厢　9—风扇架　10—安全钳拉条　11—轿架立梁
12—轿厢拉条　13—轿架下梁　14—安全钳口　15—补偿装置

上梁和下梁各用两根槽钢制成,也有用厚的钢板压制而成的。上、下梁根据槽钢是背靠背放置还是面对面放置有两种结构,因而立梁的槽钢放置形式也要随之变化,并且安全钳的安全嘴在结构上也有较大区别。

为了增强轿厢架的刚度并防止由于轿厢内载荷偏心造成轿厢倾斜,通常要设置拉条。设置良好的拉条可以分担轿厢底板近一半的载荷。

二、轿厢体

轿厢体一般由轿底板、轿厢壁、轿厢顶、轿门等组成。轿厢体是形成轿厢空间的封闭围壁,

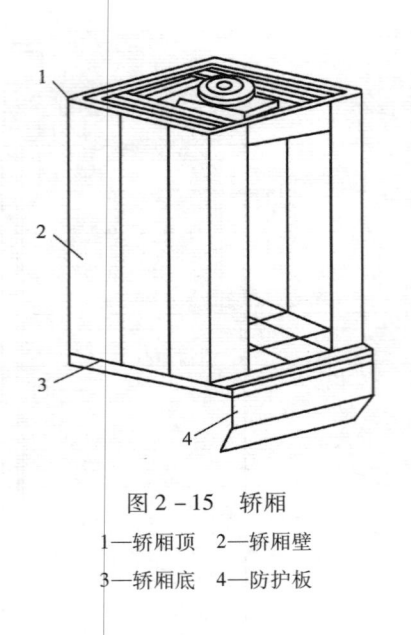

除必要的出入口和通风孔外不得有其他开口,轿厢体由不易燃和不产生有害气体和烟雾的材料组成,如图2-15所示。

(一) 轿底

因为轿底是直接承载的部分,所以它必须要有一定的刚度。轿底由框架和底板组成,如图2-16所示。框架一般用6~10号槽钢和角钢焊接而成。底板常用3~4mm厚的钢板制成,底板规格主要依据额定载重量及具体使用场合确定。如货梯一般选用花纹钢板做底板,普通客梯选用普通平面无纹钢板,并在钢板上铺一层塑料地板;装潢考究的客梯则可在框架上铺设一层木板,然后在木板上铺放地毯,也可铺设花岗岩地板。不少电梯的轿底与轿架之间不用螺栓直接紧固,做成活络的轿底,使轿底成为一个大称盘,在轿底与轿架之间都安装有测试轿内载荷的装置,并能向控制系统发出空载、满载及超载信号。

图2-15 轿厢
1—轿厢顶 2—轿厢壁
3—轿厢底 4—防护板

(二) 轿顶

轿顶一般采用薄钢板制作,并有强度要求。在轿顶的任何位置上,应能支撑两个人的体重,每个人按0.2m×0.2m面积上作用1000N的力计算,应无永久变形,因此必要时应对轿顶采取加强措施。轿顶一般都装有照明灯和风扇等,有的还安装了空调,还有些轿顶设置了安全窗,以供紧急情况时使用。

(三) 轿壁

轿壁同样由薄钢板制成,如图2-17所示。轿壁间及轿壁与轿顶、轿底间用螺钉紧固成一体。高度由轿厢高度决定,壁板的宽度一般不大于1000mm,每一面的轿壁一般由2~3块壁板拼接而成。

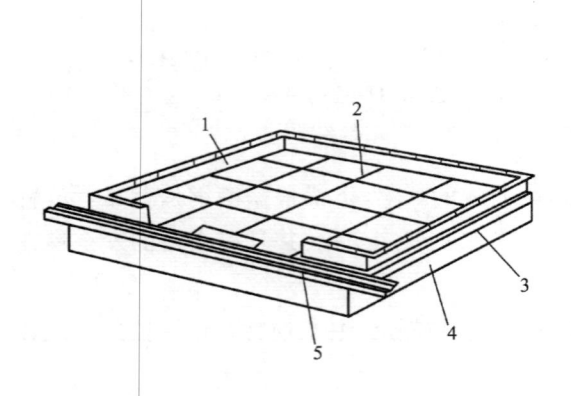

图2-16 轿底结构
1—轿壁围裙 2—装饰地板 3—钢板
4—框架 5—轿门地坎

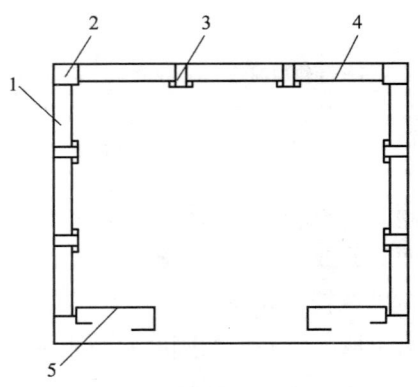

图2-17 轿壁结构
1—侧壁 2,3—轿壁连接件 4—后壁 5—前壁

三、称量装置

根据规定,当轿内载荷超过额定载重量(超过额定载荷10%,且不小于75kg)时电梯应不能启动运行,同时发出声响和灯光报警信号(有些无灯光信号)。

完成载荷称量功能的装置称为轿厢称量装置,按结构与工作原理分为机械式、橡胶块式和压力传感式三大类。

称量装置一般设在轿底,也有少数设在轿顶的上梁。基本结构是在底梁上安装若干个微动开关(触点)或重量传感器,当置于弹性材料上的活络轿厢(轿底)由于载荷增加向下位移时,触动微动开关发出信号,或由传感器发出与载荷相对应的连续信号。

(一)机械式称量装置

机械式称量装置有轿底机械式称量装置、轿顶机械式称量装置和机房机械式称量装置。设在轿底的机械称量装置如图2-18所示。它利用磅秤原理,当轿厢受载荷后,连接块在重力作用下向下移动,当轿内重量达到设定值时,轿底的下移使连接块上的开关碰块碰触微动开关,电梯控制线路被切断。此时电梯不能启动,警报器响,超载灯亮。称量值可通过移动秤砣和副砣来调节。

轿顶或机房机械式称重装置如图2-19示。它利用杠杆原理,称重装置与轿顶或机房中绳头悬挂板结合在一起,维修保养也比较方便。

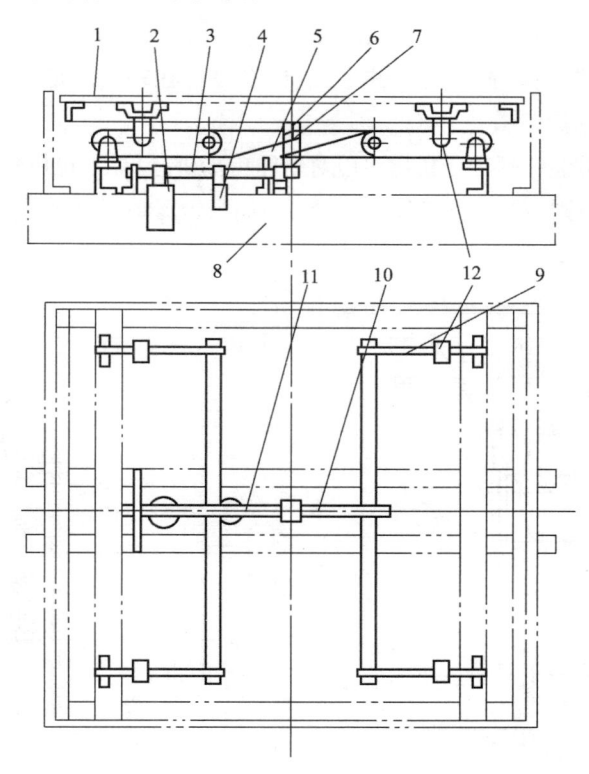

图2-18 轿底机械式称量装置
1—轿厢底 2—主秤砣 3—秤杆 4—副秤砣 5—微动开关
6—开关碰块 7—连接块 8—轿底梁 9—悬臂架
10—悬臂Ⅰ 11—悬臂Ⅱ 12—支承座

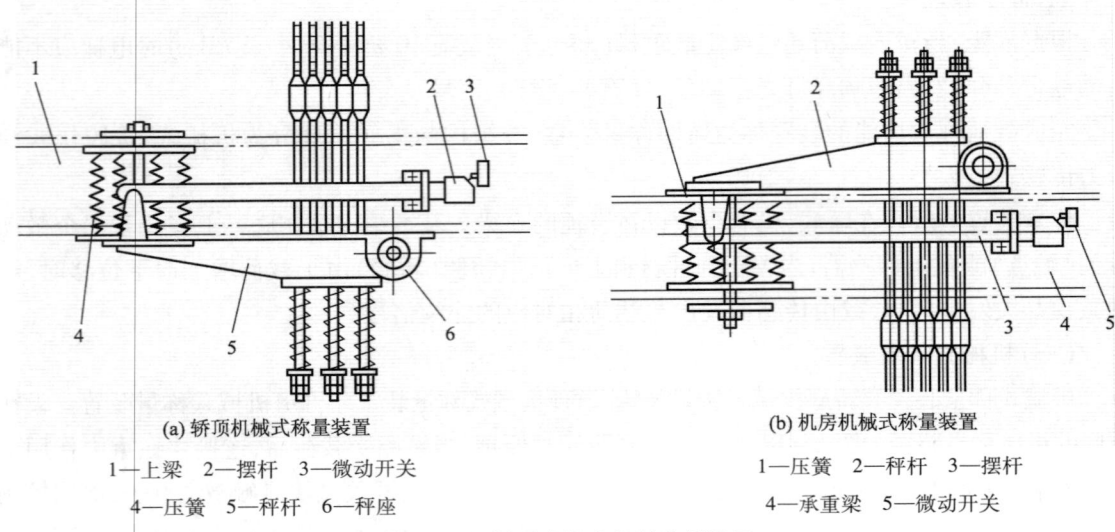

(a) 轿顶机械式称量装置
1—上梁 2—摆杆 3—微动开关
4—压簧 5—秤杆 6—秤座

(b) 机房机械式称量装置
1—压簧 2—秤杆 3—摆杆
4—承重梁 5—微动开关

图 2-19 轿顶或机房机械称量装置

(二) 橡胶块式称量装置

橡胶块式称量装置利用橡胶块受力压缩变形后触及微动开关,从而达到切断控制回路的目的。图 2-20 所示为橡胶块设置在轿顶的形式,也有设置在轿底的形式。

(三) 压力传感式称量装置

将应变式压力传感器装于轿顶或机房可以对轿厢负荷进行称重,也可将压力传感器安装在活络轿底下进行称重。超载时则控制电路工作,主电机切断,报警器鸣叫,超载灯亮,如图 2-21 所示。

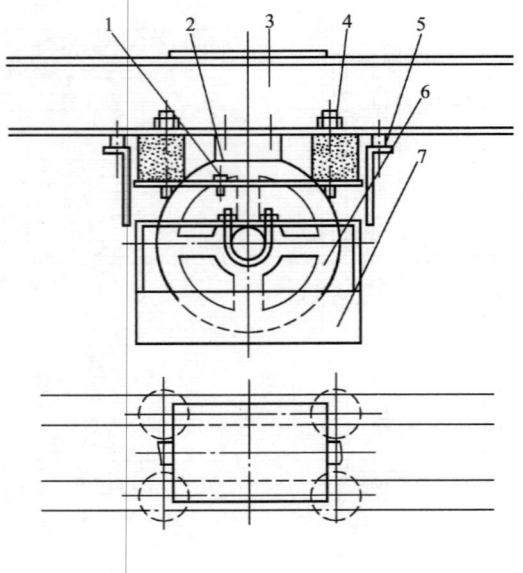

图 2-20 轿顶橡胶块式称量装置
1—触头螺钉 2—微动开关 3—上梁 4—橡胶块
5—限位板 6—轿顶 7—防护板

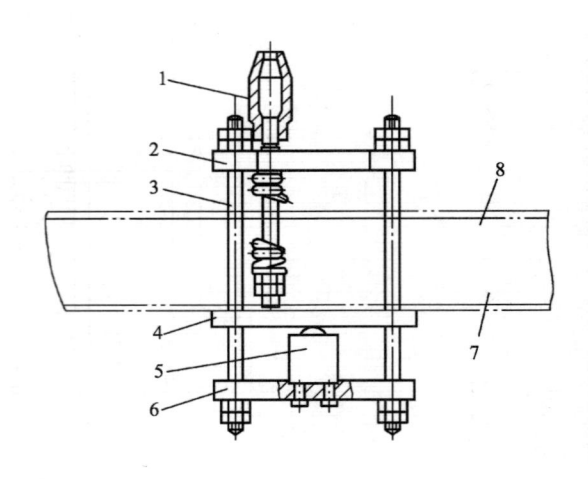

图 2-21 压力传感器式称量装置
1—绳头锥套 2—绳头板 3—拉杆螺栓 4—托板
5—传感器 6—底版 7,8—梁(或承重梁)

四、轿厢内装置

（一）操纵箱
面板上设有选层（指令）、开关门、警铃等供乘客使用的按钮。还有些用专用钥匙控制用于完成不同功能的开关，供电梯驾驶员或电梯维护人员使用。

（二）对讲装置
用于轿内与外部的通话。分为内置式（操纵箱上）与外挂式（轿壁上）两类。

（三）停电应急照明
当电梯供电中断时会自动接通应急照明灯。内置式设置在操纵箱上，外置式常设置在轿顶上。

（四）运行方向及层楼位置显示装置
运行方向及层楼位置显示装置通常集成在操作箱面板上。

（五）其他装置
其他还有设置在轿顶的通风装置等。

五、轿厢的面积限制

为防止乘客过多而引起超载，必须对轿厢的有效面积进行限制。具体可参见《电梯制造与安装安全规范》（GB 7588—2003）对额定载重量和轿厢最大有效面积的对应规定。在乘客电梯中为了保证不会过分拥挤，标准还规定了轿厢的最小有效面积。

此外，对于货梯和病床电梯，轿厢面积通常会更大一些，此时为了确保安全应该采取适当的技术措施，如专人驾驶以及主要部件按比额定载重量更大的的负荷进行设计选用以便确保运行安全等。

第三节　导轨、导靴与对重

一、导轨

电梯导轨是电梯上下行驶在井道内的安全路轨。导轨安装在井道壁上，被导轨支架固定连接在井道墙壁上。电梯导轨分为实心导轨与空心导轨两大类，如图 2－22 所示。电梯常用的导轨是"T"字形实心导轨，具有刚性强、可靠性高、安全等特点。导轨平面必须光滑，无明显凹凸。由于导轨是电梯轿厢上的导靴和安全钳的穿梭路轨，所以安装时必须保证其间隙。同时，导轨在电梯出现超速事故时要承受紧急制停电梯的冲击力，所以其强度、刚度和稳定性不可忽视。

电梯导轨是安装在电梯井道中或楼层之间的两列或多列垂直或倾斜的刚性轨道，保证轿厢和对重沿其做上下运动，为电梯轿厢、对重装置提供导向。从导轨的定义可知，导轨是垂直电梯的重要基准部件，又是涉及电梯安全及运行质量的重要部件。

（一）实心导轨
实心导轨是机加工导轨，是由导轨型材经机械加工导向面及连接部位而成的，其用途是在电梯运行中为轿厢的运行提供导向，小规格的实心导轨也用于对重导向。实心导轨规格很多，

(a) T形导轨　　　　(b) 空心导轨

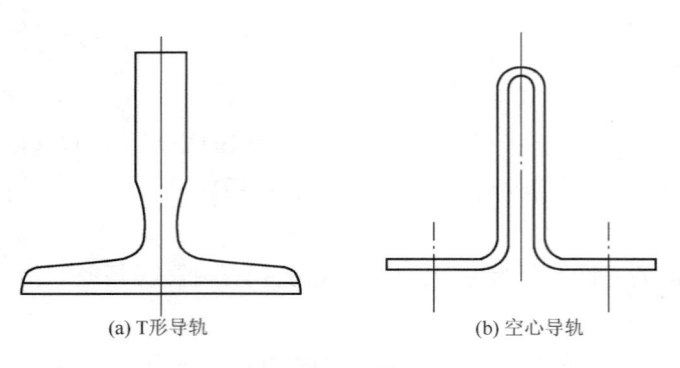

图 2-22　电梯导轨

按每米重量可分为 8K、13K、18K、24K、30K 等,按导轨底板宽度可分为 T50、T70、T75、T78、T82、T89、T90、T114、T127、T140 等。

随着人们对电梯舒适度要求的提高及电梯速度的提高,高精度导轨是导轨生产的发展方向。高精度导轨需要在普通导轨的基础上提高各方面的精度,如导向面尺寸公差、导轨高度公差、榫槽对称度公差都由原来的 0.1mm 变为 0.05mm,并增加了多项端部形位公差要求并提高了导轨直线度、扭曲度要求。高精度导轨是使用在高速电梯上的导轨,不但精度要高于普通导轨,而且还在工艺上消除了导轨潜在的弯曲及扭曲变形因素,如在导向面加工前对导轨型材进行充分的时效处理,以降低导轨型材内的残余应力,在加工端部尺寸前及精校前再次进行充分的时效处理,充分释放内应力,以降低导轨安装之后应力引起的导轨变形。关于导轨应力的设计计算实例详见附录 B。

(二) 空心导轨

对重空心导轨是冷弯轧制导轨,由卷板材经过多道孔型模具冷弯成型,主要用于电梯运行中为对重提供导向。空心导轨按每米重量可分为 TK3、TK5,按导轨端面形状可分为直边和翻边,即 TK5 和 TK5A。

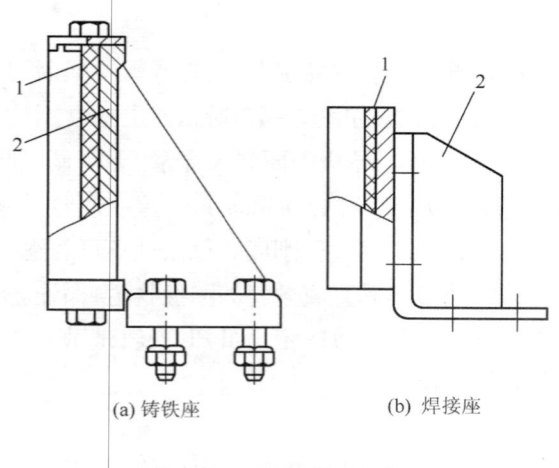

(a) 铸铁座　　　　(b) 焊接座

图 2-23　刚性滑动导靴
1—靴衬　2—靴座

二、导靴

(一) 滑动导靴

滑动导靴常用于速度在 2m/s 以下的电梯。滑动导靴按其靴头的轴向位置是固定的还是浮动的,可分为刚性滑动导靴和弹性滑动导靴。

1. 刚性滑动导靴　刚性滑动导靴如图 2-23 所示,主要由靴衬和靴座组成。靴座可由铸铁或焊接结构制作。靴衬常用具有摩擦系数低、滑动性能好、能够耐磨的尼龙材料制成。有时为了延长靴衬使用寿命,在靴衬中适量加入二硫化钼材料,增加耐磨性。

刚性滑动导靴与导轨的配合存在一定间隙,并且间隙随着运行时间的增长而增大。但固定滑动导靴的靴头是固死的,间隙增大无法调整,因而在轿厢运行时会产生晃动甚至冲击现象,使用受到限制。一般刚性滑动导靴用于速度在 0.63m/s 及以下的电梯。但是这种导靴的刚度较好,承载能力强,而被广泛用于低速、载重量大的电梯上。

2. 弹性滑动导靴　弹性滑动导靴如图 2-24 所示,由靴座、靴头、靴衬、靴轴、压缩弹簧或橡胶弹簧、调节套或调节螺母组成。

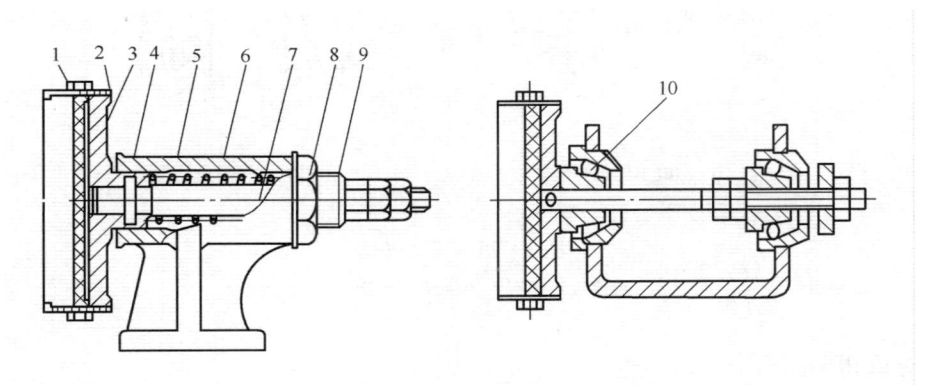

图 2-24　弹性滑动导靴
1—靴衬　2—座盖　3—靴头　4—销　5—压缩弹簧　6—靴座
7—靴轴　8—六角扁螺母　9—调节套　10—橡胶弹簧

弹性滑动导靴与刚性滑动导靴的不同之处就在于其靴头是浮动的。在弹簧力作用下,弹性滑动导靴在运行中具有一定的吸收振动与冲击作用。

弹性滑动导靴的弹簧初始压力主要由电梯所受的偏载力、额定重量及轿厢尺寸等因素确定。过大会增加轿厢运行中的摩擦力,削弱减振性能;过小会使弹性支撑力不足,轿厢运行不平稳。所以需根据预先的计算来确定弹性导靴的预压缩量。

压缩弹簧式弹性滑动导靴的导靴头只能在弹簧的压缩方向做轴向浮动,仅有单向浮动性;橡胶弹簧式滑动导靴的导靴头除了能做轴向浮动外,在其他方向也能做适量的位置调整,因此具有万向浮动性。

(二) 滚动导靴

滚动导靴如图 2-25 所示,以三个滚轮代替滑动导靴的三个工作面。三个滚轮在弹簧力作用下始终压贴在导轨的三个工作面上,电梯运行时,滚轮在导轨面上做滚动。由于弹性支撑的作用,使轿厢运行具有良好的缓冲减振,并能在三个方向自动补偿导轨的各种几何形状误差及安装偏差。滚轮外缘常用硬质橡胶或聚氨酯材料制成。由于滚轮对导轨的运动方式为滚动摩擦,所以轿厢的运行阻力减少,节省了能量。这种导靴在高速电梯上应用非常广泛。

对于重载高速电梯,为了提高导靴的承载能力,有时候采用六个滚轮的滚动导靴。

(a) 三轮滚动导靴　　(b) 六轮滚动导靴

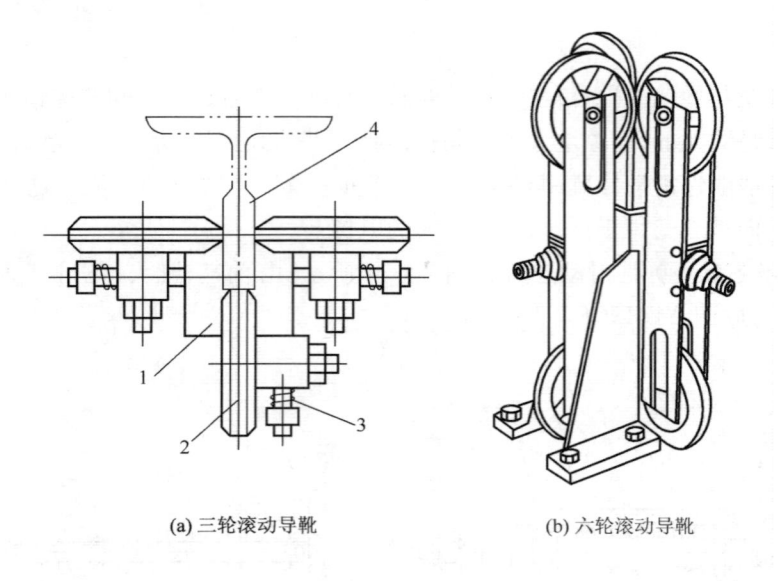

图 2-25　滚动导靴
1—靴座　2—滚轮　3—调节弹簧　4—导轨

三、对重和平衡重

对重框和对重块，又称为对重装置。对重块可以放置在对重框中，用来调整对重重量，可以进行增减。对重装置有多种结构形式，一般由对重架、对重块、导靴、缓冲器碰块、压块及与轿厢相连的曳引绳等组成，有的还有对重轮，如图 2-26 所示。

对重的作用是平衡轿厢，即在轿厢和对重框之间有曳引绳连接，曳引绳由机房的曳引轮与曳引绳产生的摩擦力来带动轿厢上下运动。对重的作用是平衡轿厢的重量，这样曳引轮只需要带动轿厢与对重重量之差即可使轿厢上下运动。

对重块的材质一般为铸铁，但成本高。随着电梯制造成本压力的增大，近年来对重块更多采用"水泥"来制作，但由于水泥的比重太小而导致体积增加太多，从而影响到井道尺寸，所以要设法提高材料的比重，可行的措施就是采用铁矿石为基本原料代替普通的石块，与水泥混合后并辅之以适当的内部补强骨架，在模子里凝固后即成为"水泥"对重块。

对重还有一个重要的作用就是确保电

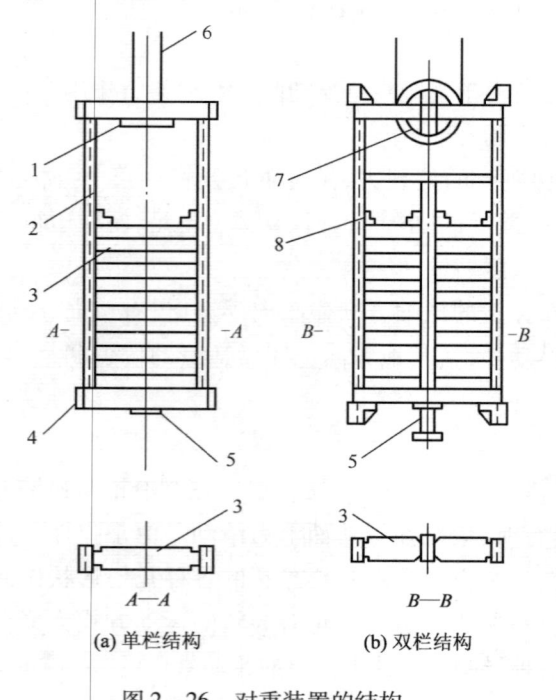

(a) 单栏结构　　(b) 双栏结构

图 2-26　对重装置的结构
1—绳头板　2—对重架　3—对重块　4—导靴
5—缓冲器碰块　6—曳引绳　7—对重轮　8—压块

梯的曳引能力。电梯曳引是靠摩擦力在欧拉公式的界定下正常工作的,因此要引入一个新的名词——平衡重。换句话说,平衡重并不参与曳引能力的产生,而仅是平衡重量。

例如,我们都知道普通的曳引电梯配置的是对重,但对于强制驱动的电梯,包括卷扬式、齿轮齿条式、链条式等,配置的就是平衡重。因为假如没有平衡重,则只要驱动主机的转矩足够,这些电梯也是能够工作的。

曳引式结构电梯的对重不能太重,也不宜太轻,它应与乘客和载物的轿厢那侧的重量相称。即电梯的平衡系数按规定应在 0.4~0.5 之间,即对重的重量要与轿厢的重量再加上 0.4~0.5 倍电梯的额定载重量相平衡,即对重重量 = 轿厢自重 + (0.4~0.5) × 电梯额定载重量。

电梯平衡系数是度量电梯在运行中不平衡状态量的一个参数,平衡系数影响到驱动电机的输出转矩,从而影响到电能的消耗。曳引式电梯使用对重的一个主要目的就是为了降低电梯驱动电机的功率。对于一台曳引式结构电梯,其额定载重量为 1t,速度为 1.75m/s 的 8 层 8 站电梯,可以使用功率为 15kW 的驱动电机,在对曳引钢丝绳进行精确补偿后,额定载重量为 1t,速度 1.75m/s 的 17 层 17 站电梯,同样也可以用功率为 15kW 的驱动电机。这是因为无论是 8 层 8 站,还是 17 层 17 站,运行中两台电梯的对重侧与轿厢侧质量不平衡状态量是一样的,在曳引轮上形成的力矩差没有太大区别,因而同样可以使用功率为 15kW 的驱动电机。

电梯每一次运行中所消耗的电能就是该电梯的瞬时功率对运行时间的积分再除以效率,即 $W = (\int P \Delta t)/\eta$。从功率的定义可知,电机输出的瞬时功率 P 的大小取决于电机的输出力距 M 与电机转速 n 的乘积。每台电梯的运行速度曲线都是固定不变的,那么电机的输出力矩 M 就成了影响电梯输出功率的唯一变量。从电梯结构可以看出,电机输出力矩直接受到电梯对重侧质量与轿厢的不平衡状态量的影响(还有惯量的影响)。如果曳引轮两边的不平衡量很大,当电梯运行方向与这种不平衡转矩反向时,则电机要付出较大的力矩,当然就要消耗更大的电能。如运行方向与其一致时,则电机处于发电状态,这一部分势能又以电的热效应损失了,消耗在放电电阻上。当电梯在对重侧与轿厢侧的质量平衡状态下运行时,电机的输出力矩最小,其功率和所消耗的电能也都是最小的。

电梯曳引轮两侧(即对重侧与轿厢侧)的力比值,尤其是在制动工况下的比值,是决定曳引绳与曳引轮是否打滑或电梯是否平稳运行的最重要参量。那么,描述电梯对重侧与轿厢侧不平衡状态量的平衡系数也是描述这个比值的基础。平衡系数要求在 0.4~0.5 之间,如果超差就会带来上述电梯故障现象,所以必须重新进行电梯平衡系数的测定和调整。

第四节　层门、门锁、轿门和门机

电梯有层门和轿厢门。层门设在层站入口处,根据需要每层楼可以设置一个或者多个层门,也可以不设置层门(称为盲层)。显然层门数与层站出入口相对应,轿厢门与轿厢随动。轿厢门的运动由轿顶上的自动门机提供动力,是主动门,而层门是被动门。

一、门的主要类型

层门可以分为滑动门和旋转门两种类型,其特点如表 2-4 所示。滑动门是普遍采用的类型,按照开启形式又分为水平滑动门和垂直滑动门两种。水平滑动门可为中分式和旁开式。垂直滑动门可分为直分式和闸门式。这几种门都可以是自动、半自动或手动式的。

表 2-4 门的分类及特点

分类方式	滑 动 门			旋转门
	中 分	旁 开	上下直分	
特点简介	中分门、中分双折、中分4折。开门速度比较快,但是占用井道空间较大,适用于普通乘客电梯和货梯	旁开双扇、旁开3扇。占用井道空间少,能得到较大的开门宽度,多用于病床电梯和货梯	几乎不占用井道空间,能使电梯有最大的开门宽度,多用于杂物电梯、汽车电梯	几乎不占用井道空间,特别适用于无轿门电梯、小型家用电梯

(一)中分式门

中分式门由中间分开,开门时各自向左、向右,门扇以相同的速度向两侧滑动。关门时,则以相同的速度向中间合拢。门扇一般为两扇或四扇。中分式门四扇即为中分双折式,用于开门宽度较大的电梯。如图 2-27 所示。

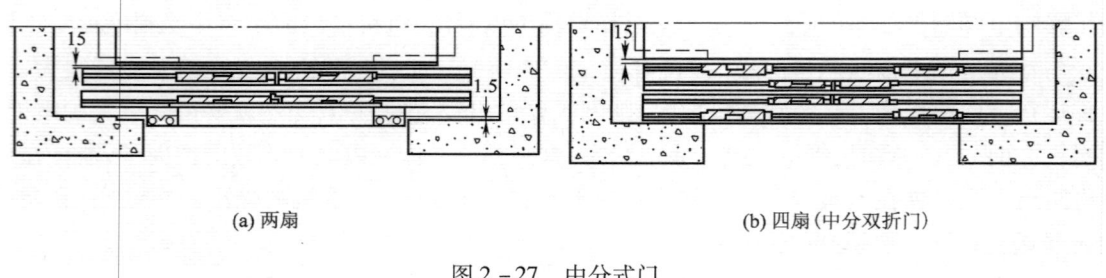

(a) 两扇   (b) 四扇(中分双折门)

图 2-27 中分式门

(二)旁开式门

旁开式门由一侧向另一侧开启或由一侧向另一侧合拢。常见的有单扇、双扇和三扇旁开式门,门扇在开、关过程中的运动方向是相同的。双扇或三扇门在打开的时候是折叠在一起的,因而又称为双折门或三折门。如图 2-28 所示。

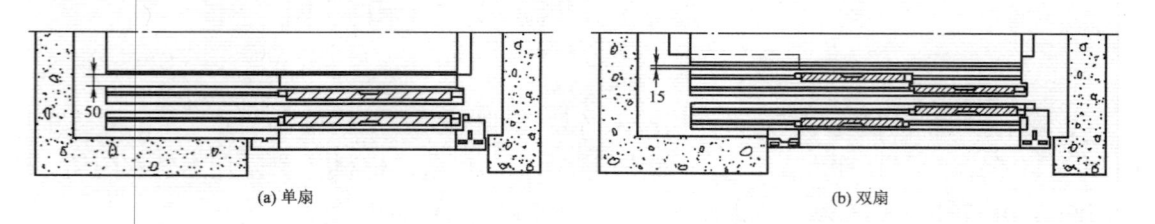

(a) 单扇   (b) 双扇

(c) 三扇

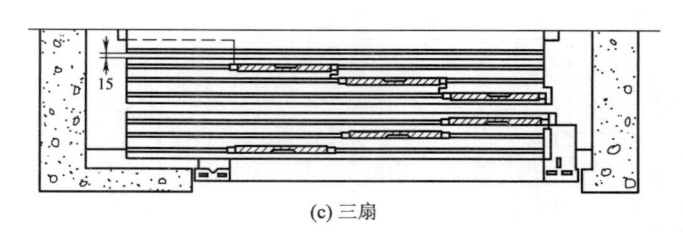

图 2-28 旁开式门

(三) 垂直中分门、垂直闸门

垂直闸门由下向上推开或由上向下关闭,故称闸门。门扇有单扇、双扇和三扇等。垂直中分门的门扇由中间分别向上、下开启层门或轿门,如图 2-29 所示。因使电梯具有最大的开门宽度,常用于杂物梯。垂直滑动门常用于大型货梯。

二、门的结构形式

以最常见的滑动式门为例说明门的主要组成部件。电梯门由门扇、门滑轮、门地坎、门导轨等部件组成,层门和轿门都由门滑轮悬挂在门的导轨上,下部通过门滑块与地坎相配合,如图 2-30 所示。门的主要部件安装示意图如图 2-31 和图 2-32 所示。

1. 门扇 电梯的层门和轿门均应是封闭无孔的,但是货梯轿门可以用交栅门,汽车电梯的轿门也有用半高式的门扇,其高度一般不低于 1.4m。有些电梯为了乘客的安全,在门上留有玻璃观察窗。

门扇一般用薄钢板折边而成,中间辅以加强筋。为了加强门的隔音功能和防止门扇自身振动,有时在门扇背面涂覆有阻尼材料。

最近很多厂家的门扇取消了加强筋,以简化工艺节约成本,此时应特别注意门的强度和刚度必须充分满足标准规定的要求。

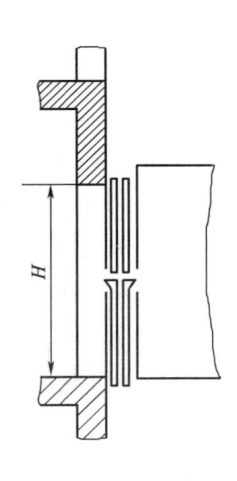

(a) 层门外侧　(b) 层门内侧

图 2-29 直分式门

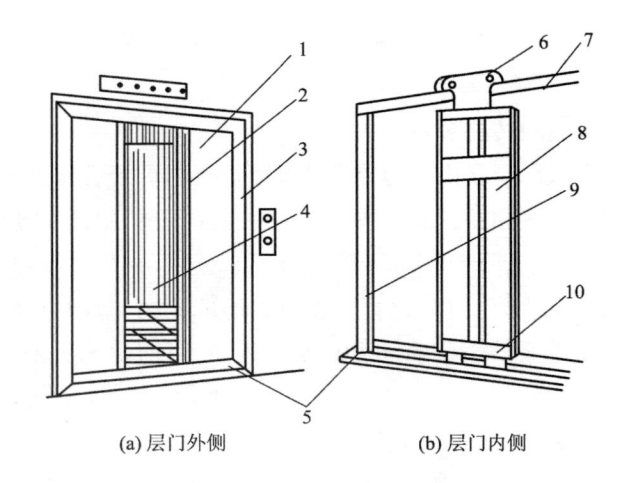

图 2-30 层门结构
1—层门　2—轿厢门　3—门套　4—轿厢　5—门地坎　6—门滑轮
7—层门导轨架　8—门扇　9—层门门框立柱　10—门滑块(门靴)

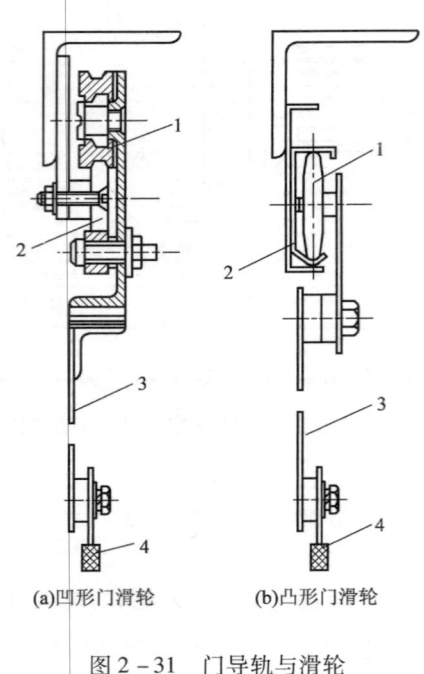

图 2-31　门导轨与滑轮
(a)凹形门滑轮　(b)凸形门滑轮
1—门滑轮　2—门上坎　3—门　4—门导靴

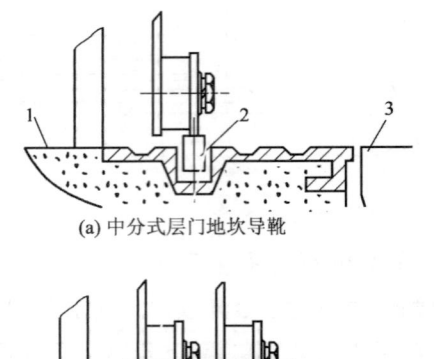

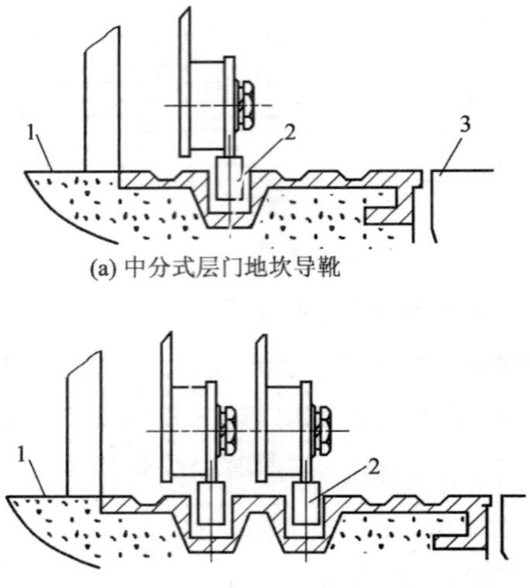

图 2-32　门地坎和门导靴
(a)中分式层门地坎导靴
(b)双折式层门地坎导靴
1—地坪　2—门导靴　3—轿底

2. 门滑轮（及导轨）　门滑轮安装在门扇上部，一般每扇门设置两个滑轮。

门滑轮多数采用滚动轴承，滑轮外缘形状与导轨相配。为了减少运行噪声，滑轮外缘一般需要包覆工程塑料或其他非金属材料。

门滑轮和门导轨系统自身应有足够的导向和约束，防止门扇脱落或者倾翻。

3. 门地坎　门地坎（与门滑块）是门扇运行的辅助导向件。门地坎一般用冷拉铝型材制成，货梯地坎需要较高的强度，用铸铁机加工而成。

对于防火层门，其结构和材料有更多的特殊要求，并需经严格试验验证。

三、门的传动装置

自动式的门是由动力传动装置来进行门的开启和关闭的，即使手动式的门也往往需要有约束联系多个门扇相互运动关系的联动装置。实现门的自动开闭的部件就是自动开门机，简称门机。

自动开门机的机械部分有带传动、链传动、行星齿轮传动等形式，门机带动门的机械形式有传统的曲柄连杆机构，也有直接驱动形式。例如，滚珠丝杠传动形式就可以直接将旋转运动转化成门扇的直线运动。随着技术的进步，目前越来越多的门机采用同步齿形带直接驱动门扇，而且门电机输出也可以不经减速而直接驱动同步带轮。当然，也有用直线电机驱动的自动门机，但是尚未大规模商品化。

图 2-33 所示为一种传统自动门机机构。为了减少开、关门时的阻力，轿门扇的上部通过门滑轮"挂"在轿厢前上部的门导轨上，下部装有门滑块（门导靴）插入地坎槽内，可以有效地保持门在运动时的平稳性。上导轨一般用钢材制成，而门滑轮常用耐磨减振的尼龙制造。

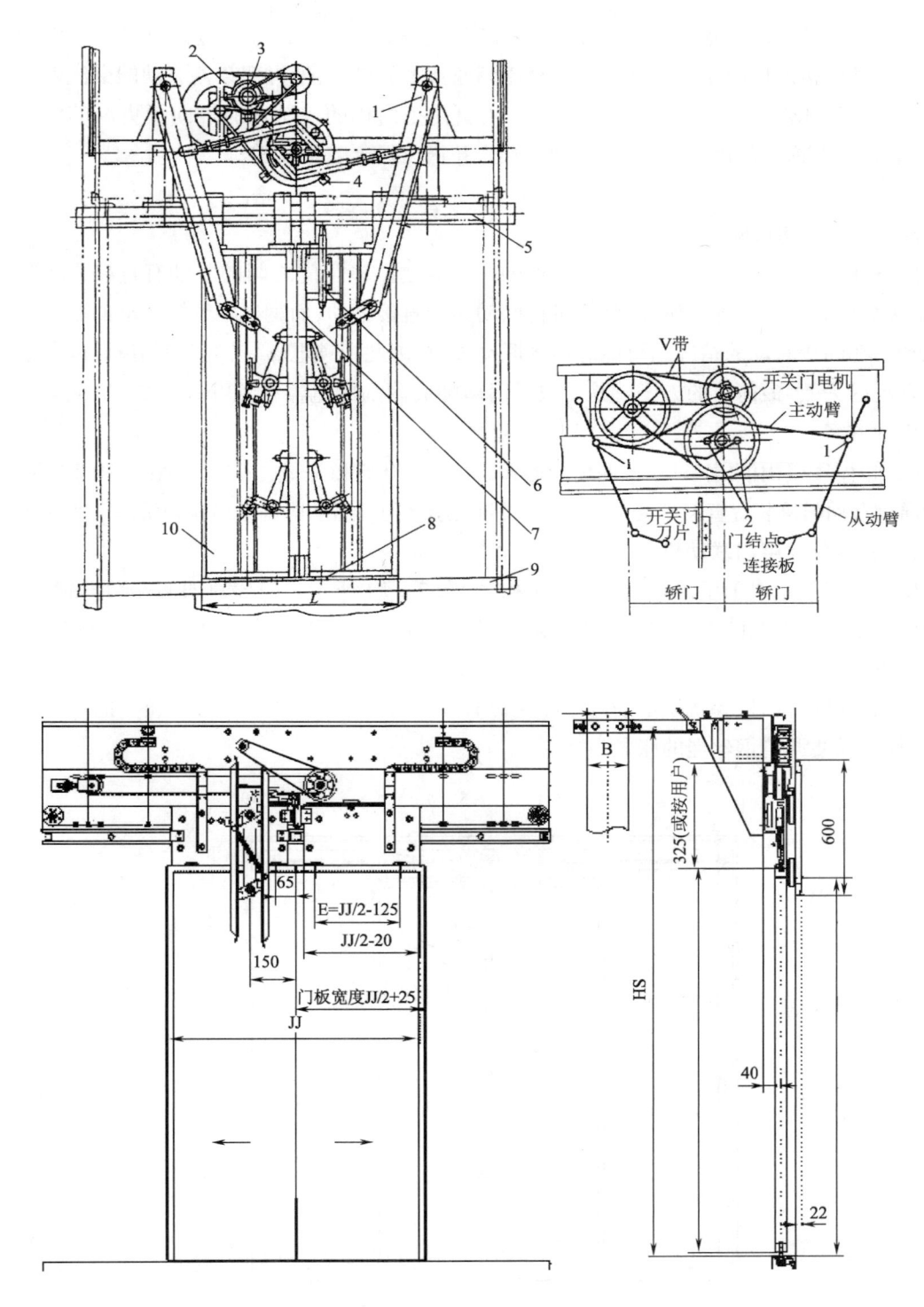

图 2-33　传统自动门机机构
1—摆杆　2—减速皮带轮　3—开关门电机　4—开关门调速开关　5—吊门导轨
6—门刀　7—安全触板　8—门滑块　9—轿门地坎　10—轿门

由于门扇的运动要求较高,因此门机往往需要较精密的自动控制,直流电机长期作为门机的主要驱动电机的原因正在于此。现代交流调速技术的进步,使得变频器驱动的交流电机也具备了极好的调速性能,尤其是永磁式伺服电机更是把门机的控制性能推向了更高的境界。目前,多数乘客电梯的门机都已经实现了变频化,并正在朝永磁化发展。

四、门的联动机构

门的联动也是很重要的牵涉到安全性的一个问题。多扇门之间的联动有直接机械联动方式、间接机械联动方式等。例如,联杆机构联动属于直接联动,而钢丝绳摩擦传动的联动属于间接联动。在间接联动的情况下可能会出现联动失效,因此门锁电器装置应特别设计以便能够检测到联动的失效,最简单的方案就是给被动门扇加装附加的电器检测开关,也有机械上设置强制约束的方案。

电梯门多数采用两扇、三扇或四扇的形式。在门的开启和关闭过程中,当采用单门刀时,轿门只能通过自动门机装置直接带动一扇层门,层门门扇之间的运动协调是靠联动机构来实现的。

(一)中分式层门联动机构

中分式层门一般采用钢丝绳式联动机构,如图2-34所示。门导轨架两端装设钢丝绳轮,两扇门分别与钢丝绳的上边和下边连接。当门刀带动一扇门移动时,钢丝绳的运动使另一扇门向相反方向移动。

采用这种结构时,导轨架上的两个绳轮应有间距调整位置,或在传动钢丝绳的一端应是可以调节的,以便调整钢丝绳的张紧力。

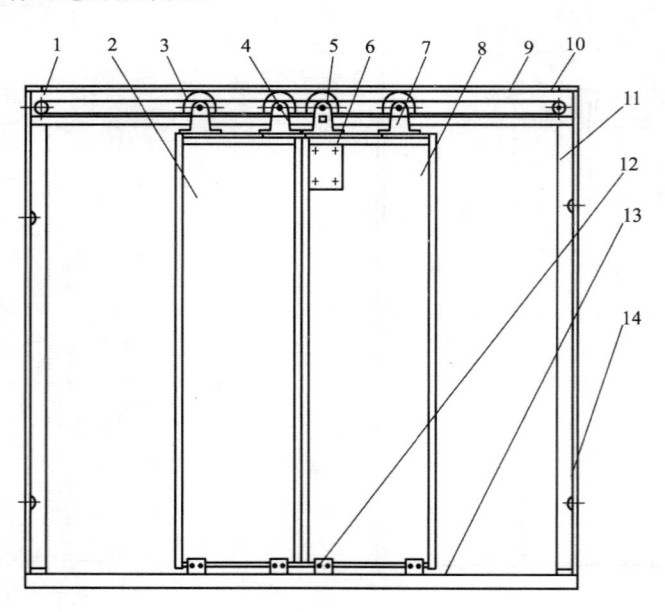

图2-34 中分式层门联动机构

1—固定滑轮 2—左层门 3—左层门滚轮 4—钢丝绳夹 5—右层门钢丝绳夹 6—联锁开关 7—右层门滚轮
8—右层门 9—钢丝绳 10—门框上坎 11—立柱 12—门脚 13—地坎 14—缓冲垫

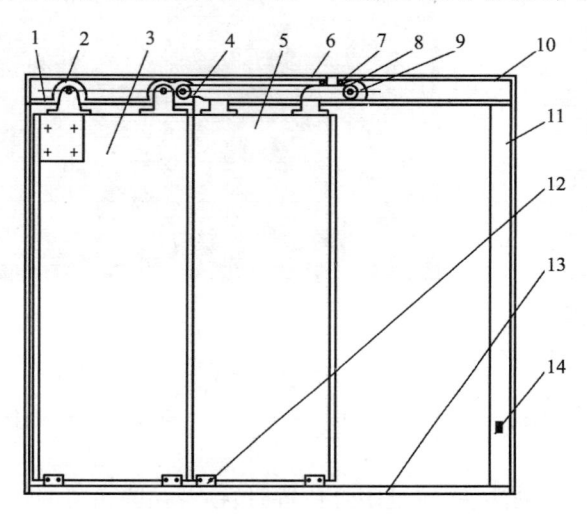

（二）旁开式层门联动机构

旁开式层门联动机构如图 2-35 所示。钢丝绳绕过慢门上的两个滑轮，两端固定在上门框，快门固定在两个滑轮中间的钢丝绳上。慢门滑轮即为动滑轮，从而使快、慢门的速比为2:1。一般层门门锁装在快门上，门刀通过门锁滑轮，首先带动快门运动。

这种由间接机械联接的门扇，除了快门门锁的电气联锁外，在慢门（从动门）上还必须有电气安全装置来证实慢门门扇的关闭位置，保证任一门扇没有关闭到位，电梯均不能启动。

图 2-35 旁开式层门联动机构
1—联锁开关 2—滚轮 3—快门 4—钢丝绳固定夹 5—慢门 6—钢丝绳 7—定滑轮
8—滑轮 9—滚轮 10—门框上坎 11—立柱 12—门靴 13—地坎 14—缓冲垫

门系统还需要有一个重要的功能，那就是层门自动闭合。当轿厢处在开锁区域以外时，层门无论由于何种原因开启，都应有一种装置能确保层门自动关闭。这种装置可以利用弹簧或重锤的作用强迫层门闭合。目前重锤式用得较多，重锤式始终保持恒定的关门力，而弹簧式除非使用了复杂的恒力弹簧，否则在关门行程不同位置时关门力一般会变化。

五、门锁

电梯层门的开和关是通过安装在轿门上的门刀的触动层门上的门锁来实现的。显然，每个层门上都装有一把门锁，有些中分式层门门扇上各装一把门锁。层门关闭后，门锁的机械锁钩啮合，同时层门电气联锁触头闭合，电梯控制回路接通，此时电梯才能启动运行。

门锁的形式有多种，但作用是唯一的。即当电梯不在某一层站时，这一层站的层门应被门锁机构锁住而不得打开。门锁具有机电联锁的功能，其作用是当层门打开时，电气联锁触点断开，切断电梯控制电路，以确保层门在未关闭到位时电梯无法运行。因此，机械门锁和电气联锁必须配合使用。机械门锁与电气联锁组合成一体的称为直接式门锁，现采用的均为直接式门锁。

图 2-36 所示是一种门锁结构的实物图。其动作原理是，电梯正常运行时，轿门刀片在每层层门锁滚轮旁穿过。当停站开门时，门刀随轿门向左移动，推动门锁滚轮，使锁臂做逆时针回

转使锁钩部分脱离锁栓,同时锁臂头部导电座与电触头开关脱离,当锁臂的转动被限位块挡住时,门刀的开锁动作结束,层门被轿门带动横移。

(a)门刀　　(b)门锁

图 2-36　层门门锁

1—门锁触点　2—门锁滚轮　3—锁臂　4—锁钩部分　5—锁栓

关门时,门刀向右推动动滚轮,接近闭合位置时,锁臂在弹簧力的作用下使锁钩部分与锁栓啮合,只有当啮合深度不小于 7mm 时,才允许门锁电气触点接触。

根据国家标准的规定,电梯门锁属于安全部件,应实行严格的型式试验制度,标准还详细规定了门锁在机械和电气方面应达到的基本技术要求。

六、门入口保护装置

为了防止在关门过程中乘客进出轿厢时被夹伤,轿门的入口处应设置安全保护装置。当门在关闭的过程中遇到障碍时,门应该立即停止关闭并自动反向开启。

常用的有接触式保护装置和非接触式保护装置。

(一)接触式保护装置

接触式保护装置,称之为安全触板。在关门过程中,沿着轿门的运动方向,安全触板能超前轿门一定距离(一般为 30~35mm)。当它触及乘用人员时,装置上的微动开关立即动作,切断电梯关门电路,并同时接通开门电路,立即停止关门并反向开启,从而避免挤伤乘客。如图 2-37 所示为有安

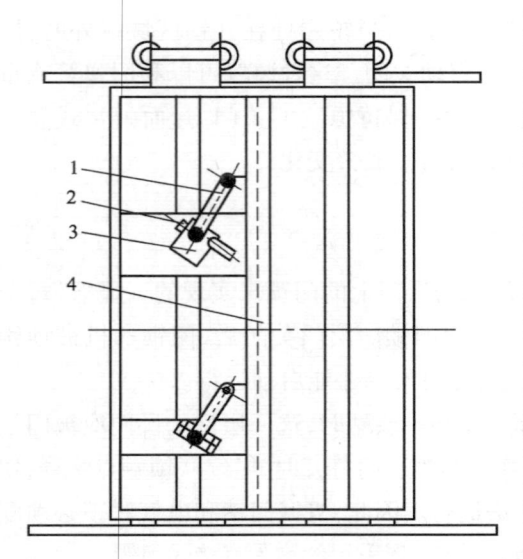

图 2-37　安全触板装置

1—控制杆　2—限位开关　3—微动开关　4—门触板

全触板保护装置的门。

（二）非接触式保护装置

非接触式保护装置包括光幕式、电磁感应式、超声波式等，或者是上述几种的组合等。常用的是红外线光幕式，该装置的发射与接收部分分别安装于轿门两边，几乎在轿门的整个高度上形成了无形的红外线"幕墙"。若有光束被遮，则切断电梯关门电路，并同时接通开门电路，立即停止关门并反向开启，如图2-38所示。

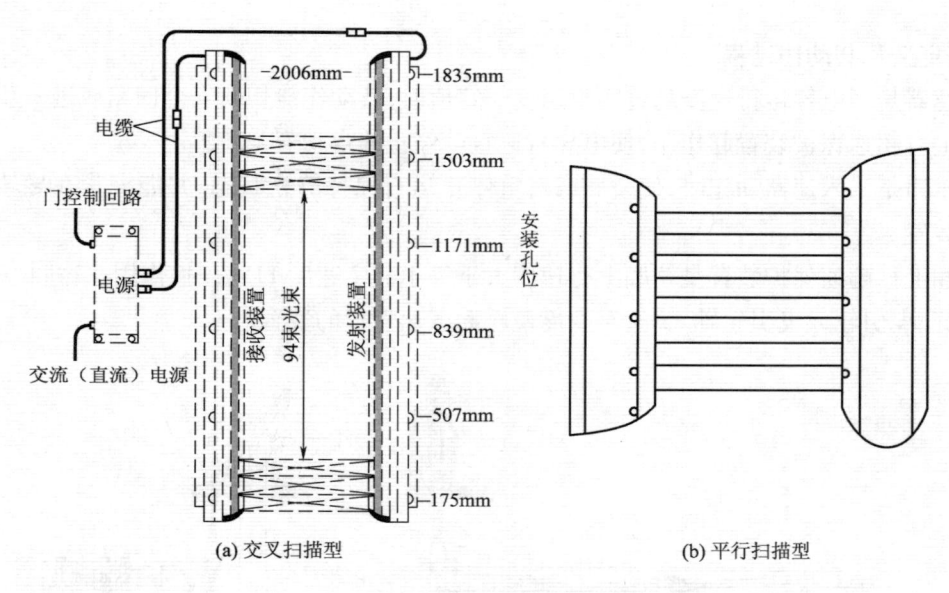

(a) 交叉扫描型　　　　(b) 平行扫描型

图2-38　红外线光幕式保护装置

除此之外，还有一种将安全触板与红外线光幕集成在一起的保护装置，称为"二合一"，如图2-39所示。

图2-39　"二合一"门保护装置

第五节　限速器、安全钳和轿厢上行超速保护装置

电梯是垂直运输设备，因此必须安全可靠。为此，电梯应具有完善的安全装置或保护功能，并应能正常工作。

一、定义及其动作过程

限速器是当电梯运行速度超过额定速度一定值时，其动作能切断安全回路或进一步导致安全钳或上行超速保护装置起作用，使电梯减速直至停止的自动安全装置。

安全钳是当限速器动作时，使轿厢或对重停止运行保持静止状态，并能夹紧在导轨上的机械安全装置。

轿厢上行超速保护装置是轿厢上行速度大于等于额定速度115%时，作用在轿厢、对重、钢丝绳系统、曳引轮或曳引轮轴之一，至少能使轿厢减速慢行的装置。

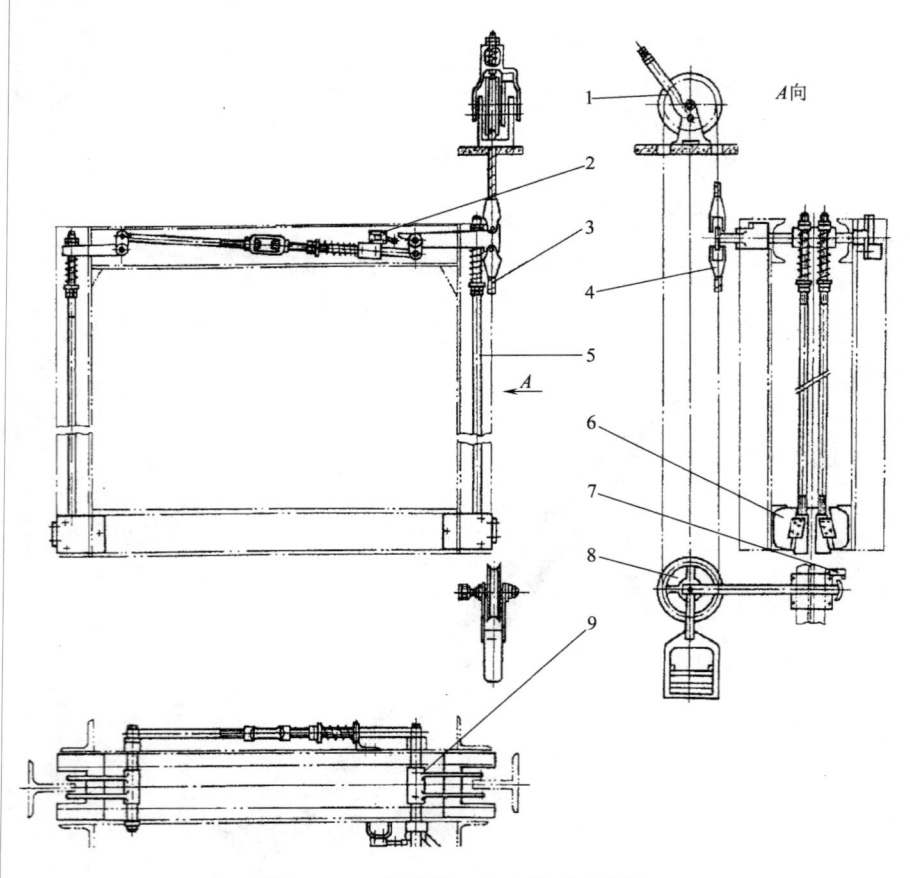

图2-40　限速器—安全钳联动装置

1—限速器　2—安全钳开关　3—钢丝绳　4—钢丝绳锥套　5—拉杆　6—安全钳
7—限速器断绳开关　8—张紧装置　9—安全钳的传动机构

安全钳和限速器必须联合动作才能起作用,如图 2-40 所示。当轿厢或对重超速到限速器动作速度时,限速器绳轮被卡住,停止运转。限速器绳靠与绳轮槽之间的摩擦力或夹绳机构夹紧后产生的摩擦力提拉起安装在轿厢或对重梁上的限速器—安全钳的连杆系统,如图 2-41 所示,使轿厢或对重两边安全钳的夹紧件同步提起,夹住导轨。超速的轿厢或对重被制停。安全钳动作时,限速器的安全开关及轿厢安全钳提拉机构操纵安全开关,都会断开控制电路,使曳引机停止运转,制动器失电制动。只有当限速器、安全钳及所有安全开关复位时,电梯才能重新使用。

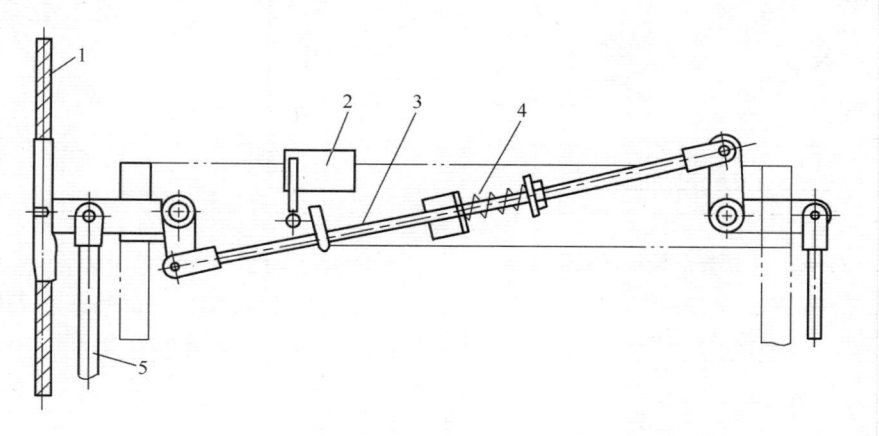

图 2-41 限速器—安全钳的连杆系统图
1—限速器钢丝绳　2—安全开关　3—连杆　4—复位弹簧　5—提拉杆

在轿厢上行超速保护装置中的速度监控部件——限速器达到动作速度时,减速部件——上行安全钳、对重安全钳、夹绳器或曳引轮(如直接作用在曳引轮或作用于最靠近曳引轮的曳引轮轴上)的制动装置动作,使轿厢制停,或至少使其速度降低至对重缓冲器的设计范围。轿厢上行超速保护装置动作时,速度监控部件和减速部件都应使一个电气安全装置动作,使曳引机停止运转,制动器失电制动。只有当速度监控部件、减速部件及所有安全开关复位后,电梯才能重新使用。

二、限速器

(一)限速器的分类

1. 按动作原理分类　按其动作原理,限速器可以分为摆锤式和离心式两种。

(1)摆锤式限速器。摆锤式限速器又可分为下摆杆凸轮棘爪式限速器和上摆杆凸轮棘爪式限速器,如图 2-42 和图 2-43 所示。其原理是利用绳轮上的凸轮在旋转过程中与摆锤一端的滚轮接触,摆锤摆动的频率与绳轮的转速有关。当摆锤的振动频率超过一预定值时,摆锤的棘爪进入绳轮的棘轮内,从而使限速器绳轮停止旋转。

(2)离心式限速器。离心式限速器又可分为水平轴转动型和垂直轴转动型,目前常用的大多为前者,如图 2-44 和图 2-45 所示。

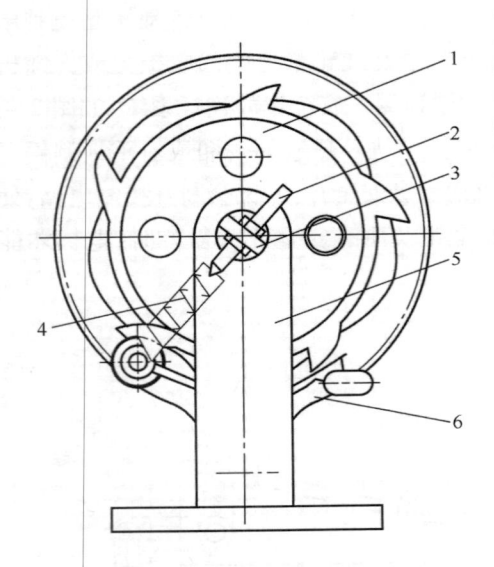

图 2-42　下摆杆凸轮棘爪式限速器
1—制动轮　2—拉簧调节螺钉　3—制动轮轴
4—调节弹簧　5—支撑座　6—摆杆

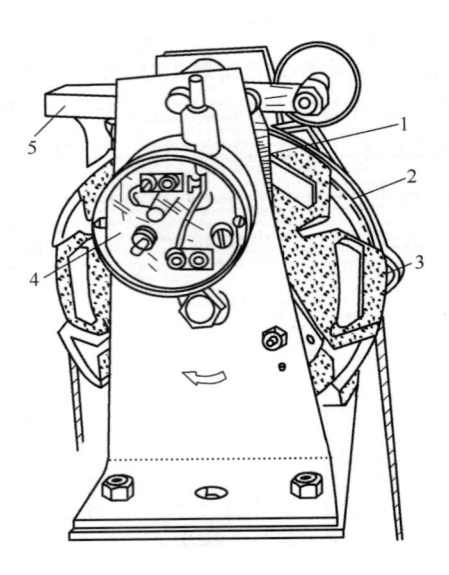

图 2-43　上摆杆凸轮棘爪式限速器
1—调节弹簧　2—制动轮　3—凸轮
4—超速开关　5—摆杆

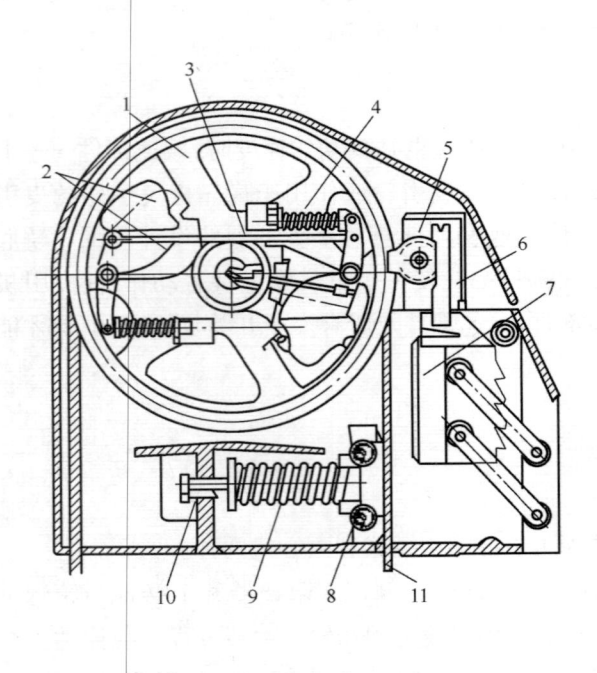

图 2-44　水平轴转动型限速器
1—限速器绳轮　2—甩块　3—连杆　4—螺旋弹簧
5—超速开关　6—锁栓　7—摆动钳块　8—固定钳块
9—压紧弹簧　10—调节螺栓　11—限速器绳

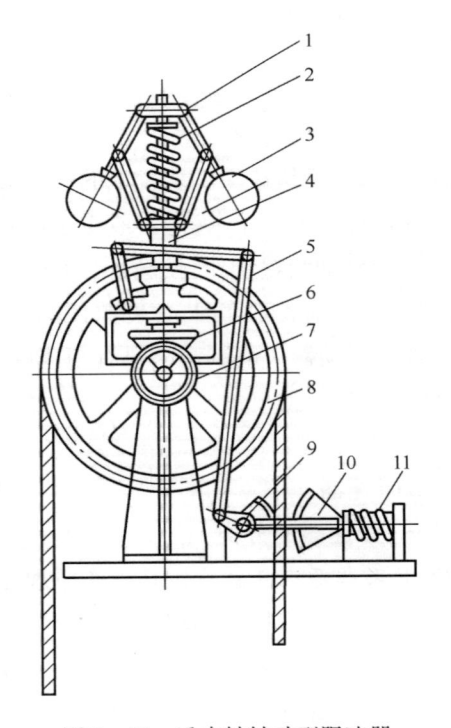

图 2-45　垂直轴转动型限速器
1—转轴　2—转轴弹簧　3—抛球　4—活动套
5—杠杆　6—伞齿轮Ⅰ　7—伞齿轮Ⅱ　8—绳轮
9—钳块Ⅰ　10—钳块Ⅱ　11—绳钳弹簧

水平轴转动型限速器的主要特点是结构简单、可靠性高，安装所需的空间小。其动作原理是两个绕各自枢轴转动的甩块由连杆连接在一起，以保证同步运动。甩块由螺旋弹簧固定。限速器绳轮在垂直平面内转动。当轿厢速度超过额定速度的预定值时，甩块因离心力的作用向外甩开，使超速开关动作，从而切断电梯的控制回路，使制动器失电抱闸。如果轿厢速度进一步增大，甩块进一步向外甩开，并撞击锁栓，松开摆动钳块。正常情况下，摆动钳块由锁栓拴住，与限速器绳间保持一定的间隙。当摆动钳块松开后，钳块下落，将限速器绳夹持在固定钳块上。固定钳块由压紧弹簧压紧，压紧弹簧可以利用调节螺栓进行调节。此时，绳钳夹紧了限速器绳，从而使安全钳动作。当钳块夹紧限速器绳使安全钳动作时，限速器绳不应有明显的损坏或变形。

垂直轴转动型有甩球形式限速器。其原理是绳轮转动通过伞齿轮带动离心球转动，由于球的离心力作用向上压缩弹簧，同时带动活套上移，使杠杆系统向上提起。当电梯的实际速度达到超速开关动作速度时，开关动作，切断电梯控制回路。如果电梯速度继续提高，则离心球进一步张开，杠杆系统进一步上提，使夹绳钳夹持钢丝绳，安全钳动作。

在轿厢上行或下行的速度达到限速器动作速度之前，限速器或其他装置上的一个电气安全装置使电梯驱动主机停止运转。对于额定速度不大于1m/s的电梯，此电气安全装置最迟可在限速器达到其动作速度时起作用。

2. 按限速器的功能分类

（1）单向限速器。具体型式举例如下：

①XS2型。如图2-46所示，为摆锤式单向限速器。限速器绳靠与绳轮槽之间的摩擦力提拉安全钳连杆系统。

图2-46　XS2型单向限速器　　　　　图2-47　XS2(Y)型摆锤式单向限速器

②XS2(Y)型。如图2-47所示，为摆锤式单向限速器，带电磁铁，能够从井道外用远程控制（除无线方式外）的方式来实现低于限速器动作发生的速度下通过某种安全方式使限速器动作，并通过提升轿厢或对重使限速器自动复位。限速器绳靠与绳轮槽之间的摩擦力提拉安全钳

连杆系统。

（2）双向限速器。具体型式举例如下：

①XS6 型。如图 2-48 所示，为离心式双向安全钳配套使用的限速器。此限速器适用于轿厢采用的双向安全钳。限速器绳靠夹绳机构夹紧后产生的摩擦力提拉安全钳连杆系统。

②XS12A 型。如图 2-49 所示，为离心式双向限速器。适用于下行安全钳配套使用，上行闸线机械操纵式夹绳器配套使用的限速器。限速器绳靠夹绳机构夹紧后产生的摩擦力提拉安全钳连杆系统。

图 2-48　XS6 型离心式双向安全钳配套使用的限速器 　　图 2-49　XS12A 型离心式双向限速器

③XS16 型。如图 2-50 所示，为离心式双向限速器。适用于下行安全钳配套使用，上行遥控夹绳器上的电磁铁接通并动作。限速器绳靠夹绳机构夹紧后产生的摩擦力提拉安全钳连杆系统。

④XS16B 型。如图 2-51 所示，为离心式双向限速器。适用于下行安全钳配套使用，上行遥控夹绳器或带有上行制动保护装置的无齿轮曳引机。限速器绳靠夹绳机构夹紧后产生的摩擦力提拉安全钳连杆系统。

图 2-50　XS16 型离心式双向限速器 　　图 2-51　XS16B 型离心式双向限速器

（二）限速器的设计或选用

各种类型限速器的主要性能要求是雷同的,因此在设计或选用时应注意下列几方面问题。

1. 限速器动作速度

（1）轿厢下行安全钳的限速器动作速度。

①下限值。至少等于额定速度的115%；

②上限值应小于下列各值：

a. 除不可脱落滚柱式以外的瞬时式安全钳为0.8m/s。

b. 不可脱落滚柱式瞬时式安全钳为1m/s。

c. 额定速度小于或等于1m/s的渐进式安全钳为1.5m/s。

d. 额定速度大于1m/s的渐进式安全钳为$1.25v+0.25/v(\text{m/s})$。

（2）对重安全钳的限速器动作速度。对重安全钳的限速器的动作速度应大于（1）①规定的轿厢下行安全钳的限速器动作速度,但不得超过10%。

（3）轿厢上行超速保护装置。

①下限值。至少等于额定速度的115%；

②上限值。上述（2）规定的速度。

2. 限速器张紧装置及张紧力 限速器绳应用张紧轮张紧,张紧轮（或其配重）应有导向装置。张紧装置有摆臂式和垂直式两种。

限速器动作时,限速器绳的张力不得小于以下两个值的较大者,即安全钳起作用所需力的两倍或300N。

对于只靠摩擦力来产生张力的限速器,其槽口应经过附加的硬化处理或有一个符合GB 7588—2003中附录M2.2.1要求的切口槽。

3. 限速器绳 限速器应由限速器钢丝绳驱动。限速器钢丝绳的公称直径不应小于6mm。限速器绳的最小破断载荷与限速器动作时产生的限速器绳的张力有关,其安全系数不应小于8。对于摩擦型限速器,则宜考虑摩擦系数$\mu_{max}=0.2$时的情况。限速器绳轮的节圆直径与绳的公称直径之比不应小于30。限速器绳断裂或过分伸长时,应通过一个电气安全装置作用使电动机停止运转。

4. 限速器响应时间 限速器动作的响应时间应尽量短。所谓响应时间,包括了限速器动作速度之前的响应时间和达到动作速度后提起夹紧件与导轨接触的响应时间。

5. 限速器的技术参数

（1）额定速度。电梯的额定速度应在其范围内。

（2）绳张力。标定值应符合规范要求。

（3）绳轮直径。

①钢丝绳直径。一般为$\phi 6$mm或$\phi 8$mm。

②绳轮节圆直径。选用6mm钢丝绳,绳轮节圆直径应不小于180mm；选用8mm钢丝绳,绳轮节圆直径应不小于240mm。

（4）钢丝绳的张紧。张紧装置的张紧力根据电梯提升高度的增加而增加,必须满足绳张力

(5)限速器的可调部件在调整后应加封记。

(6)限速器轮及张紧轮应设置防护装置。

三、安全钳

安全钳分瞬时式安全钳和渐进式安全钳两大类。

轿厢和对重安全钳的动作应由各自的限速器来控制。若额定速度小于或等于1m/s,对重安全钳可以借助悬挂机构的断裂或借助一根安全绳来动作。不得用电气、液压或气动操纵的装置来操纵安全钳。当轿厢安全钳动作时,装在轿厢上面的电气装置应在安全钳动作以前或同时使电梯驱动主机停转。安全钳动作后的释放需经称职人员进行。只有将轿厢或对重提起,才能使轿厢或对重上的安全钳释放并自动复位。轿厢空载或者载荷均匀分布的情况下,安全钳动作后轿厢地板的倾斜度不应大于其正常位置的5%。如果安全钳是可调的,则其调整后应加封记。

(一)瞬时式安全钳

瞬时式安全钳能瞬时让夹紧力达到最大值,并能完全夹紧在导轨上的安全钳。瞬时式安全钳作用的特点是制动距离短、轿厢承受冲击力大。在制停过程中,夹紧件迅速卡入导轨表面,从而使轿厢停止。轿厢额定速度小于等于0.63m/s时,可采用瞬时式安全钳。对重额定速度小于等于1.0m/s时(对重安全钳作为轿厢上行超速保护装置除外),可采用瞬时式安全钳。

1. 瞬时式安全钳的品种 瞬时式安全钳有楔块型瞬时式安全钳、偏心块型瞬时式安全钳和滚柱型瞬时式安全钳3种类型。

(1)楔块型瞬时式安全钳。如图2-52所示,为常见双楔块型。一旦限速器动作,提起安全钳拉条,楔块与导轨接触,由于楔块斜面与垂直面夹角为自锁角,所以与导轨越夹越紧,此时

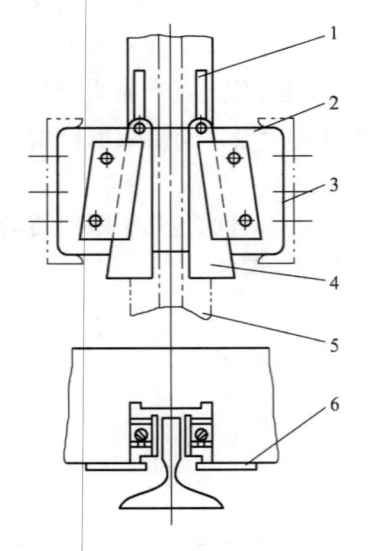

图2-52 楔块型瞬时式安全钳
1—拉杆 2—安全钳钳体 3—轿架下梁
4—钳块 5—导轨 6—盖板

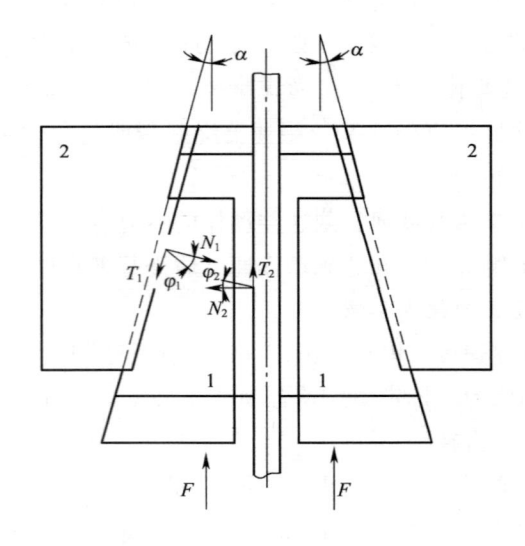

图2-53 双楔瞬时式安全钳简图
1—钳块 2—钳体

安全钳的动作就与操纵机构无关。

楔块夹持导轨的自锁条件如式(2-16),其简图如图2-53所示。

$$\alpha \leq \phi_2 - \phi_1 \qquad (2-16)$$

式中：α——楔块的楔形角；
ϕ_2——楔块与导轨之间的摩擦角；
ϕ_1——楔块与钳体之间的摩擦角。

为了增加楔块与导轨之间的摩擦系数,常将钳块与导轨接触面加工成滚花状,并减少楔块表面的油污。为减小楔块与钳体之间摩擦系数,一般可在它们之间设置表面经硬化的镀铬滚柱。安全钳动作时,楔块在滚柱上相对钳体滑动。实践证明,楔块角一般取6°~8°为宜。

(2) 偏心块型瞬时式安全钳。如图2-54所示。偏心块型瞬时式安全钳由两个硬化钢制成的带有半齿的偏心块组成。它有两根联动的偏心块连接轴,轴的两端用键与偏心块相连。当安全钳动作时,两个偏心块连接轴相对转动,并通过连杆使四个偏心块保持同步动作。偏心块的复位由一个弹簧来实现,通常在偏心块上装有一根提拉杆。

(3) 滚柱型瞬时式安全钳。如图2-55所示。滚柱型瞬时式安全钳常用在低速载重的货梯上。当提拉杆提起时,淬硬的滚花钢制滚柱在钳体楔形槽内向上滚动,当滚柱贴上导轨时,钳座就在钳体内作水平移动,这样就消除了另一侧的间隙。一旦滚柱与导轨相贴,就与安全钳提拉机构无关。滚柱夹持导轨的自锁条件如式(2-17)。

$$\alpha \leq \phi_1 + \phi_2 \qquad (2-17)$$

式中：α——钳体楔形角；
ϕ_1——滚柱与楔形钳体间的摩擦角；
ϕ_2——滚柱与导轨间的摩擦角。

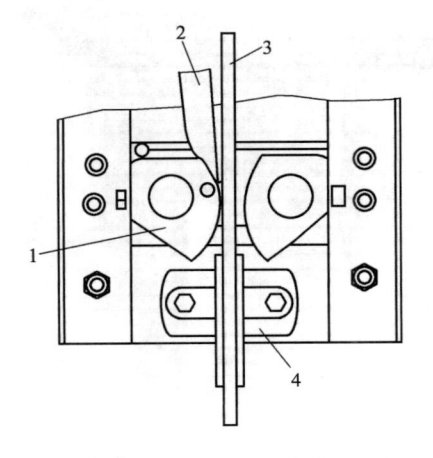

图2-54 偏心块型安全钳
1—偏心轮 2—提拉杆
3—导轨 4—导靴

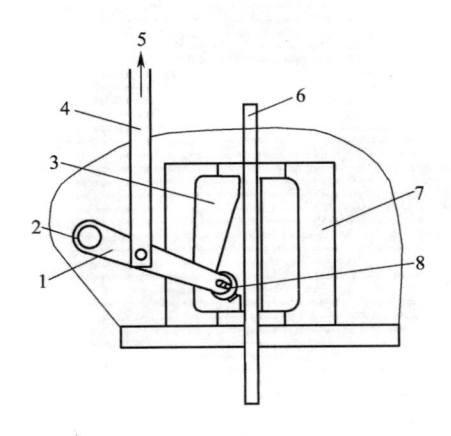

图2-55 滚柱型安全钳
1—连杆 2—支点 3—爪 4—操纵杆 5—加力
6—导轨 7—钳体 8—滚子

2. 瞬时式安全钳技术参数

(1) 额定速度。电梯的额定速度应在其范围内。

(2) 总容许质量。轿厢侧的最大总质量($P+Q$)或对重侧的总质量(G)应在其范围内。

(3) 导轨宽度。轿厢导轨或对重导轨顶面宽度应在其范围内。

(二) 渐进式安全钳

渐进式安全钳采用了弹性元件,使夹紧力逐渐达到最大值,最终能完全夹紧在导轨上的安全钳。安全钳动作时,轿厢有一定制动距离,以减少制停减速度。渐进式安全钳制动时的平均减速度应为$(0.2\sim1)g_n$。轿厢额定速度大于0.63m/s或对重额定速度大于1m/s时,应采用渐进式安全钳。作为轿厢上行超速保护的对重安全钳,不管速度多少,都应采用渐进式安全钳。

1. 渐进式安全钳的品种 渐进式安全钳有双楔渐进式安全钳、弹性元件为U形板簧的渐进式安全钳、弹性元件为π形钳座的渐进式安全钳、侧支碟形的渐进式安全钳。

(1) 双楔渐进式安全钳。如图2-56所示,其夹持件为两个楔形钳块,楔块背面有滚柱组,滚柱可在钳体的钢槽内滚动。当提拉杆将楔形钳块向上提起时,楔块背面滚柱组随动,楔块与导轨面接触后,楔块继续上滑,一直到限位板才停止。此时楔块夹紧力达到预定的最大值并保持,使轿厢或对重以较低的减速度平滑移动。最大夹持力可由钳臂尾部的弹簧(螺旋式或碟形弹簧)预定的行程确定。

(2) 弹性元件为U形板簧的渐进式安全钳。如图2-57所示,其钳座由钢板焊接而成,钳体是由U形板簧制成。楔块被提起夹持导轨后,钳体张开,直到楔块行程的极限位置,其夹持力的大小由U形板簧的变形量确定。

图2-56 双楔渐进式安全钳　　图2-57 弹性元件为U形板簧的渐进式安全钳

(3) 弹性元件为π形钳座的渐进式安全钳。如图2-58所示。一般用于额定载重量较大的电梯,且为单提拉杆。

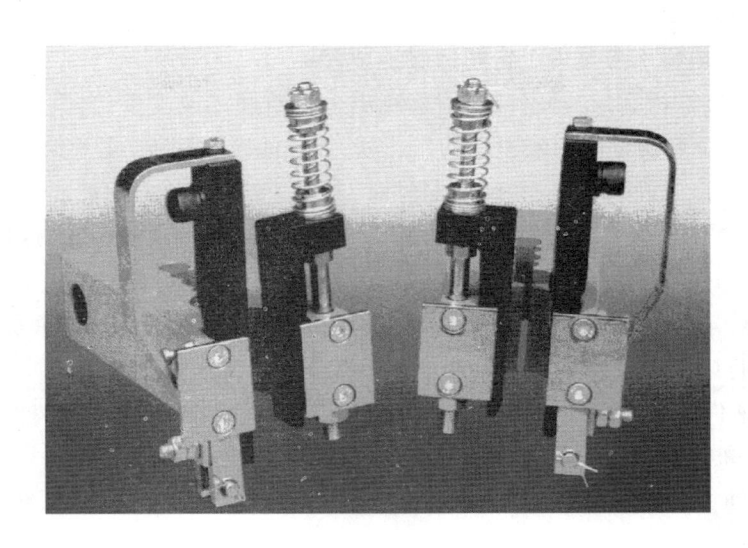

图 2-58　弹性元件为 π 形钳座的渐进式安全钳

（4）侧支碟形的渐进式安全钳。如图 2-59 所示。一般用于额定载重量较小的电梯，其侧边靠两组碟形弹簧作为弹性元件。

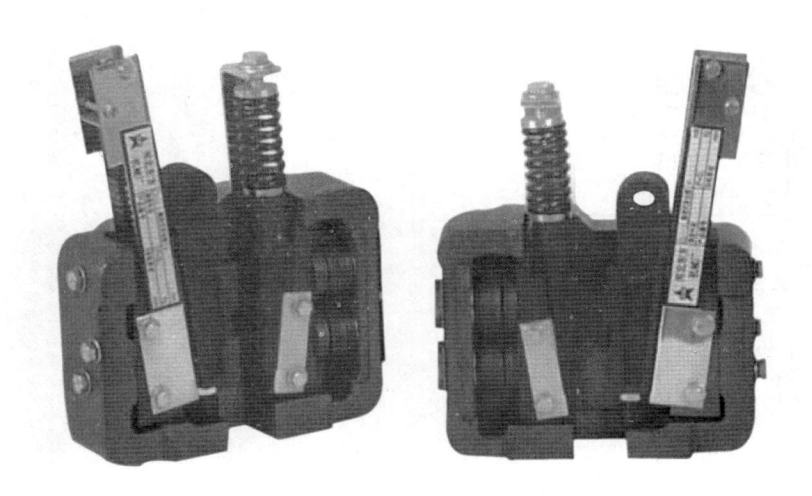

图 2-59　侧支碟形的渐进式安全钳

2. 渐进式安全钳的技术参数

（1）电梯额定速度范围。电梯的额定速度应在其范围内。
（2）总容许质量（$P+Q$）的上、下限。电梯额定载荷时的总质量（$P+Q$）应在其上、下限范围内。
（3）导轨宽度。电梯使用的导轨宽度应符合其标定的宽度。

四、轿厢上行超速保护装置

（一）曳引驱动电梯上应装设上行超速保护装置

该装置包括速度监控和减速元件,应能检测出上行轿厢的速度失控,其下限是电梯额定速度的115%,上限是对重安全钳的限速器动作速度,并能使轿厢制停,或至少使其速度降低至对重缓冲器的设计范围。该装置在使空轿厢制停时,其减速度不得大于$1g_n$。该装置应作用于轿厢、对重、钢丝绳系统(悬挂绳或补偿绳)或曳引轮(例如直接作用在曳引轮,或作用于最靠近曳引轮的曳引轮轴上)。

该装置动作时,应使一个电气安全装置动作。该装置动作后,应由称职人员使其释放。

（二）轿厢上行超速保护装置减速元件

轿厢上行超速保护装置减速元件有双向安全钳、对重安全钳和夹绳器3种类型。

1. 双向安全钳 双向安全钳如图2-60所示。双向安全钳安装在轿厢上,当轿厢上行速度达到限速器动作速度时,限速器动作,拉动上方向安全钳动作,使轿厢减速制停,其减速度不得大于$1g_n$。

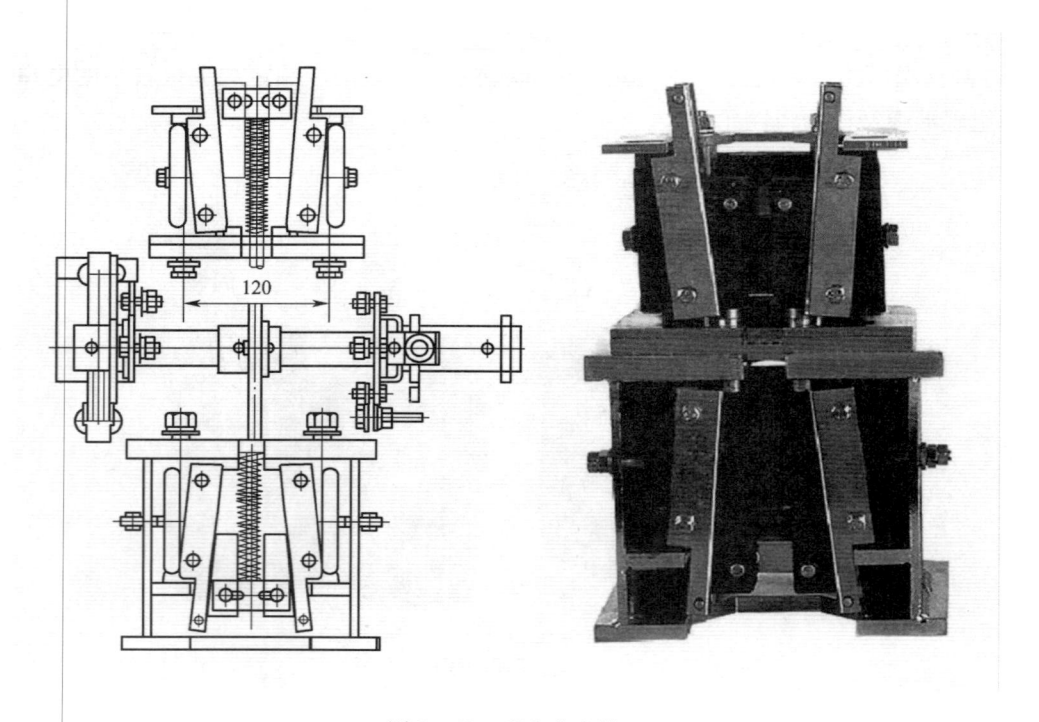

图2-60 双向安全钳

2. 对重安全钳 对重安全钳安装在对重上,当对重下行速度达到限速器动作速度时,限速器动作,拉动对重安全钳动作,使对重减速制停或至少使其速度降低至对重缓冲器的设计范围。其减速度不得大于$1g_n$。所以当对重安全钳用于轿厢上行超速保护时,必须采用渐进式安全钳。

3. 夹绳器 夹绳器安装在机房,并作用于钢丝绳上。按其触发方式,可以分为机械式触发和电触发两种。举例如下：

（1）TSQ8 型。用于有齿轮曳引机，电触发、自动复位，如图 2-61 所示。

图 2-61　TSQ8 型夹绳器

（2）JSQ2 型。用于有齿轮曳引机，机械触发、手动复位，如图 2-62 所示。

（3）JSQ2（Y）型。用于有齿轮曳引机，电触发、手动复位，如图 2-63 所示。

图 2-62　JSQ2 型夹绳器　　　　　图 2-63　JSQ2（Y）型夹绳器

夹绳器的技术参数应符合电梯的额定速度（按绕绳比折算）、额定载重量（按绕绳比折算）、系统质量（按绕绳比折算）、绕绳比和钢丝绳直径及根数等。

夹绳器安装在轿厢侧，应为倒装方式；安装在对重侧，应为正装方式。作用在曳引轮或最靠近曳引轮的曳引轮轴上的轿厢上行超速保护装置一般是指无齿轮曳引机，靠制动器直接制动，使轿厢减速。

第六节 缓冲器

缓冲器是电梯极限位置的安全装置。当电梯超越底层或顶层时，轿厢或对重撞击缓冲器，由缓冲器吸收或消耗电梯的能量，从而使轿厢或对重安全减速直至停止。缓冲器是位于行程端部，用来吸收轿厢或对重动能的一种缓冲安全装置，轿厢缓冲器下部应设置一定高度的支座，以满足 GB 7588—2003 第 5.7.3.3 条要求。一般缓冲器均设置在地坑内，有的缓冲器装于轿厢或对重底部，并随之运行。

一、缓冲器的类别和性能要求

(一) 缓冲器的类别

电梯用缓冲器有蓄能型缓冲器和耗能型缓冲器两种形式。

1. 蓄能型缓冲器 蓄能型缓冲器只能用于速度小于或等于 1m/s 的电梯。蓄能型缓冲器分为线性蓄能型缓冲器和非线性蓄能型缓冲器两种。

(1) 线性蓄能型缓冲器。其可能的总行程应至少等于相应于 115% 额定速度的重力制停距离的两倍，即 $0.135v^2$(m)。无论如何，此行程不得小于 65mm。缓冲器的设计应能在静载荷为轿厢质量与额定载重量之和（或对重重量）的 2.5~4 倍时达到上述规定的行程。例如弹簧缓冲器属于线性蓄能型缓冲器。

(2) 非线性蓄能型缓冲器。其应符合下列要求：

①当装有额定载重量的轿厢自由落体并以 115% 额定速度撞击轿厢缓冲器时，缓冲器作用期间的平均减速度不应大于 $1g_n$；

② $2.5g_n$ 以上的减速度时间不大于 0.04s；

③轿厢反弹的速度不应超过 1m/s；

④缓冲器动作后，应无永久变形。

非线性蓄能型缓冲器完全压缩是指缓冲器被压缩掉 90% 的高度。例如聚氨酯缓冲器属于非线性蓄能型缓冲器。

2. 耗能型缓冲器 耗能型缓冲器可用于任何额定速度的电梯。耗能型缓冲器可能的总行程应至少等于相应于 115% 额定速度的重力制停距离，即 $0.0674v^2$(m)。

(二) 缓冲器的性能要求

当对电梯在其行程末端的减速进行监控时，可以采用减行程缓冲器。这时按上述公式计算的缓冲器行程可以采用轿厢（或对重）与缓冲器刚接触时的速度取代额定速度，但行程不得小于：

(1) 当额定速度小于或等于 4m/s 时，按上述公式计算行程的 50%。但在任何情况下，行程不应小于 0.42m。

(2) 当额定速度大于 4m/s 时，按上述公式计算行程的 1/3。但在任何情况下，行程不应小于 0.54m。

耗能型缓冲器应符合下列要求：

（1）当装有额定载重量的轿厢自由落体并以 115% 额定速度撞击轿厢缓冲器时，缓冲器作用期间的平均减速度不应大于 $1g_n$；

（2）$2.5g_n$ 以上的减速度时间不应大于 0.04s；

（3）缓冲器动作后，应无永久变形。

在缓冲器动作后回复至其正常伸长位置后，电梯才能正常运行。为检查缓冲器的正常复位，应设置一个电气安全装置来证实。液压缓冲器的结构应便于检查其液位。例如，液压缓冲器属于耗能型缓冲器。

各种形式缓冲器需要的缓冲行程详见图 2-64。

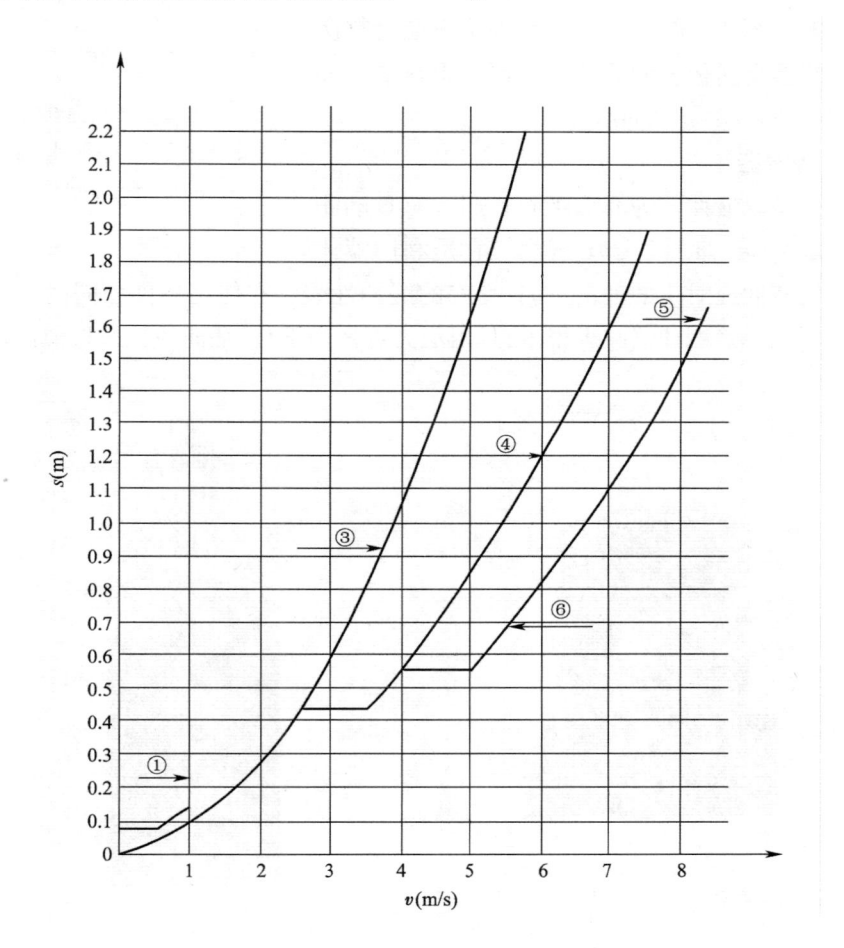

图 2-64 缓冲器需要行程的图示

s—缓冲行程，m　v—额定速度，m/s

①—蓄能型缓冲器（10.4.1.1）　②—（略）　③—无减行程的耗能型缓冲器（10.1.3.1）

④—减至 50% 行程的耗能型缓冲器[10.4.3.2(a)]　⑤—减至 $\frac{1}{3}$ 行程的耗能型缓冲器[10.4.3.2(b)]

⑥—粗线表示采用 10.4.3 的所有可能性有利条件而得到的最小可能缓冲行程

二、缓冲器的结构

(一) 弹簧缓冲器

弹簧缓冲器是以弹簧变形吸收轿厢或对重动能的一种蓄能型缓冲器,如图 2-65 所示。一般由缓冲橡胶垫、缓冲座、弹簧、弹簧座组成。行程较大的弹簧缓冲器,为了增加弹簧的稳定性,可在弹簧下部设导套或在弹簧中设导向杆。

(二) 聚氨酯缓冲器

聚氨酯缓冲器为采用聚氨酯材料制造的微孔弹性体缓冲器,具有较好的弹性、韧性和耐冲击等优异性能,但耐湿热性能较差。图 2-66 所示为一种将聚氨酯材料浇铸在一块连接法兰金属板上制成的缓冲器。聚氨酯缓冲器已广泛用于低速电梯($v \leq 1m/s$)。

(三) 液压缓冲器

液压缓冲器是以液体作为介质吸收轿厢或对重动能的一种耗能型缓冲器,如图 2-67 所示。它是利用液体流动的阻尼缓解轿厢或对重的冲击,具有良好的缓冲性能。在使用条件相同的情况下,液压缓冲器的行程可以比弹簧缓冲器减少很多,且阻尼力近似为常数,从而使柱塞近似做匀减速运动。

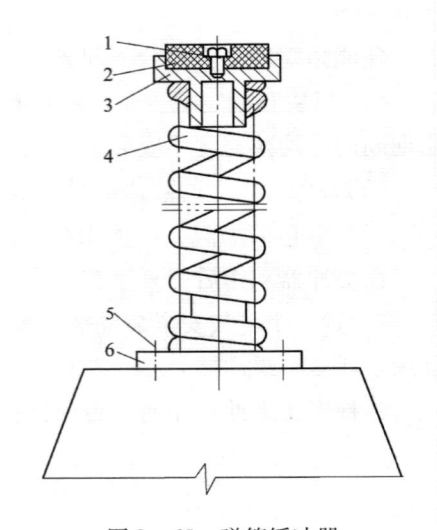

图 2-65 弹簧缓冲器
1—螺钉及垫圈 2—缓冲橡皮 3—缓冲座
4—压弹 5—地脚螺栓 6—底座

图 2-66 聚氨酯缓冲器

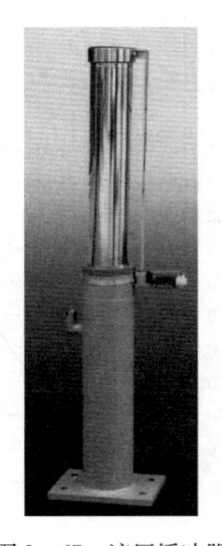

图 2-67 液压缓冲器

各种液压缓冲器的结构虽有不同,但基本原理都相同。当轿厢或对重撞击缓冲器时,柱塞向下运动,压缩油缸内的油,使油通过节流孔外溢。在制停轿厢或对重过程中,其动能转化为油的热能,即消耗了电梯的动能,使电梯以一定的减速度逐渐停止下来。当轿厢或对重离开缓冲器时,柱塞在复位弹簧的作用下,向上复位。

三、缓冲器的技术参数

缓冲器的技术参数有自由高度、最大行程、适用额定速度、总容许质量。实际使用的缓冲器技术参数应符合上述要求。

第七节 电梯用钢丝绳及端接装置

电梯用钢丝绳指的是曳引用钢丝绳。曳引绳承受着电梯的全部悬挂重量,并在电梯运行中绕着曳引轮、导向轮或反绳轮单向或交变弯曲。钢丝绳在绳槽中也承受着较高的比压。所以要求电梯用钢丝绳具有较高的强度、挠性及耐磨性。

一、电梯用钢丝绳

电梯用钢丝绳一般是圆形股状结构,主要由钢丝、绳股和绳芯组成。

(一)制绳用钢丝

钢丝是钢丝绳的基本组成件。当整个钢丝绳中钢丝的抗拉强度相同时,称为单强度钢丝绳。当钢丝绳中外层钢丝与内层钢丝的抗拉强度不同时,称为双强度钢丝绳。钢丝有光面钢丝和镀锌钢丝两种。

(二)绳芯

钢丝绳的绳芯分为纤维芯和钢芯两种。纤维芯(FC)应符合 GB/T 15030 中优等品的要求。经供需双方协议,绳芯也可用新的聚烯烃类(聚丙烯或聚乙烯)等合成纤维制成。绳芯中应加入适量润滑剂。曳引用钢丝绳、限速器用钢丝绳和液压电梯用悬挂钢丝绳的剑麻绳芯润滑剂含量应为其干燥纤维重量的 10%~15%,合成纤维绳芯的润滑剂含量应为其干燥纤维重量的4%~10%。在制造纤维绳芯时,润滑剂的品种应与钢丝绳制绳时的润滑剂相容。钢丝绳用的润滑剂应具有防锈性能。钢芯有独立的钢丝绳(IWR)和钢丝股芯(IWS)两种。纤维芯常用于中、低速电梯,钢芯常用于高速电梯。

(三)捻制方式

电梯用钢丝绳按结构可分为 6 股 19 丝与 8 股 19 丝两种。结构为 6×19 类别的电梯用钢丝绳,就是钢丝绳分 6 股,每股有 19 根钢丝,中间有纤维芯或钢芯,捻制方法为右交互捻。结构为 8×19 类别的电梯用钢丝绳,就是钢丝绳分 8 股,每股有 19 根钢丝,中间有纤维芯或钢芯,捻制方法为右交互捻。需方如有其他捻法的要求,可执行双方协议。

(四)钢丝绳中丝与丝的接触状态

电梯用钢丝绳由不同直径钢丝捻制成股,股内各层之间钢丝全长上平行捻制,每层钢丝捻距相等,钢丝之间是线状接触,包括西鲁式(外粗式),标记为 S。瓦林吞式(粗细式)标记为 W。填充式标记为 Fi。

(五)普通类别、直径和抗拉强度级别钢丝绳的最小破断力

1. 光面钢丝、纤维芯,结构为 6×19 类别的电梯用钢丝绳 详见表 2-5。

2. 光面钢丝、纤维芯,结构为 8×19 类别的电梯用钢丝绳　详见表 2-6。

3. 光面钢丝、钢芯,8×19 结构类别的电梯用钢丝绳(钢丝绳外股与钢丝绳芯分层捻制)详见表 2-7。

表 2-5　光面钢丝、纤维芯,结构为 6×19 类别的电梯用钢丝绳

截面结构实例	钢丝绳结构		股结构	
	项目	数量	项目	数量
6×19S+FC	股数	6	钢丝	19~25
	外股	6	外层钢丝	9~12
	股的层数	1	钢丝层数	2
6×19W+FC	钢丝绳钢丝		114~150	
	典型例子		外层钢丝的数量		外层钢丝系数①
	钢丝绳	股	总数	每股	a
	6×19S	1+9+9	54	9	0.080
	6×19W	1+6+6/6	72	12　6	0.073 8
				6	0.055 6
6×25Fi+FC	6×25Fi	1+6+6F+12	72	12	0.064
	最小破断拉力系数			$K_1 = 0.330$	
	单位重量系数①			$W_1 = 0.359$	
	金属截面积系数①			$C_1 = 0.384$	

钢丝绳公称直径	参考重量①	最小破断拉力(kN)					
		双强度(MPa)				单强度(MPa)		
mm	kg/100m	1180/1770 等级	1320/1620 等级	1370/1770 等级	1570/1770 等级	1570 等级	1620 等级	1770 等级
6	12.9	16.3	16.8	17.8	19.5	18.7	19.2	21.0
6.3	14.2	17.9	—	—	21.5	—	21.2	23.2
6.5②	15.2	19.1	19.7	20.9	22.9	21.9	22.6	24.7
8②	23.0	28.9	29.8	31.7	34.6	33.2	34.2	37.4
9	29.1	36.6	37.7	40.1	43.8	42.0	43.3	47.3
9.5	32.4	40.8	42.0	44.7	48.8	46.8	48.2	52.7
10②	35.9	45.2	46.5	49.5	54.1	51.8	53.5	58.4
11②	43.4	54.7	54.3	59.9	65.5	62.7	64.7	70.7
12	51.7	65.1	67.0	71.3	77.9	74.6	77.0	84.1
12.7	57.9	72.9	75.0	79.8	87.3	83.6	86.2	94.2
13②	60.7	76.4	78.6	83.7	91.5	87.6	90.3	98.7
14	70.4	88.6	91.2	97.0	106	102	105	114

续表

钢丝绳公称直径	参考重量①	最小破断拉力(kN)						
		双强度(MPa)				单强度(MPa)		
mm	kg/100m	1180/1770 等级	1320/1620 等级	1370/1770 等级	1570/1770 等级	1570 等级	1620 等级	1770 等级
14.3	73.4	92.4	—	—	111	—	—	119
15	80.8	102	—	111	122	117	—	131
16②	91.9	116	119	127	139	133	137	150
17.5	110	138	—	—	166	—	—	179
18	116	146	151	160	175	168	173	189
19②	130	163	168	179	195	187	193	211
20	144	181	186	198	216	207	214	234
20.6	152	192	—	—	230	—	—	248
22②	174	219	225	240	262	251	259	283

① 只作参考,参见 GB 8903—2005 附录 C。
② 对新电梯的优先尺寸。

表 2-6 光面钢丝、纤维芯,结构为 8×19 类别的电梯用钢丝绳

截面结构实例

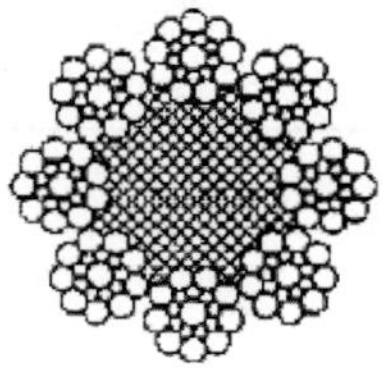

8×19S+FC

8×19W+FC

8×25Fi+FC

钢丝绳结构		绳股结构	
项目	数量	项目	数量
股数	8	钢丝	19~25
外股	8	外层钢丝	9~12
股的层数	1	钢丝层数	2
钢丝绳钢丝			152~200

典型例子		外层钢丝的数量		外层钢丝系数①
钢丝绳	股	总数	每股	a
8×19S	1+9+9	72	9	0.065 5
8×19W	1+6+6/6	96	12 6	0.060 6
			6	0.045 0
8×25Fi	1+6+6F+12	96	12	0.052 5
最小破断拉力系数			$K_1 = 0.293$	
单位重量系数①			$W_1 = 0.340$	
金属截面积系数①			$C_1 = 0.349$	

钢丝绳公称直径	参考重量①	最小破断拉力(kN)						
		双强度(MPa)				单强度(MPa)		
mm	kg/100m	1180/1770 等级	1320/1620 等级	1370/1770 等级	1570/1770 等级	1570 等级	1620 等级	1770 等级
8②	21.8	25.7	26.5	28.1	30.8	29.4	30.4	33.2
9	27.5	32.5	—	35.6	38.9	37.3	—	42.0
9.5	30.7	36.2	37.3	39.7	43.6	41.5	42.8	46.8

续表

钢丝绳公称直径	参考重量[1]	最小破断拉力（kN）					
		双强度（MPa）				单强度（MPa）		
mm	kg/100m	1180/1770 等级	1320/1620 等级	1370/1770 等级	1570/1770 等级	1570 等级	1620 等级	1770 等级
10[2]	34.0	40.1	41.3	44.0	48.1	46.0	47.5	51.9
11[2]	41.1	48.6	50.0	53.2	58.1	55.7	57.4	62.8
12	49.0	57.8	59.5	63.3	69.2	66.2	68.4	74.7
12.7	54.8	64.7	66.6	70.9	77.5	74.2	76.6	83.6
13[2]	57.5	67.8	69.8	74.3	81.2	77.7	80.2	87.6
14	66.6	78.7	81.0	86.1	94.2	90.2	93.0	102
14.3	69.5	82.1	—	—	98.3	—	—	—
15	76.5	90.3	—	98.9	108	104	—	117
16[2]	87.0	103	106	113	123	118	122	133
17.5	104	123	—	—	147	—	—	—
18	110	130	134	142	156	149	154	168
19[2]	123	145	149	159	173	166	171	187
20	136	161	165	176	192	184	190	207
20.6	144	170	—	—	204	—	—	—
22[2]	165	194	200	213	233	223	230	251

[1] 只作参考，参见 GB 8903—2005 附录 C。
[2] 对新电梯的优先尺寸。

表 2-7　光面钢丝、钢芯，8×19 结构类别的电梯用钢丝绳

截面结构实例	钢丝绳结构		股结构	
	项目	数量	项目	数量
8×19S+IWR[3]	股数	8	钢丝	19~25
	外股	8	外层钢丝	9~12
	股的层数	1	钢丝层数	2
8×19W+IWR[3]	外股钢丝数		152~200	
	典型例子		外层钢丝的数量	外层钢丝系数[1]
	钢丝绳	股	总数　每股	a
	8×19S	1+9+9	72　　9	0.065 5
8×25Fi+IWR[3]	8×19W	1+6+6/6	96　　12	0.060 6
			6	0.045 0
	8×25Fi	1+6+6F+12	96　　12	0.052 5
	最小破断拉力系数		$K_2 = 0.356$	
	单位重量系数[1]		$W_2 = 0.407$	
	金属截面积系数[1]		$C_2 = 0.457$	

续表

钢丝绳公称直径 mm	参考重量① kg/100m	最小破断拉力(kN)				
^	^	双强度(MPa)			单强度(MPa)	
^	^	1180/1770 等级	1370/1770 等级	1570/1770 等级	1570 等级	1770 等级
8②	26.0	33.6	35.8	38.0	35.8	40.3
9	33.0	42.5	45.3	48.2	45.3	51.0
9.5	36.7	47.4	50.4	53.7	50.4	56.9
10②	40.7	52.5	55.9	59.5	55.9	63.0
11②	49.2	63.5	67.6	79.1	67.6	76.2
12	58.6	75.6	80.5	85.6	80.5	90.7
12.7	65.6	84.7	90.1	95.9	90.1	102
13②	68.8	88.7	94.5	100	94.5	106
14	79.8	102	110	117	110	124
15	91.6	118	126	134	126	142
16②	104	134	143	152	143	161
18	132	170	181	193	181	204
19②	147	190	202	215	202	227
20	163	210	224	238	224	252
22②	197	254	271	288	271	305

①只作参考,参见 GB 8903—2005 附录 C。
②对新电梯的优先尺寸。
③钢丝绳外股与钢丝绳芯分层捻制。

4. 光面钢丝、钢芯,8×19 结构类别的电梯用钢丝绳(钢丝绳外股与钢丝绳芯一次平行捻制) 详见表 2-8。

表 2-8 光面钢丝、钢芯,8×19 结构类别的电梯用钢丝绳

截面结构实例	钢丝绳结构		股结构	
^	项目	数量	项目	数量
$8 \times 19S+IWR$③	股数	8	钢丝	19~25
^	外股	8	外层钢丝	9~12
^	股的层数	1	钢丝层数	2
^	外股钢丝绳	152~200		
$8 \times 19W+IWR$③	典型例子		外层钢丝的数量		外层钢丝系数①
^	钢丝绳	股	总数	每股	a
^	$8 \times 19S$	1+9+9	72	9	0.065 5
^	$8 \times 19W$	1+6+6/6	96	12 6	0.060 6
^	^	^	^	6	0.045 0
^	$8 \times 25Fi$	1+6+6F+12	96	12	0.052 5
^	最小破断拉力系数		$K_2 = 0.405$		
^	单位重量系数①		$W_2 = 0.457$		
^	金属截面积系数①		$C_2 = 0.488$		

续表

钢丝绳公称直径	参考重量①	最小破断拉力(kN)				
		双强度(MPa)			单强度(MPa)	
mm	kg/100m	1180/1770 等级	1370/1770 等级	1570/1770 等级	1570 等级	1770 等级
8	29.2	38.2	40.7	43.3	40.7	45.9
9	37.0	48.4	51.5	54.8	51.5	58.1
9.5	41.2	53.9	57.4	61.0	57.4	64.7
10②	45.7	59.7	63.6	67.6	63.6	71.7
11②	55.3	72.3	76.9	81.8	76.9	86.7
12	65.8	86.0	91.6	97.4	91.6	103
12.7	73.7	96.4	103	109	103	116
13②	77.2	101	107	114	107	121
14	89.6	117	125	133	125	141
15	103	134	143	152	143	161
16②	117	153	163	173	163	184
18	148	194	206	219	206	232
19②	165	216	230	244	230	259
20	183	239	254	271	254	287
22②	221	289	308	327	308	347

① 只作参考,参见 GB 8903—2005 附录 C。
② 对新电梯的优先尺寸。
③ 钢丝绳外股与钢丝绳芯一次平行捻制。

5. 光面钢丝、大直径的补偿用钢丝绳 详见表 2-9。

表 2-9 光面钢丝、大直径的补偿用钢丝绳

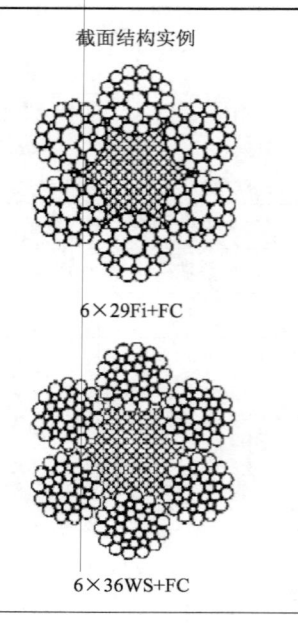

截面结构实例	钢丝绳结构		股结构	
	项目	数量	项目	数量
6×29Fi+FC	股数	6	钢丝	25~41
	外股	6	外层钢丝	12~16
	股的层数	1	钢丝层数	2~3
	钢丝绳钢丝数		150~246	
6×36WS+FC	典型例子		外层钢丝的数量	外层钢丝系数①
	钢丝绳	股	总数　每股	a
	6×29Fi	1+7+7F+14	84　　14	0.056
	6×36WS	1+7+7/7+14		
	钢丝绳类别:6×36			
	最小破断拉力系数		$K_1 = 0.330$	
	单位重量系数①		$W_1 = 0.367$	
	金属截面积系数①		$C_1 = 0.393$	

续表

钢丝绳公称直径 mm	参考重量[①] kg/100m	钢丝绳类别	最小破断拉力(kN) 1570MPa 等级	1770MPa 等级	1960MPa 等级
24	211	6×36 类别(包括 6×36WS 和 6×29Fi)	298	336	373
25	229		324	365	404
26	248		350	395	437
27	268		378	426	472
28	288		406	458	507
29	309		436	491	544
30	330		466	526	582
31	353		498	561	622
32	376		531	598	662
33	400		564	636	704
34	424		599	675	748
35	450		635	716	792
36	476		671	757	838
37	502		709	800	885
38	530		748	843	934

[①]仅作参考。

(六)电梯用钢丝绳标记示例

结构为 8×19、西鲁式、绳芯为纤维芯、公称直径为 13mm、钢丝绳抗拉强度为 1370/1770(1500)MPa、表面状态光面、双强度配制,捻制方法为右交互捻的电梯用钢丝绳标记为:

电梯用钢丝绳:13NAT8×19S+FC-1500(双)ZS-GB8903-2005

二、新型的复合钢带

在电梯技术不断发展的今天,为了配合小机房电梯或无机房电梯曳引系统的应用,研制出了一种与传统电梯钢丝绳不同的新型复合钢带。它是将柔韧的高分子复合材料包覆在钢丝外面而形成的扁平曳引带。与传统钢丝绳相比,该曳引媒介更加灵活耐用,且质量轻20%,寿命延长2~3倍。每条钢带所含的钢丝比传统的钢丝绳所含的要多。由于这种钢带具有良好的柔韧性,能围绕直径更小的驱动轮弯曲,可减少曳引轮的直径。使得主机仅占传统有齿轮曳引机30%的空间。由于扁平钢带与曳引轮的接触面积大,从而减少了曳引轮的磨损。扁平钢带与曳引轮的摩擦系数也比传统的钢丝绳大。

该形式的曳引媒介为突破现有标准的新材料新技术应用,按照国家相关法规规定,须通过等效安全评价并经国家质检总局批准后方可投放市场。

三、电梯用钢丝绳的选择与计算

(一)安全系数与直径

钢丝绳选择后主要按静载荷验算。由于钢丝绳会受到多种附加应力的影响,如钢丝绳经过曳引轮及导向轮时产生的弯曲应力、制造产生的初始内应力、电梯加减速过程中的惯性力以及钢丝绳载荷分配不均匀的影响等,故应取较大的安全系数。悬挂绳的应按 GB 7588—2003 附录 N 计算。在任何情况下,其安全系数不应小于下列值:

(1) 用三根或三根以上钢丝绳的曳引驱动电梯为 12。

(2) 用两根钢丝绳的曳引驱动电梯为 16。

安全系数是指装有额定载荷的轿厢停靠在最低层站时,一根钢丝绳的最小破断负荷(N)与这根钢丝绳所受的最大力(N)之间的比值。

轿厢和对重悬挂用钢丝绳的公称直径应不小于 8mm。

钢丝绳最少应有两根。曳引轮、滑轮的节圆直径与悬挂绳的公称直径之比不应小于 40。

(二) 抗拉强度

对于单强度钢丝绳,钢丝绳的抗拉强度宜为 1570MPa 或 1770MPa;对于双强度钢丝绳,外层钢丝宜为 1370MPa,内层钢丝宜为 1770MPa。

(三) 计算条件和依据

在钢丝绳驱动的设计中使用传统材料制作各个部件,如曳引轮所采用的材料是钢或铸铁。如果是非金属材料的话,应另进行试验验证。钢丝绳符合国家标准 GB 8903—2005。在正常的维护和检查下,钢丝绳有足够的寿命。

GB 7588—2003 附录 N 的计算方法考虑了影响钢丝绳使用寿命的系统参数,最终能保证钢丝绳在使用中的安全。其制定参数的背景是:假设检验周期为 1 年,悬挂绳的最短服务寿命为 3~5 年。中等或繁忙的电梯。每年一台电梯大约有 5 万~10 万次运行周期,因此按最短服务寿命 3 年计算,悬挂绳承受弯曲的次数至少为 60 万次。钢丝绳每穿过一次曳引轮或导向轮,就会产生一定的损伤,这个损伤程度由曳引轮的槽型确定,导向轮对钢丝绳的损伤程度与导向轮和曳引轮的直径比,以及是否存在逆向弯曲有关。

(四) 悬挂绳许用安全系数的计算

1. 滑轮的等效数量 N_{equiv} 计算 滑轮的等效数量为曳引轮的等效数量与导向轮的等效数量之和,其数值从式(2-18)得出:

$$N_{equiv} = N_{equiv(t)} + N_{equiv(p)} \qquad (2-18)$$

式中:$N_{equiv(t)}$——曳引轮的等效数量;

$N_{equiv(p)}$——导向轮的等效数量。

$N_{equiv(t)}$ 的数值从表 2-10 查得。对于不带切口的 U 型槽,$N_{equiv(t)} = 1$。

表 2-10 $N_{equiv(t)}$ 的数值

V 型槽	V 型槽的角度值 γ(°)	—	35	36	38	40	42	45
	$N_{equiv(t)}$	—	18.5	15.2	10.5	7.1	5.6	4.0
U 型/V 型带切口槽	下部切口角度值 β(°)	75	80	85	90	95	100	105
	$N_{equiv(t)}$	2.5	3.0	3.8	5.0	6.7	10.0	15.2

$N_{\text{equiv(p)}}$ 的数值从式(2-19)计算

$$N_{\text{equiv(p)}} = K_p \cdot (N_{ps} + 4 \cdot N_{pr}) \tag{2-19}$$

式中：N_{ps}——引起简单弯折的滑轮数量；

N_{pr}——引起反向弯折的滑轮数量(反向弯折仅在下述情况时考虑，即钢丝绳与两个连续的静滑轮的接触点之间的距离不超过绳直径的200倍。)；

K_p——跟曳引轮和滑轮直径有关的系数。

其中：

$$K_p = \left(\frac{D_t}{D_p}\right)^4 \tag{2-20}$$

式中：D_t——曳引轮的直径；

D_p——除曳引轮外的所有滑轮的平均直径。

2. 许用安全系数计算　对于一个给定的钢丝绳驱动装置，考虑到正确的 D_t/d_r 比值和计算得到的 N_{equiv}，许用安全系数的最小值可从图2-68中查得。

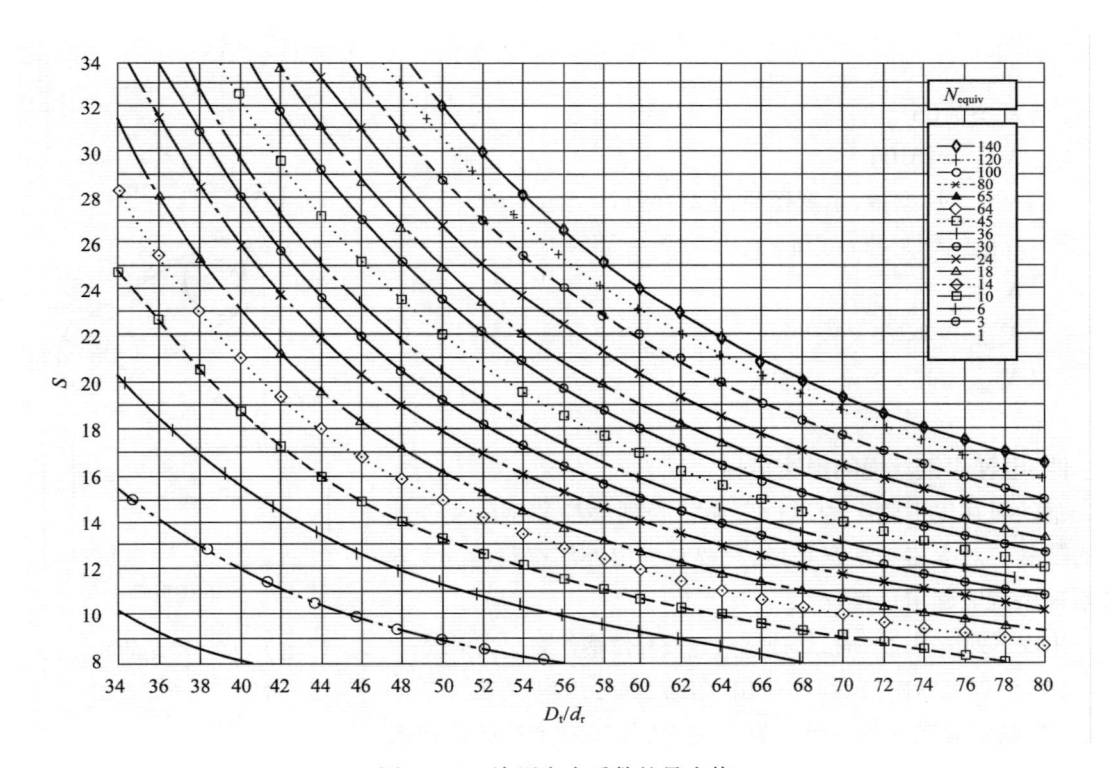

图2-68　许用安全系数的最小值

图2-68中的曲线是基于式(2-21)得出：

$$S_f = 10^{\left[2.6834 - \dfrac{\log\left(\dfrac{695.85 \times 10^6 N_{\text{equiv}}}{\left(\dfrac{D_t}{d_r}\right)^{8.567}}\right)}{\log\left(77.09\left(\dfrac{D_t}{d_r}\right)^{-2.894}\right)}\right]} \tag{2-21}$$

式中：S_f——许用安全系数；

N_{equiv}——滑轮的等效数量；

d_r——钢丝绳的直径。

3. 示例 滑轮的等效数量 N_{equiv} 的计算示例如图 2-69 所示。

（1）例 1。V 型槽，示意图见图 2-69(a)。

$\gamma = 40°$

$N_{equiv(t)} = 7.1$

$K_p = 2.07$

$N_{equiv(p)} = 2 \times 2.07 = 4.1$

$N_{equiv} = 11.2$

注：因为是动滑轮故没有反向弯折。

（2）例 2。V 型带切口槽，示意图见图 2-69(b)。

$\gamma = 40°$

$\beta = 90°$

$N_{equiv(t)} = 5.0$

$K_p = 5.06$

$N_{equiv} = 10.06$

（3）例 3。U 型槽，示意图见图 2-69(c)。

$N_{equiv(t)} = 1 + 1$（双绕）

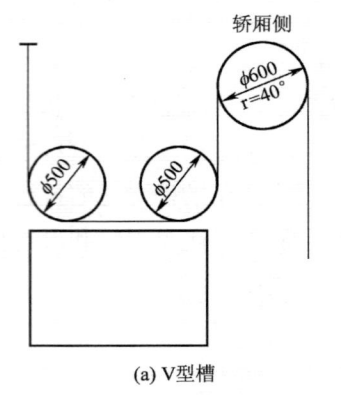

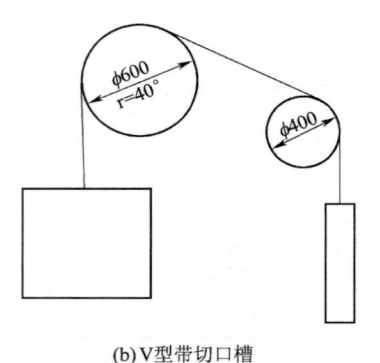

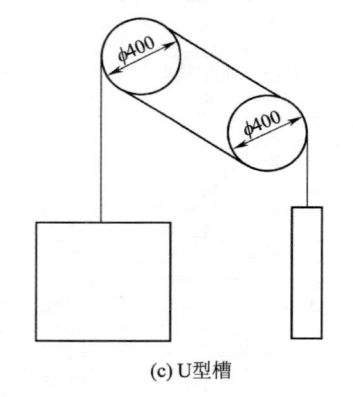

$K_p = 1$

$N_{equiv(p)} = 2$

$N_{equiv} = 4$

图 2-69 滑轮的等效数量的计算示意图

四、电梯用钢丝绳的报废指标

钢丝绳在曳引轮上的运行寿命将受到磨损和钢丝交变应力的限制。对大多数情况来说，只要观察出外部有明显的钢丝破断现象就应确定更换。

出现下列情况之一时，悬挂钢丝绳或补偿钢丝绳应当报废：

（1）出现笼状畸变，绳芯挤出、扭结、部分压扁、弯折。

（2）断丝分散出现在整条钢丝绳上，任何一个捻距内单股的断丝数大于 4 根或者断丝集中在钢丝绳某一部分或某一股。一个捻距内断丝总数大于 12 根（对于股数为 6 的钢丝绳）或大于 16 根（对于股数为 8 的钢丝绳）。

（3）磨损后的钢丝绳直径小于钢丝绳公称直径的 90%。

五、钢丝绳端接装置

使钢丝绳末端固定在轿厢（或对重）上或绕过轿厢（或对重）上的滑轮机构，并系结在钢丝

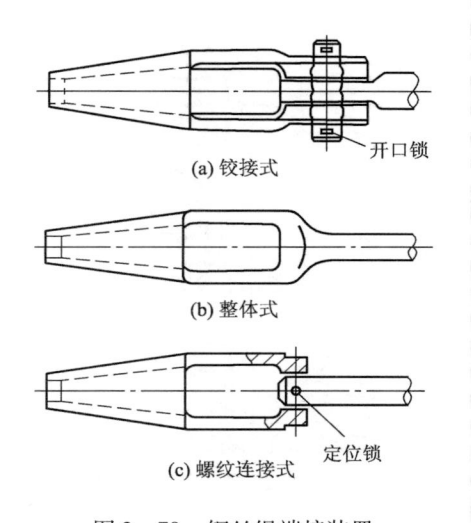

绳固定部件的悬挂部位上的装置称为钢丝绳端接装置。钢丝绳端接装置可以采用金属(或树脂填充的)绳套、自锁紧楔形绳套、至少带有三个合适绳夹的鸡心环套、手工捻结绳环、环圈(或套筒)压紧式绳环或具有同等安全的任何其他装置。

钢丝绳与其端接装置的结合处至少应能承受钢丝绳最小破断负荷的80%。钢丝绳端接装置的设计应考虑有利于钢丝绳张力的调节。

现将目前电梯上常用的钢丝绳端接装置介绍如下:

(一)锥套型

锥套经铸造或锻造成型,根据锥套与吊杆的连接方式,钢丝绳端接装置又可分为铰接式、整体式和螺纹连接式,如图2-70所示。

铰接式锥套安装方便,但零件较多,成本相对高。整体式锥套结构简单,锻造后加工成形,零件数量少,但加工工艺较复杂。螺纹连接式锥套的吊杆与锥套部分分体加工,组合后再连接成整体。锥套通常用35#~45#锻钢或铸钢,也有使用40Cr材料。吊杆可采用10#、20#或A3低碳钢。

钢丝绳与锥套的连接是在电梯安装现场完成的。最常用的方法是巴氏合金浇灌法。首先是将钢丝绳头拆开并洗净钢丝股上的油污,然后将钢丝折弯倒插,头部成菊花状,头部倒插的长度至少等于钢丝绳公称直径的2.5倍,然后收紧钢丝入锥套内。最后将巴氏合金烧热至330~360℃,倒入预热的锥套内,等自然冷却即可。这种方法简单、方便,至今仍被广泛应用于电梯安装中。它的主要缺点是,由于用火焰融化金属,液体金属外溢或飞溅时容易引起烫伤、可燃材料着火的危险,且制作时间长,清洁、预热、浇铸等受人为因素影响较大且不易控制。

图2-70 钢丝绳端接装置

这几年来,已有一种不饱和聚酯或环氧树脂的热固性树脂来代替巴氏合金。这种树脂通常由2~3种成分组成,在环境温度下就可混合成一种可浇灌的流体,几分钟内即转化成固体,当达到硬化程度后,就能起到巴氏合金的作用。灌注树脂是一种清洁、方便和简单的方法,不需要加温的专用工具。树脂锥套吸震性能好,可以提高疲劳载荷下的使用寿命。

(二)自锁楔型

自锁楔型绳套目前我国用得较多。它由绳套筒和楔形块组成,如图2-71所示。钢丝绳绕过楔形块套入套筒,在钢丝绳拉力作用下,依靠楔形块与套筒内孔的斜面配合自动锁紧。为防止楔形块松脱,楔块下端设有开口销。楔块两面的斜度通常是1:5。这种组合方法具有装拆方便的优点,但抗冲击载荷能力较差。

(三)鸡心环套绳夹型

使用绳夹是紧固绳头的一种快捷而方便的方法,如图2-72所示。钢丝绳绕过鸡心环套形

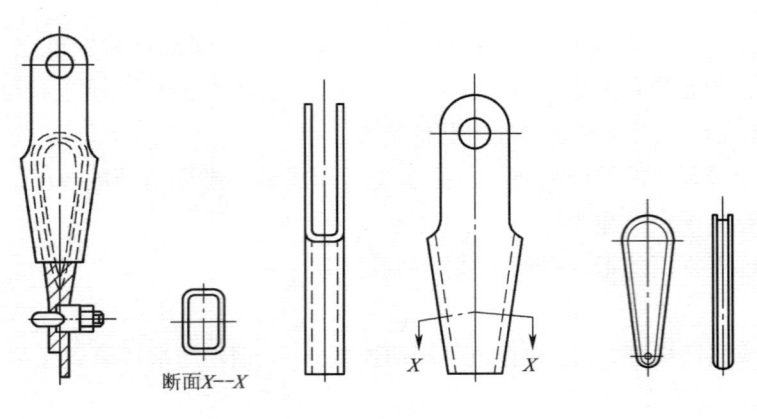

图 2-71　自锁楔型钢丝绳端接装置

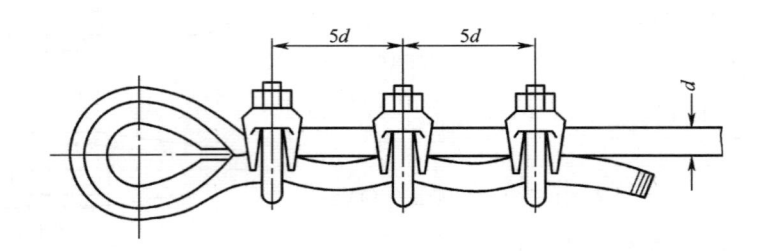

图 2-72　鸡心环套绳夹型钢丝绳端接装置

成一圈,绳端部至少应使用三个绳夹将其紧固。由于 U 形螺栓的卡法不同将直接影响绳夹的拉伸强度,所以往往存在组合强度的不稳定性。目前其在杂物梯上用得较多。

电梯钢丝绳端接装置的形式还有捻结绳头、套管固定绳头等方法,在设计和选用端接装置时,除了满足拉伸强度外,应充分注意到安装和调节的方便。

端接装置的均衡调节通常采用压缩弹簧形式和橡胶缓冲垫形式,如图 2-73 所示。目前用得较多的是弹簧形式。均衡装置除了可调节各根曳引绳的张力外,还有缓冲和减震作用。为了减少曳引轮槽和钢丝绳的磨损,在安装端接装置后,应调节各根钢丝绳的张力差,使之小于 5%。

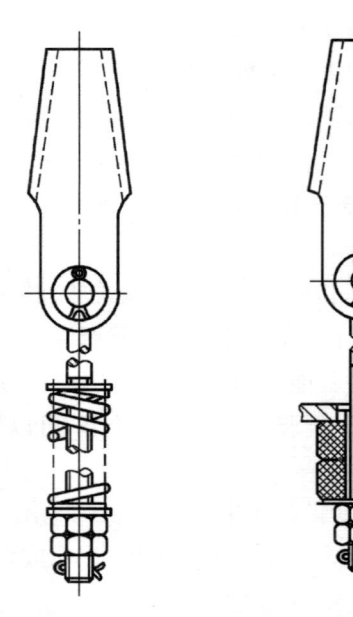

(a) 弹簧张力均衡装置　(b) 橡胶缓冲垫张力均衡装置

图 2-73　绳头均衡调节装置

第八节　绕绳方式及包角

一、绕绳方式

电梯曳引钢丝绳的绕绳方式主要取决于曳引机组的位置、轿厢的额定载重量和额定速度等条件。在选择、确定绕绳方式时，应考虑有较高的传动效率、合理的能耗及有利于钢丝绳使用寿命的延长。特别注意的是，应尽量减少绳轮数量，避免钢丝绳的反向弯曲。

曳引机的位置通常设在井道的上部、井道底部的旁侧或井道底部的地下室内。前者有利于采用最简单的绕绳方式，可以节约电力损耗，减少作用在建筑结构上的载荷；后者的设置方法使建筑物的支承结构承载大，投资费用多。因此在任何情况下，应尽可能避免采用这种方案。驱动装置也有设在中间位置的，这种设置方式曾用于提升高度低的链传动的电梯中，目前这种链传动电梯已被效率较高的液压电梯所取代。

图 2-74 和图 2-75 所示是几种典型的绕绳方式。如图 2-74 是曳引机上置方式，

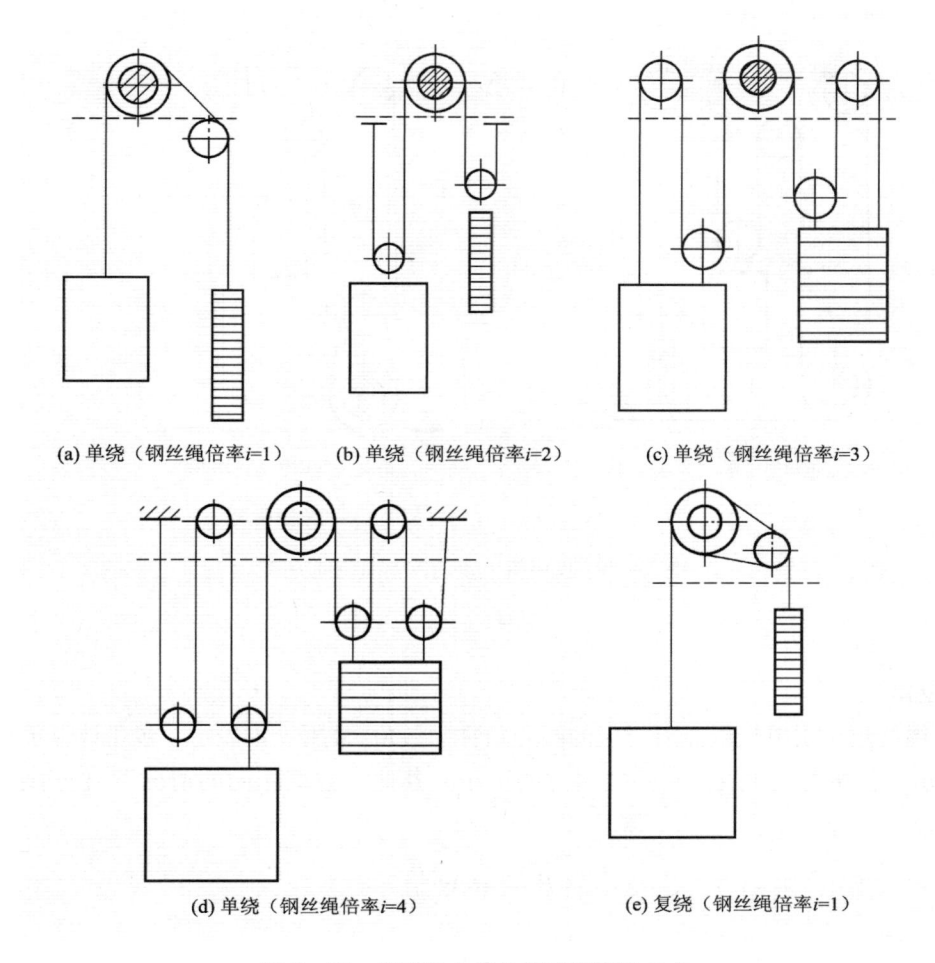

(a) 单绕（钢丝绳倍率 $i=1$）　(b) 单绕（钢丝绳倍率 $i=2$）　(c) 单绕（钢丝绳倍率 $i=3$）

(d) 单绕（钢丝绳倍率 $i=4$）　(e) 复绕（钢丝绳倍率 $i=1$）

图 2-74　曳引机上置的钢丝绳绕绳方式

图2-75是曳引机下置方式。曳引绳挂在曳引轮和导向轮上且曳引绳对曳引轮的最大包角不大于180°的绕绳方式称为单绕,或称半绕;曳引绳绕曳引轮和导向轮一周后才被引向轿厢和对重的绕绳方式称为复绕,或称全绕。复绕方式增加了曳引绳在曳引轮上的包角,提高了摩擦力。

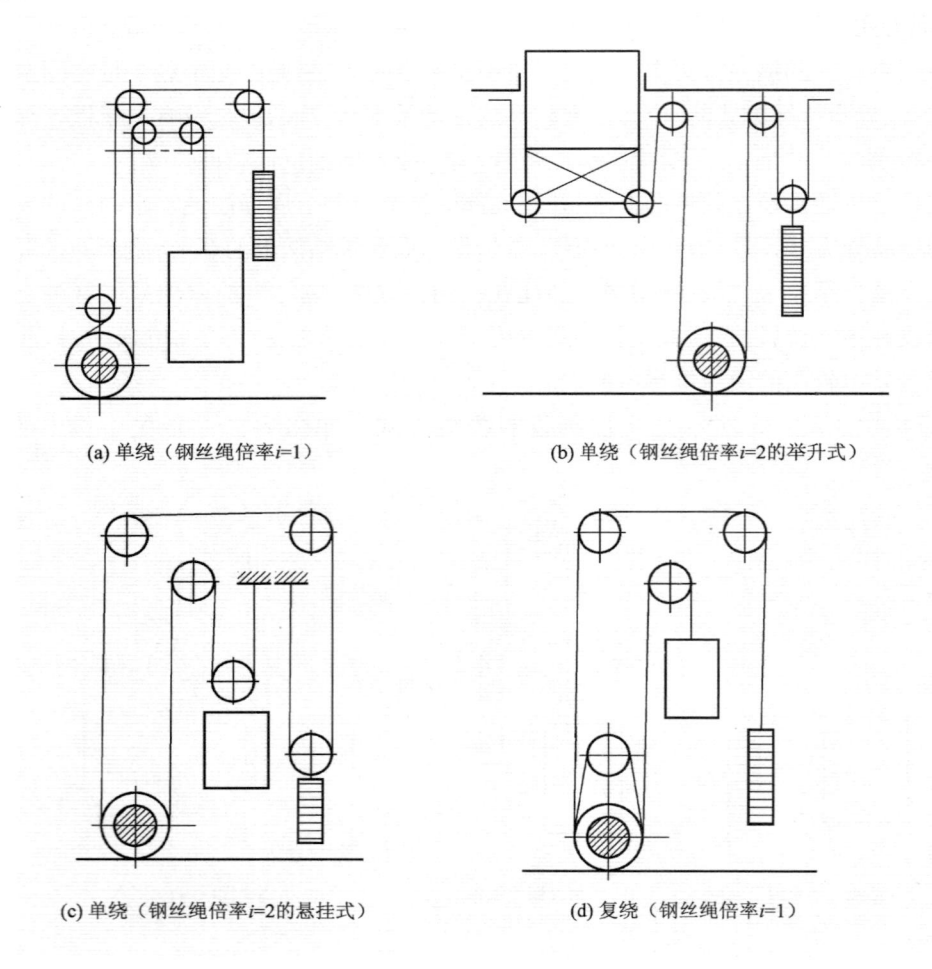

(a) 单绕（钢丝绳倍率i=1）

(b) 单绕（钢丝绳倍率i=2的举升式）

(c) 单绕（钢丝绳倍率i=2的悬挂式）

(d) 复绕（钢丝绳倍率i=1）

图2-75 曳引机下置的钢丝绳绕绳方式

二、包角

曳引绳绕过曳引轮接触点所对应的圆心角称为包角,常用 α 来表示。包角计算示意图如图 2-76 所示。包角的大小直接影响曳引力的大小。其他参数都相同的情况下,包角越大,曳引力就越大。

$$B = \operatorname{arctg} \frac{H}{L} \tag{2-22}$$

$$M = \sqrt{H^2 + L^2} \qquad (2-23)$$

$$C = \arcsin \frac{R - r}{\sqrt{H^2 + L^2}} \qquad (2-24)$$

$$A = 90° - (B + C) \qquad (2-25)$$

$$\alpha = 180° - A = 90° + (B + C)$$
$$= 90° + \text{arctg} \frac{H}{L} + \arcsin \frac{R - r}{\sqrt{H^2 + L^2}} \qquad (2-26)$$

式中：α——包角；

R——曳引力半径；

r——导向轮半径。

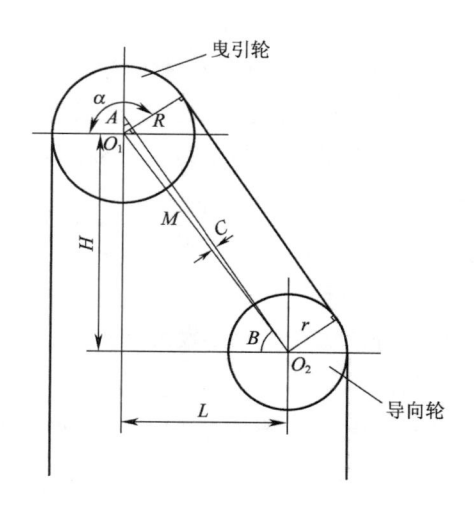

图 2-76 包角计算

第九节 补偿装置

电梯在运行中，轿厢侧和对重侧的钢丝绳以及轿厢下部的随行电缆的长度在不断变化。随着轿厢和对重位置的变化，这个总重量将轮流地分配到曳引轮两侧。为了减少电梯传动中曳引轮两侧所承受的载荷差，提高电梯的曳引性能，宜采用补偿装置。

一、补偿装置的形式

常用的补偿装置有补偿链、补偿绳及补偿缆。

(一) 补偿链

补偿链是以链为主体，如图 2-77 所示。常在铁链中蜡旗绳或麻绳，或者在铁链外裹一层复合 PVC 塑料。以降低运行时铁链相互碰撞产生的噪声。补偿链的一端悬挂在轿厢底部，另一端悬挂在对重的底部。这种装置设有导向装置，结构简单。这种补偿装置常用于额定速度低于 1.6m/s 的电梯。

(二) 补偿绳

补偿绳装置以钢丝绳为主体，如图 2-78 所示，通过钢丝绳卡钳和拦绳架(及张紧轮)悬挂在轿厢和对重底部。

补偿绳使用时必须符合下列条件：

(1) 使用张紧轮。

(2) 张紧轮的节圆直径与补偿绳的公称直径之比不小于 30。

图 2-77 补偿链

(3)张紧轮应设置防护装置。

(4)用重力保持补偿绳的张紧状态。

(5)用一个电气安全装置来检查补偿绳的最小张紧位置。

若电梯额定速度大于3.5m/s,还应增设一个防跳装置。防跳装置动作时,应有一个电气安全装置使电梯驱动主机停止运转。

这种补偿装置适用于额定速度大于1.6m/s的电梯。

(三)补偿缆

补偿缆是近几年发展起来的新型的、高密度的补偿装置,如图2-79所示。补偿缆的中间有低碳钢制成的环链,中间填塞物为金属颗粒以及聚乙烯与氧化物混合物,形成圆形保护层,链套采用阻燃型聚乙烯护套。这种补偿缆质量密度高,最重可达6kg/m,最大悬挂长度可达200m,运行噪声小,可适用于各类中高速电梯。

补偿链和补偿缆安装时,通常在轿厢底下采用S形悬钩及U形螺栓联结固定,如图2-80所示。为了防止补偿链或补偿缆在电梯运行中漂移,可以设置导向装置,如图2-81所示。

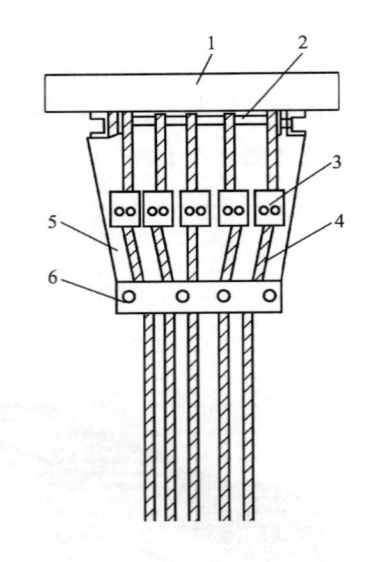

图2-78 补偿绳
1—底梁 2—挂绳架 3—绳卡 4—钢丝绳
5—钢丝 6—定位卡板

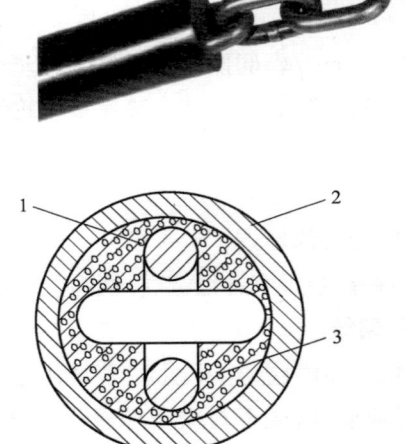

图2-79 补偿缆
1—链条 2—护套
3—金属颗粒聚乙烯混合物

二、补偿重量的计算

(一)以图2-82所示的绕绳系统($i=1$)来推导所需的补偿重量

假设轿厢侧钢丝绳张力为S_1,对重侧为S_2,且曳引绳的单位长度重量为q_y,随行电缆的单位重量为q_d,补偿电缆的单位长度重量为q_b,电梯的总行程为H,轿厢上端钢丝绳总长度为l。

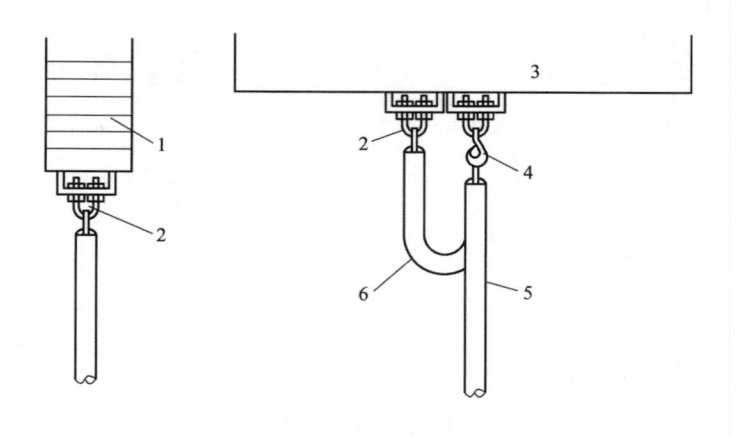

图 2-80　补偿缆(链)的悬挂
1—对重　2—U 形螺栓　3—轿厢　4—S 形悬钩　5—补偿缆(链)　6—安全回环

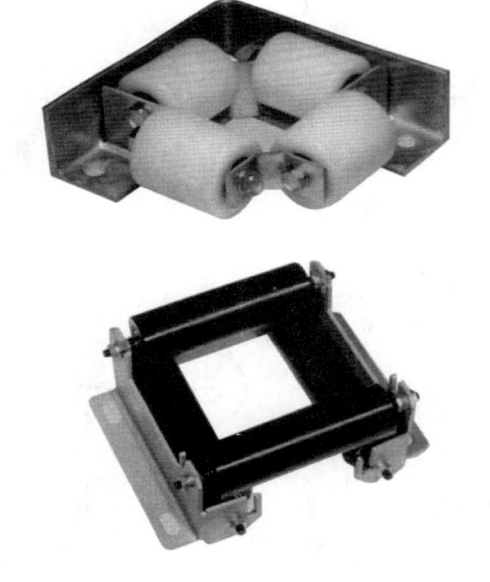

图 2-81　导向装置系列

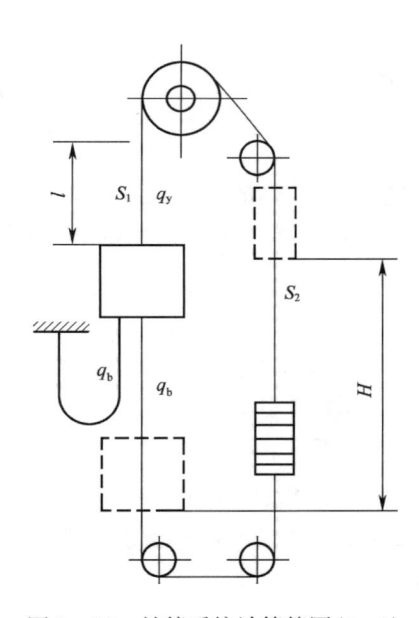

图 2-82　补偿系统计算简图($i=1$)

轿厢侧不考虑轿厢自重和负载时,

$$S_1 = l \cdot q_y + (H-l) \cdot q_b + \frac{1}{2}(H-l) \cdot q_d \qquad (2-27)$$

这里忽略了随行电缆部分长度变化对张力的影响,近似地把轿底电缆和电缆输出端的悬挂张力视为相同。这种影响在提升高度很大的电梯中是很小的。

对重侧不计对重重量时,

$$S_2 = (H-l) \cdot q_y + l \cdot q_b \qquad (2-28)$$

式(2-27)和式(2-28)的差:

$$\Delta S = S_1 - S_2 = (2l - H) \cdot q_y + (H - 2l) \cdot q_b + \frac{1}{2}(H - l) \cdot q_d \qquad (2-29)$$

当轿厢在最高层站时($l = 0$),

$$\Delta S = H\left(q_b - q_y + \frac{1}{2}q_d\right) \qquad (2-30)$$

当轿厢在中间时($l = H/2$),

$$\Delta S = \frac{1}{4}Hq_d \qquad (2-31)$$

当轿厢在最底层站时($l = H$),

$$\Delta S = H(q_y - q_b) \qquad (2-32)$$

从式(2-31)可以看出,轿厢在中间时与补偿重量无关,仅有随行电缆重量。为了使轿厢在顶层和底层时的曳引力差平衡,则应满足:

$$q_b - q_y + \frac{1}{2}q_d = q_y - q_b \qquad (2-33)$$

从中解出:

$$q_b = q_y - \frac{1}{4}q_d \qquad (2-34)$$

这就确定了补偿绳的单位长度重量。若将式(2-34)代入式(2-30)和式(2-32),两式的ΔS都等于$Hq_d/4$,所以为了平衡随行电缆的重量,对重的重量应修正为:

$$G = P + \psi Q + \frac{1}{4}Hq_d \qquad (2-35)$$

式中,G——对重重量,kg;

P——轿厢自重,kg;

ψ——平衡系数;

Q——额定载重量,kg。

(二)以图2-83所示的绕绳系统($i = 2$)来推导所需的补偿重量

假设轿厢侧钢丝绳张力为S_1,对重侧为S_2,且曳引绳的单位长度重量为q_y,随行电缆的单位重量为q_d,补偿电缆的单位长度重量为q_b,电梯的总行程为H,轿厢上端钢丝绳总长度为l。

轿厢侧不考虑轿厢自重和负载时,

$$S_1 = l \cdot q_y + (H - l) \cdot \frac{q_b}{2} + \frac{1}{2}(H - l) \cdot \frac{q_d}{2} \qquad (2-36)$$

这里忽略了随行电缆部分长度变化对张力的影响,近似地把轿底电缆和电缆输出端的悬挂张力视为相同。

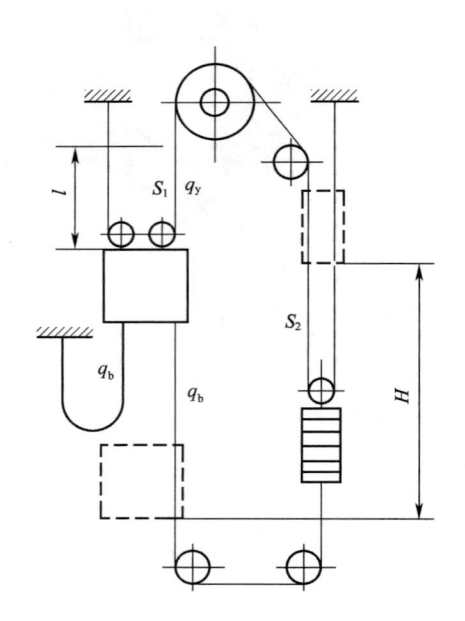

图2-83 补偿系统计算简图($i = 2$)

这种影响在提升高度很大的电梯中是很小的。

对重侧不计对重重量时，

$$S_2 = (H - l) \cdot q_y + l \cdot \frac{q_b}{2} \qquad (2-37)$$

式(2-36)和式(2-37)的差为：

$$\Delta S = S_1 - S_2 = (2l - H) \cdot q_y + \left(\frac{H}{2} - l\right) \cdot q_b + \frac{1}{4}(H - l) \cdot q_d \qquad (2-38)$$

当轿厢在最高层站时($l = 0$)，

$$\Delta S = H\left(\frac{q_b}{2} - q_y + \frac{1}{4}q_d\right) \qquad (2-39)$$

当轿厢在中间时($l = H/2$)，

$$\Delta S = \frac{1}{8}Hq_d \qquad (2-40)$$

当轿厢在最底层站时($l = H$)，

$$\Delta S = H\left(q_y - \frac{q_b}{2}\right) \qquad (2-41)$$

从式(2-40)可以看出，轿厢在中间时与补偿重量无关，仅有随行电缆重量。为了使轿厢在顶层和底层时的曳引力差平衡，则应满足：

$$\frac{q_b}{2} - q_y + \frac{1}{4}q_d = q_y - \frac{q_b}{2} \qquad (2-42)$$

从中解出：

$$q_b = 2q_y - \frac{1}{4}q_d \qquad (2-43)$$

这就确定了补偿绳的单位长度重量。若将式(2-43)代入式(2-39)和式(2-41)，两式的 ΔS 都等于 $Hq_d/8$，所以为了平衡随行电缆的重量，对重的重量应修正为：

$$G = P + \psi Q + \frac{1}{8}Hq_d \qquad (2-44)$$

本章小结

曳引机是电梯驱动主机。可以分为有齿轮曳引机和无齿轮曳引机。有齿轮曳引机常用蜗轮蜗杆减速，此类曳引机广泛用于低速电梯。无齿轮曳引机直接将动力传递到曳引轮上，具有结构简单、效率高、无污染等优点，将逐步成为电梯曳引机的主流配置。

电梯的曳引力是依靠曳引绳与曳引轮槽之间的摩擦力产生的。轮槽有半圆槽、带切口的半圆槽和V形槽之分。当轿厢载有125%额定载荷并以额定速度向下运行时，操作制动器应能使曳引机停止运转。所有参与制动轮或盘施加制动力的制动器机械部件应分两组装设。

轿厢由轿厢架和轿厢体两部分组成。轿厢应设超载保护装置。超过额定载荷的10%并至少为75kg时,电梯应不能启动运行,同时轿内应有发出声光报警信号。为防止超载,轿厢的有效面积应予以限制。

供轿厢和对重(平衡重)运行的导向部件,称为导轨。导轨有T型导轨和空心导轨两种。对于没有安全钳的对重(或平衡重)导轨,可使用空心导轨。

导靴有滑动导靴和滚轮导靴两种。滑动导靴有刚性滑动导靴和弹性滑动导靴两种。刚性滑动导靴常用于速度小于等于0.63m/s的电梯,弹性滑动导靴可用于小于等于2.0m/s的电梯,滚轮导靴常用于大于2.0m/s的电梯。

由曳引绳绕过曳引轮与轿厢相连接,在曳引式电梯运行过程中保持曳引能力的装置称为对重装置。对重装置的重量应根据平衡系数0.4~0.5来配置。

设置在层站入口的门称为层门,设置在轿厢入口处的门称为轿门。轿门和层门关闭后锁紧,同时接通控制电路电梯方可运行的机电联锁安全装置称为门锁装置。

门的形式有水平滑动和垂直滑动门等。水平滑动门有中分门、中分双折、三折门、旁开双折、三折门等。垂直滑动门有垂直中分门和单扇、双扇、三扇闸门等。当电梯井道内表面与轿厢地坎、轿厢门框架或滑动门的最近门口边缘的水平距离大于0.15m时,应设轿门锁。门的入口应设置门保护装置。

限速器—安全钳系统联动超速保护装置是指电梯下行超速,甚至悬挂装置断裂的情况下的安全保护装置。

速度监控元件(限速器)和减速元件(轿厢上方向安全钳、对重安全钳、夹绳器或曳引轮)系统联动超速保护装置是指电梯上行超速保护装置。

限速器动作速度的调整值应与电梯额定速度相匹配,并在GB 7588—2003 第9.9.1、9.9.3、9.10.1规定的范围内。限速器绳的张力应不得小于GB 7588—2003 第9.9.4规定的值。限速器绳断裂或过分伸长,应有一个电气安全装置作用,使电动机停止运转。限速器达到动作速度之前,限速器或其他装置上的电气安全装置使电梯驱动主机停止运转(对于额定速度不大于1m/s的电梯,此电气安全装置最迟可在限速器达到其动作速度时起作用)。只有当电气安全装置复位后,才能启动电梯。

安全钳应根据轿厢(或对重)的额定速度,分别选用瞬时式安全钳或渐进式安全钳。电梯的额定速度、轿厢自重与额定载荷的总质量($P+Q$)或对重质量(G),使用导轨的宽度都应在安全钳的技术参数范围内。当轿厢(或对重)安全钳动作时,装在轿厢上面的电气装置应在安全钳动作以前或同时使电梯驱动主机停止转动。安全钳动作后的释放需经称职人员进行。只有将轿厢或对重提起,才能使轿厢或对重上的安全钳释放并自动复位。当电气装置复位后,才能启动电梯。

轿厢上行超速保护装置,其减速元件若选用上方向安全钳或对重安全钳,则应采用渐进式安全钳。有齿轮曳引机减速元件一般都选用夹绳器。电梯的额定速度、额定载重量、系统质量、钢丝绳直径及根数,都应符合夹绳器的技术参数。无齿轮曳引机减速元件是制动器,并直接制动曳引轮(如直接作用在曳引轮或作用于最靠近曳引轮的曳引轮轴上),使轿厢减速。轿厢上行超速保护装置动作后,电气安全装置动作,使电梯驱动主机停止运转。该装置动作后,应有称职人员使其释放。待机械和电气装置全部复位后,才能启动电梯。

缓冲器是电梯极限位置的安全装置。缓冲器有蓄能型缓冲器和耗能型缓冲器两种。蓄能型缓冲器只能用于速度小于或等于1m/s的电梯。耗能型缓冲器可用于任何额定速度的电梯。蓄能型缓冲器有线性缓冲器(如弹簧缓冲器)和非线性缓冲器(如聚氨酯缓冲器)两种。耗能型缓冲器主要是指液压缓冲器。

对于高速电梯,当对电梯在其行程末端的减速度进行监控,可采用减行程缓冲器。这样可缩短普通缓冲器所需要的缓冲器行程,有效降低缓冲器的自由高度及底坑深度。

电梯悬挂装置,传统的方式是应用钢丝绳。由于电梯技术的发展,为配合小机房电梯或无机房电梯,研制出一种与传统的电梯钢丝绳不同的新型复合钢带,它具有很大的优越性。

钢丝绳的选用应正确、合理。首先应选用符合 GB 8903—2005《电梯用钢丝绳》标准要求的钢丝绳,且钢丝绳实际安全系数应不小于计算许用安全系数(在任何情况下,使用三根或三根以上钢丝绳时,其安全系数不应小于12,或使用两根钢丝绳时,其安全系数不应小于16)。曳引轮、滑轮的节圆直径与悬挂钢丝绳的公称直径之比不应小于40。电梯用钢丝绳若达到报废指标应及时更换。

钢丝绳端接装置有锥套型、自锁楔型、鸡心环套绳夹型等。

钢丝绳与其端接装置的结合处,至少应能承受钢丝绳最小破断负荷的80%。钢丝绳端接装置的设计应考虑有利于钢丝绳张力的调节。

电梯曳引钢丝绳的绕绳方式主要取决于曳引机组的位置、轿厢的额定载重量和额定速度等条件。选择绕绳方式的原则是传动效率和钢丝绳的寿命。

曳引机组常布置在井道上部,称为上置式。绕绳方式分单绕(钢丝绳倍率 $i = 1、2、3、4$)和复绕(钢丝绳倍率 $i = 1、2$)。电梯井道上部若没有机房,顶层高度没有足够的高度,则可把曳引机组设于底部旁侧或底部地下室,称为下置式。绕绳方式分为单绕(钢丝绳倍率 $i = 1、2$)和复绕(钢丝绳倍率 $i = 1、2$)。

包角的大小直接影响曳引力的大小。在其他参数都相同的情况下,包角越大,曳引力就越大。

电梯在运行中,轿厢侧和对重侧的钢丝绳以及轿厢下部的随行电缆的长度在不断变化。为了减少电梯传动中曳引轮两侧所承受的载荷差,提高电梯曳引性能,宜采用补偿装置。

补偿装置有补偿链、补偿绳和补偿缆几种。为防止补偿装置在电梯运行中漂移,可分别设置张紧轮或导向装置。补偿重量应根据钢丝绳倍率 $i = 1、2$ 分别进行计算、选用。

思考题

1. 曳引机的分类及构造是什么?各有什么特点?
2. 轿厢由哪些部件构成?各有什么要求?
3. 导轨、导靴的种类和适用范围是什么?

4. 对重的作用是什么？怎样配置对重的重量？
5. 层门、轿门的类型有哪些？层门锁的要求是什么？门入口保护装置有哪几种？
6. 简述限速器、安全钳、上行保护装置定义和联动过程。
7. 限速器的分类及动作原理是什么？限速器动作速度是多少？
8. 安全钳的分类及使用范围是什么？
9. 轿厢上行超速装置类型及适用范围是什么？
10. 缓冲器的类型及适用范围是什么？
11. 钢丝绳安全系数是如何计算的？钢丝绳的报废指标是什么？
12. 钢丝绳端接装置的种类及特点是什么？
13. 包角的几何方法是如何计算的？
14. 补偿装置的种类、适用范围及使用条件是什么？
15. 补偿装置单位长度重量是如何计算的？

第三章 电梯电气控制系统

第一节 电梯控制技术概述

不同用途的电梯往往采用不同的控制方式,即使是相同用途的电梯,也可以采用不同的电梯控制方式。电梯的控制主要是根据轿内指令(选层)和层站的召唤信号要求,控制曳引主机(牵引轿厢)按预定方向启动、加速、恒速运行、减速和停止,控制门机开关门。

随着电气技术的发展,电梯的控制技术也随之得到了快速发展。综观电梯控制技术不断进步的历程,其主要经历了继电器逻辑控制、可编程控制器(PLC)控制和微型计算机控制三个过程。目前继电器逻辑控制已经基本淘汰。由于 PLC 控制系统硬件具有通用性(不需要厂家开发),编程设计易掌握,其曾在国内一些规模不大的电梯企业中得到较多的应用。研发能力强的企业则大多采用自行开发的微型计算机电梯控制系统。

继电器逻辑控制是最早的电气控制技术。由于没有软件而只有硬件逻辑线路控制,继电器逻辑控制具有原理简单、直观的特点,容易学习和掌握。因此具备一定电气技术和实践经验的工程师可以在参照典型设计线路的基础上,独立完成电梯的电气设计。此外,继电器逻辑控制的成本也较低。但继电器逻辑控制的硬件线路多,完成一个功能需要很多逻辑线路,体积大、接线复杂、通用性和灵活性差、故障率高、查找和排除故障困难、对生产工艺变化的适应性差。虽然具备一定知识和经验的工作人员易于分析故障,但由于其线路多,实际维修工作量大。因此,目前这种控制技术已被可编程控制器(PLC)和微型计算机控制所取代。

可编程控制器,简称 PC(Programmable Controller)。为与个人计算机(PC)相区别,可编程控制器后改名为可编程序逻辑控制器 PLC(Programmable Logic Controller)。1987 年国际电工委员会(International Electrical Committee)颁布的 PLC 标准草案中对 PLC 做了如下定义:PLC 是一种专门为在工业环境下应用而设计的数字运算操作的电子装置。它采用可以编制程序的存储器,用来在其内部存储执行逻辑运算、顺序运算、计时、计数和算术运算等操作的指令,并能通过数字式或模拟式的输入和输出,控制各种类型的机械或生产过程。PLC 及其有关的外围设备都应该按易于与工业控制系统形成一个整体,易于扩展其功能的原则而设计。

理论上讲,PLC 控制系统也是一种微型计算机控制系统,它设计成通用接口和功能,可以方便编程。但由于 PLC 控制系统的出发点在于通用性和简单编程,只要用 PLC 的少量开关量逻辑控制指令就可以方便地实现继电器电路的功能。PLC 为不熟悉电子电路、不懂计算机原理和汇编语言的人使用计算机从事工业控制提供了方便,开发简单、周期短。但也存在一些缺陷,如循环扫描方式使其响应速度受到限制。在电梯技术应用方面(如轿厢位移的测量和计算),尽管 PLC 采用高速计数模块,但实际在按距离原则减速停层,还是在响应速度方面存在不小差距。其次,尽管 PLC 的逻辑功能较强,但其计算和过程演算功能薄弱,因此无法实现复杂的群控功能,群控台数也受到很大限制。

微型计算机电梯控制系统正是为克服可编程控制器(PLC)控制固有缺陷而专门为电梯设计的计算机控制系统。这种系统的设计目的性强,一般都是量身定制,专门对应一种系列的电梯系统设计而成,因此具有经济、严密、对应、功能强的特点。但微型计算机电梯控制系统的设计对硬件和软件设计的要求相当高。

由于 PLC 控制系统也是一种微型计算机控制系统,其结构与微型计算机电梯控制系统有类似之处。因此下面将以 PLC 控制系统为例,对其特点与结构作一介绍。

一、可编程控制器的主要特点

可编程控制器是在继电器控制技术和计算机技术的基础上发展而来的,实际上它是面向用户需要,适宜安装在工作现场的、为进行生产控制所设计的专用计算机。因此它有着类似计算机的基本结构,又有着针对其应用场合的杰出优点。

(一)可靠性高,抗干扰能力强

相对于继电器逻辑控制而言,PLC 可以利用内部软件继电器取代起逻辑控制作用的硬件中间继电器,大大提高了可靠性。PLC 是专门为工业环境下应用而设计的,在硬件和软件上都采用了抗干扰措施。如屏蔽,对 PLC 的电源、内部 CPU 的主要部件采用导电及导磁良好的材料进行屏蔽,防止外界的电磁干扰。滤波,对供电电源及 I/O 线路采用多种形式的滤波,以消除、抑制高频干扰。隔离,I/O 线路采用光电隔离,有效地抑制了外部干扰源的影响。故障自诊断,PLC 采用循环扫描工作方式,可以实现故障的检测与处理、信息的保护与恢复等工作,出现故障时可及时发出警报信息。在应用软件中,应用者还可以编入外围器件的故障自诊断程序,使系统中除 PLC 以外的电路及设备也获得故障自诊断保护。

(二)编程简单,灵活性强

可编程控制器采用和继电器电路图类似的梯形图作为主要编程语言,并将参加运算及处理的计算机存储元件都以继电器命名。可编程控制器的控制程序梯形图与继电器控制线路图极为相似,具有形象、直观、易学的特点,使用方便、灵活。同时,PLC 编程器的操作和使用也很简单。总之,PLC 的编程无需微机控制设计所要求的很高的电子和计算机软件知识与技能,这是 PLC 获得普及和推广的主要原因之一。

(三)通用性强、功能完善

系统采用了分散的模块化结构,可以针对各类不同控制需要进行组合,便于扩展。这不但使之便于系列化设计,更方便现场功能的扩充,如电梯加层、增加功能、满足客户提出的特殊要求等。随着技术发展,目前的 PLC 开发了大量功能模块,如 A/D 或 D/A 转换模块、通信模块、高速计数模块等,使其功能更加完善。

(四)设计安装简单、维护方便

PLC 用软件代替了传统电气控制系统的硬件,使控制柜的设计、安装的接线工作量大大减少,也易于检查故障和维修更换,从而大大提高了制造与安装、维修效率。

(五)体积小、重量轻、能耗低

由于 PLC 采用大规模集成电路技术和微处理器技术,设计紧凑、体积小、重量轻、能耗低。

二、可编程控制器的结构

可编程控制器的基本单元(主机)如图 3-1 所示。可编程控制器一般由 CPU 模块、存储器、电源模块、输入/输出模块、通信接口和扩展模块等组成。图 3-1 不难看出,可编程控制器与工业控制计算机的结构相似,其最大区别在于通俗易懂的编程方法和更加强大的通用灵活的接口。CPU 速度和内存容量是 PLC 的重要参数,它们决定着 PLC 的工作速度、I/O 数量及软件容量等,限制着控制规模。

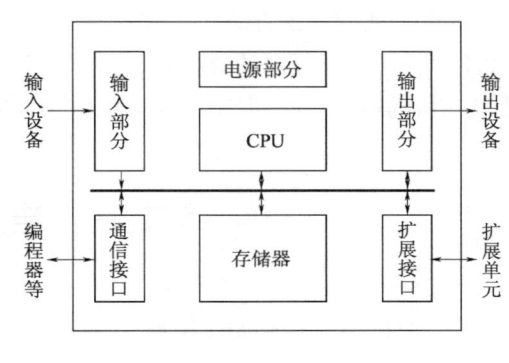

图 3-1 PLC 基本单元(主机)

(一)CPU 模块

CPU 是 PLC 的核心,指挥 PLC 有条不紊地进行各种工作。每套 PLC 至少有一个 CPU,对正在输入的用户程序进行检查,诊断电源和 PLC 内部电路的工作状态和编程过程中的语法错误等。CPU 按 PLC 的系统程序赋予的功能接收并存贮用户程序和数据,进入运行后,CPU 根据用户程序存放的先后顺序逐条读取、解释和执行程序,用扫描的方式采集输入模块接收到的状态或数据,存入规定的寄存器中,执行用户程序,按逻辑关系将计算结果经过输出模块产生相应的控制信号,驱动有关的控制电路。

(二)存储器

PLC 存储器可以分为系统程序存储器、用户程序存储器和工作数据存储器。对应用者而言,关心的是用户程序存储器。

用户程序存储器是用于存放应用设计者根据控制要求而编制的应用程序,即用户程序。用户程序存储器的容量大小与 PLC 规模有关,一般小型 PLC 的程序存储器容量为 8K 字节。用户程序存储器有 RAM 和 EEPROM 两种。RAM 中程序靠锂电池维持保存,当使用相当时间后锂电池电压低于一定值时,RAM 中程序将丢失,因此需要及时更换电池。EEPROM 是一种可上电改写的 ROM,其中程序不靠电池保存。因此设计者更喜欢采用 EEPROM,但其成本比 RAM 要高。

(三)电源模块

PLC 电源用于为 PLC 各模块的集成电路提供工作电源,一般为单相交流电源(220/110VAC,50/60Hz)和直流电源(常用的为 24VDC)。PLC 对电源的稳定性要求不太高,一般允许在电源额定电压值的 ±10% ~ ±15% 范围波动。PLC 输出模块驱动负载的电源由其他电源提供,有些 PLC 直流输入模块输入触点的电源由 PLC 电源模块提供。

(四)输入/输出模块

输入/输出模块分为开关量输入(DI)、开关量输出(DO)、模拟量输入(AI)和模拟量输出

（AO）等模块。

按电压水平分，开关量输入模块有 220VAC、110VAC 和 24VDC；按隔离方式分，开关量输入模块有继电器隔离和晶体管隔离。按信号类型分，模拟量输入模块有电流型（4~20mA，0~20mA）、电压型（0~10V，0~5V，-10~10V）等；按精度分，模拟量输入模块有 12bit、14bit、16bit 等。专用功能模块有高速计数模块、通信模块等。

这里讲述的微型计算机电梯控制系统是专门为电梯设计的计算机控制系统，这种系统的设计目的性强，一般都为量身定制，专门对应一种系列的电梯系统设计而成，因此具有经济、严密、对应、功能强的特点。但微型计算机电梯控制系统的设计对硬件和软件设计的要求相当高。

第二节 电梯控制系统概述

一、电梯电气控制系统组成

电梯电气控制系统由电力拖动装置、操纵装置、位置显示装置、门机控制装置、终端开关、选层器及平层装置、通话装置、照明，以及上述各部分的协调控制装置等组成。

1. 电力拖动装置 电梯电力拖动装置和各部分的协调控制装置布置在控制柜内，是电梯电气控制系统的核心部件，也是电梯运行的指挥中心。控制柜一般安装在机房，随着无机房电梯的诞生，控制柜也有安装在顶层层站门旁或井道内的。

2. 操纵装置 操纵装置一般包括轿内选层（指令）和层站召唤按钮、轿顶检修操作装置、紧急操作装置等。轿内选层（指令）和层站召唤按钮是供乘客选定目的层站和召唤电梯驶向候梯层站的装置。轿顶检修操作装置是供专业检修人员在检修状态下操作电梯上下运行的装置。紧急操作装置可以分为两种，一种是针对有减速箱的电梯或移动装有额定载重量的轿厢所需的操作力不大于 400N 时，采用的人工手动紧急操作装置，即盘车手轮与制动器松闸扳手；另一种是针对无减速箱的电梯或移动装有额定载重量的轿厢所需的操作力大于 400N 时，采用的紧急电动运行的电气操作装置。

3. 位置显示装置 位置显示装置包括轿内和层站显示器，用于显示电梯所在层站的位置以及电梯运行的提示信息（如运行方向、自动运行、超载等）。

4. 门机控制装置 门机控制装置是控制电梯门运行的装置。电梯门是电梯的一个重要部件，门机驱动控制有直流（电机）变压调速、交流变压调速、交流变压变频调速等方式。门机控制装置一般安装在轿顶。

5. 终端开关 终端开关用于电梯上下终端层的减速和极限位置保护。

6. 选层器 选层器用于检测电梯轿厢位置。可由机械式、继电器式和电子式组成。

7. 通话装置 通话装置用于乘客、检修人员报警和通话，由轿内报警通话装置、机房通话装置、底坑通话装置、轿顶通话装置和监控（或值班）室通话装置等组成。其中，轿内报警通话装置是供乘客使用的装置，机房通话装置、底坑通话装置、轿顶通话装置是供检修人员使用的装置。

8. 照明 照明系统主要由乘客区域照明和检修人员区域照明组成。

二、电梯控制系统工作原理

电梯控制系统可以分为电力拖动系统和电气控制系统两个主要部分。电力拖动系统主要包括电梯垂直方向运行的主驱动电路和轿门开关门运行驱动电路。目前两者的主流技术均采用交流变压变频调速技术(VVVF),达到了无级调速的目的。电气控制系统则由众多召唤按钮、传感器、控制用继电器、指示灯、LED 七段数码管和控制部分的核心器件(PLC 或者微型计算机)等组成。电气控制系统与电力拖动系统一起实现了电梯控制的所有功能。

典型的电梯电气控制系统框图如图 3-2 所示,主要由轿内操纵箱、层站召唤、曳引机驱动电路、门机控制系统、称量装置、层楼显示装置及平层装置等组成。其中驱动系统完成的是曳引机驱动功能;控制系统完成的是电梯控制及管理功能,并负责与电梯外围电路的通讯功能。PLC + 通用变频器类型的电梯电气控制系统框图与图 3-2 类似,其中通用变频器完成驱动系统的功能,PLC 完成控制系统的功能。

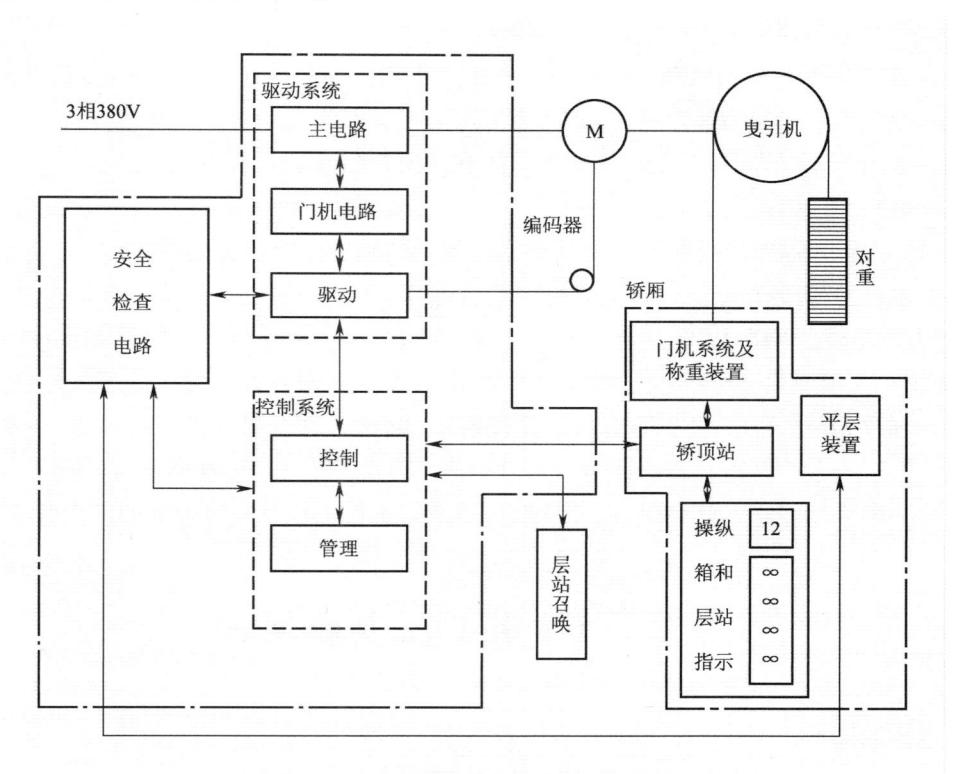

图 3-2 典型的电梯电气控制系统框图

三、电梯工作过程

电梯控制系统从召唤到响应形成一次工作循环,电梯工作过程又可细分为安全自检、正常工作、检修工作等三种工作状态。其中通过安全自检是允许电梯投入运行的先决条件。

(一)电梯的安全自检

电梯接通电源后,控制部分的核心器件(PLC 或微型计算机)中的程序立即开始运行,在电梯尚未完成安全自检前无法对呼梯请求信号作出响应。为满足处于响应召唤就绪状态这一条件，必须使电梯处于平层状态、电梯门处于关闭状态且电梯各子系统处于正常工作状态。电梯自检过程的目标为：确保电梯各子系统处于正常工作状态；电梯门处于关闭状态且安全回路正常；电梯处于平层状态。若上述过程无法满足，设计完善的电梯会尝试自行调整，若经过调整依然无法满足上述条件，电梯自检过程停止，发出电梯故障信息。

（二）正常工作状态

电梯完成安全自检后，若电梯不处于检修工作状态，就处于响应召唤就绪状态。此时电梯能够完成一个召唤响应的过程。其步骤如下：

（1）电梯在检测到层站或轿厢的召唤或选层信号后，将此楼层信号与轿厢所在楼层进行比较，确定电梯运行方向。

（2）电梯通过电力拖动系统驱动曳引机，使轿厢运动。轿厢运动速度要经过启动状态转变为加速状态，在加速到额定速度后，以额定匀速状态运行至减速点。

（3）减速点由电梯根据轿厢距目标楼层的距离得出。一旦电梯检测到减速点，电梯会进入减速状态，由匀速状态变为减速状态，并减速运行至平层点停止。

（4）电梯平层后，经过一定延时后开门，直至碰到开门终端行程开关。再经过一定延时后关门，直到碰到关门终端行程开关。

在电梯运行过程中，电梯控制系统始终实时显示轿厢所在楼层及运行方向。

（三）电梯检修工作状态

根据 GB 7588—2003 标准，为便于进行检修和维护，应在轿顶装一个易于接近的控制装置。该装置应由一个能满足 GB 7588—2003 中第 14.1.2 条电气安全装置要求的开关（检修运行开关）操作。轿顶检修控制装置上的检修开关接通后，电梯立刻退出正常工作状态，不再响应任何呼梯信号，进入检修工作状态。此时若按下检修上行（下行）按钮，电梯上行（下行）。一旦释放该按钮，电梯立刻停止，当电梯检修完毕后可用恢复正常工作开关使电梯撤离检修工作状态。

第三节　电梯控制原理

一、电梯的运行条件

电梯是一种载人（或货物）运行的特种设备，确保人员和设备的安全是电梯控制系统的首要任务。尽管电梯的技术在不断发展，但无论电梯采用哪种控制技术和系统，其安全可靠的要求始终没有降低。因此电梯必须符合一定的条件才允许运行。因此，电梯的设计、制造、安装、维修都必须符合电梯安全标准及其相关标准。我国的电梯安全标准，尤其是电梯安全运行的充分条件和必要条件，已基本与国际电梯安全标准相吻合。

（一）安全条件

电梯系统的所有机械和电气安全装置必须处于安全有效状态。电梯的轿厢门和全部层站的层门处于关闭状态，是保证乘客、司机等人员免遭坠落和剪切威胁的最重要条件。

一般电梯控制系统是将所有的安全条件串接在一个回路中,称为安全回路,安全回路"ON"作为电梯允许启动运行的最基本条件。简化的电梯安全回路如图3-3所示,将电梯中所有安全部件的开关串联一起,控制安全继电器,只要安全部件中有任何一只安全部件的开关动作,将切断安全继电器的线圈电源,使其释放,同时将报警信号送入主控电脑板。当电气安全回路为保证安全而动作时,应防止电梯驱动主机启动或立即使其停止运转。制动器的电源也应被切断。一般安全回路的开关功能简述如下:

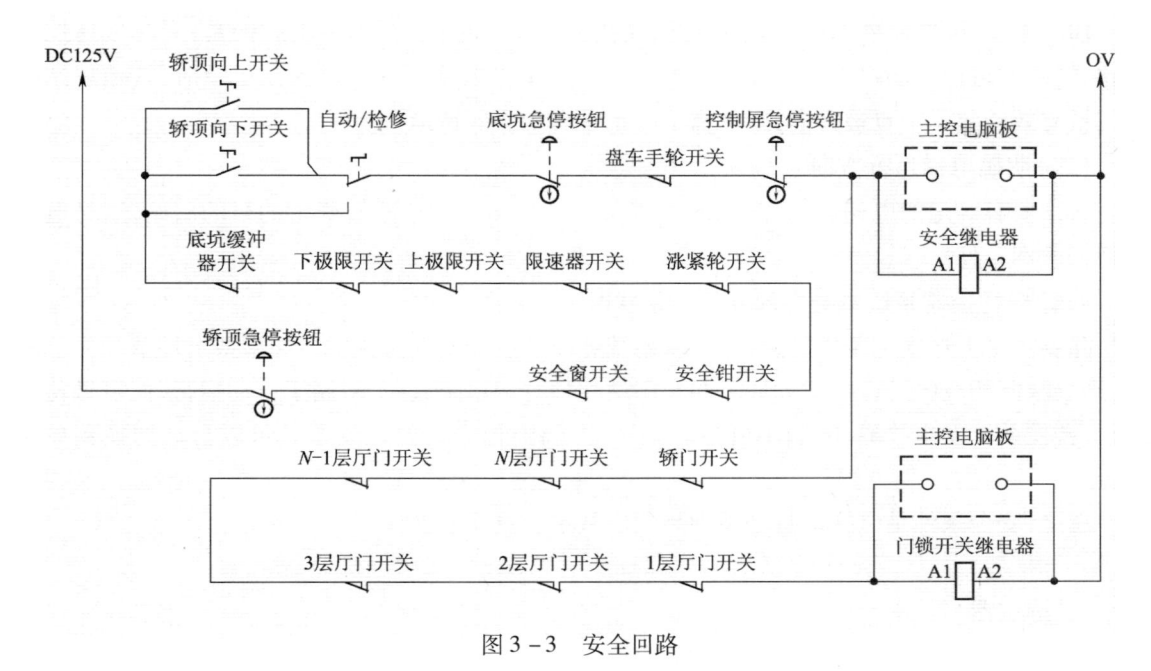

图3-3 安全回路

1. 检修开关 检修开关安装在轿顶,供维修人员在电梯检修时进行慢车操作。

2. 急停开关 急停开关包括轿顶急停开关、底坑急停开关、控制屏急停按钮,主要供维修人员在危险状态下紧急停止电梯。

3. 盘车手轮开关 当电梯发生故障或电源中断,轿厢停靠在两层站之间时,可用盘车手轮实施救援。断开电源,装上盘车手轮切断盘车手轮开关,人工松闸,转动手轮,可使轿厢移动到达较近的层站。

4. 底坑缓冲器开关 底坑缓冲器开关位于井道底部,设置在轿厢和对重的行程底部极限位置。在缓冲器动作后回复至其正常伸长位置后电梯才能正常运行,为检查缓冲器的正常复位所采用的开关装置。

5. 上、下极限开关 上、下极限开关是指当轿厢运行超越端站平层磁感应装置时,在轿厢或对重装置未接触缓冲器之前,强迫切断驱动电源和制动器电源的非自动复位的安全装置。该装置设置在尽可能接近端站时起作用而无动作危险的位置上。应在轿厢或对重(如有)接触缓冲器之前起作用,并在缓冲器被压缩期间保持其动作状态。

6. 限速器开关 限速器开关是指当电梯的速度超过额定速度一定值(15%)时,其动作能导致安全钳起作用的安全装置。

7. 张紧轮开关　张紧轮开关是检测限速器钢丝绳张紧状态的开关。一旦限速器钢丝绳松脱或断绳,该开关动作,切断安全回路,使电梯停止运行。

8. 安全钳开关　当安全钳动作时,安全钳开关动作,切断安全回路,使电梯停止运行。

9. 安全窗开关　轿厢安全窗(若有)设有手动上锁的安全装置,如果锁紧失效或安全窗处于开启状态时,该装置能使电梯停止。

10. 层门、轿门联锁开关　层门、轿门联锁开关是在层门、轿门关闭后锁紧,同时接通控制回路,轿厢方可运行的机电联锁安全装置。其作用是当电梯轿厢停靠在某层站时,其他层站的层门被有效锁紧。一旦被开启,则电梯不能正常启动或保持运行。

(二)明确电梯运行方向

必须要有确定的电梯运行方向(向上或向下),自动运行还要有确定的目的层站,这是电梯运行的基本条件。

(三)电梯控制系统本身必须处于正常状态

除要满足上述安全条件外,电气控制系统各环节本身要保持正常。如果某个环节发生了故障,则会限制相应的运行模式。如轿厢和层站呼梯登记系统故障,限制了自动运行,但可做检修运行;群控系统发生故障,限制了群控联动调配运行,但先进的控制系统可以自动切换到单梯运行。

总之,安全条件是电梯运行必须满足的最基本和重要的条件。

二、选层器

如前所述,在满足安全条件下,电梯才允许启动。在满足安全条件并确定运行方向后,电梯才能按方向指令启动运行。在满足安全条件并确定运行方向和目的地后电梯才能作自动运行。

在自动运行模式下,方向和目的层的指令一般是通过乘客操作轿厢内操纵箱选层按钮和层站上下行方向按钮来获得的。要使电梯按指令运行并准确到达目的层,首先要确定运行方向。电梯的运行方向由轿厢与目的层站的相对位置来确定,如图 3-4 所示。

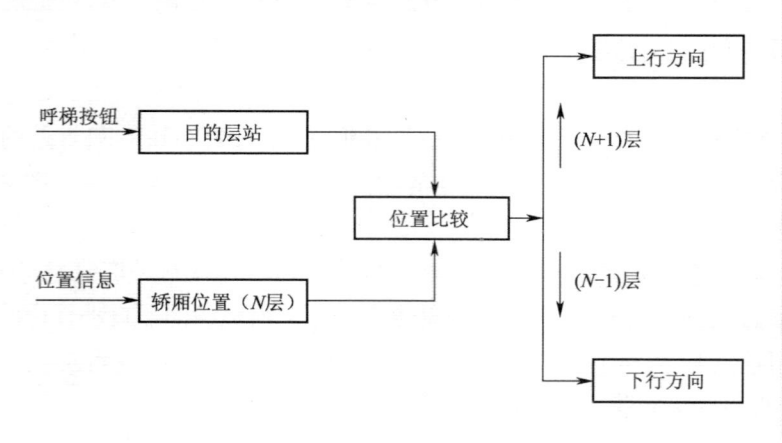

图 3-4　运行方向的确定

此外,电梯必须明确(或通过移动后)目的层站的距离和实际位置,以控制减速点和减速度,使之准确到达目的层站平层。实现上述要求的装置就是所谓的选层器。

(一) 机械式选层器

电梯控制技术发展史上最早采用的选层器是机械式选层器。机械式选层器一般由滑动拖板和固定触点安装板以相互距离关系组合,按确定的缩小比例模拟电梯轿厢在井道中的位置。图 3-5 所示是经常采用的机械式模拟选层器示意图。

图 3-5 中,选层的驱动是通过固定在轿厢上的钢带及随着轿厢升降转动的钢带轮,通过链条的驱动,使选层器的滑动拖板上下移动。选层器立架上有与楼层相对应的固定触点安装板,安装板数就是楼层数,安装板之间的间距就是楼层之间的高度。本质上选层器的标高等于楼层提升高度乘以压缩比。选层器的压缩比有 1:40 和 1:60 两种。压缩比越小,控制精度越高。因此机械式选层器实际上是按一定比例缩小的电梯模拟装置,稍有误差就会造成电梯运行的很大偏差。制造成本高、配置复杂、触点维护困难,因此早已被淘汰。

(二) 电气选层器

随之产生的电气选层器由双稳态磁开关和继电器或电子电路组成。磁开关的动作是依靠它与固定在井道里的磁珠做非接触的相对运动,与机械式选层器相比,电气选层器的制造、安装、调整简单,寿命长,因此电气选层器逐步取代了机械式选层器。

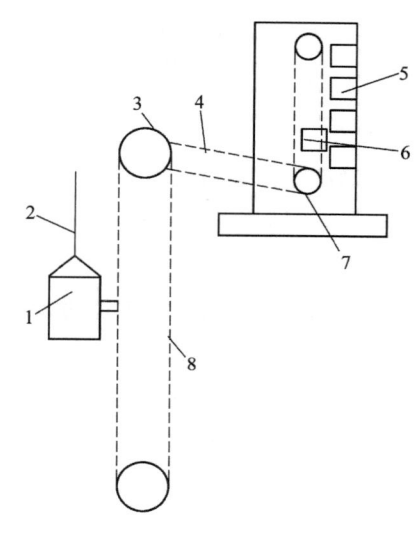

图 3-5 机械式模拟选层器
1—轿厢 2—曳引绳 3,7—钢带轮 4—链条
5—触点安装板 6—滑动 8—钢带

双稳态磁开关是由装在轿厢上的几个磁性开关和布置在电梯井道中对应于每个层站适当位置处的各个磁珠所组成,它们的装配情况如图 3-6 所示。双稳态磁开关盒装在轿厢顶上,盒上装有若干个不同功能的双稳态磁开关。GL_1、GL_2、GL_3 用作层楼位置信号。GZ 用作换速,GP 用作平层及门区信号。层楼位置信号双稳态磁开关的数量是依据层站数而定的。例如,一座 16 层楼需用 4 个双稳态磁开关。这是由于每个双稳态磁开关有两种状态,4 个双稳态磁开关就可有 16 个状态来表示 16 个层楼。其磁珠的设置依据格雷码布置。采用格雷码来表达层楼信号,主要是由于其可靠性高,电梯每运行一层仅有一个双稳态磁开关动作。双稳态磁开关用在电梯上的优点是永久记忆层楼位置,不受任何电磁干扰及断电的影响。双稳态磁开关元件的构成如图 3-7 所示,主要由干簧

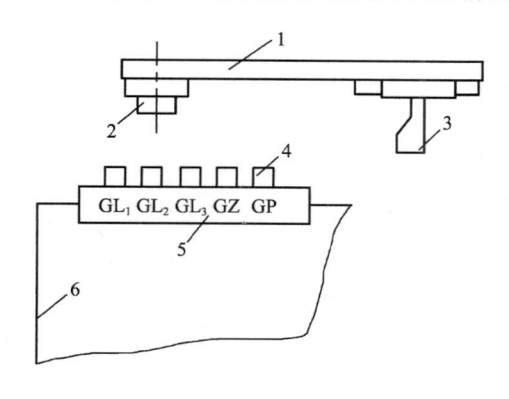

图 3-6 电气选层器
1—支架 2—磁珠 3—丁字道 4—双稳态开关
5—开关盒 6—轿厢

管、小磁铁及磁屏蔽等组成。

(三) 电脑选层器

机械选层器和电气选层器都相对复杂。随着电子技术尤其是计算机控制技术的发展，上述两种选层器已基本不再使用。目前广泛应用的是电脑选层器，其通过编码器测量层高和电梯轿厢在井道中的位置，辅助以平层检测装置识别层站。电脑选层器运算主要处理层站数据、同步位置、前进位置、同步层和前进层的运算，以及排除因钢丝绳打滑而引起的误差进行的修正运算等。

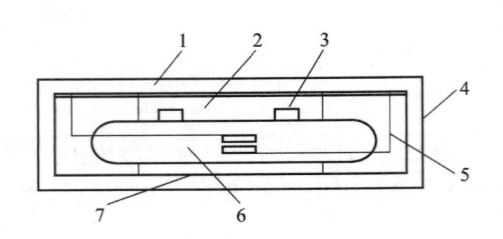

图 3-7 双稳态磁开关结构
1—盖 2—海绵 3—小磁铁 4—盒
5—引线 6—干簧管 7—磁屏蔽

电脑选层器是由光电旋转编码器、计算机软件以及相应的脉冲输入电路、脉冲分频电路等组成。基本原理就是将编码器的脉冲数字量等效于轿厢运行的距离量进行选层，利用装在限速器或曳引机上的编码器，在轿厢运行时产生数字脉冲信号，其脉冲量的多少决定了轿厢运行的距离。光电编码器与电动机同轴连接，随电动机的转动，产生脉冲信号输出，如图 3-8 所示。

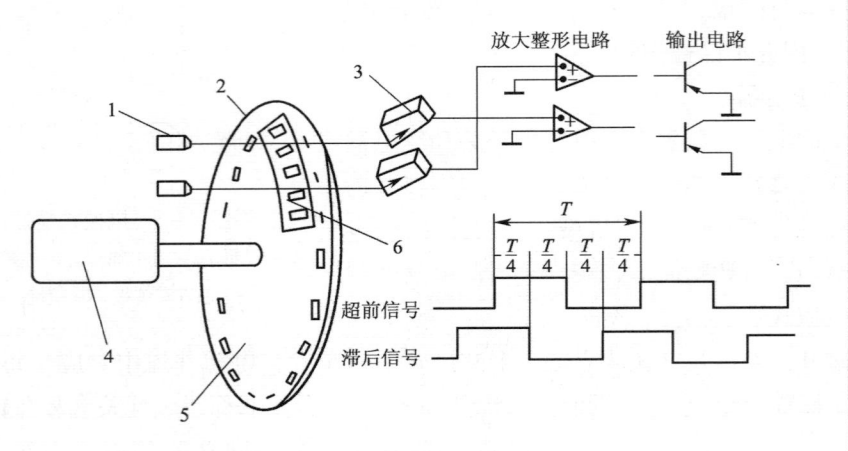

图 3-8 光电编码器结构示意图
1—发射器 2—码盘 3—接收器 4—曳引电动机 5—转盘 6—定盘

编码器的光码盘随轿厢的运行旋转，LED 发出的光线通过定盘穿过转盘间隙，每一转产生定额脉冲（如 1024 个）。一般采用 AB 两相检测，两相相位差 90°。因此可以通过旋转时 AB 两相相位的相对关系来判断轿厢上行还是下行。图 3-9 所示的是电脑选层器的构成图，用旋转编码器的数字脉冲量可以检测出轿厢的移动距离，另外由方向判断回路可以检测出运行方向。

电梯安装完成后，将电梯停在终端层，通过电梯规定的设定模式，可使电梯进入自动层高测定运行，将各层层高数据写入电梯的非易失性存储器中（如 EEPROM）。每层层高数据是通过轿厢上的平层检测装置经过隔磁板取得的。电梯主控制器内部设有层高表，记录各层的层高数据。旋转编码器取得了电梯的位置信号，要完成选层器的功能，电梯主控制器内部设置了同步

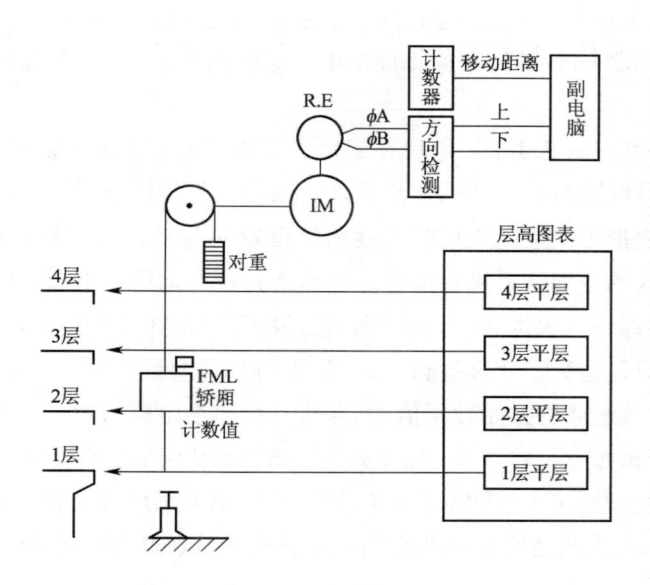

图 3-9　电脑选层器的构成

位置、前进位置、前进层和同步层等几个变量,通过分析它们之间的关系进行同步位置的校正。校正是利用轿厢上的平层检测装置经过隔磁板进行的。

三、启动运行、减速、平层

电梯运行的全过程由速度曲线发生器控制,与电梯的启动、加速、减速、平层停车的舒适感有直接关系。微型计算机电梯控制系统的速度图形曲线是由微机实时计算出来的,这部分工作由主控制器 CPU 完成。控制部分的软件每周期都计算出当时的电梯运行速度指令数据,并传送给驱动 CPU,使其控制电梯按此速度图形运行。为了提高电梯运行的平稳性和运行效率,必须对速度图形进行精确运算。因此,将速度图形划分为八个状态进行分别计算。速度图形各个状态的示意图如图 3-10 所示。

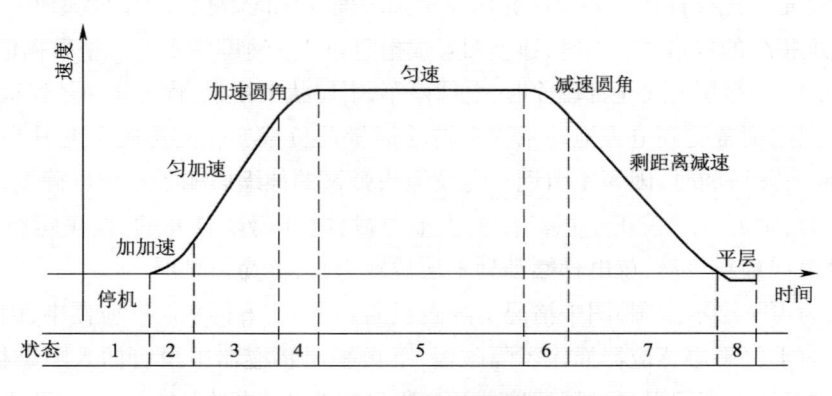

图 3-10　电梯运行速度曲线各个状态的示意图

1. 停机状态——状态 1　在电梯停机时,速度图形值为零,此时实际上并没有对速度图形进行运算,仅是主控制器 CPU 的每个运算周期中对速度图形赋零,并设置加速状态和平层状态的时间指针。

2. 加加速运行状态——状态 2　电梯在启动开始时,首先做加加速运行。这个过程中,速度图形在每一运算周期的增量不是常数,而是随时间变化的数值。因此,在实际处理时,为了便于运算,预先用数据表把不同运算周期的速度增量设置在非易失性存储器中,软件在每个运算周期中,根据数据表内的速度增量进行运算。加速运行状态运算结束,软件进入状态 3 运算。

3. 匀加速运行状态——状态 3　电梯在加速结束后,即进行匀加速运行。在匀加速运行过程中,速度图形的增量是常数。实际运行时,CPU 进行常数增量运算。软件在运算过程中,当速度图形值大于或等于状态 4 的开始数据值时,即转入状态 4 运算。

4. 加速圆角运行状态——状态 4　加速圆角是指电梯从匀加速转换到匀速运行的过渡过程。在这个过程中,每一运算周期的速度增量不是常数,所以也可采用数据表的方式。软件在每个运算周期中进行查表运算,当速度达到匀速速度时,加速圆角状态运算结束,软件转入状态 5 运算。

5. 匀速运行状态——状态 5　在这个状态中,电梯匀速运行,速度图形的增量为零,即加速度为零。这个过程将延续到达减速距离时才进入状态 6。

6. 减速圆角运行状态——状态 6　在这个状态中,电梯从匀速运行过渡到减速运行。因此,每个软件周期的电梯速度变化量不是常数,处理方法与状态 4 一样,在非易失性存储器中预先设置各周期中速度变化量数据表。软件在每个运算周期进行查表运行。当减速圆角与状态 7 设定的图形相切时,即转入状态 7 运算。

7. 剩距离减速运行状态——状态 7　以上所述 6 个状态中,电梯的速度图形都是时间的函数。从状态 7 开始,即电梯进入正常减速运行时,速度图形是剩距离的函数。其函数关系比较复杂,不能用简单的计算式来表示。所以又采用了数据表的方法,即预先在非易失性存储器中设置一对应剩距离的速度图形数据表。软件根据此数据表中的值进行运算,当轿厢进入平层开始位置时,由状态 7 进入状态 8 运算。

8. 平层运行状态——状态 8　在状态 8 的前一段时间里,速度随时间而变化。每个运算周期中的速度下降量是预先设置在非易失性存储器中随时间变化的数据表中的数据值。当速度图形值小于平层速度指令的规格数据值时,速度图形被指定为平层速度指令的规格数据值。当轿厢完全进入平层区,上、下平层开关全都动作时,电梯停车,平层状态结束,状态又回复到状态 1。

电梯的平层精度常受到电力拖动系统中转动惯量及负载变化的影响。尤其当轿厢满载平层后,乘客全部离开轿厢时,因为曳引钢丝绳及绳头弹簧的伸缩影响了平层准确度,其平层准确度超出标准值时,则需重新校正平层。在校正平层时,电梯门是打开的,校正运行的速度非常低。在校正时电梯重新启动,待电梯蠕动到平层位置为止,称为再平层。

图 3-11 为再平层示意图,图中情况 1 隔磁板插入了上、下再平层感应器中,因此不需校正平层。情况 2 时上再平层感应器插入了隔磁板,下再平层感应器中没有插入隔磁板,需要下校正,因此电梯向下运行直到下再平层感应器插入隔磁板为止,此时电梯停止运行,下再平层运行结束。情况 3 需要上校正,上再平层运行过程与情况 2 类似。

(a) 情况1　　　　(b) 情况2　　　　(c) 情况3

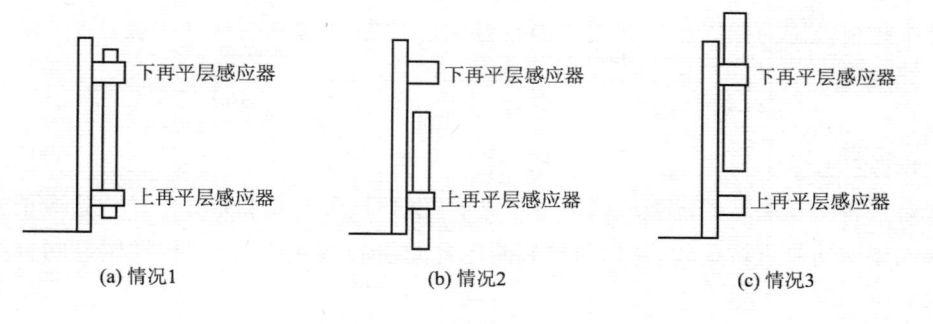

图 3-11　再平层示意图

为防止电梯超越端站运行,若轿厢超越顶层或底层端站继续运行,必须设置终端保护装置以防止发生严重的事故,如图 3-12 所示。

防止越程的保护装置一般由设在井道内上下端站附近的强迫减速开关、限位开关(选配)和极限开关组成。这些开关都安装在固定于导轨的支架上,由安装在轿厢上的撞弓触动而动作。其强迫减速开关、限位开关(选配)和极限开关均为电气开关,尤其是极限开关必须符合电气安全触点要求。

强迫减速开关是防止越程的第一道关,一般设在端站正常减速点之后。当开关被触及时,若此时电梯速度高于规定值,电梯根据这些基准位置计算出一条比较可靠的减速曲线作为速度指令。在速度比较高的电梯中,可设几个强迫减速开关,分别用于短行程和长行程的强迫减速。

限位开关(选配)是防越程的第二道关,安装在终端层平层位置稍远一些的地方。当轿厢在终端层没有停层而继续运行、触动限位开关时,电梯控制系统立即命令电梯停止运行。但此时仅仅是防止向超程方向运行,电梯仍可以后退向安全方向运行。

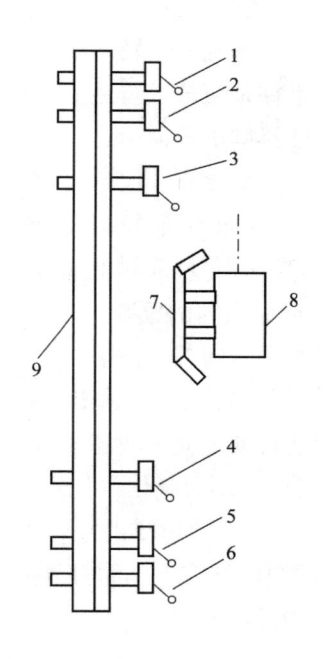

图 3-12　终端保护装置
1,6—终端极限开关　2—上限位开关
3—上强迫减速开关　4—下强迫减速开关
5—下限位开关　7—撞弓　8—轿厢　9—导轨

极限开关是防越程的第三道关。当限位开关动作后电梯仍不能停止运行时,则触动极限开关切断安全电路,使驱动主机电源被切断,从而迅速停止运转。极限开关动作后电梯不可能再向任何方向运行,而且不经过称职人员调整,使极限开关复位,电梯不能自动恢复运行。极限开关安装的位置应尽量接近端站,但必须确保与限位开关不同时动作,而且必须在对重(或轿厢)撞击缓冲器之前动作,并在缓冲器被压缩期间保持极限开关不复位。极限开关必须符合电气安全触点要求,不能使用普通的行程开关和磁开关、干簧管开关等传感装置。

由于防越程保护开关都是由安装在轿厢上的撞弓触动的,因此撞弓必须保证有足够长度,在轿厢整个越程范围内都能压住开关。而且开关的控制电路要保证开关被压住(断开)时,电路始终不能接通。

四、自动定向

将来自乘客所在层站的向上或向下的层站召唤信号、来自轿厢乘客的轿内指令信号与电梯目前停靠的楼层信号进行比较,从而自动判断电梯是上行还是下行,这种逻辑判断称为电梯的自动定向。

(一) 自动定向的分类

根据首先登记的信号性质,电梯的自动定向可分为轿内指令定向和层站召唤定向两种。

1. 轿内指令定向 轿内指令定向是把来自轿厢的选层信号与当前轿厢所在楼层进行比较,从而判断电梯是应该上行还是下行。例如,电梯在三楼,登记楼层为二楼则电梯向下运行;若登记楼层为四楼则电梯向上运行。

2. 层站召唤定向 层站召唤定向是根据发出层站召唤信号所在的楼层与当前电梯所在楼层进行比较,从而判断电梯是应该上行还是下行。例如,电梯在二楼,三楼有乘客按下层站召唤按钮,发出呼梯信号,此时电梯应该是向上运行至三楼。

(二) 自动定向的原则

上述两种定向都遵循了一个基本原则,即以电梯当时所在的位置作为参照点,与登记(召唤)信号进行位置比较后确定了运行方向。

电梯的自动定向一般还遵循以下几个原则:

(1) 首个层站召唤信号优先定向原则。电梯停止时,无定向。当电梯接收到多个层站召唤信号时,第一个召唤电梯的乘客优先定向。

(2) 同向层站召唤信号优先响应原则。例如,电梯在一楼,乘客进入轿厢,选层登记为四楼,则电梯上行,上行中三楼有层站召唤信号,如果该层站召唤信号为上行层站召唤信号,则当电梯到达三楼时停站顺路载客;如果该层站召唤信号为下行层站召唤信号,则电梯不停站,而是先到四楼后再返回到三楼停站。

(3) 最远站换向原则。一个方向的任务执行完要换向时,依据最远站换向原则。即电梯所在层前方楼层有同向层站召唤信号时,运行方向必须保持。只有电梯响应完最远站乘客的同向层站召唤信号后,才能改变电梯的运行方向。例如,电梯在一楼,乘客进入轿厢,轿内选层登记为二楼,则电梯上行,此时三楼、四楼分别登记了下行层站召唤信号。当电梯到达二楼停站后继续向上运行至四楼应答,到达四楼停站后换向,则三楼乘客可顺向截车。

(4) 轿内指令优先于层站召唤原则。当乘客进入轿厢而按下了选层按钮,则电梯自动确定运行方向。换句话说,电梯的运行方向首先是由已经进入轿厢的乘客进行楼层登记后确定的,而不是根据其他层站召唤信号来定向的。只有在轿内无楼层登记信号时,才能按其他层站乘客的首个层站召唤信号位置确定电梯的运行方向。一旦确定了电梯的运行方向,则其他层站召唤信号已无法改变电梯的运行方向。这就是所谓的轿内指令优先于层站召唤原则。

(5)有司机状态下的强行换向原则。在有司机操纵电梯时,当电梯尚未启动运行的情况下,司机可以根据轿内乘客的需要改变电梯运行方向。但必须在欲去的方向上有选层信号。

(6)层站召唤定向与轿内指令选层登记楼层定向区别对待原则。层站外召唤信号定向与轿内选层(指令)登记楼层定向是有区别的,轿内指令登记楼层定向没有附加条件,而层站召唤信号定向的条件是限定在电梯自动运行状态下,并且电梯无预定运行方向。

五、召唤运行、单梯控制和群控、信号指示

(一)电梯处于"自动运行"状态时

1. 乘客在层站上的操作方法

(1)如果目的层站在轿厢所在层站之上,选择按压层站召唤面板的"上行"召唤按钮;反之,按压"下行"召唤按钮。召唤按钮灯点亮说明召唤指令已予登记,指定的电梯即将到达所在的层站。

(2)在召唤按钮灯点亮后,再按该按钮无助于电梯提前到达本层站,相反却会缩短按钮的使用寿命。同样的,因心急而按压反方向的召唤按钮,将引起电梯的多余停靠而降低运行效率。如果层站召唤面板上有电梯运行方向和层站位置指示器,它将会显示目前电梯的运行方向和电梯所在的层站。

(3)如果其他乘客进出时间较长,电梯门正自动关闭,此时不要用手或身体直接阻碍门的运动。正确的方法是按压与轿厢运行方向一致的层站召唤按钮,电梯门会重新打开。应尽量避免在门关闭过程中,直接进出轿厢,以免碰、夹伤。

2. 乘客在轿厢内的操作方法 当乘客进入轿厢以后,根据要去的目的层站按压轿厢操纵箱上的指令按钮,按钮灯点亮说明指令已经收到。

(1)在经过候客时间后,电梯门会自动关闭。在电梯门未完全关闭到位前,如有其他人员需要进出,可按开门按钮,电梯门会反向打开,人员进出完毕后,按关门按钮关门。

(2)如电梯门不能正常关闭,可能是电梯超载。当电梯超载时,轿厢内的蜂鸣器鸣响或点亮超载显示,如该梯已选择相应功能,会有语音提示。当人或物靠近门遮挡光幕等时,也会使电梯门不能按正常时间关闭。

(3)电梯门完全关闭后,电梯启动向指定层站运行。轿厢操纵箱上显示器将提示电梯的运行方向和电梯所在的层站。当电梯到达指定层站后,电梯门会自动打开。

(4)如乘客进出轿厢的时间较长,电梯门可能会自动关闭,可按开门按钮。应尽量避免门关闭过程中,直接进出轿厢,以免碰、夹伤乘客。

(二)有专业电梯司机驾驶时

1. 乘客的操作方法

(1)乘客在层站上的操作方法同电梯"自动运行"状态时的操作。

(2)进入轿厢后可将目的层站告诉电梯司机操作或直接登记。

2. 电梯在司机状态时的轿厢内的操作与"自动运行"的不同

(1)电梯门的关闭以及电梯启动由司机操作,门不会自动关闭,需持续按住关门按钮来关门。

(2) 当电梯开门等候时,按下"上行"或"下行"按钮可强制改变服务方向。

(3) 电梯运行时按下"直驶"按钮后,可不响应层站召唤,直接驶向轿内登记的目的层。

(三) 轿厢操纵箱

轿厢操纵箱是设置在轿厢侧壁或前壁上,用开关、按钮来操纵轿厢运行的电气装置。典型的轿内操纵箱如图 3-13 所示。轿厢操纵厢面板功能说明如下:

1. 方向指示 用箭头符号指明电梯当前的运行方向。"↑"表示上行,"↓"表示下行。

2. 层站指示 用数字显示指明电梯当前所在的层站区域,它随电梯轿厢位置的不同而改变。

3. 警铃按钮 用于轿厢内出现异常情况时与外界联系的报警按钮。按压该按钮,将启动报警警铃,并可以使监控室电话(如果有的话)铃音鸣响。

4. 轿内指令按钮 按压相应按钮可以登记目的层站。

5. 开门按钮 按压该按钮,可使轿厢门开启。持续按压该按钮,可使轿厢门保持在开门状态。

6. 关门按钮 按压该按钮,可使轿厢门关闭。

7. 紧急通话装置 当电梯发生异常情况时,救援人员或监控室(如果有的话)与轿厢内的乘客之间进行联络的通道。

(四) 分门内开关

分门只能由管理者、专业人员、专业电梯司机打开和操作,否则可能会导致电梯非正常运行并发生危险。如图 3-14 所示,分门内开关组件由以下功能组成。

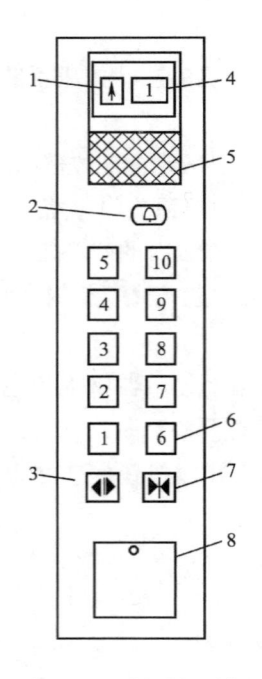

图 3-13 轿厢操纵箱

1—方向指示 2—警铃按钮 3—开门按钮
4—层站指示 5—紧急通话装置 6—轿内指令按钮
7—关门按钮 8—分门内开关组件

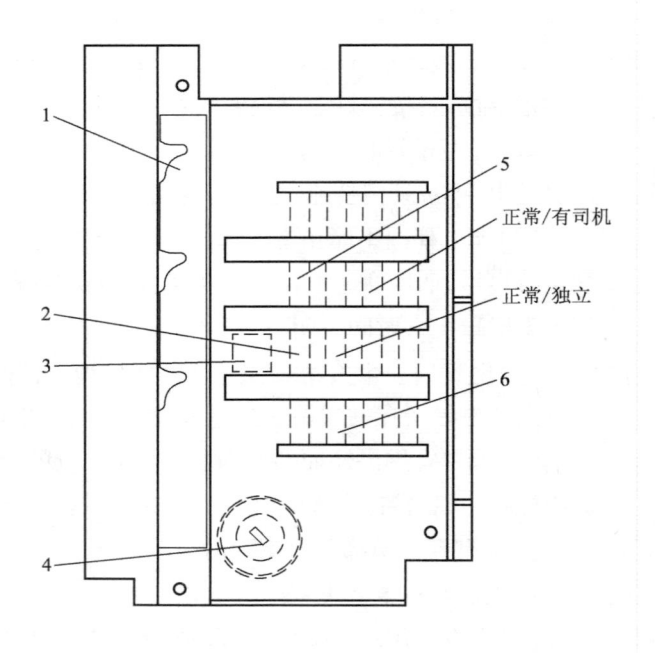

图 3-14 分门开关组件

1—运行开关 2—风扇开关 3—通过按钮
4—非服务层设置 5—照明开关 6—门机电源

1. 照明开关　用于"打开/关断"轿厢内的照明器具。

2. 风扇开关　用于"运行/停止"轿厢内的风扇装置。

3. 运行/停止（对接操作的轿厢内）　开关处于"运行"位置是电梯能够运行的必要条件。开关处于"停止"位置,电梯将不能运行。如电梯在运行状态,扳动开关处于"停止"位置,将导致电梯紧急制动。

4. 正常/有司机切换开关　用于电梯在"自动运行"和"电梯司机操作"状态之间的切换。

5. 正常/独立切换开关　用于电梯在"自动运行"和"独立运行"状态之间进行切换。"独立运行"指电梯只响应轿厢内的指令,层站召唤无效。在"独立运行"状态下,必须持续按压"关门按钮"才能使轿厢门完全关闭。

6. 门机电源开关　用于电梯的维修,当门机电源开关处于"关"状态,电梯门将不能打开或关闭。

7. 通过（直驶）按钮　用于"有司机"状态时,控制电梯只响应轿厢内指令,其运行过程中不响应层站召唤。

8. 非服务层设置钥匙开关　设定后,通过轿厢操纵箱面板的按钮可取消指定楼层的服务功能。

（五）层站指示器

层站指示器一般设置在层站门一侧或上方,用以显示轿厢位置和方向的装置。典型的层站指示器如图 3-15 所示。

1. 运行方向指示　用箭头符号指明电梯当前的运行方向。"↑"表示上行,"↓"表示下行。

2. 层站指示　用数字显示指明轿厢当前所在的层站,并随轿厢位置的不同而改变。

3. 上行召唤按钮　当目的层站位于本层站上方时,按压此召唤按钮,按钮灯点亮,直至电梯响应召唤。

4. 下行召唤按钮　当目的层站位于本层站下方时,按压此召唤按钮,按钮灯点亮,直至电梯响应召唤。

当电梯到达目的层站时,系统会发出消号指令,将原已登记的召唤（指令）信号消除,按钮灯熄灭,如图 3-16 所示。

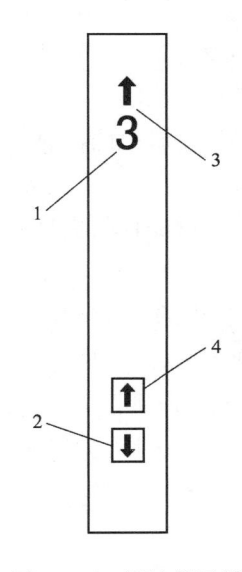

图 3-15　层站指示器
1—层站指示　2—下行召唤按钮（底层无此按钮）
3—运行方向指示　4—上行召唤按钮（顶层无此按钮）

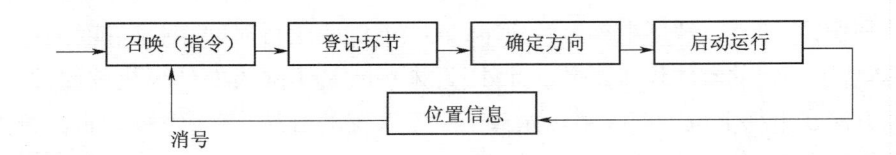

图 3-16　信号登记与消除

（六）单梯控制和群控

电梯的操纵控制又称为逻辑控制，用于电梯调度。优良的操纵控制方式可使负载和运行间隔均匀，从而缩短候梯时间和乘梯时间，节省能源，延长电梯寿命。目前，单梯一般采用微机集选控制，两台电梯采用并联，多台电梯时则采用群控。

1. 集选控制　集选控制就是单台电梯根据轿厢内选层指令和厅外的层楼召唤指令，集中进行综合分析处理，自动定向并顺向依次应答指令的自动控制功能。它能自动登记轿厢内选层指令和厅外的层楼召唤指令，自动关门启动运行，同向逐一应答。当无召唤指令时，电梯自动关门待机或自动返回基站关门待机。集选控制具有功能完善、自动化程度高的突出优点。集选又分双向集选和单向（上或下）集选控制，一般住宅楼可以采用下集选控制。

2. 并联控制　并联控制用于两台电梯的协调调度，是最简单的群控。这些电梯共享厅外召唤信号，按照预先设定的调配原则自动分配某台电梯前去应答。一般设置一台在底层待命的基站梯，一台停留在最后停靠层站的自由梯（备行梯）。并联控制具有自动调度的功能。

3. 群控　群控是针对排列位置比较集中的共用一组厅外召唤信号系统的电梯组而言的，根据梯组厅外召唤和每台电梯负载情况按某种调度原则实现自动调度，从而使每台电梯处于最合理服务状态，提高输送能力。每个轿厢都有轿内选层按钮，而厅外召唤按钮是共用的。一般每个电梯组最多设置 8 台。群控目前都采用多台微机控制的系统。梯群控制的任务是收集层站召唤信号及各台电梯的工作状态信息，然后按最优决策最合理地调度各台电梯；完成群控管理微机与单台梯控制微机的信息交换；对群控系统的故障进行诊断和处理。目前对群控技术的要求是，如何采用电梯专家与大楼电梯的运行信息相衔接，组成灵活、适时、智能化的调度控制系统，尽可能缩短候梯时间，提高运行效率。

群控的调度原则一般有以下几种：

（1）专用程序的调度原则。根据大楼客流可能的变化把梯组分为几种工作模式，每种模式针对一个交通特征，由一种专用程序来控制。各专用程序的转换可自动或手动完成。

（2）分区调度原则。分为静态分区和动态分区。静态分区就是按电梯台数和建筑物层站数分成相应的运行区域，无召唤时各梯停在自己所服务区域的首层。静态分区又分为共用分区和定向分区。动态分区是按一定顺序把电梯的服务区域接成环形，分区根据电梯运行状态不断更改。动态分区还有一种闲梯控制程序，即当某段客流量需求较高时，就把空闲梯调度至该繁忙区域。

（3）心理等待时间评价方式。就是把乘客等待时间这个物理量折算出在此时间中乘客所承受的心理影响，分为最小等待时间调度原则、防止预报失败调度原则、避免长时间等候原则等。

（4）综合成本调度原则。综合成本的含义是轿厢中乘客人数与轿厢从一层到另一层之间运行时间的乘积，它综合反映了电梯运行成本，兼顾了电梯运行时间、效率、能耗及乘客心理等多种因素，体现了一定的整体优化意义。此外，近来一些基于强大的计算机软硬件资源的智能型群控调度方法在电梯上也得到应用。如基于专家系统的群控、基于模糊逻辑的群控、基于计算机图像监控的群控、基于神经网络控制的群控、基于遗传基因法则的群控等。这些群控方法适应了电梯交通的不确定性、控制目标的多样化、非线性表现等动态特性。总之,智能群控方法有数据的采集、交换、存储功能,也有分析、筛选和报告功能;既能适应当前的交通状况,又能预测未来的交通需求。目前先进的群控往往采用串行通信分散布置的高位数多微机网络控制,提高了信息处理的速度和控制的可靠性,此外还增加了故障诊断及处理功能。

在电梯的操纵控制方面,一些标准的或可选的功能配置在特定的场合下有利于提高电梯的输送效率。对于单台电梯,有下行集选、司机操作、独立操作、停梯操作、满载控制、消除无效指令、开门时间延长按钮、故障重开门、强迫关门、光电或光幕感应装置、副操纵箱、自动播音、停电应急装置、火灾时紧急操作、消防操作、地震时紧急操作、故障检测等。对于群控电梯,有区域优先控制、特别楼层集中控制、满载预告、已启动电梯优先、"长时间等候"召唤控制、高峰服务、分散备用控制、主层停靠、高峰运行、即时预报功能、群控故障后备运行等。

六、开关门控制

电梯的门可分为层门和轿门两种。轿门安装在轿厢上,与轿厢一起移动,是主动门,层门是被动门。开启电梯门的动力源是门电动机,其通过传动机构驱动轿门运动,再由安装在轿门上的开门刀带动层门一起运动。

(一)开关门电气驱动控制的方法

电梯门机系统是电梯系统中动作最频繁的部件,其性能直接影响到电梯的性能。电梯门机主要可分为直流门机、交流异步变频门机、永磁同步变频门机等几种。

1. 直流门机 直流门机一般用于交流双速电梯及直流励磁调速电梯。此类门机的速度调节是通过门机械传动中的装置,使行程开关动作,短接与电枢并联的电阻实现的。开门与关门是通过改变电枢供电电压的极性,使直流电机正转与反转而实现的。由于该类型门机系统属于分级调速控制、维护工艺烦琐及能耗高等,目前已经基本淘汰,只有在旧电梯上尚在使用。

2. 交流异步变频门机 交流异步变频门机是目前使用量最大的电梯门机,其主要由变频门机控制系统、交流异步变频电机和变频门机机械系统三部分构成。控制系统用于控制变频电机运行,变频电机带动机械系统动作。对于不同厂家的电梯,变频门机控制系统的具体设计会有所不同,但结构原理基本一样。

3. 永磁同步变频门机 永磁同步变频门机的结构原理与交流异步变频门机的结构原理类似,最大的区别是永磁同步变频门机使用永磁同步电机作为门电动机。由于永磁同步电机具有低转速、大力矩、高效节能等特点,因此永磁同步变频门机在结构上一般会取消皮带轮减速机构。永磁同步变频门机系统代表了电梯门机系统的技术发展方向,其应用越来越广泛。

(二)变频门机开关门控制原理

图 3-17 所示为变频门机控制系统的硬件结构原理框图。在图 3-17 中,交流电源整流滤波成直流电压,作为驱动模块的逆变工作电源,如交流电压为 AC220V,则直流驱动电源为 310V 左右。参数存储器一般采用 EEPROM。电流传感器一般设有两个,接在两相电机线上,第三相电机线的电流通过硬件或程序中的数学运算得到。速度通过旋转编码器反馈,编码器同时也可

用于位置检测。对于不同厂家的电梯,变频门机机械系统的具体设计也会有所不同,但结构原理基本一样。变频门机轿门侧机械部分的结构示意图如图 3-18 所示。

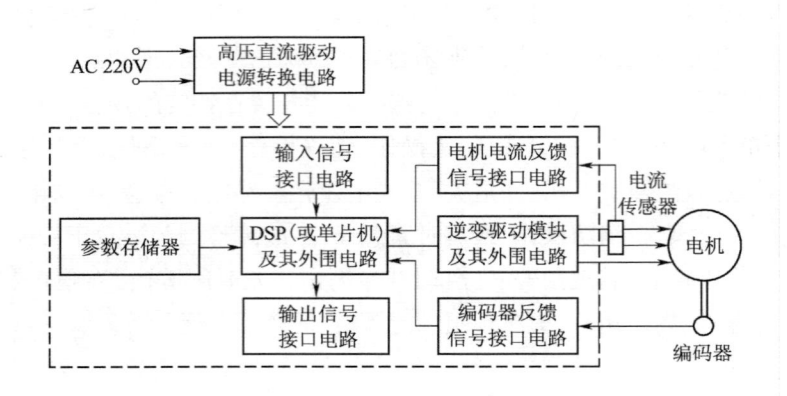

图 3-17 变频门机控制系统框图

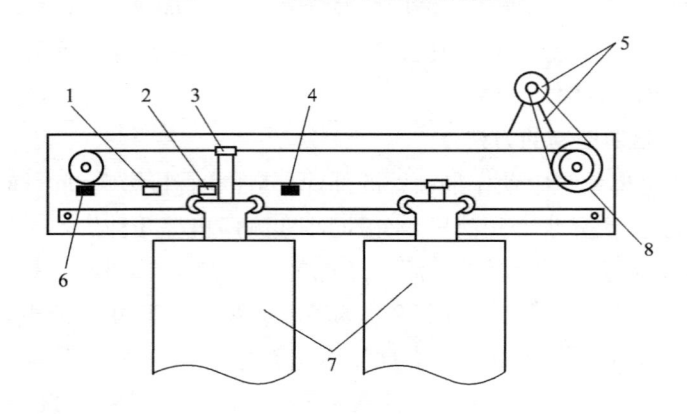

图 3-18 变频门机轿门侧机械结构示意图
1—速度开关1 2—速度开关2 3—皮带夹板 4,6—开门极限开关
5—变频电机及其支架 7—轿门 8—皮带轮减速机构

上坎架上的开门极限开关和关门极限开关用于检测轿门是否运动到开门极限位置或关门极限位置。电机尾部的编码器和上坎上的速度开关并不是同时都需要,这取决于不同的运动控制方式。

变频门机的运动控制方式可以分为"矢量控制方式"和"速度开关控制方式"。在使用"矢量控制方式"时,门电机必须安装有编码器,但不需安装速度开关。在这种控制方式下,通过编码器既能检测轿门位置,又能检测轿门速度,因此可以使用位置和速度闭环控制。"矢量控制方式"下的控制信号构成如图 3-19 所示。

图 3-19 中的开门信号、关门信号、平层信号由电梯整梯控制系统发出,其中开门信号要经过控制系统内部对外部信息采样处理后,满足了所有条件后方能发出。如图 3-20 所示。

开门极限信号与关门极限信号是指轿门运动到极限位置时产生的信号。安全触板和光电

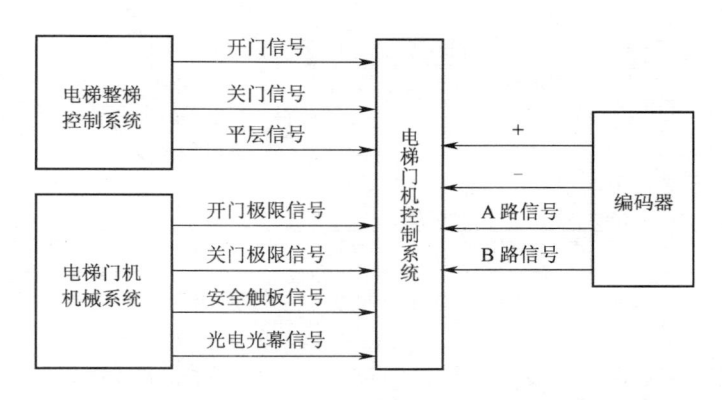

图 3-19 编码器矢量控制方式的控制信号构成

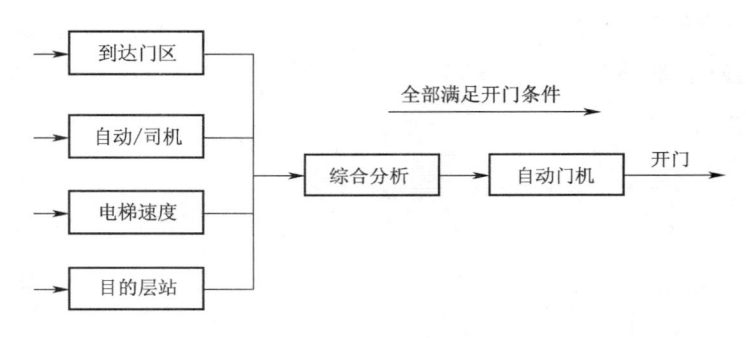

图 3-20 开门信号的发出

光幕装置是检测装置,安装在轿门的门沿上,这两个装置只有在关门过程中才起作用,当其受到阻挡时,会产生相应的反馈信号,以便控制系统实施保护。编码器的脉冲信号通过计数计算可用来反馈轿门运动速度、检测轿门位置和运动方向。在"矢量控制方式"下,速度是通过检测轿门具体位置从而平滑变化的。而在"速度开关控制方式"时,电机并没有使用编码器,因此只能依据数个速度开关来作为轿门速度的切换点。在这种控制方式下,因为无法检测轿门具体位置和具体速度,所以只能使用速度开环控制,"速度开关控制方式"下的控制信号构成类似于图 3-19所示,只是编码器信号用速度开关信号替代,其余控制信号二者完全一样。两个速度开关仅用作变频门机运动过程中的速度切换点。

在"矢量控制方式"下,变频门机关门过程的理想运动曲线如图 3-21 所示。在图 3-21中,纵轴表示轿门运动速度,横轴表示轿门实际位置。O 点为开门极限位置兼第一加速段起始点,A 点为第一加速段终止点、第二加速段起始点。B 点为第二加速段终止点、匀速段起始点。C 点为匀速段终止点、第一减速段起始点。D 点为第一减速段终止点、第二减速段起始点。E 点为第二减速段终止点兼关门极限位置。根据门机运动时的工况和安全特性的要求,一般减速行程 CE 段比加速行程 OB 段要长。A、B、C、D 四个速度切换点的位置通过编码器计算轿门实际位置而得到的。

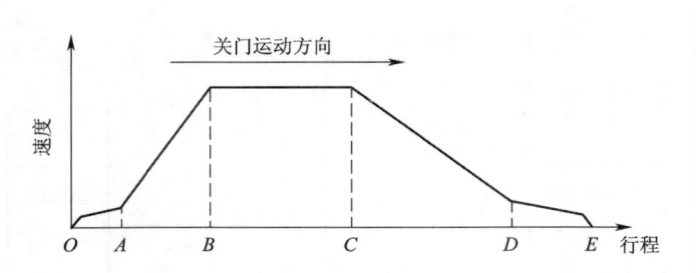

图 3-21　编码器矢量控制方式的关门理想运动曲线

在"速度开关控制方式"下,变频门机关门过程的理想运动曲线如图 3-22 所示。B 点为加速段终止点、匀速段起始点。C 点为匀速段终止点、减速段起始点。B 点与 C 点的信号由两个速度开关产生。图中的横轴、纵轴、O 点、E 点的意义与图 3-21 相同,不同的是,图 3-21 中的加速段与减速段都有两段,而图 3-22 中的加速段与减速段都只有一段,这是因为在图 3-21 中,有四个速度切换点,而在图 3-22 中,只有两个速度切换点,"速度开关控制方式"只设置了两个速度开关。

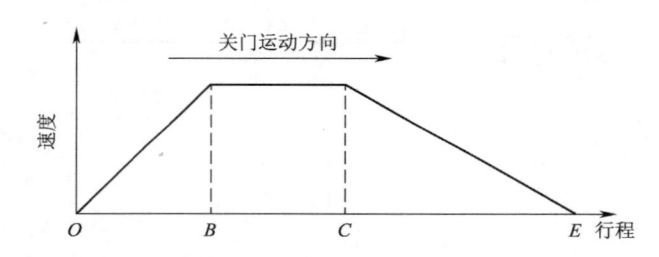

图 3-22　速度开关控制方式的关门理想运动曲线

由于图 3-22 的这种特性,导致了在"速度开关控制方式"下,门机运动过程的平滑性不如"矢量控制方式"。以上仅分析了关门运动曲线,而开门运动曲线除运动方向与关门运动曲线不同外,其余与关门运动曲线类似。

在"矢量控制方式"下,可以依据编码器信号的倍频计数值来检测轿门的位置,同时依据编码器的旋转方向来判断轿门的运动方向。图 3-23 为编码器的四倍频计数及其计数方向示意图。

从图 3-23 可以看出,编码器输出的 A 路信号和 B 路信号为相位差 90°的周期方波信号,

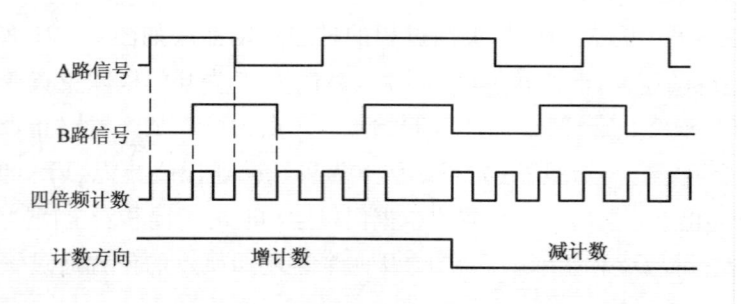

图 3-23　编码器的四倍频计数及其计数方向

在 DSP（或单片机）芯片内部有专门用于编码器信号计数的 90°相移计数器。当 A 路信号的上升沿滞后于 B 路信号的上升沿时，计数器的计数方向为减计数；当 A 路信号的上升沿超前于 B 路信号的上升沿时，计数器的计数方向为增计数。因此可设定减计数时电机的运动方向为反方向，而增计数时电机的运动方向为正方向。

DSP（或单片机）芯片内部的编码器信号接口利用两路信号的四个边沿加工成四倍频的计数信号，四倍频的计数信号能提高电动机角位移的分辨率，即可以提高轿门运动位置和运动速度的分辨率，门机控制系统就是通过这个四倍频计数值来检测轿门运动位置和运动速度的。例如，轿门从开门极限位置到关门极限位置的距离是 550mm，电机要旋转 10 转，也即编码器要旋转 10 转，假定编码器的分辨率为 512 个方波/转，则编码器旋转 10 转后，四倍频计数值为 512×4×10=20480，每个计数值所代表的距离为 550mm/20480=0.0269mm。现设定开门极限位置时的四倍频计数值为 0，则当四倍频计数值为 5000 时，表明轿门向关门极限位置运动的距离为 5000×0.0269=134mm。

在电梯变频门机的两种运动控制方式中，"速度开关控制方式"程序算法简单，并且能够省去编码器，但其不能检测轿门的运动方向、位置和速度，因此只能使用位置和速度开环控制，所以控制精度较差，而且门机运动过程不够平滑。

（三）与开关门控制相关的电梯功能

1. 门过载保护功能　电梯的门系统中设置有门过载保护功能。电梯在开、关门过程中因受阻而导致开、关门动作力矩过大时，门过载保护功能动作，电梯门将往与原动作方向相反的方向动作，从而实现对门电机及障碍物的保护。

2. 开关门时间超长保护功能　当电梯门在开关过程中受到阻碍而其阻力又不足以过载保护功能动作时，电梯系统会自动对开关门的时间进行计算，一旦开关门所用时间超出设定时间，电梯门将反向动作以实现对电机及障碍物的保护。

3. 换层重开门功能　当电梯因开门受阻而无法正常打开时，电梯系统会自动对开门时间进行计算，当时间超过设定值时，电梯会自动关门并运行到邻近的服务层尝试再开门。此功能的意义在于，当电梯在某层发生开门故障时，则乘客可以在邻近的层站离开轿厢。

4. 开门时间自动控制功能　本功能中的"开门时间"是指电梯停车后完全开门到自动关门这个过程所持续的时间。电梯在平层停车并自动开门后，能根据应答指令的不同（如正常指令和残疾人指令），自动控制开门时间，保持开门状态。规定的时间到达后，电梯自动关门，既方便了乘客的使用，也保证了电梯的运行效率。在此状态下，关门按钮有效，乘客一按关门按钮，电梯立即关门。

5. 开门时间延长操作功能　通过操作开门延长开关使开门时间再延长。

6. 前后门分别控制功能　前后门分别控制功能可以为客户提供电梯前后门开关的控制功能，可设置为只有前门进行开关门动作、只有后门进行开关门动作或前后门同时进行开关门动作。

7. 门停止运行功能　通过操纵箱分门内一开关可使电梯停止开关门动作，保持门常开或关闭状态，以方便维修、检查、试验、测试等工作。

此外，还有必需的超载时不关门以及关门防夹保护功能，这些内容已在本书第二章作了介绍，不再赘述。

七、检修运行和紧急操作装置

(一)检修运行及装置

为便于检修和维护,应在轿顶安装一个易于接近的控制装置。该装置应有一个能满足电气安全要求的检修运行开关。该开关应是双稳态的,并应设有误操作防护。同时一经进入检修运行,应取消:

(1)正常运行控制,包括任何自动门的操作。

(2)紧急电动运行。

(3)对接操作运行。

只有再一次操作检修开关时,才能使电梯重新恢复正常工作。检修运行应当依靠持续揿压上(或下)行按钮使电梯运行,一旦松开上下行按钮,电梯即停止。检修运行上下行按钮应防止误操作,并标明运行方向。检修运行控制装置还应包括一个用于停止电梯并使电梯(包括动力驱动的门)保持在非服务状态的停止装置。轿厢检修速度应不超过 0.63m/s。只有符合安全运行条件,才能做检修运行,即安全装置均起安全保护作用,运行不能超过正常运程范围。

这是检修运行准确、完整的规范。从这个规范里可以清楚地看出,只要电梯切换到检修运行状态,则正常自动运行、紧急电动操作、对接操作均失效。检修运行状态具有最高的优先级别,只有撤销检修运行,才能使电梯转入正常运行状态。

在电梯的使用中,检修人员较易因某些不当而受到伤害,因此在规范上也最大限度地以技术措施来保障其安全。针对无机房电梯可能出现利用轿厢(在轿厢壁上设置检修门)、底坑或井道中的平台作为维修平台的情况,EN81—1:1998/A2:2004 的 6.4.3.4、6.4.4.1 和 6.4.5.6 中规定了在轿厢内、底坑和井道内平台上可设置第二检修控制装置的一系列要求,同时为保证设置两个检修控制装置电梯的检修运行安全,EN81—1:1998/A2:2004 的 14.2.1.3 规定两个检修控制装置必须互锁及其他动作要求。由此可见,电梯标准对检修运行控制进行了严格的规范,并以严密的技术措施予以保证,防范了在检修运行过程中可能会出现的一切危险。

(二)紧急操作装置

电梯因突然停电或发生故障而停止运行时,若轿厢停在层距较大的两层之间或蹲底、冲顶,乘客将被困在轿厢中。为救援乘客,电梯均设有紧急操作装置,通过人工可使轿厢慢速移动,从而达到救援被困乘客的目的。

《电梯制造与安装安全规范》(GB 7588—2003)中第 12.5.1 条要求:"如果向上移动装有额定载重量的轿厢所需的操作力不大于400N,电梯驱动主机应装设手动紧急操作装置,以便借用平滑且无辐条的盘车手轮将轿厢移动到一个层站。"第 12.5.2 条又进一步要求"如果 12.5.1 规定的力大于400N,机房内应设置一个符合 14.2.1.4 规定的紧急电动运行的电气操作装置。"因此,紧急操作装置有两种,一种是针对移动装有额定载重量的轿厢所需的操作力不大于400N时,采用的人工手动紧急操作装置,即盘车手轮与制动器扳手;另一种是针对移动装有额定载重量的轿厢所需的操作力大于400N时,采用的紧急电动运行的电气操作装置。紧急电动运行的电气操作装置可在机房中操作,与检修装置结构和功能类似,也是靠持续按压按钮来控制。紧急电动运行开关操作后,除由该开关控制以外,应防止轿厢的一切运行。检修运行一旦实施,则紧急电动运行应失效。检修运行与紧急电动运行的主要区别在于检修运行操作是在安全回路正常条件下进行的。而紧急电动运行操作则可在安全回路局部发生故障情况下进行,如限速器开关、安全钳开关、上行超速保护装置开关、极限开关、缓冲器开关动作后。紧急电动运行时,电梯驱动主机应有正常的电源供电或由备用电源供电(如有),并且紧急电动运行开关及其操纵按钮应设置在使用时可直接观察电梯驱动主机的地方,此时轿厢运行速度应不大于 0.63m/s。

无机房电梯由于占用空间少而备受关注,若采用手动松闸,靠轿厢对重不平衡力矩的作用而移动。但当两者重量相当,不平衡力矩差较少时,疏散乘客就比较困难。由于井道顶部空间小,无法实现人工手动盘车,应引起电梯设计制造、安装维修、使用及检验检测单位的高度重视。因此,无机房电梯可以考虑配置紧急电动运行的电气操作装置,以保证电梯停电或发生故障救援乘客时发挥重要作用。

八、消防控制

众所周知,发生火灾时禁止人员搭乘电梯逃生。现代高层建筑,大多数按《高层民用建筑设计防火规范》的要求设置消防电梯。

消防电梯通常都具备完善的消防功能,它应当是双路电源,即当一路供电中断时,消防电梯的应急电源能自动切入,确保电梯继续运行;它应当具有紧急控制功能,即当大楼发生火灾时,它可以接受"消防返回"指令,及时返回基站(一般在首层),之后不再应答任何层站召唤信号,只可供消防人员使用轿内选层信号;它应当在轿厢顶部预留一个紧急疏散出口,万一电梯的开门机构失灵时,也可由此处疏散逃生。为了确保消防员操作及时,从轿门关闭之后开始计算,消防员电梯应能在 60s 内从消防服务通道层到达最远的层站。

消防电梯的井道应当单独设置,不得有其他的电气管道、水管、气管或通风管道通过。消防电梯应当设有符合消防要求的前室,前室应设有防火门,使其具有防火防烟功能。消防电梯的载重量不宜小于 800kg,轿厢尺寸不宜小于 1350mm×1400mm,轿厢的净入口宽度不应小于 800mm。在有预定用途(包括疏散)的场合,为了运送担架、病床等,或者设计有两个出入口的消防员电梯,其额定载重量不应小于 1000kg,轿厢的最小尺寸应设计成 GB/T 7025.1—2008 中所规定的 1100mm×2100mm(宽×深)。

消防电梯轿厢内的装潢材料必须是阻燃建材。消防电梯动力与控制电线应采取防水措施,建筑物应具有防止底坑内的水面到达可能使消防员电梯发生故障的设备。消防员电梯应有交互式双向语音通信对讲系统或类似的装置,当消防员电梯处于消防运行阶段时,用于消防员电梯轿厢与消防服务通道层和消防员电梯机房之间的通信。如果不具备这些条件,普通电梯则不可用于消防救援,以防不测。

消防员电梯开关应设置在预定用作消防服务通道层的防火前室内,该开关的工作位置应是双稳态的,并应清楚地用"1"和"0"标示。位置"1"是消防员服务有效状态,服务有消防员电梯的优先召回和在消防员控制下消防员电梯的使用两个阶段。

(1)消防员电梯的优先召回。消防员电梯的优先召回可手动或自动进入。一旦进行该阶段,应确保:

①所有的层站控制和消防员电梯的轿厢内控制均应失效,所有已登记的呼梯均应被取消。

②开门和紧急报警的按钮应保持有效。

③可能受到烟和热影响的轿门反开门装置应失效(一般是指安全触板或光幕),以允许门关闭。

④消防员电梯应脱离群控(若有)而独立运行。

⑤到达消防服务通道层后,消防员电梯应停留在该层,且轿门和层门保持在完全打开位置。

⑥消防服务通信系统应有效。

⑦如果进入该阶段时消防员电梯正处于检修运行/紧急电动运行控制状态下,按相关规定设置的听觉信号应鸣响,内部对讲系统(如果有)应被启动。当消防员电梯脱离上述状态时,该信号应被取消。

⑧正在离开消防服务通道层的消防员电梯应尽可能在最近的楼层做一次正常的停止,但不开门,然后返回到消防服务通道层。

⑨在消防员电梯开关启动后,井道和机房照明应自动点亮。

附加的外部控制或输入仅能用于使消防员电梯自动返回到消防员服务通道层并停在该层保持开门状态。消防员电梯开关仍应被操作到位置"1",才能完成上述阶段的运行。

(2)在消防员控制下消防员电梯的使用。消防员电梯开着门停在消防服务通道层以后,消防员电梯应完全由轿厢内消防员控制装置所控制,并应确保:

①如果消防员电梯是由一个外部信号触发进入上述阶段的,在消防员电梯开关被操作到位置"1"前,消防员电梯应不能运行。

②消防员电梯应不能同时登记一个以上的轿厢内选层指令。

③当轿厢正在运行时,应能登记一个新的轿厢内选层指令,原来的指令应被取消,轿厢应在最短的时间内运行到新登记的层站。

④一个登记的指令将使消防员电梯轿厢运行到所选择的层站后停止,并保持门关闭。

⑤如果轿厢停止在一个层站,通过持续按压轿厢内"开门"按钮应能控制门打开。如果在门完全打开之前释放轿厢内"开门"按钮,门应自动再关闭。当门完全打开后,应保持在打开状态直到轿厢内控制装置上有一个新的指令被登记。

⑥除上述(1)③规定的情况外,轿门开门按钮和关门按钮应与上述召回阶段一样保持有效状态。

⑦通过操作消防员电梯开关从位置"1"到"0",保持时间不大于5s,再回到"1",则重新进入召回阶段,消防员电梯应返回到消防服务通道层。本要求不适用于⑧所述轿厢内设有消防员电梯开关的情况。

⑧如果设置有一个附加的轿厢内消防员钥匙开关,它应清楚地标明位置"0"和"1",该钥匙仅能在处于位置"0"时才能拔出。钥匙开关应按下列方法操作:

a. 当消防员电梯由消防服务通道层的消防员电梯开关控制而处于消防员服务状态时,为了使轿厢进入运行状态,该钥匙开关应被转换到位置"1"。

b. 当消防员电梯在其他层而不在消防服务通道层,且轿厢内钥匙开关被转换到位置"0"时,应防止轿厢进一步的运行,并保持门在打开状态。

⑨已登记的轿厢内指令应清晰地显示在轿厢内控制装置上。

⑩在正常或应急电源有效时,应在轿厢内和消防服务通道层显示出轿厢的位置。
⑪直到已登记下一个轿厢内指令为止,消防员电梯应停留在它的目的层站。
⑫在本阶段,消防服务通信系统应保持有效。
⑬当消防员开关被转换到位置"0"时,仅当消防员电梯已回到消防服务通道层时,消防员电梯控制系统才应回复到正常服务状态。

九、多方通话及紧急报警

GB 7588—2003 对紧急报警装置有如下要求:

(1)轿厢中应装设有乘客易于识别和触及的报警装置,以便于乘客在需要时向轿厢外求援。

(2)该装置应采用一个对讲系统,以便与救援服务持续联系。

(3)电梯行程大于 30m 时,应在轿厢和机房间设置对讲系统或类似装置。

(4)如果在井道中工作的人员存在被困危险,而又无法通过轿厢或井道逃脱,应在存在该危险处设置报警装置。

综上所述,根据上述规定至少应满足"三方通话"的基本要求。如果在底坑没有逃生通道时,应在该处设置报警装置。此外,在井道没有逃生通道且轿顶没有安全窗时,应在该处(一般设在轿顶)设置报警装置。因此所谓的"五方通话"是有条件的。GB 7588—2003 对紧急报警装置的要求更加人性化,即不仅考虑到轿厢内的乘客,同时也考虑到了在井道中工作人员的安全。

为了便于说明,在电梯轿厢、机房、底坑和轿顶设置的通话装置分别称为轿厢通话装置、机房通话装置、底坑通话装置和轿顶通话装置。本地通话装置是指设在本地监控中心或警卫室的通话装置。远程监控中心的电话装置是指一般的普通电话机。典型的五方通话装置系统示意图如图 3-24 所示。

其中远程监控中心的电话装置一般为增强的功能需求。在轿厢通话装置、底坑通话装置和轿顶通话装置上应设有紧急呼叫按钮,通过该按钮可以呼叫机房通话装置,在机房可以通过机房通话装置任意接听来自轿厢、底坑或轿顶的电话。

在机房可以通过机房通话装置呼叫或直接与下属的轿厢、底坑、或轿顶通话装置通话,通话时应一一对应,且不受其他通话装置影响。一般在机房通话装置上应有来电指示。对于无机房电梯,可在紧急救援处设置机房通话装置,并可提供耳机插孔,通过耳机进行通话。本地通话装置安装在小区监控中心,可通过内部联网总线与机房通话装置连接,通过公共电话网与远程监控中心的专线电话相连。并且一般具有来电提示和通话中显示功能,可设置多个远程监控中心的呼叫专线号码,当出现呼叫并在一定时间后仍无人应答时,装置自动轮流拨叫已预置的多个远程监控中心的专线号码,直至拨通为止。有外线呼入时,可根据呼入号码自动转接,实现外线与本地通话装置下属的任一通话装置的通话功能。当轿厢、底坑和轿顶通话装置的任一通话装置呼叫时,如机房和本地通话装置均无人应答(时限可设定),可自动转接至远程监控中心。

鉴于紧急报警装置的安全重要性,紧急报警装置的工作电源不应被电梯供电电路的主开关所关断,应由单独开关控制。此外,电梯控制系统还应该配置应急电源,在电网电源中断的情况下,紧急报警装置应自动切换到应急电源供电,确保其正常工作。

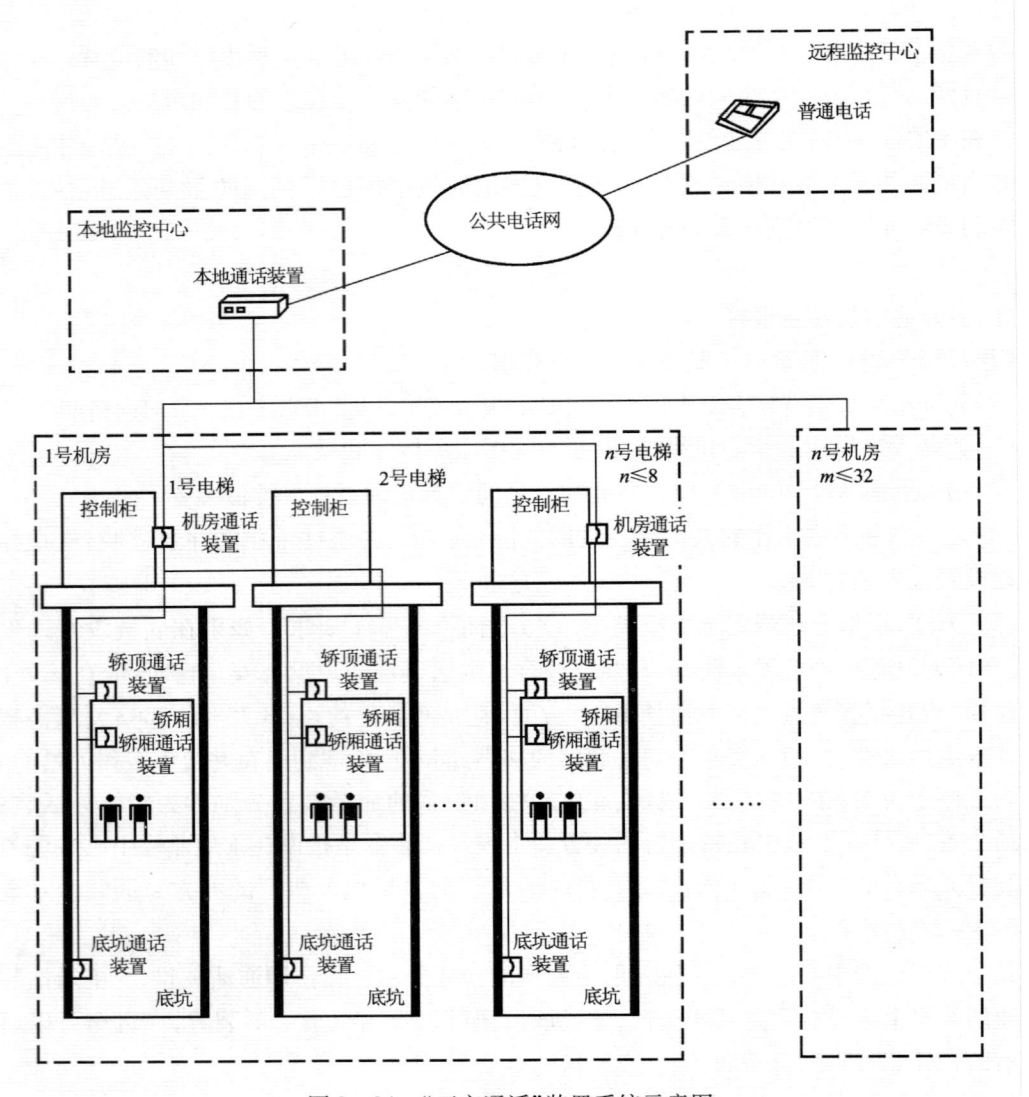

图 3-24 "五方通话"装置系统示意图

十、照明控制

电梯照明控制可分为井道照明控制、轿厢照明控制和应急照明控制 3 部分。

在机房中,每台电梯都应单独装设一只能切断该电梯所有供电电路的主开关,但该开关不应切断井道照明电源和轿厢照明电源,因此井道照明电源和轿厢照明电源开关应独立设置。

(一)井道照明控制

电梯井道空间相当有限,为了保证安装及维修人员不受电击,设计时宜选用 36V 安全电压。但是在高层建筑中,井道高度超越 50m,甚至接近或超越 100m 时,为减小电压损失,井道照明电压应采用 220V。井道照明的照度不应小于 50lx,并应符合下列要求:

(1)应在距井道最高点和最低点 0.5m 以内各设一盏照明灯具,中间每隔不超过 7m 的距离应装设一盏照明灯具,并应分别在机房和底坑设置井道照明控制开关。

(2）轿顶及井道照明电源宜为36V；但也可采用220V电源。

（二）轿厢照明控制

轿厢照明控制可分为手动控制和自动控制两种。手动控制一般为开关控制，通常该开关安装在轿厢操纵箱的分门内，轿厢操纵箱的分门平时是锁住的，仅能由有资质的人员用钥匙打开及关闭。

目前，大多数电梯也可配置轿厢照明的自动操作功能。电梯运行时忙时闲，有时会在很长一段时间内无人乘梯，轿厢照明一直开着。为减少能耗，自动控制功能可实现：当电梯停在门区内、门关好一段时间后无任何召唤信号时，自动关闭轿厢照明。一旦有层站召唤信号时，会自动打开轿厢照明。

轿厢风扇控制也具有上述的两种控制方式，操作过程如上所述。

（三）应急照明控制

GB 7588—2003对紧急照明装置有如下要求：轿厢应有自动再充电的紧急照明电源，在正常照明电源中断的情况下，它能至少供1W灯泡用电1h。在正常照明电源一旦发生故障的情况下，应自动接通紧急照明电源，因此紧急照明控制必须是自动完成的。如果上述电源同时也供给紧急报警装置，其电源应有相应的额定容量。

十一、门禁控制

智能化电梯的门禁系统是近年来为适应现代社会需求而产生的高技术产物，且易于与其他智能化系统组合成更强大的综合性物业管理系统。电梯门禁管理系统以非接触式卡片作为电梯使用的凭证，系统会使用先进的信息卡识别技术从卡片提取并识别数据信息。

电梯门禁管理系统正成为现代高档物业管理的必备管理系统之一。系统能够通过刷卡自动识别业主身份和权限，自动提供相应的楼层服务，并具备在线管理、语音提示及消防紧急处理等多项功能。电梯门禁管理系统如图3-25所示，由呼梯终端、读卡器、电梯门禁终端组成、电梯门禁住户终端、外部接口处理终端及门禁集中管理系统等组成。适合于高档物业、行政大楼、金融中心及综合办公场所使用。

发卡器一般与门禁集中管理系统直接相连，负责日常的用户卡权限管理和新的用户卡发放。读卡器能存在于呼梯终端和电梯门禁终端组成两处，其中电梯门禁终端组成控制轿内操纵箱的楼层登记权限，呼梯终端控制层站呼梯按钮的呼梯权限。电梯门禁住户终端可实现楼宇门禁与电梯门禁管理系统的无缝连接，在用户通过门禁的时候就发出呼梯信号，缩短用户的候梯时间。外部接口处理终端负责处理电梯门禁管理系统与外部接口之间的信息交流，如消防信号、楼宇对讲系统输入信号等，当消防开关信号启动后，电梯退出该系统管理控制而切换到消防控制状态。门禁集中管理系统是电梯门禁管理系统的大脑，它负责用户卡权限的管理、刷卡信息的确认、刷卡记录的管理等工作。电梯门禁管理系统一般可实现以下功能：

1. 刷卡登记　可以根据需要设定需刷卡的楼层。对于设定为需要刷卡的楼层，乘客欲前往该楼层时，必须先刷具有该楼层权限的卡后，才能登记相应的轿内指令。

2. 直接登记　若用户卡的权限仅能登记一个楼层时，电梯可直接登记楼层。

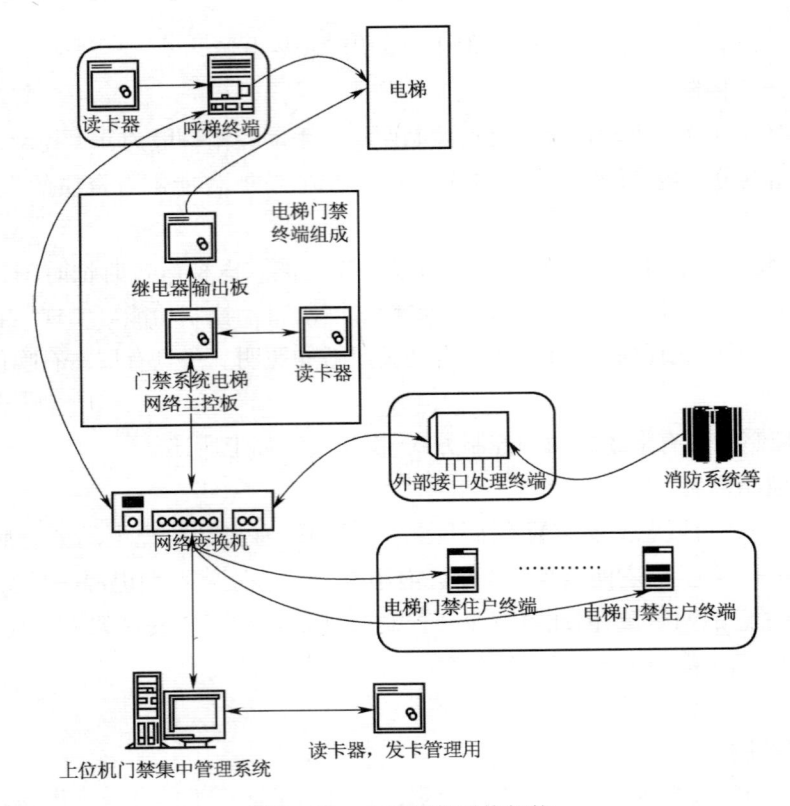

图 3-25 电梯门禁系统架构

3. 访客 对于访客，无需卡就可实现乘梯。先使用对讲系统呼叫住户，住户确认访客身份后，通过对讲分机按开锁键开单元大门，再按电梯启动键，给系统送出客人可以到该层的信号。当电梯行驶到底层客人进入轿厢后，按下住户所在楼层的选层按钮，则登记启动电梯，而其他未授权的楼层，访客无法按键登记。

4. 切出刷卡服务功能 系统发生故障或者停用，可从电梯系统中切除该系统的服务功能，恢复电梯原有状态，不影响电梯的使用。

十二、监控

电梯综合监控系统是针对各系列电梯进行集中监控和管理的智能化系统。系统可采用最新的现场总线技术，系统中的每个部件（包括上位计算机）都是现场总线网络中的一个节点，任意两个节点之间都可以实现数据交换。

图 3-26 所示为电梯综合监控系统简图。系统由摄像机、数据采集部件、通信系统和监控系统控制器组成。摄像机完成轿厢内视频监控功能。数据采集部件采集电梯/扶梯的运行状况和故障信息等数据，并将根据监控系统控制器传送过来控制命令，对电梯/扶梯进行控制。通信系统负责将采集的数据信息和视频图像传送给监控系统控制器，并将控制器的命令传送给数据采集部件。监控系统控制器是系统方案的核心，由硬盘录像机和监控服务器组成，硬盘录像机完成模拟视频监视信号的数字采集、MPEG 压缩、监控数据记录和检索、硬盘录像等功能。监控

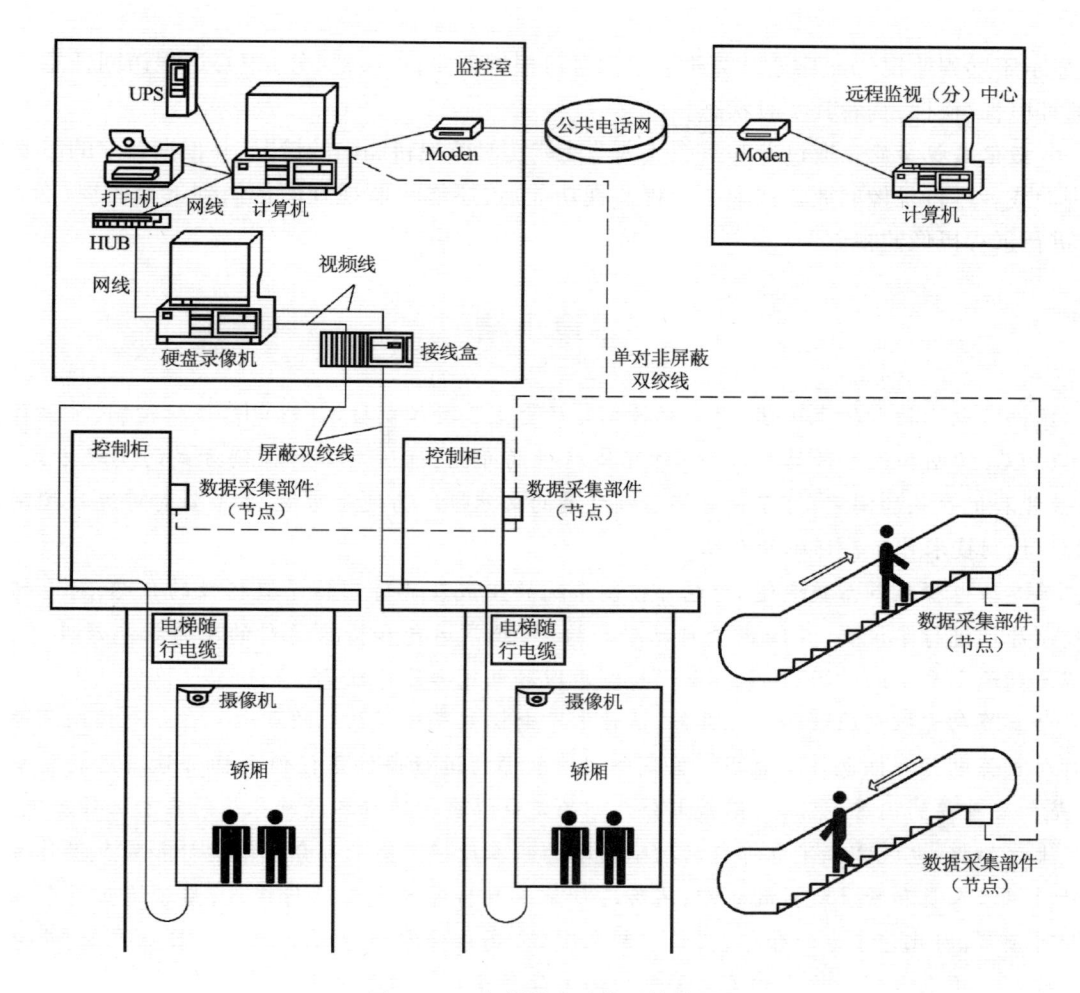

图 3-26 电梯综合监控系统简图

服务器负责视频录像的检索、播放和回放,监控数据的保存、管理和检索,电梯/扶梯控制命令的登记和用户使用权限的管理。它的通道可靠性和运算处理能力直接影响到整个系统的性能。

电梯综合监控系统可实现以下功能:

1. 电梯/扶梯运行状态的监视 例如电梯的运行/停止、自动/检修、上行、下行、开关门及电梯所在层楼显示;扶梯的运行/停止、上行、下行。

2. 电梯/扶梯故障和异常的监视 既可监视电梯/扶梯急停故障的起因,也能监视可能影响正常运行的异常,而且可以实时记录,便于以后的查询与统计、分析。

3. 电梯运行情况的统计、分析和回放 可实时统计被监控电梯/扶梯的总的运行时间和运行次数。通过数据采集部件对被监控的电梯/扶梯内部数据进行分析。在过去某一时间段内的运行情况进行回放。

4. 电梯的控制功能 通过监控系统的客户端对被监控的电梯/扶梯进行远程控制。例如,电梯的地震应急服务、节能运行、贵宾服务运行和返回运行等,扶梯的节能运行、远程控制停梯等。

5. 远程监视功能 当被监控电梯/扶梯出现故障时,能通过公共电话网将故障信息实时传输,显示于远程监视(分)中心计算机上。而且可根据需要,在监视(分)中心远程访问任意一台被监控电梯/扶梯,查看其实时状态。

6. 摄像监视功能　通过选配摄像监视功能能实时监视轿厢内的情况,并根据客户的需要抓拍画面或者进行录像回放。选配了远程监视功能后,还能将监视画面传送到远程监视(分)中心,进行远程摄像监视。

本章小结

第一节电梯控制技术概述,对电梯控制发展史上3种控制技术[继电器逻辑控制、可编程控制器(PLC)控制和微型计算机控制]作了概括性的介绍,通过对各种控制方式的实现方式、特点、性能和优缺点的阐述,可了解电梯控制发展的必然性。为便于掌握,本节针对可编程控制器(PLC)控制技术作了较详细的介绍。

第二节电梯控制系统概述,对电梯控制系统的组成及其作用作了概括性的介绍,对电梯系统控制原理进行了说明,并阐述了自动安全检测、正常运行和检修运行的工作状态及其关系。本节起到承上启下的作用,为掌握电梯控制原理和电气部件作铺垫。

第三节电梯控制原理和电气部件,这是本章电梯电气控制系统的重点。在介绍控制原理的同时对相关电气部件也作了说明。首先介绍的电梯的运行条件是任何电梯必须满足的安全条件,是相当重要的内容;第二~第六部分介绍的是电梯自动运行各控制环节的基本工作原理,掌握了上述知识,也就掌握了电梯自动控制技术的基本原理。第七部分检修运行和紧急操作主要是针对维修人员和紧急救援的介绍;消防运行是一种特殊的灾害运行模式,鉴于消防员电梯标准即将颁布,因此作了专门介绍;门禁控制在宾馆、高档住宅楼电梯上的应用日益广泛,而电梯监控技术近年来得到了政府相关主管部门的关注并正在积极推行中。

思考题

1. 电梯运行需要具备哪些条件?最重要的安全条件是什么?
2. 什么是安全回路?一般安全回路中有哪些安全开关?
3. 简述电梯自动控制运行的工作过程。
4. 层高检测和记忆的作用是什么?请以电脑选层器为例说明如何实现层高检测和记忆。
5. 检修操作和紧急电动运行的速度有什么限制?检修操作模式下,限制了哪些运行或操作模式?
6. 电梯是如何实现自动定向的?
7. 请分别说明电梯处于"自动运行"和"有专业电梯司机驾驶"状态时,层站召唤和轿内选层的操作方法,并体会其差异点。
8. 电梯一般有几种调配控制?请说明群控的调配原则。
9. 电梯门禁一般可实现哪些功能?并对任意一种功能说明其工作过程。
10. 电梯监控系统一般由哪几部分组成?可实现哪些功能?

第四章　电梯电力拖动基础

第一节　电机学基础

一、电机的种类

电机是实现能量传递与变换的电磁机械。

按照其功能,我们一般将其分为发电机和电动机两种。发电机是将机械能转换为电能;电动机是将电能转换为机械能。在电梯的应用中,电机既作为电动机,又作为发电机。

按工作电源分类,电动机可分为直流电动机和交流电动机。交流电动机又可分为异步电动机和同步电动机。根据在电梯中的实际应用,本节我们主要介绍直流电动机、三相交流异步电动机和交流永磁同步电动机。

(一) 直流电动机

直流电机是利用电磁相互作用原理实现直流电能和机械能相互转换的电磁装置。将直流电能转换成机械能的电机称为直流电动机,反之则称为直流发电机。直流电机具有调速范围广,起、制动转矩大,易于控制等优点,常用于对调速有较高要求的场合。

1. 直流电动机的基本原理　以两极直流电机为例,我们有以下简化模型,如图4-1所示。

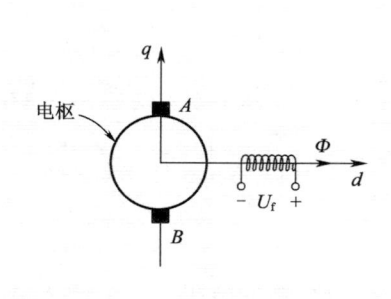

图4-1　直流电机模型
ϕ—励磁磁通　U_f—励磁电压　d—直轴
q—交轴　A,B—换向器

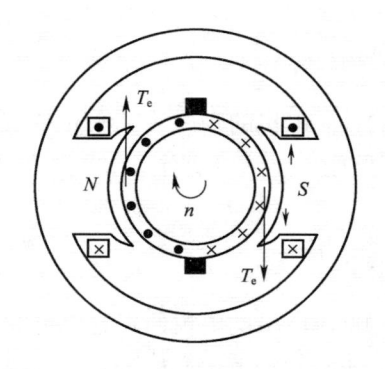

图4-2　直流电动机的工作原理
T_e—电磁转矩　n—电机转速(r/min)

在图4-1所示的直流电机模型中,励磁线圈通入直流电流,产生主极磁通。直流电源通过电刷向电枢绕组供电,如图4-2所示。在电枢表面的左半部分导体(即N极下)可以流过相同方向的电流(符号"·"表示电流从里向外流动),根据左手定则,导体将受到顺时针方向的力矩作用;同时,在电枢表面的右半部分导体(即S极下)也流过相同方向的电流(符号"×"表示电流从外向里流动),同样根据左手定则,导体也将受到顺时针方向的力矩作用。这样,整个电枢绕组(即转子)将按顺时针方向旋转,输入的直流电能就转换成转子轴上输出的机械能。这就是直流电动机的基本工作原理。

2. 直流电动机的基本方程　　为便于分析,我们要规定相关物理量的参考正方向,如图4-3所示。若各物理量的瞬时实际方向与参考正方向一致,其值为正,反之为负。

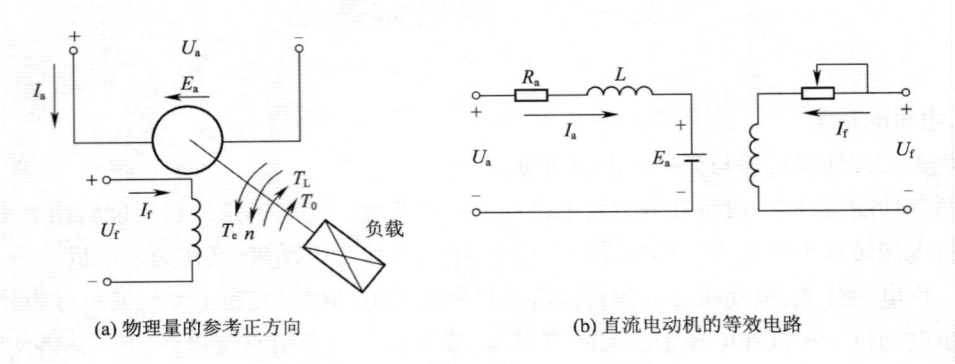

(a) 物理量的参考正方向　　(b) 直流电动机的等效电路

图4-3　直流电动机基本方程示意图

U_a—电源电压　I_a—流入电机的电流　E_a—电机反电势　L—电机等效电感

U_f—励磁电压　I_f—励磁电流　R_a—电机等效电阻

(1)电压方程。按图4-3(b)所示的直流电动机等效电路可以写出直流电动机稳态电压方程的一般形式:

$$U_f = R_f I_f \tag{4-1}$$

$$U_a = R_a I_a + E_a \tag{4-2}$$

他励式直流电机的励磁线圈采用单独直流电源供电,励磁电压为U_f,励磁回路的电阻为R_f,励磁回路励磁电流为直流I_f,式(4-1)可以写成:

$$I_f = \frac{U_f}{R_f} \tag{4-3}$$

考虑到直流电机的电枢回路直流电源电压为U_a,电枢绕组的电阻为R_a,流入电机电流为I_a,正、负电刷的接触电压降为$2\Delta U_b$,式(4-2)可以写成:

$$U_a = E_a + R_a' I_a + 2\Delta U_b = E_a + R_a' I_a \tag{4-4}$$

式中:R_a'——包括电枢绕组和电刷压降的等效电阻;

E_a——直流电机感应电动势;

I_a——电枢电流。

$$E_a = C_e \Phi n \tag{4-5}$$

式中：C_e——电动势常数；
  Φ——励磁磁通；
  n——电机转速。

(2) 转矩方程。直流电动机电枢外加电压后，工作在电动运行状态，此时电枢产生电磁转矩 T_e，其方向如图 4-3 所示，为逆时针转动，与电动机空载转矩 T_0 和电动机的轴上负载转矩 T_L 相反。当电机稳态运行时，应有 T_e 与 T_0、T_L 相平衡。这样，按图 4-3 中正方向的约定，可以写出电动机的转矩方程：

$$T_e = T_L + T_0 \tag{4-6}$$

(3) 功率方程。励磁回路输入的电功率 (P_f) 为：

$$P_f = U_f I_f = I_f^2 R_f \tag{4-7}$$

电枢回路输入的电功率 (P_a) 为：

$$P_a = U_a I_a = (E_a + R_a I_a) I_a = E_a I_a + I_a^2 R_a = P_{em} + \Delta p_{Cua} \tag{4-8}$$

式中：Δp_{Cua}——电枢回路的铜耗，$\Delta P_{Cua} = I_a^2 R_a$；
  P_{em}——电机的电磁功率，$P_{em} = E_a I_a$。

且：

$$E_a I_a = \frac{P \cdot Z}{60} \cdot \Phi n I_a = \frac{P \cdot Z}{60a} \cdot \frac{60\omega}{2\pi} \cdot \Phi I_a = \frac{P \cdot Z}{2\pi a} \cdot \Phi I_a \omega = T_e \omega \tag{4-9}$$

式中：P——极对数；
  a——槽距角；
  ω——电机角速度，rad/s；
  Z——电枢总导体数。

由上式可得电动机电磁转矩的另一种计算公式：

$$T_e = \frac{P_{em}}{\omega} = \frac{P_{em}}{2\pi n/60} = 9.55 \frac{P_{em}}{n} \tag{4-10}$$

由此可见，电枢的电磁功率用于克服电枢轴上的机械负载转矩，实现机电能量的转换。在转矩平衡方程两边乘以转速，可得：

$$T_e \omega = T_L \omega + T_0 \omega \tag{4-11}$$

$$P_{em} = P_L + \Delta p_0 \tag{4-12}$$

式中：P_L——电机的机械负载功率；
  Δp_0——电机的空载损耗，包括机械摩擦损耗 Δp_{mec} 和铁心损耗 Δp_{Fe}。

式 (4-12) 说明，电磁功率转换成空载损耗和机械能输出。他励直流电动机电动运行时的功率关系如图4-4所示。

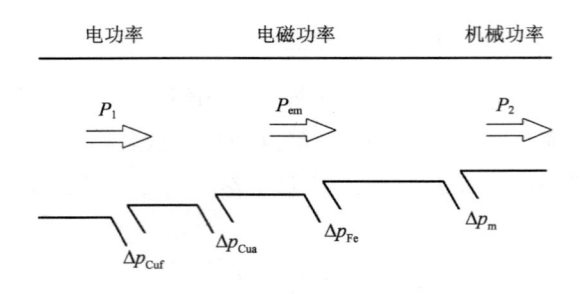

图4-4 直流电动机功率关系图

此时,电动机的输入电功率(P_1)为:

$$P_1 = P_f + P_a = \Delta p_{Cuf} + \Delta p_{Cua} + P_{em} = \Delta p_{Cu} + \Delta p_{Fe} + \Delta p_m + \Delta p_{add} + P_2 = P_2 + \sum \Delta p \tag{4-13}$$

式中:P_2——电动机的输出功率,并有 $P_2 = P_L$;

Δp_{add}——电动机的附加损耗,是未被包括在铜耗、铁耗和机械损耗之内的其他损耗;

Δp_{cuf}——励磁回路铜耗;

Δp_{cua}——电枢回路铜耗;

Δp_{cu}——电机总铜耗;

Δp_m——电机机械损耗;

$\sum \Delta p$——电动机的总损耗,并有:

$$\sum \Delta p = \Delta p_{Cuf} + \Delta p_{Cua} + \Delta p_{Fe} + \Delta p_m + \Delta p_{add} = R_f I_f^2 + R_a I_a^2 + \Delta p_0 + \Delta p_{add} \tag{4-14}$$

因此,直流电动机的效率(η)为:

$$\eta = \frac{P_2}{P_1} = 1 - \frac{\sum \Delta p}{P_2 + \sum \Delta p} \tag{4-15}$$

3. 直流电动机的额定值 电机的额定值都会标记在铭牌上。额定值是电机厂依据国家标准以及设计和试验数据而规定的理想运行情况的量值,是正确使用电机的依据。选择和使用电机时都希望在额定状态下运行。所谓额定状态,是指电机运行时的全部电量(如电压、电流等)和机械量(如转速)都等于额定值时的状态。实际运行时电机不一定都运行在额定状态下,但不宜经常轻载、空载运行。

(1)额定功率 P_N。电动机轴上输出的机械功率,单位为 W 或 kW。

(2)额定电压 U_N。电动机安全工作时的最高电压,即电机绕组允许的最大外加电压,单位为 V 或 kV。

(3)额定电流 I_N。额定运行时,电枢允许流过的最大电流,单位为 A 或 kA。

(4)额定转速 n_N。指电动机在输入额定电压和电流、输出额定功率时的转速,单位为转/分钟(r/m)。

(5)励磁方式。指励磁线圈中电流供给的方式,有他励、并励、串励和复励4种。

(6)额定励磁电压 U_{fN} 及额定励磁电流 I_{fN}。指电机在额定状态运行时应施加于励磁绕组的电压及电流。

(7)定额(工作制)。指电机带负载运行和停歇时间之间的关系,有连续、短时、断续3种工作制。

(8)电动机额定输出功率与电源输入功率比(η_N)。各额定值间有一定的关系,即 $P_N = U_N I_N \eta_N$。

(二)三相交流异步电动机

异步电动机的优点是结构简单、制造容易、价格低廉、运行可靠、坚固耐用、运行效率较高的工作特性。缺点是功率因数较差,异步电动机运行时必须从电网里吸收滞后性的无功功率,它的功率因数总是小于1。

1. 三相交流异步电动机的基本原理 三相交流异步电动机定子接三相电源后,电动机内便形成了圆形旋转磁场,在转子中产生感应电动势 e 和电磁转矩 T_e。电磁转矩的方向与旋转磁场同方向,转子便沿该方向旋转起来。转子旋转后,转速为 n,只有转速小于旋转磁场同步转速($n < n_1$)时,转子与磁场仍有相对运动,才能产生电磁转矩 T_e 使转子继续旋转,稳定运行在 $T_e = T_L$ 情况下。异步电动机由电磁感应产生电磁转矩,所以又称为感应电动机。

三相异步电动机只有在 $n \neq n_1$ 时,转子绕组与气隙旋转磁场之间才有相对运动,才能在转子绕组中感应电动势、电流,产生电磁转矩。可见,异步电动机运行时转子的转速 n 总是与同步转速 n_1 不相等。

通常把同步转速 n_1 和电动机转子转速 n 二者之差与同步转速 n_1 的比值称为转差率(也叫转差或者滑差),用 s 表示,即:

$$s = \frac{n_1 - n}{n_1} \quad (4-16)$$

式中:$n_1 = \frac{60f}{P}$ 为同步转速(此处 P 为电机极对数,f 为电机供电频率)。

正常运行的异步电动机,转子转速 n 接近同步转速 n_1,转差率 s 很小,一般 $s = 0.01 \sim 0.05$。

2. 交流异步电动机的基本方程

(1)电压方程。

①定子电压方程。定子绕组的漏磁通在定子绕组里的感应电动势称为定子漏磁电动势,用 $E_{S\sigma}$ 表示。

一般来说,由于漏磁通经过的磁路大部分是空气,因此漏磁通本身比较小,并且由漏磁通产生的漏磁电动势的大小与定子电流 I_s 成正比。若把定子漏磁电动势 $E_{S\sigma}$ 看成是定子电流 I_s 在定子漏电抗 X_s 上的压降,并且 $E_{S\sigma}$ 在相位上要滞后 I_s 90°电角度,即有:

$$E_{S\sigma} = -j\dot{I}_s X_s \qquad (4-17)$$

式中:j——运算符;

$\dot{I}_s$——定子电流 I_s 向量。

考虑定子绕组 R_s 上的电压降为 $\dot{I}_s R_s$,根据图 4-5 所给出各量的正方向,可以列出

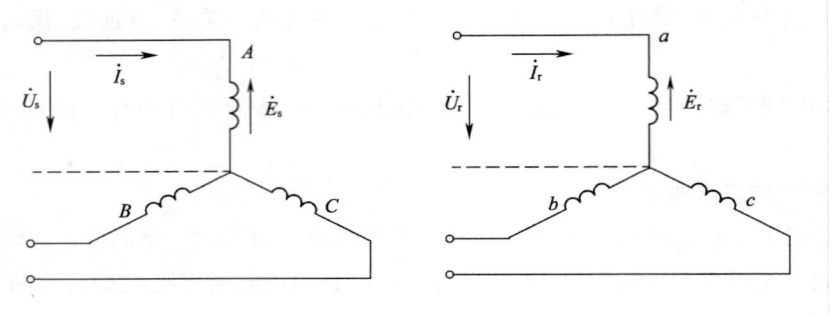

图 4-5 异步电动机绕组示意图

定子一相回路的电压方程式:

$$\dot{U}_s = -\dot{E}_s - \dot{E}_{s\sigma} + \dot{I}_s R_s = -\dot{E}_s + j\dot{I}_s X_s + \dot{I}_s R_s$$
$$= -\dot{E}_s + \dot{I}_s(R_s + jX_s) = -\dot{E}_s + \dot{I}_s Z_s \qquad (4-18)$$

式中:$\dot{E}_s$——定子绕组感应电动势向量;

$\dot{I}_s$——定子电流向量;

X_s——定子电抗;

R_s——定子电阻;

Z_s——定子每相绕组漏阻抗。

②转子电压方程。同上分析可得转子回路的电压方程式为:

$$\dot{U}_r = -\dot{E}_r - \dot{E}_{r\sigma} + \dot{I}_r R_r = -\dot{E}_r + j\dot{I}_r X_r + \dot{I}_r R_r$$
$$= -\dot{E}_r + \dot{I}_r(R_r + jX_r) = -\dot{E}_r + \dot{I}_r Z_r \qquad (4-19)$$

式中:$\dot{E}_r$——转子绕组感应电动势向量;

$\dot{I}_r$——转子电流向量;

X_r——转子漏电抗;

R_r——转子电阻;

Z_r——转子每相绕组漏阻抗。

对于笼型转子异步电动机,由于其转子闭合,无外加电压,$U_r = 0$;对于绕线转子异步电动机,一般情况下也不外接电源,因此:

$$\dot{E}_r = \dot{I}_r(R_r + jX_r) \qquad (4-20)$$

转子绕组的感应电动势(E_r)可写成：
$$E_r = 4.44f_2N_2\Phi_m k_{W2} = 4.44sf_1N_2\Phi_m k_{W2} = sE_{r0} \tag{4-21}$$

式中：N_2——绕组匝数；

Φ_m——每极磁通；

k_{w2}——绕组系数；

f_1——电机额定频率。

$E_{r0} = 4.44f_1N_2\Phi_m k_{W2}$，为转子静止时转子绕组的感应电动势。

转子漏电抗X_r是对应转子频率f_2时的漏电抗，它与转子静止时的转子漏电抗X_{r0}的关系为：
$$X_r = sX_{r0} \tag{4-22}$$

当转子以不同的转速旋转时，转子漏电抗X_r是个变数，它与转差率s成正比变化。正常运行时，对异步电动机有$X_r \ll X_{r0}$。

③基本方程式。经过绕组折算和频率换算，异步电动机转子绕组的相数、每相串联总匝数、绕组因数和频率都折合成与定子绕组一样，定、转子基本方程式为：

$$\left.\begin{aligned} \dot{U}_s &= -\dot{E}_s + \dot{I}_s(R_s + jX_s) \\ -\dot{E}_s &= \dot{I}_f(R_f + jX_f) \\ \dot{E}_s &= \dot{E}'_{r0} \\ \dot{E}'_{r0} &= \dot{I}'_r\left(\frac{R'_r}{s} + jX'_{r0}\right) \\ \dot{I}_s + \dot{I}'_r &= \dot{I}_f \end{aligned}\right\} \tag{4-23}$$

式中：$\dot{I}_f$——励磁电流向量；

R_f——等效励磁电阻；

X_f——对应于主磁通的励磁电抗；

R'_r——等效转子电阻；

$\dot{I}'_r$——等效转子电流向量；

X'_{r0}——等效转子漏电抗。

以上5个方程式与图4-6所示的T形等效电路是对应的，其相应的矢量图如图4-7所示。

(2) 功率与转矩方程。异步电动机的机电能量转换过程和直流电动机相似。因此，异步电动机由定子绕组输入电功率，并产生电磁功率，然后经由气隙送给转子，扣除一些损耗以后，在转轴上输出机械功率。在机电能量转换过程中，不可避免地要产生一些损耗，其种类和性质也和直流电动机相似。当三相异步电动机以转速n稳定运行时，从电源输入的功率为：

$$P_1 = 3U_s I_s \cos\varphi_1 \tag{4-24}$$

式中,φ_1 为功率因数角。

定子铜耗为:

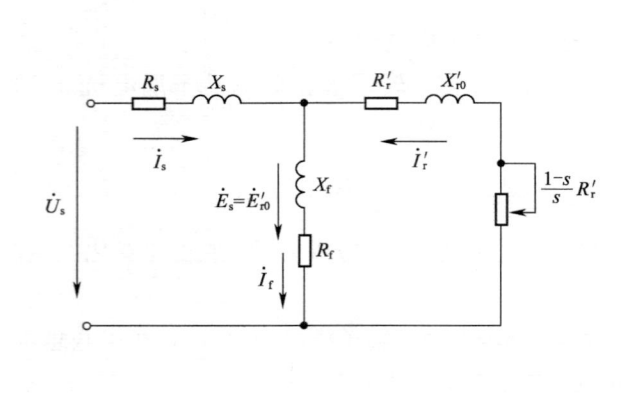

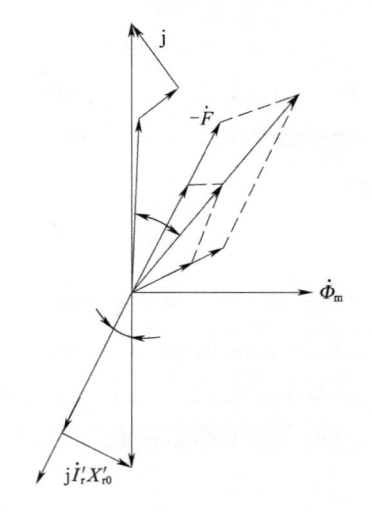

$$\Delta p_{Cus} = 3I_s^2 R_s \qquad (4-25)$$

图 4-6 交流异步电动机 T 形等效电路

图 4-7 交流异步电动机矢量图

正常运行情况下的异步电动机,由于转子转速接近于同步转速,所以气隙旋转磁场与转子铁心的相对转速很小。再加上转子铁心和定子铁心同样是用硅钢片叠压成,转子铁损耗很小,可以忽略不计,因此异步电动机的铁损耗可近似认为只有定子铁损耗,即:

$$\Delta p_{Fe} = \Delta p_{Fes} = 3I_f^2 R_f \qquad (4-26)$$

式中:I_f——励磁电流;

R_f——等效励磁电阻。

根据图 4-6 所示的等效电路可知,传输给转子回路的电磁功率 P_{em} 等于转子回路全部电阻上的损耗,即:

$$P_{em} = P_1 - \Delta p_{Cus} - \Delta p_{Fe} = 3I_r'^2 \left[R_r' + \frac{1-s}{s} R_r' \right] = 3I_r'^2 \frac{R_r'}{s} \qquad (4-27)$$

式中:I_r'——等效转子电流;

R_r'——等效转子电阻。

电磁功率也可以表示为:

$$P_{em} = 3E_r' I_r' \cos \varphi_r = m_2 E_r I_r \cos \varphi_2 \qquad (4-28)$$

式中:E_r'——转子反电势;

φ_r——功率因数角;

m_2——相数;

φ_2——功率因数角。

转子绕组中的铜损耗(Δp_{Cur})为:

$$\Delta p_{Cur} = 3I_r'^2 R_r' = sP_{em} \qquad (4-29)$$

电磁功率 P_{em} 减去转子绕组中的铜损耗就是等效电阻上的电功率。这部分电功率就是传输给电机轴上的机械功率,用 P_m 表示。它是转子绕组中电流与气隙旋转磁场共同作用产生的电磁转矩,带动转子以转速 n 旋转所对应功率。

$$P_m = P_{em} - \Delta p_{Cur} = 3I_r'^2 \frac{(1-s)}{s} R_r' = (1-s)P_{em} \qquad (4-30)$$

电动机在运行时,会产生轴承以及风阻等摩擦阻尼转矩,这也要损耗一部分功率,这部分功率叫做机械损耗,用 Δp_m 表示。在异步电动机中,除了上述各部分损耗外,由于定、转子开了槽和定、转子磁动势中含有谐波磁动势,还要产生一些附加损耗,用 Δp_{add} 表示。Δp_{add} 一般不易计算,往往根据经验估算,在大型异步电动机中,约为输出额定功率的 0.5%;而在小型异步电动机中,满载时可达输出额定功率的 1%~3% 或更大些。转子的机械功率 P_m 减去机械损耗 Δp_m 和附加损耗 Δp_{add},才是转轴上真正输出的功率,用 P_2 表示。

$$P_2 = P_m - \Delta p_m - \Delta p_{add} \qquad (4-31)$$

可得电源输入电功率 P_1 与转轴上输出功率 P_2 的关系为:

$$P_2 = P_1 - \Delta p_{Cus} - \Delta p_{Fe} - \Delta p_{Cur} - \Delta p_m - \Delta p_{add} \qquad (4-32)$$

综上分析,异步电动机运行时其能量传递过程如图 4-8 所示。

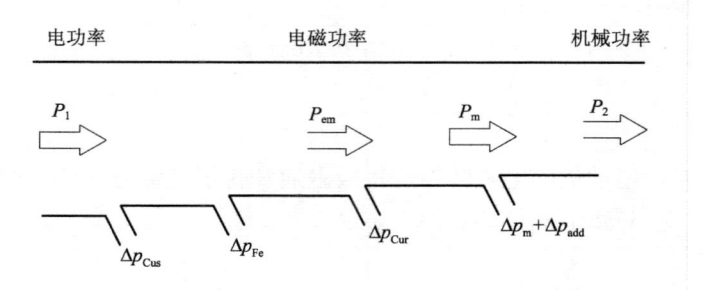

图 4-8 异步电动机的功率流程图

机械功率 P_m 除以轴的角速度 ω 就是电磁转矩 T_e,即:

$$T_e = \frac{P_m}{\omega} = \frac{P_m}{\frac{2\pi n}{60}} = \frac{P_m}{(1-s)\frac{2\pi n_1}{60}} = \frac{P_{em}}{\omega_1} \qquad (4-33)$$

式中:n——电机转速;

n_1——电机同步转数；

ω_1——同步机械角速度。

式(4-31)两边同除以角速度ω,得：

$$\frac{P_2}{\omega} = \frac{P_m}{\omega} - \frac{(\Delta p_m + \Delta p_{add})}{\omega} \qquad (4-34)$$

即：

$$T_2 = T_e - T_0 \qquad (4-35)$$

式中：T_2——输出转矩；

T_0——空载转矩。

由式(4-33),电磁功率P_{em}除以同步机械角速度ω_1,得：

$$T_e = \frac{P_{em}}{\omega_1} = \frac{3E_r I_r \cos\varphi_2}{\frac{2\pi n_1}{60}} = \frac{3(\sqrt{2}\pi f_1 N_2 k_{W2}\Phi_m)I_r \cos\varphi_2}{\frac{2\pi n_1}{60}}$$

$$= \frac{3}{\sqrt{2}}n_p N_2 k_{W2}\Phi_m I_r \cos\varphi_2 = C_T \Phi_m I_r \cos\varphi_2 \qquad (4-36)$$

式中：f_1——电机额定频率；

N_2——绕组匝数；

K_{w2}——绕组系数；

Φ_m——每极磁通；

n_p——电源相数；

C_T——转矩系数。

即,得出了异步电动机的电磁转矩公式：

$$T_e = C_T \Phi_m I_r \cos\varphi_2 \qquad (4-37)$$

其中 $C_T = \frac{3}{\sqrt{2}}n_p N_2 k_{w2}$,为转矩系数。

由上式可知,异步电动机的电磁转矩与每极磁通和转子电流有功分量的乘积成正比。

根据效率的定义,异步电动机的效率为：

$$\eta = 1 - \frac{\sum \Delta p}{P_1} = \frac{P_2}{P_2 + \Delta p_{Cus} + \Delta p_{Fe} + \Delta p_{Cur} + \Delta p_m + \Delta p_{add}} \qquad (4-38)$$

3. 异步电动机的额定值

(1)额定功率P_N。指电动机在额定工况下运行轴上输出的机械功率,单位为 W 或 kW。对于三相异步电动机而言,$P_N = \sqrt{3}U_N I_N \eta_N \cos\varphi_N / 10^3$ (kW),式中η_N、$\cos\varphi_N$分别为额定效率和功率因数。

(2)额定电压U_N。指电动机额定运行时外加于定子绕组的线电压,单位为 V。

(3)额定电流I_N。电动机在额定电压下,轴端输出额定功率时,定子绕组的线电流,单位为 A。

(4)额定转速n_N。指电动机在输入额定电压和电流、输出额定功率时的转速,单位为转/分钟(r/min)。

(5)额定频率 f_N。施加于电动机的电源在额定工况下的频率。

(三)永磁同步电动机

如果三相交流电机的转子转速 n 与定子电流的频率 f_1 满足式(4-39),这种电机就称为同步电机。

$$n = n_1 = \frac{60f_1}{P} \qquad (4-39)$$

式中:P——电机的极对数。

1. 同步电机的基本原理 同步电机的物理模型如图 4-9 所示。

以同步发电机为例来说明同步电机的工作原理。当同步发电机转子在原动机拖动下达到同步转速 n_1 时,由于转子绕组由直流电流 I_f 励磁,所以转子绕组在气隙中所建立的磁场相对于定子来说是一个与转子旋转方向相同,转速大小相等的旋转磁场。该磁场切割定子上开路的三相对称绕组,在三相对称绕组中产生三相对称空载感应电动势 E_0。

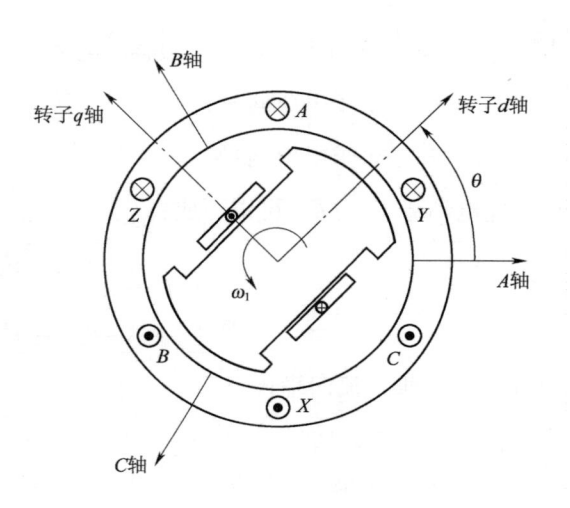

图 4-9 同步电机模型

若改变励磁电流的大小,则可相应地改变感应电动势的大小,此时同步发电机处于空载运行。

当同步发电机带负载后,定子绕组构成闭合回路,产生定子电流,该电流是三相对称电流,因而要在气隙中产生与转子旋转方向相同、转速大小相等的旋转磁场。此时定、转子间旋转磁场相对静止,气隙中的磁场是定、转子旋转磁场的合成。由于气隙中磁场的改变,定子绕组中感应电动势的大小也将发生变化。同步电机的运行方式如图 4-10 所示。

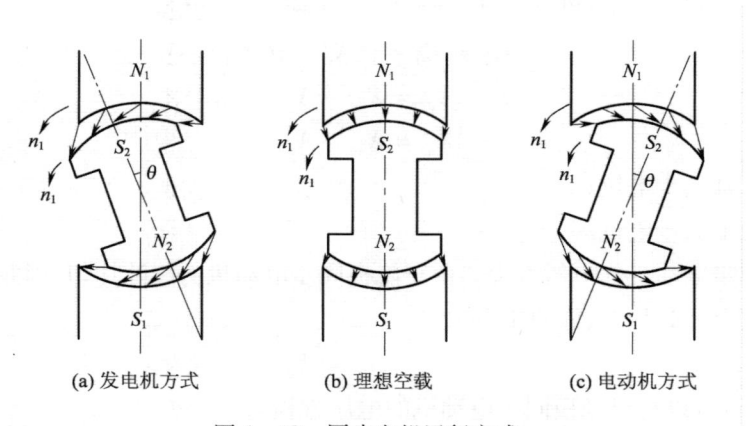

(a) 发电机方式   (b) 理想空载   (c) 电动机方式

图 4-10 同步电机运行方式

2. 同步电动机的电压方程

(1)凸极同步电动机的电压方程。不管是励磁磁通 Φ_f,还是直轴磁通 Φ_{ad} 和交轴磁通

Φ_{aq},都是以同步转速逆时针旋转,因此都要在定子绕组中产生相应的感应电动势。根据图 4-11 给出的同步电动机定子绕组各电量正方向,可以列出 A 相回路的电压方程:

$$\dot{U}_s = \dot{E}_0 + \dot{E}_{ad} + \dot{E}_{aq} + \dot{I}_s(R_s + jX_s) \quad (4-40)$$

式中:$\dot{E}_{ad}$、$\dot{E}_{aq}$——分别代表 d、q 轴的感应电势;

$\dot{U}_s$——定子电压向量;

$\dot{I}_s$——定子电流向量。

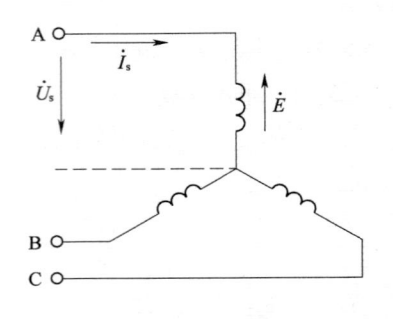

图 4-11 同步电动机的正方向定义

$\dot{E}$ 为定子反电势向量

感应电动势 $\dot{E}_{ad}$、$\dot{E}_{aq}$ 可以写成:

$$\dot{E}_{ad} = j\dot{I}_d X_{ad} \quad (4-41)$$

$$\dot{E}_{aq} = j\dot{I}_q X_{aq} \quad (4-42)$$

式中:$\dot{I}_d$——d 轴电流向量;

$\dot{I}_q$——q 轴电流向量;

X_{ad}——直轴电枢反应电抗;

X_{aq}——交轴电枢反应电抗。

把式(4-41)和式(4-42)代入式(4-40)中得:

$$\dot{U}_s = \dot{E}_0 + j\dot{I}_d X_{ad} + j\dot{I}_q X_{aq} + \dot{I}_s(R_s + jX_s) \quad (4-43)$$

由于

$$\dot{I}_s = \dot{I}_d + \dot{I}_q, \quad (4-44)$$

故

$$\dot{U}_s = \dot{E}_0 + j\dot{I}_d(X_{ad} + X_s) + j\dot{I}_q(X_{aq} + X_s) + (\dot{I}_d + \dot{I}_q)R_s \quad (4-45)$$

一般情况下,当同步电动机容量较大时,可忽略电阻 R_s,故:

$$\dot{U}_s = \dot{E}_0 + j\dot{I}_d X_d + j\dot{I}_q X_q \quad (4-46)$$

$$X_d = X_{ad} + X_s \quad (4-47)$$

$$X_q = X_{aq} + X_s \quad (4-48)$$

式中:X_d——直轴同步电抗;

X_q——交轴同步电抗。

(2)隐极同步电动机的电压方程。由于隐极同步电动机的气隙均匀,因此其直轴和交轴的同步电抗在数值上彼此相等,即同步电抗:

$$X_d = X_q = X_c \quad (4-49)$$

由式(4-46)可以写出隐极同步电动机的电压方程为:

$$\dot{U}_s = \dot{E}_0 + j\dot{I}_s X_c \quad (4-50)$$

3. 同步电动机相量图 同步电机作为电动机运行时,电源必须向电机的定子绕组输入有功功率,这时输入电动机的有功功率 P_1 必须满足:

$$P_1 = 3U_s I_s \cos\varphi_1 > 0 \qquad (4-51)$$

$$\begin{cases} I_d = I_s \sin\psi \\ I_q = I_s \cos\psi \end{cases} \qquad (4-52)$$

式中 ψ 为定子电流与 d 轴夹角。

这就是说,定子相电流的有功分量 $I_s \cos\varphi_1$ 应与相电压 $\dot{U}_s$ 同相位。由此可见,$\dot{U}_s$ 与 $\dot{I}_s$ 二者之间的功率因数角 φ_1 必须小于 90° 才能使电机运行于电动机状态。图 4-12(a) 是根据凸极同步电动机的电压方程,在 $\varphi_1 < 90°$(超前)时,电机运行于电动机状态的相量图。图 4-12(b) 是根据隐极同步电动机的电压方程画出的相量图。

4. 同步电动机的功率与转矩 同步电动机从电源吸收有功功率 P_1,扣除了消耗于定子绕组的铜损耗 $\Delta p_{Cu} = 3I_s^2 R_s$ 后,转变为电磁功率 P_{em},即有:

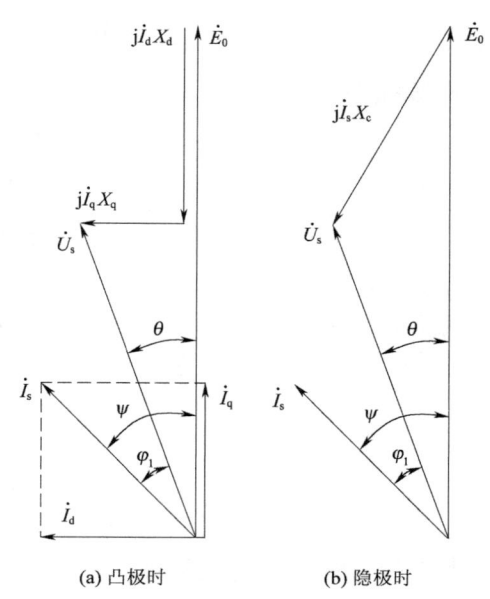

$$P_1 - \Delta p_{Cu} = P_{em} \qquad (4-53)$$

图 4-12 同步电动机矢量图

从电磁功率 P_{em} 里再扣除铁损耗 Δp_{Fe} 和机械摩擦损耗 Δp_m 后,得到输出给负载的机械功率 P_2:

$$P_2 = P_{em} - \Delta p_{Fe} - \Delta p_m \qquad (4-54)$$

其中,铁损耗 Δp_{Fe} 与机械损耗 Δp_m 之和称为空载损耗 P_0,即:

$$P_0 = \Delta p_{Fe} + \Delta p_m \qquad (4-55)$$

根据上述分析,可以画出同步电动机的功率流程图,如图 4-13 所示。

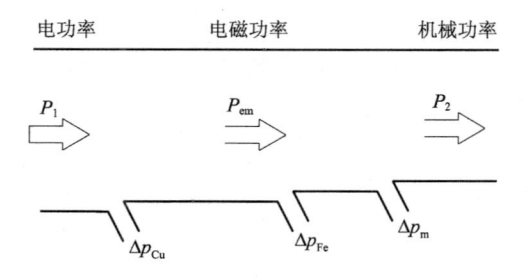

图 4-13 同步电动机的功率流程图

对于凸极同步电动机,当忽略了定子绕组的电阻 R_s 时,同步电动机的电磁功率为:

$$P_{em} = P_1 = 3U_s I_s \cos\varphi_1 \qquad (4-56)$$

由凸极同步电动机的相量图知 $\varphi_1 = \psi - \theta$，故：

$$P_{em} = 3U_s I_s \cos\psi\cos\theta + 3U_s I_s \sin\psi\sin\theta \tag{4-57}$$

根据相量图还可得：

$$\left.\begin{array}{l} I_d = I_s \sin\psi \\ I_q = I_s \cos\psi \\ I_d X_d = E_0 - U_s \cos\theta \\ I_q X_q = U_s \sin\theta \end{array}\right\} \tag{4-58}$$

可得：

$$P_{em} = 3\frac{E_0 U_s}{X_d}\sin\theta + 3U_s^2\left(\frac{1}{X_q} - \frac{1}{X_d}\right)\cos\theta\sin\theta \tag{4-59}$$

$$P_{em} = 3\frac{E_0 U_s}{X_d}\sin\theta + \frac{3U_s^2(X_d - X_q)}{2X_d X_q}\sin 2\theta \tag{4-60}$$

与异步电动机一样，电磁转矩 T_e 等于电磁功率 P_{em} 与电机角速度 ω 之比，但对于同步电动机，其转速即为同步转速，因此：

$$T_e = \frac{P_{em}}{\omega_1} = \frac{3U_s I_s \cos\varphi_1}{\omega_1} \tag{4-61}$$

将式(4-54)等号两边同除以 ω_1，即得到同步电动机的转矩平衡方程：

$$T_2 = T_e - T_0 \tag{4-62}$$

式中：T_0——空载转矩。

将电磁功率的表达式(4-60)代入式(4-61)，得到的电磁转矩为：

$$T_e = 3\frac{E_0 U_s}{\omega_1 X_d}\sin\theta + \frac{3U_s^2(X_d - X_q)}{2\omega_1 X_d X_q}\sin 2\theta \tag{4-63}$$

若是隐极式同步电动机，因 $X_d = X_q$，功角特性和矩角特性的表达式为：

$$P_{em} = 3\frac{E_0 U_s}{X_c}\sin\theta \tag{4-64}$$

$$T_e = 3\frac{E_0 U_s}{\omega_1 X_d}\sin\theta \tag{4-65}$$

5. 同步电动机的额定值

(1) 额定功率 P_N。电动机在额定工况下运行，轴上输出的机械功率，单位为 MW 或 kW。

$$P_N = \sqrt{3} U_N I_N \eta_N \cos\varphi_N / 10^3 \quad (\text{kW}) \tag{4-66}$$

(2) 额定电压 U_N。电动机额定运行时外加于定子绕组的线电压，单位为 V。

(3)额定电流 I_N。电动机在额定电压下,轴端输出额定功率时,定子绕组的线电流,单位为 A。

(4)额定转速 n_N。指电动机在输入额定电压、电流,输出额定功率时的转速,单位为转/分钟(r/m)。

(5)额定频率 f_N。施加于电动机的电源在额定工况下的频率。

(6)额定功率因数 $\cos\theta_N$。额定运行时的功率因数。

二、电梯用电动机的容量选择

我们在选择电动机时,一般要考虑满足静功率条件和动态等效功率条件(即满足发热要求)这两个条件。

(一)电动机静功率计算

我们一般按照电梯100%额定负载(匀速)上行、0.5 的平衡系数等条件估算电动机的输出功率。这实际上是电动机的静功率。

电动机额定的输出功率(P_e)为:

$$P_e \geq \frac{1.0 \cdot CAP \cdot (1-0.5) \cdot g_n}{1000 \cdot \eta_\text{正}} \cdot V \quad (4-67)$$

式中:CAP——电梯额定载重量;
   V——电梯额定速度;
   $\eta_\text{正}$——曳引系统综合正向效率;
   g_n——重力加速度。

(二)电动机等效功率计算

我们一般按照电动机的工作制、每小时最大启动次数来计算电动机的等效功率,同时考虑电梯的各种运行工况,如空载或满载上行、下行,停止,开关门等。

而电动机动态功率由下式计算:

$$P = \frac{M \cdot \omega}{1000} = \frac{M \cdot \frac{r \cdot V}{D_t/2}}{1000} \quad (4-68)$$

式中:M——电动机所需力矩;
   ω——角速度;
   r——绕绳比;
   D_t——曳引轮直径。

根据式(4-68)分别得出了电梯电动机各个状态的动态功率值。然后可以得出电动机等效功率 P。

选取电动机额定功率时,同时要满足:

$$P_e \geq P \quad (4-69)$$

第二节　电梯电力拖动系统的发展

根据传动用的电动机采用的电源不同,电梯的电力拖动方式可以分为直流调速和交流调速两大类。

由于人类最早发明的是直流电,所以直流传动是早期电梯(19世纪中叶)唯一的拖动方式。19世纪末期虽然出现了三相交流电源,但是由于直流调速较交流调速有更加优越的动静态特性,其调速范围和控制精度明显优于交流,因而20世纪上半叶的电梯中几乎都是直流调速系统。但是由于直流电动机结构复杂,具有整流子、电刷等部件,维保困难,同时直流控制机组庞大、成本很高,再加上20世纪后期交流调速技术的蓬勃发展,电梯领域中直流调速正逐渐被交流调速取代。

一、电梯交流调速技术的发展

作为现代文明社会中鳞次栉比的高楼大厦中的垂直交通工具,电梯越来越体现出其不可或缺性。而使用者们对这一复杂的机电一体化产品的舒适性及安全性的要求也与日俱增。电力拖动调速系统的优劣直接影响了电梯的舒适性。当今主流的电梯交流调速技术经历了一个多世纪的漫长历程,大致可以分为变极调速、调压调速、变压变频调速等3个阶段。

(一)变极调速

交流异步机的转速与极对数及电源频率满足式(4-70)的关系,所以改变电梯传动电机的极对数就可以达到调速的目的。图4-14为通过改变定子绕组接线来改变极对数的方法。

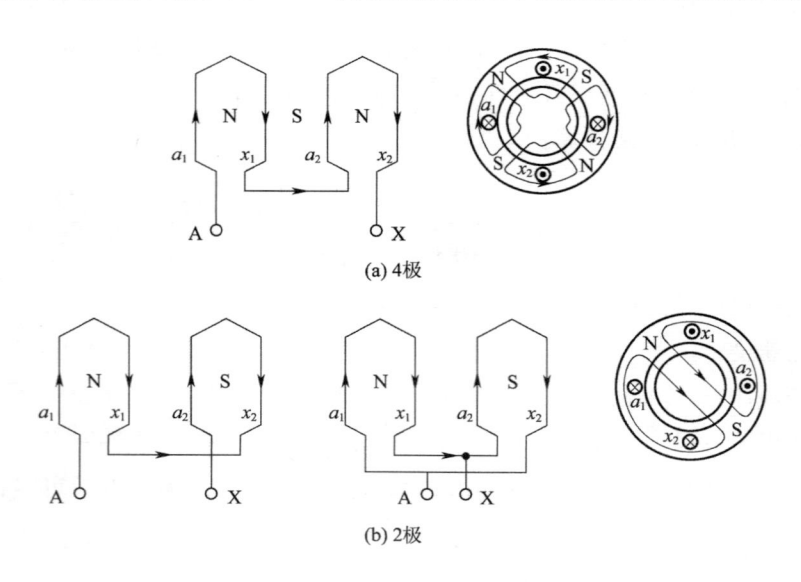

(a) 4极

(b) 2极

图4-14　定子绕组极对数的改接

$$n_0 = \frac{60f}{P} \qquad (4-70)$$

式中：n_0——电机同步转速；
f——电源频率；
P——电机极对数。

变极调速选用具有多种不同极对数的定子绕组的电动机。在电梯的启动和匀速运行过程中，将三相高速绕组（即极对数少的绕组）接入电源；而在电梯制动减速时将高速绕组切换到低速绕组，使得电机进入低速绕组的第 Ⅱ 象限的再生制动区，从而使电梯进行减速制动。变极调速的调速范围较小，而且调速是不平滑的。

（二）调压调速

随着电力电子技术、计算机控制技术的逐渐兴起，从 20 世纪 60 年代开始，交流调压调速电梯得到了快速发展。图 4-15 为感应电动机的稳态等效电路。

假设忽略空间与时间谐波、磁饱和、铁损，则当异步电动机电路参数不变时，在一定转速下，电机的定子电流与定子电压满足式（4-71）的关系：

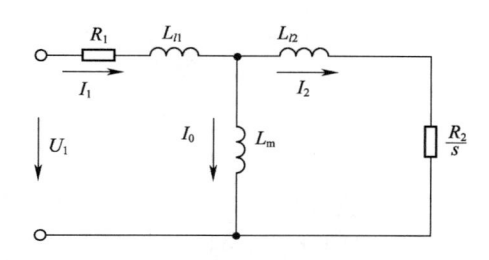

图 4-15 感应电动机的稳态等效电路

$$I_2' = \frac{U_1}{\sqrt{\left(R_1 + C_1\frac{R_2'}{s}\right)^2 + \omega_1^2\left(L_{l1} + C_1 L_{l2}'\right)^2}} \qquad (4-71)$$

式中：R_1、R_2'——定子每相电阻和折算到定子侧的转子每相电阻；
L_{l1}、L_{l2}'——定子每相漏感和折算到定子侧的转子每相漏感；
L_m——定子每相绕组产生气隙主磁通的等效电励磁电感；
U_1、ω_1——电动机定子相电压和电源角频率；
s——转差率。

$$C_1 = 1 + \frac{R_1 + j\omega_1 L_{l1}}{j\omega_1 L_m} \approx 1 + \frac{L_{l1}}{L_m}$$

在一般情况下，$L_m \gg L_{l1}$，则 $C_1 \approx 1$，式（4-71）可以简化为：

$$I_1 = I_2' = \frac{U_1}{\sqrt{\left(R_1 + \frac{R_2'}{s}\right)^2 + \omega_1^2 (L_{l1} + L_{l2}')^2}} \qquad (4-72)$$

令电磁功率 $P_m = 3(I_2')^2 R_2'/s$，同步角速度 $\Omega_1 = \omega_1/P$（此处 P 为极对数）。则感应电动机的电磁转矩为：

$$T_e = \frac{P_m}{\Omega_1} = \frac{3n_p}{\omega_1} I_2'^2 \frac{R_2'}{s} = \frac{3n_p U_1^2 R_2'/s}{\omega_1 \left[\left(R_1 + \frac{R_2'}{s}\right)^2 + \omega_1^2 (L_{l1} - L_{l2}')^2\right]} \qquad (4-73)$$

由此可知,当异步电动机参数不变时,若转速一定,电机的电磁转矩与定子电压的平方成正比。从而改变定子外加电压就可以改变电动机在一定输出转矩下的转速。

在电梯中应用的交流调压调速,一般利用可控功率器件进行调压。三相调压原理如图4-16所示。通过调节晶闸管的导通角α可以方便地调节输出给负载R的电压。

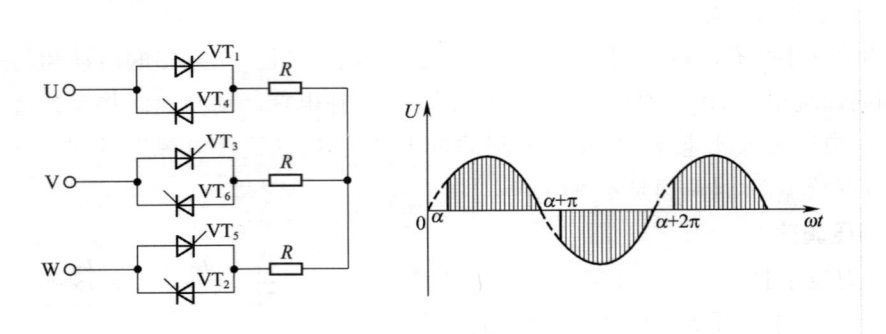

图4-16 三相调压原理

(三) 变压变频调速

日本三菱电机于1984年首先推出了通过改变施加于交流笼式感应电动机进线端的电压和频率来进行平稳调速的电梯传动系统,也就是当今电梯界应用最普遍的VVVF驱动技术。这一次的变革,在电梯的发展历程中是一次伟大的革命。

由式(4-70)可知,连续调节电动机进线电源频率可以平滑地改变电机的同步转速,电动机定子绕组中的感应电势(E_1)为:

$$E_1 = 4.44 f_1 N_1 k_1 \phi_m \tag{4-74}$$

如果略去电机定子绕组中的阻抗压降,则定子绕组进线端的电压:

$$U_1 \approx E_1 \tag{4-75}$$

又交流电动机的转矩为:

$$T = C_m \phi_m I_2' \cos \phi_2 \tag{4-76}$$

其中 $C_m = m_1 4.44 f_1 N_1 k_1$

式中:f_1——电动机供电频率;

N_1——定子每相绕组串联匝数;

k_1——基波绕组系数;

ϕ_m——每极气隙磁通量;

m_1——电源相数;

$I_2' \cos \phi_2$——转子电流有功分量。

由此易知,对于恒转矩负载的电梯来说,控制$\dfrac{U_1}{f_1}$的比值恒定,就可以控制ϕ_m不变,从而方便地控制电梯的速度和力矩。

二、电梯曳引技术的发展

电梯电力拖动系统实际上还包括电梯的曳引系统。电梯的拖动系统从早期的直流机组发展到后来的交流异步电动机驱动的涡轮蜗杆减速箱减速系统、斜齿轮减速系统、行星齿轮减速系统,再发展到之后的交流异步无齿轮曳引系统,直至如今占主导地位的交流永磁同步电动机驱动的无齿轮曳引系统。这是一个长期的发展过程,其间的进步得益于电力电子驱动技术及电机行业本身的长足发展。

第三节 电梯对电力拖动系统的要求与交流变频调速

目前垂直交通领域里的电梯大多为带有平衡重的曳引式,即曳引钢丝绳的一边为电梯轿厢,另外一边为平衡重。一般的配置关系为平衡重的重量是轿厢重量加一半的电梯额定载重量。电梯拖动系统结构如图4-17所示。

在上述基础上,电梯有以下几种运行状态(假设平衡重为 $P_1 = W_1$,轿厢重量加轿厢内载荷为 $G_1 + G_2 = W_2$):

1. 电梯上行

(1) $W_1 > W_2$。此时平衡重拉着轿厢上行,电梯的曳引电机处于发电状态,势能转化为电能和动能。

(2) $W_1 < W_2$。此时电梯的曳引电机处于电动状态,电能转化为势能和动能。

2. 电梯下行

(1) $W_1 > W_2$。此时电梯的曳引电机处于电动状态,电能转化为势能和动能。

(2) $W_1 < W_2$。此时轿厢拉着平衡重下行,电梯的曳引电机处于发电状态,势能转化为电能和动能。

3. $W_1 = W_2$ 理论上不管电梯上行还是下行,消耗电能转化为机械损耗等。

由上可知,拖动电梯的电机既可工作于电动状态,也可工作于发电状态。所以,必然要求电机拖动系统能够满足四象限运行的需要。

电梯四象限运行状态如图4-18所示。图中 $n \oplus$ 表示电机正转,$T \oplus$ 表示电机提供正向力矩。

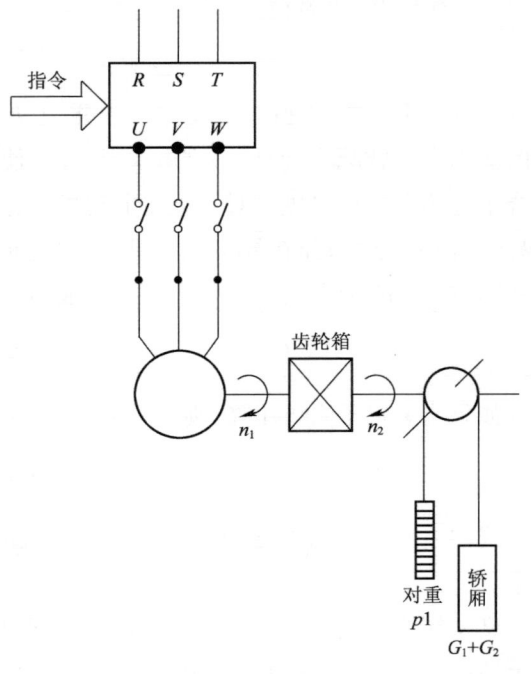

图4-17 电梯拖动系统结构图

由于变压变频驱动的电梯既有节能的特点,又有舒适感好的优势,所以变频电梯是目前电梯驱动技术的主流。本节将着重讨论电梯的交流变压变频调速问题。

一、变频调速原理

变频调速属于转差功率不变型调速类型,具有调速范围宽、平滑性好等特点,是异步电动机调速最有发展前途的一种方法。随着电力电子技术的发展,许多简单可靠、性能优异、价格便宜的变频调速装置已经得到广泛应用。

根据式 $n = \dfrac{60f}{p}(1-s)$,若平滑调节电动机供电频率,就能平滑调节其速度。如图4-19所示。

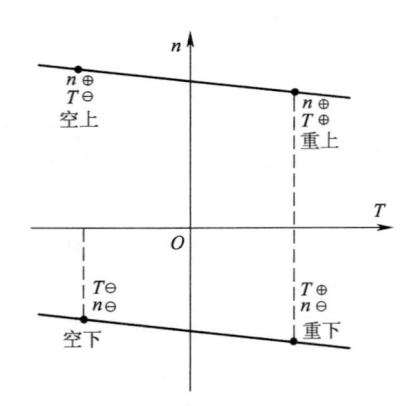

图4-18 电梯四象限运行状态图

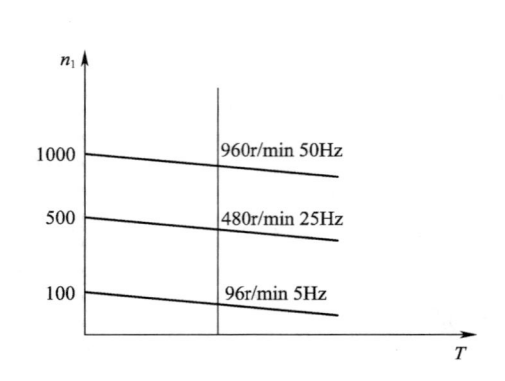

图4-19 3对极异步电机在转差率为0.04时的调速特性

在异步电动机调速时,总是希望主磁通 $\varPhi_m$ 保持为额定值。这是因为如果磁通减弱,电动机的输出力矩就减小;而如果磁通太强,又会使铁心饱和,导致过大的励磁电流,严重时甚至会因绕组过热而损坏电机。对于直流电动机,其励磁系统是独立的,只要对电枢反应的补偿合适,容易保持 $\varPhi_m$ 不变,而在异步电动机中,磁通是定子和转子磁势共同作用的结果,所以保持 $\varPhi_m$ 不变的方法与直流电动机的情况不同。根据异步电动机定子每相电动势有效值的公式为:

$$E_s = 4.44 f_1 N_1 k_{W1} \varPhi_m \tag{4-77}$$

如果略去定子阻抗压降,则定子端电压 $U_s \approx E_s$,即有:

$$U_s \approx E_s = 4.44 f_1 N_1 k_{W1} \varPhi_m \tag{4-78}$$

式(4-78)表明,在变频调速时,若定子端电压不变,则随着频率 f_1 的升高,气隙磁通 $\varPhi_m$ 将减小。

又从转矩公式 $T = C_m \phi_m I'_2 \cos\phi_2$ 可知,在 I'_2 相同的情况下,ϕ_m($\varPhi_m$)减小势必导致电动机输出转矩下降,电动机的最大转矩也将减小,严重时会使电动机堵转。

反之,若减小频率 f_1,则 ϕ_m 将增加,使磁路饱和,励磁电流上升,导致铁损急剧增加,这也是不允许的。因此,在变频调速过程中应同时改变定子电压和频率,以保持主磁通不变。而如何按比例改变电压和频率,这要分基频(额定频率)以下和基频以上两种情况讨论。

(一)基频以下调速

根据式(4-78),要保持 Φ_m 不变,应使定子端电压 U_s 与频率 f_1 成比例地变化,即:

$$\frac{U_s}{f_1} \approx \frac{E_s}{f_1} = \Phi_m = 常数 \tag{4-79}$$

式中 U_s 为变频前定子端电压。

由最大转矩公式:$T_{em} = \frac{3P}{2\pi f_1} \cdot \frac{U_s^2}{2(\sqrt{R_s^2 + (X_s + X'_{r0})^2} + R_s)}$

其中,$X_s = X'_{r0} = 2\pi f_1 (L_s + L'_{r0})$

当 f_1 相对较高时,由于 $X_s + X'_{r0} \gg R_s$,可以忽略定子电阻 R_s,这样上式可以简化为:

$$T_{em} \approx \frac{3P \cdot U_s^2}{8\pi f_1^2 (L_s + L'_{r0})} = C\frac{U_s^2}{f_1^2} \tag{4-80}$$

为保证变频调速时电机过载能力不变,要求变频前后定子端电压、频率及转矩满足:

$$\frac{U_s^2}{f_1^2 T_N} = \frac{U_s'^2}{f_1'^2 T_N'} \tag{4-81}$$

$$\frac{U_s}{f_1} = \frac{U_s'}{f_1'}\sqrt{\frac{T_N}{T_N'}} \tag{4-82}$$

式中:U_s'——变频后定子端电压;

f_1——变频前频率;

f_1'——变频后频率;

T_N——变频前转矩;

T_N'——变频后转矩。

上式表示了变频调速时为了使异步电动机的过载能力不变,定子端电压的变化规律。

对于恒转矩负载,采用了恒压频比控制方式,既保证了电机的过载能力不变,同时又满足了主磁通 ϕ_m 保持不变的要求。这说明变频调速适用于恒转矩负载。而电梯正是属于恒转矩负载。

下面分析恒压频比控制变频调速时异步电动机的人为机械特性。因为 U_s/f_1 = 常数,故磁通 Φ_m 基本保持不变近似为常数,此时异步电动机的电磁转矩可以表示为:

$$T_e = \frac{3n_p}{2\pi}\left(\frac{U_s}{f_1}\right)^2 \frac{sf_1 R'_r}{(sR_s + R'_r)^2 + s^2(X_s + X'_{r0})^2} \tag{4-83}$$

式中 s 为转差率。

由于 U_s/f_1 = 常数,且当 f_1 相对较高时,从式(4-80)可以看出,不同频率时的最大转矩 T_{em} 保持不变,所对应的最大转差率为:

$$s_m = \frac{R'_r}{\sqrt{R_s^2 + (X_s + X'_{r0})^2}} \approx \frac{R'_s}{X_s + X'_{r0}} \propto \frac{1}{f_1} \tag{4-84}$$

不同频率时最大转矩所对应的转速降落为:

$$\Delta n_m = s_m n_1 = \frac{R_r'}{\sqrt{R_s^2 + (X_s + X_{r0}')^2}} \frac{60 f_1}{n_p} \approx \frac{60 R_r'}{2\pi n_p (L_s + L_{r0}')} \quad (4-85)$$

因此,恒压频比控制变频调速时,由于最大转矩和最大转矩所对应的转速降落均为常数,此时异步电动机的机械特性是一组相互平行且硬度相同的曲线,如图4-20所示。

但在 f_1 变到很低时,$X_s + X_{r0}'$ 也很小,R_s 不能被忽略,且由于 U_s 和 E_s 都较小,定子阻抗压降所占的份额比较大。此时,最大转矩和最大转矩对应的转速降落不再是常数,而是变小了。为保持低频时电动机有足够大的转矩,可以人为地使定子电压 U_s 抬高一些,近似地补偿一些定子压降。

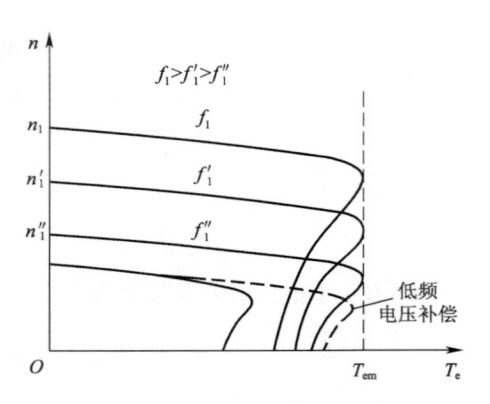

图4-20 恒压频比控制变频调速机械特性

对于恒功率调速,由于:

$$P_{em} = \frac{2\pi f_1}{n_p} T_N = \frac{2\pi f_1'}{n_p} T_N' \quad (4-86)$$

保持恒定,则:

$$f_1 T_N = f_1' T_N' \quad (4-87)$$

即:

$$T_N / T_N' = f_1' / f_1 \quad (4-88)$$

代入式(4-81)和式(4-82)可得:

$$\frac{U_s}{\sqrt{f_1}} = \frac{U_s'}{\sqrt{f_1'}} \quad (4-89)$$

$$\frac{U_s}{U_s'} = \sqrt{\frac{f_1}{f_1'}} \quad (4-90)$$

由此可见,在恒功率调速时,如按 $U_s / \sqrt{f_1}$ = 常数控制定子电压的变化,能使电机的过载能力保持不变,但磁通将发生变化;若按 U_s / f_1 = 常数控制定子电压的变化,则磁通 Φ_m 将基本保持不变,但电机的过载能力将在调速过程中发生变化。

(二) 基频以上调速

频率 f_1 从额定频率 f_{1N} 往上增加,若仍保持 U_s / f_1 = 常数,势必使定子电压 U_s 超过额定电压 U_N,这是不允许的。这样,基频以上调速应采取保持定子电压不变的控制策略,通过增加频率 f_1,使磁通 Φ_m 与 f_1 成反比地降低,这是一种类似于直流电机弱磁升速的调速方法。

设保持定子电压 $U_s = U_N$,改变频率时异步电动机的电磁转矩为:

$$T_e = \frac{3n_p U_N^2 R_r'/s}{2\pi f_1 [(R_s + R_r'/s)^2 + (X_s + X_{r0}')^2]} \quad (4-91)$$

由于 f_1 较高,可忽略定子电阻 R_s,故最大转矩为:

$$T_{em} = \frac{1}{2} \frac{3n_p U_N^2}{2\pi f_1 (R_s + \sqrt{R_s^2 + (X_s + X_{r0}')^2})} \approx \frac{3n_p U_N^2}{4\pi f_1 (X_s + X_{r0}')} = C \frac{1}{f_1^2} \quad (4-92)$$

其对应的最大转差与转速降落同式(4-84)和式(4-85),为常数。这样,保持定子电压 U_s 不变,升高频率调速时,最大转矩随频率的升高而减小,而最大转矩对应的转速降落是常数,因此对应的机械特性是平行的,硬度也相同的。但频率越高,最大转矩越小,如图4-21所示。

基频以上变频调速过程中,异步电动机的电磁功率为:

$$P_{em} = n_1 T_e = \frac{2\pi f_1}{n_p} \frac{3n_p U_N^2 R_r'/s}{2\pi f_1 [(R_s + R_r'/s)^2 + (X_s + X_{r0}')]} \quad (4-93)$$

在异步电动机的转差率 s 很小时,由于:

$$R_r'/s \gg R_s, \quad R_r'/s \gg (X_s + X_{r0}') \quad (4-94)$$

上式中的 R_s、$(X_s + X_{r0}')$ 均可忽略,即基频以上变频调速时,异步电动机的电磁功率可近似为:

$$P_{em} = \frac{3U_N^2 s}{R_r'} \quad (4-95)$$

由于变频调速过程中,若保持 U_s 不变,转差率 s 变化也很小,故可近似认为调速过程中 P_{em} 是不变的,即在基频以上的变频调速,可近似为恒功率调速。

把基频以下和基频以上两种情况综合起来,可得到异步电动机变频调速控制特性,如图4-22所示。

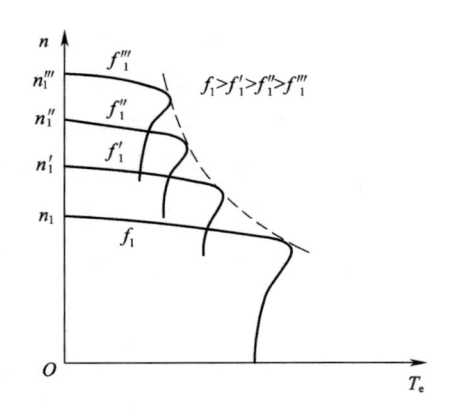

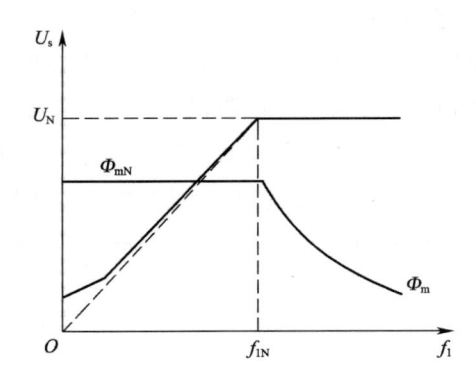

图4-21 由基频向上变频调速的机械特性

图4-22 异步电动机变频调速的控制特性

二、电梯变频调速的实现

要实现变频调速必须有专用的变频电源,随着新型电力电子器件和半导体变流技术、自动控制技术等的不断发展,变频电源目前都是应用电力电子器件构成的变频装置来产生。

图 4-23 所示为单相变频原理图。

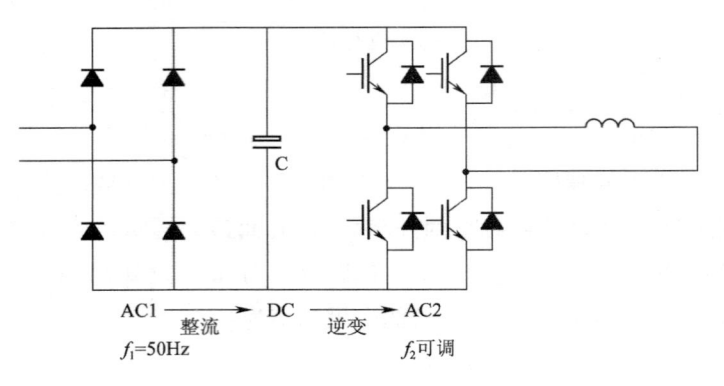

图 4-23 单相变频原理

图 4-23 中 4 个 IGBT 开关管,上左、上右和下左、下右轮流导通,就可以把直流电变成交变的方波,也就是变成交流电。如果控制工作周期,也即可以改变输出频率 f_2。图 4-24 为典型的三相桥式 180°变频实现原理图。

其原理具体说明如下:

(1) 每个 IGBT 管工作 180°,6 个管子互差 60°依次触发导通。

(2) 同一时刻有三个管子同时导通,如 t_1 时刻(60°范围内),管 1、5、6 同时导通。

(3) $U_{ao} = 0.471 U_o$

$U_{ab} = 0.816 U_o$

$U_o = 1.35 \times 380V = 465V$,如电容足够大,则 $U_o = \sqrt{2} \times 380V = 536V$。

(4) 图中的直流母线间为储能电解电容 C,起到恒压源的作用。其容量很大,而且耐压高,且能经受大电流冲击。电阻 R 为限制充电电流过大的限流电阻,充电到一定值后直接短路。

(5) T_7 管为泵升电压限制,驱动能耗制动电阻 Rt,在减速过程中→电动机转速 $> n_1$(旋转磁场转速)。电机的机械惯性使其发电→通过 6 个续流二极管把发出的交流电整流为直流电向大电容充电→充电到一定限值(如 700V)时→控制器发出信号触发 T_7 管,使 Rt 接入,电容放电。这样重复充放电,把电梯的再生能量在电阻上消耗掉一些,同时,对电机起到能耗制动作用。

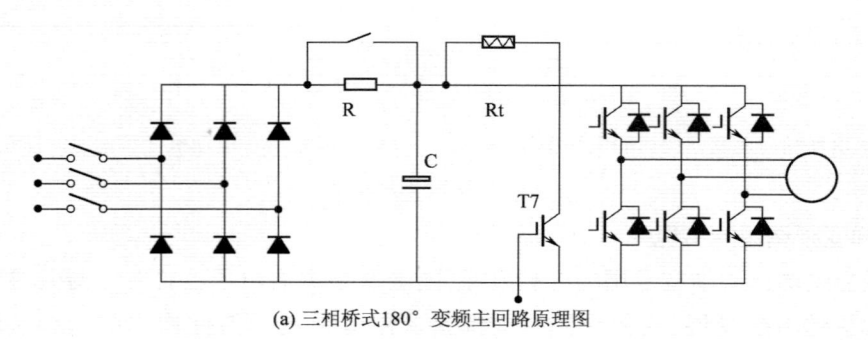

(a) 三相桥式 180° 变频主回路原理图

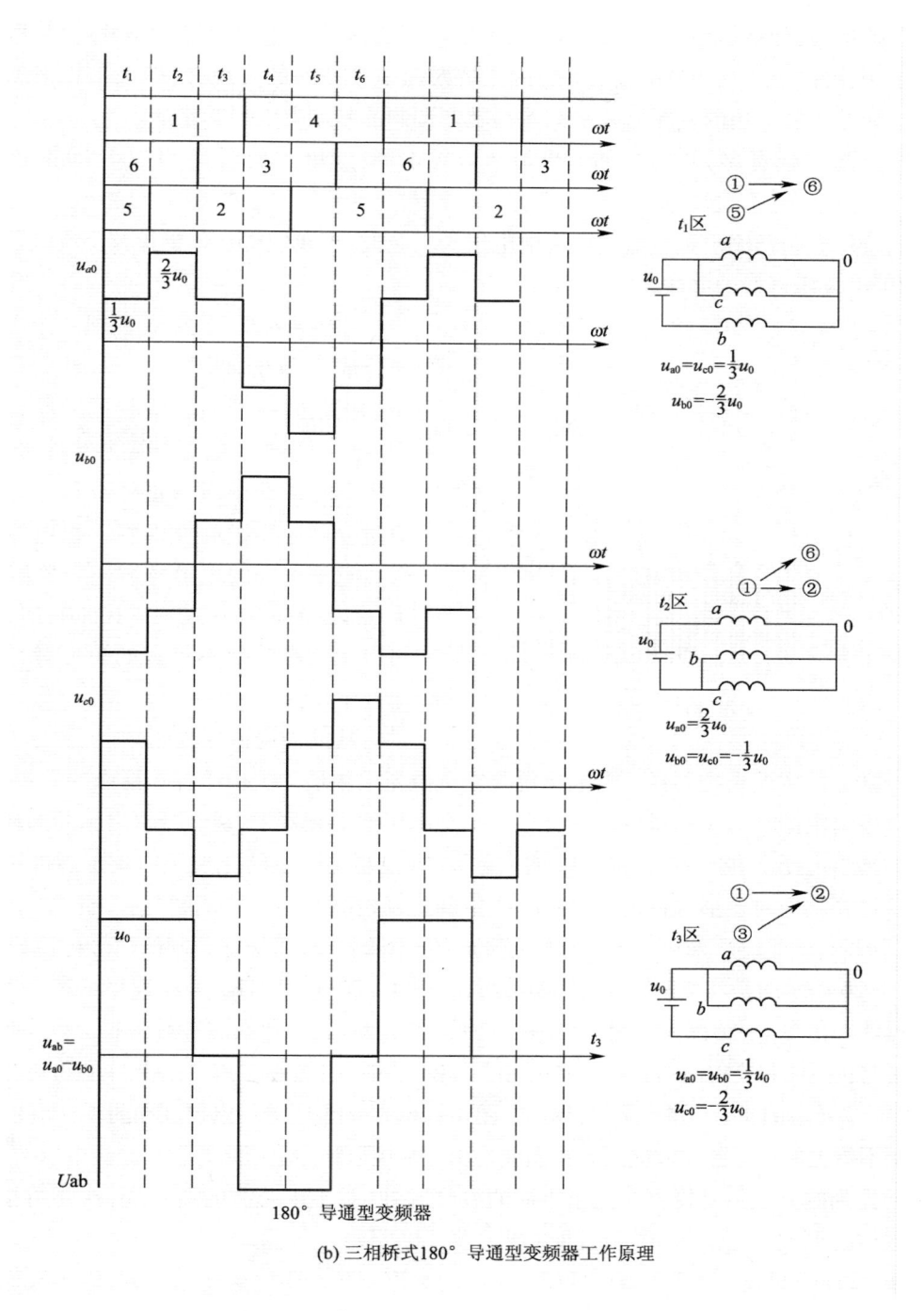

(b) 三相桥式180°导通型变频器工作原理

图 4-24 典型三相桥式180°变频实现原理图

三、正弦波脉宽调制原理

如前所述,为了实现变频控制,我们必须做到 U_s/f_1 协调控制。由于控制思想及电子元器件的局限,交流变频调速的发展经过很多曲折。直到 1964 年,前西德的 A. Schonung 提出了脉宽调制变频的思想,即把通信系统中的调制技术应用于交流电力拖动(简称 PWM)。其后随着新型电力电子器件(如 GTO、GTR 及 IGBT)的出现及微电子技术的发展,使得该思想得到了系统的实现。如今电梯上用的变频器几乎都是在脉宽调制的基础上发展起来的。

脉宽调制变频有多种方式,如 SPWM、SVPWM 等,这里主要讨论 SPWM,即正弦波脉宽调制。

我们希望变频器输出到交流电机上的电压为正弦波,当我们得到理想正弦交流电压有困难时,我们可以采用近似的办法。

如图 4-25 所示,我们把一个正弦正半波分成 N 等份,图中 $N=12$,然后把每一等份的正弦曲线与横轴所包围的面积都用一个与此面积相等的等高矩形脉冲来代替,其中矩形脉冲的中点与正弦波每一等份的中点重合。这样我们就得到一组电压幅值相等而宽度不等的矩形脉冲。当数值 N 足够大(例如 $N=1000$ 或 $N=10000$)时,我们就可以用这组等幅不等宽的矩形脉冲来等效正弦电压。

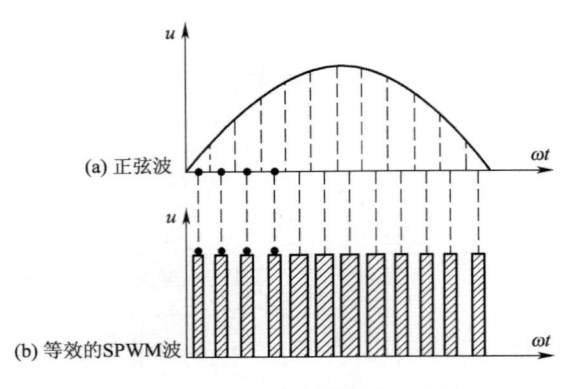

图 4-25 矩形脉冲等效成正弦波

从前面的讨论我们知道,实际上是通过改变矩形脉冲的宽度来控制逆变器输出等效交流电压的幅值的。由于各矩形脉冲的幅值相等,因此可以用恒定的直流电源供电。在交—直—交电压源变频器中,逆变器输出脉冲的幅值就是整流器的输出电压。在"变压变频"中,对"变压"的控制实际上转化成了对矩形脉冲宽度的控制。为了解释如何对矩形脉冲的宽度进行有效的控制,我们引入了"调制"这一概念。

所谓调制,就是以所期望的波形(如正弦波)作为调制波,而受它调制的信号称为载波。

图 4-26 所示的是脉宽调制的方法与波形,其中 4-26(c)中 TR1 为在理想状态下工作的电子开关器件。在图 4-26(a)中,用一组等腰三角形波作载波,对正弦波进行调制。当等腰三角形的下降沿与正弦波相交时,让图 4-26(c)中的 TR1 导通,当等腰三角波的上升沿与正弦波相交时,让图 4-26(c)的 TR1 关断,这样,我们在图 4-26(c)的电阻上可以得到如图 4-26(b)所示的一组等幅不等宽的矩形脉冲波电压。我们就是用这组矩形脉冲电压来等效正弦波电压的。

上面提到的方法只是得到交流正半周的调宽脉冲,对于正弦波的负半周,就要用相应的负值三角波进行调制。

图 4-26(c)只是一个简单的示意图,实际的交流变频器要比这复杂得多,因为我们需要交流变频器输出的是相位差 120°的三相交流电,实际的交流变频器示意图如图 4-27 所示。

图 4-27 中,控制功率开关器件 V1~V6 的导通和关断方式主要有两种,即单极式控制和双极式控制。单极式控制是在正弦波的半个周期内,每相只有一个开关器件开通或关断,开通及关断的方式如前所述。双极式控制是逆变器同一桥臂上下两个开关器件交替通断,处于互补工作方式。

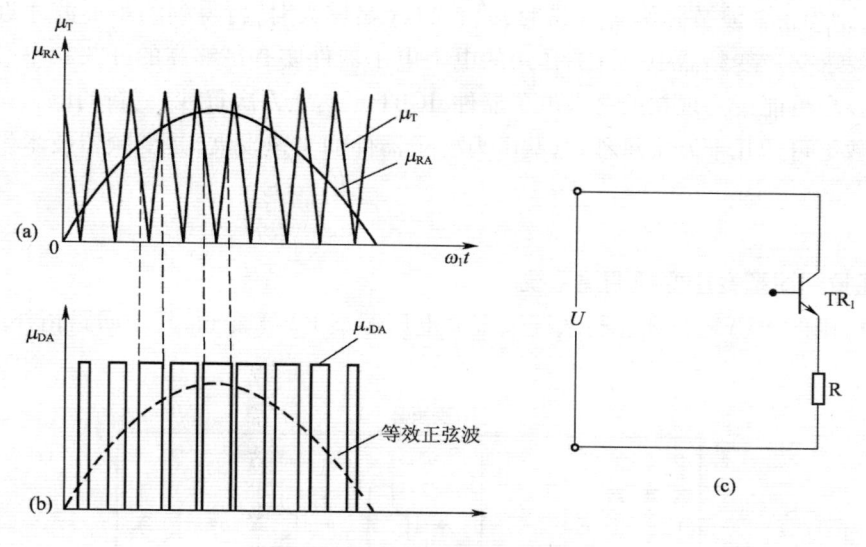

图 4 - 26 脉宽调制的方法与波形

根据上面所阐明的 SPWM 脉宽调制的原理，只要按一定的顺序开通关断图 4 - 27 中的开关管 V1 ~ V6，即可在交流电机上得到所需的三相交流电。在这里需要说明的是，"变压变频"中的"变压"是通过改变矩形脉冲的宽度来实现的，而其中的"变频"则是通过改变调制波的调制周期，即改变正弦波的频率来实现的。

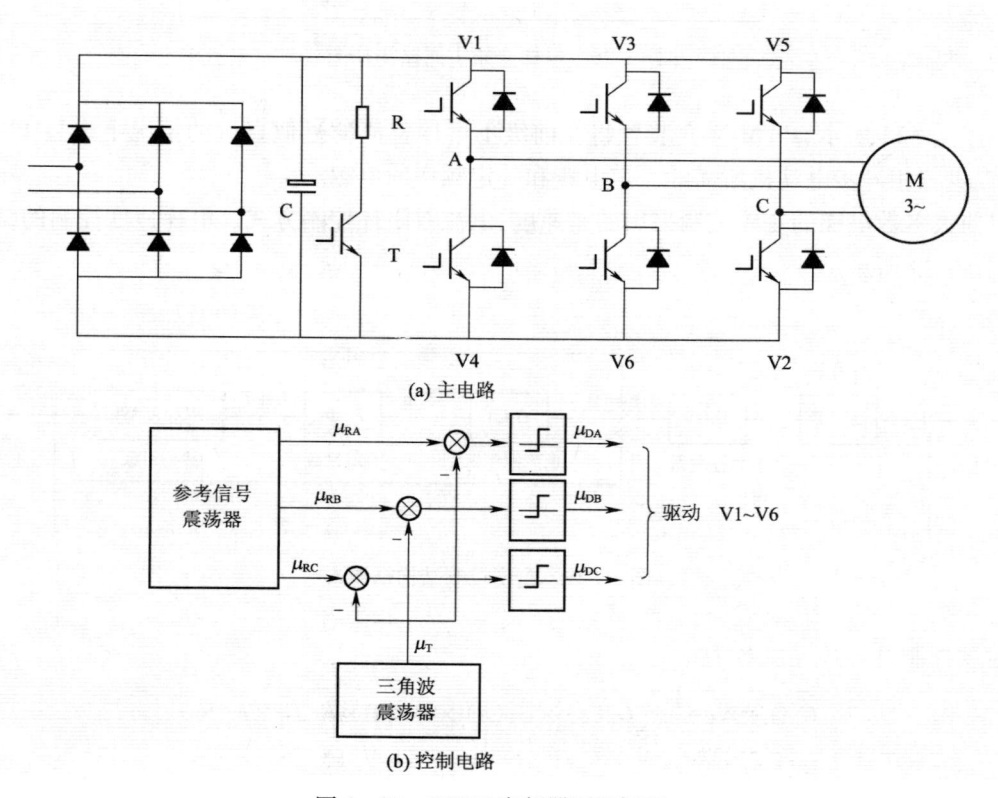

图 4 - 27 SPWM 变频器原理框图

如前所述，当正弦波被分作 N 等份时，只有当 N 足够大时，所得到的矩形波才近似等效正弦波。这就要求交流变频器中起开关作用的电力电子器件要有足够高的开关频率，即其开通、关断的时间要尽可能短。现在的电力电子器件，IGBT 可达上万次每秒，更新的电力电子器件每秒的开关次数更可达几十万次每秒，这些电力电子器件的飞速发展，是变频器技术发展和普遍应用的基础。

四、非能量回馈型变压变频调速系统

电梯中所用的 VVVF 变频控制系统大多为电压源型 PWM 变频，其主回路拓扑图如图 4-28 所示。

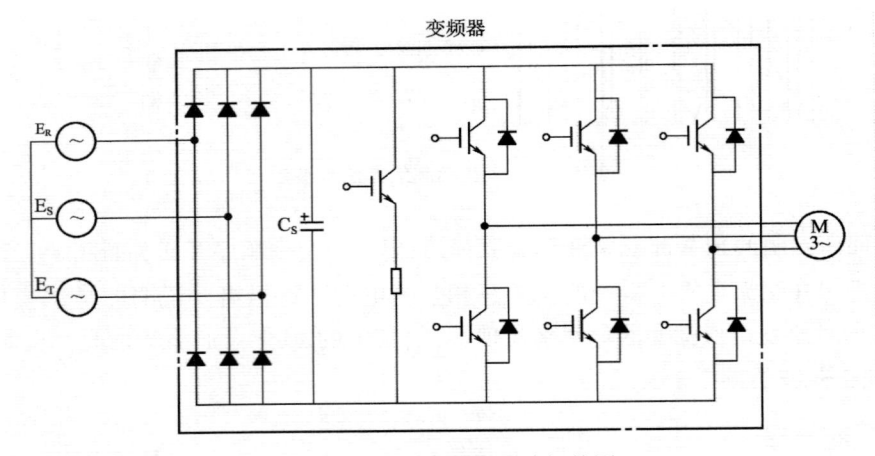

图 4-28 电梯变频主回路拓扑图

如图 4-28 所示，PWM 逆变装置将在前级不可控整流的近似直流的情况下进行 PWM 控制，以提供三相异步电动机所需的一定电压和一定频率的电源。

目前大多数电梯的变频控制采用的是速度、电流双闭环控制方式。电梯速度控制的结构框图如图 4-29 所示。

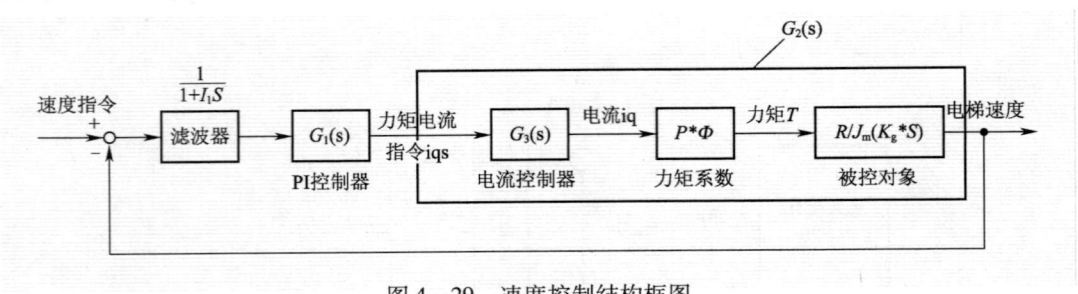

图 4-29 速度控制结构框图

速度控制开环传递函数为：

$$G_c^0(s) = \frac{1}{1+T_1 S} G_1(s) \times G_3(s) \times P \times \Phi \times R/J_M \times K_g \times S$$

本例中，电流控制环采用基于 d—q 轴的空间矢量控制法，三相电流 I_u、I_v、I_w 经过 3/2 变换成直流量 I_d、I_q。d 轴、q 轴电流采用 PI 控制方式。

对于永磁同步电动机，经过 3/2 变换后的数学模型为：

$$\left.\begin{array}{l} u_d = (R + L_d \times \mathrm{d}t) \times i_d - \omega \times L_q \times i_q \\ u_q = \omega \times L_d \times i_d + (R + L_q \times \mathrm{d}t) \times i_q + \omega \times \Phi \end{array}\right\} \quad (4-96)$$

在把旋转感应电势定义为外部干扰量后，数学模型可以简化为：

$$\left.\begin{array}{l} u_d' = (R + L_d \times \mathrm{d}t) \times i_d \\ u_q' = (R + L_q \times \mathrm{d}t) \times i_q \end{array}\right\} \quad (4-97)$$

那么电流控制环的开环传递函数：$G_3^0(s) = (k_p + K_i/s) \times \dfrac{1}{R + L_s}$。

电流控制结构框图如图 4-30 所示。图中，q 轴电流给定为速度控制器的输出（对于永磁同步电动机，d 轴给定为0），其反馈为电机侧的三相电流的采样经 3/2 变换生成的 i_q。速度控制器的输入为速度给定指令与编码器反馈经速度计算环节产生的 ω 的合成值。

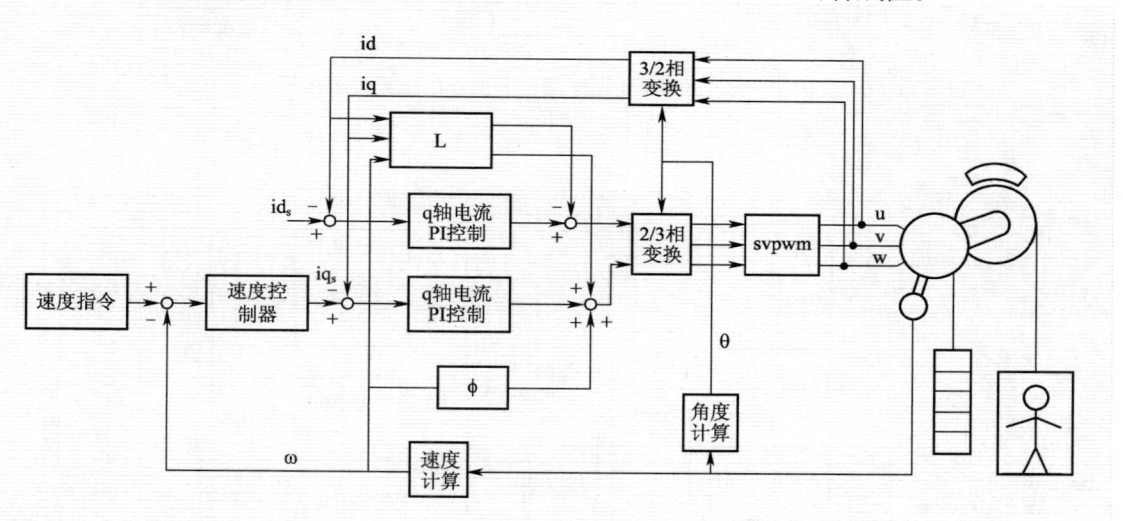

图 4-30　电流控制结构框图

五、能量回馈型变压变频调速系统

能量回馈型变压变频调速电梯中逆变侧的速度与电流环的控制原理基本同不可控整流的变压变频调速系统。

能量回馈型变压变频调速电梯系统的框图可以有两种。图 4-31 为双 PWM 可控整流的能量回馈系统图。图 4-32 为全桥不可控整流变频系统加独立能量回馈装置的电梯系统。

图 4-31 中，PWM 整流控制部分主要由 PWM 可逆整流器、电网相角检测、控制系统、触发脉冲功率放大等部分组成。PWM 可逆整流器可选用由 IGBT 或 IPM 构成的三相全控桥式电路，控制系统可以采用高性能数字信号处理器 DSP 芯片，相角检测可以利用锁相环芯片进行锁

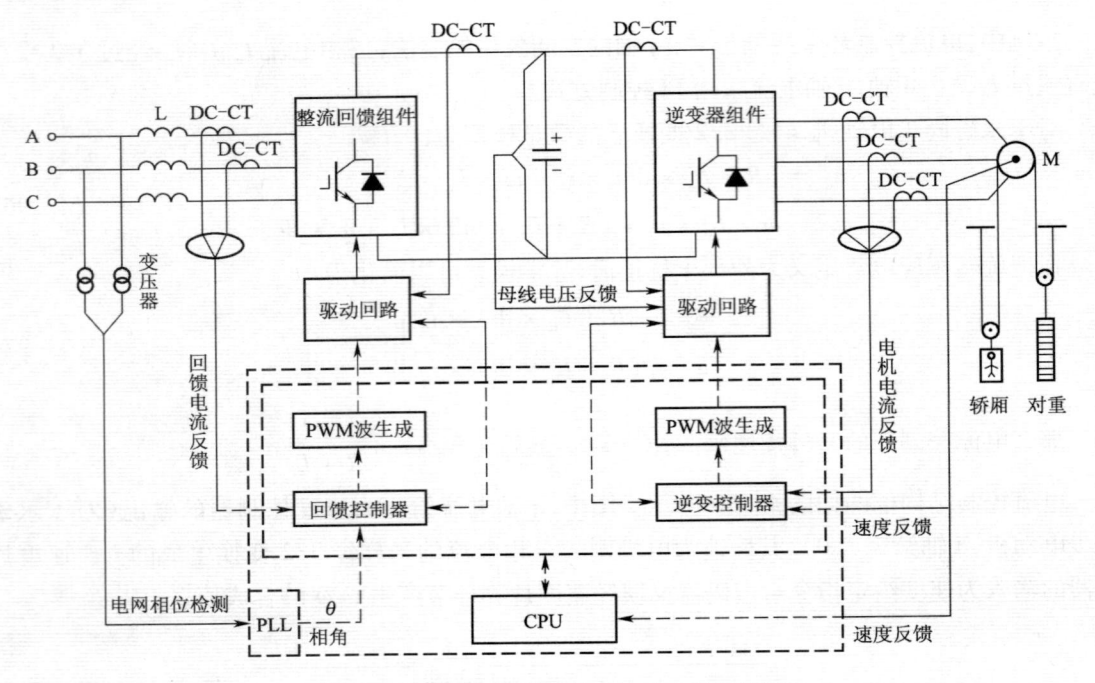

图 4-31 双 PWM 控制能量回馈型电梯系统框图

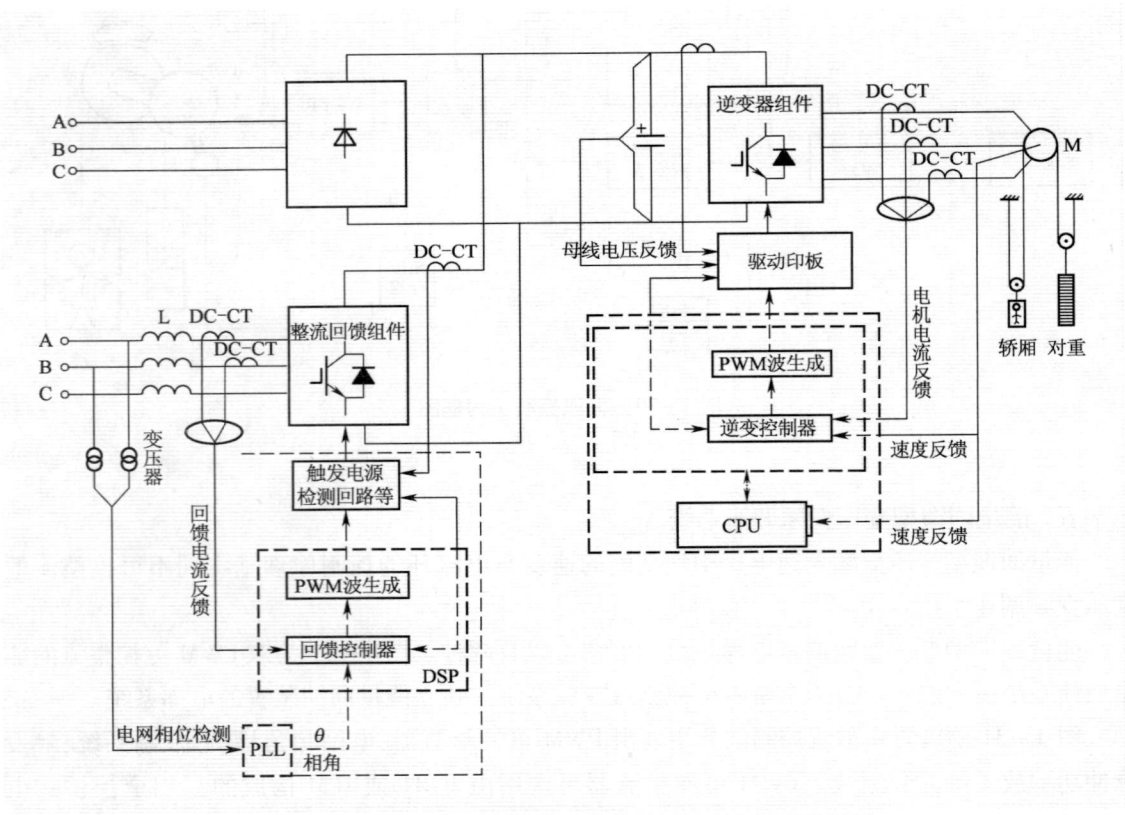

图 4-32 加独立能量回馈装置的能量回馈型电梯系统框图

相环(PLL)设计,触发脉冲功率放大是将控制系统产生的触发脉冲进行隔离和功率放大等处理,直流侧电压检测采用 LEM 电压传感器,电抗器和直流侧电容构成回馈部分控制对象。

而图 4-32 所示的独立能量回馈装置的能量回馈型电梯的回馈原理基本同双 PWM 系统,只是其电动状态的能量供给是全桥不可控二极管提供通道的,不同于双 PWM 系统的 PWM 整流提供电动状态下的能量通道。

第四节 电梯用变频器的菜单与参数

目前电梯的变频系统主要有通用变频器 + 电梯控制系统和电梯变频驱动与控制一体化系统两大派系。对于变频驱动与控制一体化的系统,由于其电机是唯一对应控制系统的,其参数无需调整,故一般安装时基本不用进行变频系统的调节。这里仅介绍采用通用变频器的电梯中的变频器调试。

一、基本参数设置

以某知名公司通用变频器为例。其操作面板如图 4-33 所示。

变频器的基本参数在出厂时已经设置好,除一些有关调整速度、加速度和舒适感的参数外无需调整。表 4-1 内的参数是电梯运行要设置的参数(以 15kW 变频器、10.5kW 主机、1000kg、1.75m/s 规格电梯为例)。

图 4-33 变频器操作面板

表 4-1 基本参数的设置

代码	名 称	参考值	数值设置范围
F 代码,基本功能代码			
F01	速度设定	—	1	0:带 S 曲线加减速的多级速度指令 1:模拟输入(不可进行可逆运行) 2:模拟运转(可进行可逆运行)
F03	电动机最高速度	r/min	209.0	300.00 ~ 3600
F04	电动机额定速度	r/min	209.0	150.00 ~ 3600
F05	电动机额定电压	V	340	160 ~ 500
F23	启动速度	r/min	0.2	0.00 ~ 150.0
F24	启动速度(持续时间)	s	0.8	0.00 ~ 10.00
F25	停止速度	r/min	0.10	0.00 ~ 150.0

续表

代码	名　　称	参考值		数值设置范围
F26	电动机运行声音(载波频率)	kHz	9	5~16
F42	控制选择	—	1	0：带 PG 矢量控制(异步机) 1：带 PG 矢量控制(同步机)
F44	电流限制(动作值)	—	999	100%~200%(变频器额定电流基准) 999：自动限制

E 代码，端子功能代码

代码	名　　称	参考值		数值设置范围
E01	端子[X1](BS1 反馈检测输入)	—	1104	1103：输出确认
E02	端子[X2](BS2 反馈检测输入)	—	1105	1104：机械抱闸 1 反馈[MB1]
E03	端子[X3](SW 反馈检测输入)	—	1103	1105：机械抱闸 2 反馈[MB2]
E16	加减速时间 9(检修停车时间)	s	0.5	0.00~99.9 s
E20	端子[Y1](SW 控制输出)	—	12	12：输出侧控制
E21	端子[Y2](BY 控制输出)	—	57	57：制动控制
E27	端子[30A/B/C](变频器报警输出)	—	99	99：总报警
E46	LCD 监视器语言选择	—	0	0：中文；1：英文；2：日文
E47	LCD 监视器对比度调整	—	5	0~10：淡~深
E61	模拟量输入[12]	—	1	0：无功能代码分配 1：速度指令(无极型) 2：速度指令(有极型) 3：转矩电流指令 4：转矩偏置指令
E98	端子[FWD]	—	99	98：电动机正转[FWD]
E99	端子[REV]	—	98	99：电动机反转[REV]

C 代码，控制功能代码

代码	名　　称	参考值		数值设置范围
C21	速度设定定义	—	0	0：以 r/min 进行设定 1：以 m/min 进行设定 2：以 Hz 进行设定
C31	模拟输入调整[12](偏置)	%	0.2	-100.0~100.0%
C32	模拟输入调整[12](增益)	%	103.00	0.00~200.00%
C33	模拟输入调整[12](滤波时间)	s	0.05	0.000~5.000s

P 代码，电动机参数代码

代码	名　　称	参考值		数值设置范围
P01	电动机(极数)	poles	24	2~100 poles
P02	电动机(功率)	kW	10.50	0.01~55.00kW
P03	电动机(额定电流)	A	24.00	0.00~500.0A

续表

代码	名 称		参考值	数值设置范围
P07	电动机(%R1)	%	6.80	0.00~50.00%
P08	电动机(%X)	%	13.01	0.00~50.00%

H 代码,高级功能代码

代码	名 称		参考值	数值设置范围
H04	重试（次数）	—	3	1~10次 0：不动作
H05	重试（时间间隔）	s	10.0	0.5~20.0s
H06	冷却风扇 ON—OFF 控制	—	0.0	0.0:通过温度进行 ON—OFF 控制 0.5~10.0min（ON—OFF 控制） 999：不动作（始终旋转）
H65	启动速度（软启动时间）	s	0.1	0.0~60.0s
H66	停止速度（检测方式）	—	1	0：检测速度 1：指令速度
H67	停止速度（持续时间）	s	0.80	0.00~10.00s
H81	自动复位（动作选择1）	—	0706	0x0000~0xFFFF
H82	自动复位（动作选择2）	—	0830	0x0000~0xFFFF

L 代码,电梯专用代码

代码	名 称		参考值	数值设置范围
L01	脉冲编码器（选择）	—	5	0：12,15V 集电极开路/12,15V 补码/5V 线驱动 1：12,15V 开路集电极 Z/12,15V 补码 Z/5V 线驱动 Z 2：5V 线驱动 UVW 3bit code 3：5V 线驱动 4bit gray code 4：正弦波差动,与 ECN1313 相当 5：正弦波差动 Sin/Cos,与 ERN1387 相当
L02	脉冲编码器（脉冲数）	P/R	2048	360~60000 P/R
L03	磁极位置偏移检测（整定）	—	—	0：不动作；1：动作；2：动作（带误配线检测）； 3：动作（带精度检查）
L04	磁极位置偏移检测（偏置值）	deg	—	0.00~360.00deg
L10	速度检测滤波时间常数	s	0.010	0.000~0.100s
L31	电梯参数（速度）	m/min	105.00	0.01~240.00m/min
L32	电梯参数(过速度保护值)	%	120	50%~120%
L36	ASR（高速时 P 常数）	—	10.00	0.01~200.00
L37	ASR（高速时 I 常数）	s	0.10	0.001~1.000s
L38	ASR（低速时 P 常数）	—	10.00	0.01~200.00
L39	ASR（低速时 I 常数）	s	0.10	0.001~1.000s
L52	启动控制模式选择	—	0	

续表

代码	名　　称	参考值	数值设置范围
L56	转矩偏置(转矩指令完成定时器)	s	0.5	0.00~20.00s
L65	不平衡负载补偿(动作选择)	—	1	0：不动作 1：动作
L66	不平衡负载补偿(运算计算器时间)	s	1.10	0.01~2.00s
L68	不平衡负载补偿(ASR P 常数)	—	12.00	0.00~200.00
L69	不平衡负载补偿(ASR I 常数)	s	0.030	0.001~1.000s
L73	不平衡负载补偿(APR 增益)	—	3.00	0.00~10.00
L80	制动控制（动作选择）		1	
L81	制动控制（动作值）	—	100	0.00~200.00
L82	制动控制（ON 动作等待时间）	s	0.10	0.00~10.00s
L83	制动控制（OFF 动作等待时间）	s	0.10	0.00~10.000s
L84	制动控制（制动动作确认时间）	s	0.50	0.00~10.00s
L85	输出侧控制（ON 动作等待时间）	s	0.20	0.00~10.00s
L86	输出侧控制（OFF 动作等待时间）	s	0.20	0.00~10.00s

二、影响运行质量的参数

（一）影响启动振动的参数

（1）启动速度(F23)。

（2）启动速度持续时间(F24)。

（3）启动速度的软启动时间(H65)。

（4）启动控制模式(L52)。L52 = 0 时,速度启动模式有效。

（5）不平衡载荷补偿 P 常数(L68)、I 常数(L69)（为了降低启动时的冲击）。

（6）模拟速度指令为不可进行可逆运行时,F01 = 1,运行指令若为 ON,开始到达启动速度的软启动,并在启动速度下进入待机状态。

（7）设定速度超过启动速度时,由此时的速度开始向设定速度加速。如图 4 - 34 所示。

另外,L68 和 L69 参数的设定能够缓和制动释放时的冲击,当启动发生振动时,可以通过适当减少 L68 值,增大 L69 值来调整;或者增加 L68 值,减少 L69 值。但是需要注意 L68 值的范围,如果 L68 设置过小,有可能造成电梯启动时倒溜;如果 L68 设置过

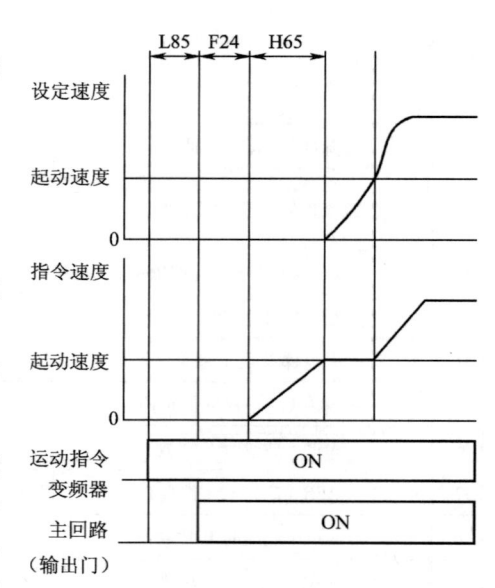

图 4 - 34　设定速度与启动速度

大,有可能造成电梯启动时过流保护。

(二)影响运行振动的参数

(1)高速 P 常数（L36）。

(2)高速 I 常数（L37）。

(3)低速 P 常数(L38)、低速 I 常数（L39）。

(三)影响停车舒适感的参数

(1)停止速度（F25）。

(2)停止速度检测方式（H66）。

(3)停止速度持续时间(H67)。

通过 F25,H66,H67 参数的设定可以缓和停止时的冲击。时序如图 4-35 所示。

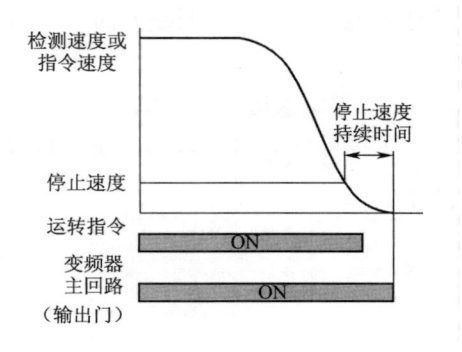

图 4-35　影响停车舒适感的参数

三、速度参数的设置

速度更改需要按照表 4-2 设置。

表 4-2　速度参数更改

	1.0m/s	1.5m/s	1.75m/s	备 注
F03	209r/min	209r/min	209r/min	F03 = 主机最高转速值
F04	209r/min	209r/min	209r/min	F04 = 主机额定转速值
C32	57.14%	85.71%	100%	C32 =（合同速度值/F03 对应的主机的最高速度值）×100%
L31	105m/min	105m/min	105m/min	L31 = F03 对应的主机的最高速度值
L32	66%	99%	115%	L32 = C32 ×115%
F10	119r/min	179r/min	209r/min	F10 = 合同速度值对应的主机转速
F12	0	0	0	根据是否有提前开门来设置
F13	0	0	0	设置为 0

第五节　变频器的外围电路

一、通用变频器的主要接口

本节主要介绍通用变频器应用于电梯时的主要外围接线。

通用变频器应用于电梯时,变频器与电梯控制系统至少包含以下接口:主回路的动力线接口、编码器接口、指令信号接口(如速度指令、启动停止指令等)、控制信号接口(如安全控制信号等)。

另外,由于目前电梯也引入了关于 EMC 的标准,如 GB/T 24807—2009《电梯兼容性——发射》、GB/T 24808—2009《电梯兼容性——抗干扰》。所以,我们从电梯的电磁兼容问题出发,需要适当地进行一些主回路方面的针对性处理。

二、变频器接口的实例

下面以某公司的一款电梯为例,介绍其变频器相关的接线。主回路的外围接线如图4-36所示。

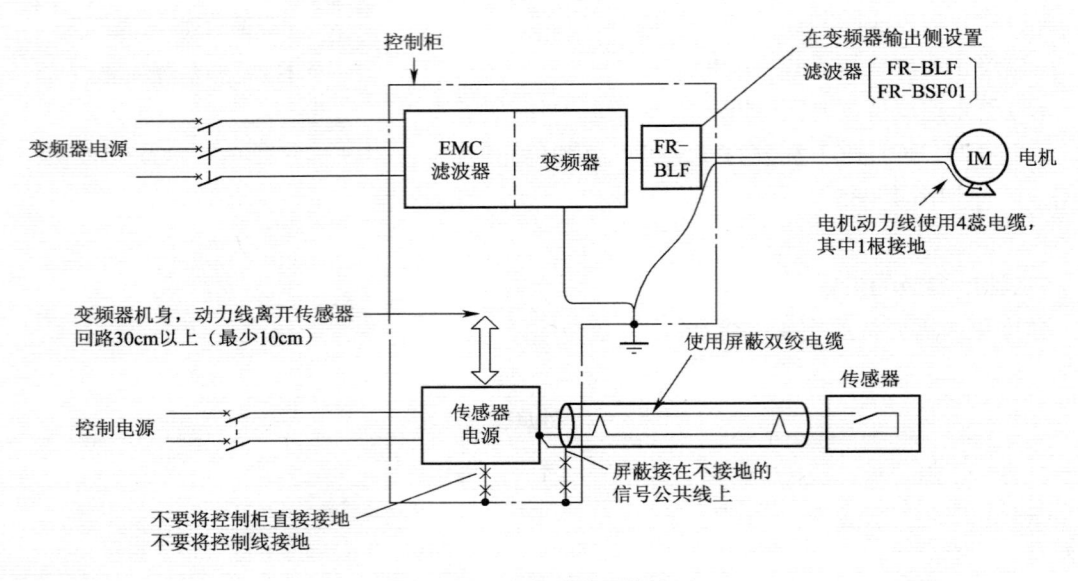

图4-36 变频器外围接线图

如图4-36所示,为了降低电梯运行时的对外传导和增加电梯的抗干扰性,在变频器的输入输出侧均要加滤波器。同时,电机的动力线最好用屏蔽线。而且,最好在直流母线中串接一个直流电抗器。

一般来说,变频器会额外配置一个与编码器相配套的编码器接口组件。因为各个电梯产品选择的编码器不一样,有的选用A/B相增量式编码器(异步电动机通用),有的选用A/B相增量式加Z相零位输出编码器(永磁同步电动机用),有的选用A/B/Z加U/V/W(或F0~F3)的混合式编码器。还有的编码器会输出带有特定传输协议的串行信号。对于永磁同步电动机的编码器来说,需要屏蔽电缆来传输编码器信号,以避免干扰。同时要注意屏蔽电缆屏蔽层要单端良好接地。

为了完成良好的电梯驱动控制功能,通用变频器与电梯控制系统必须还要有其他的一些通用接口,如指令给定、安全控制等。如图4-37所示。

变频器的控制信号接口包括电源给定(VFP24)、使能信号(VFENB)、启动指令(VFST)、速度指令(VFVOUT)、力矩补偿指令(VFTOUT,电梯称量的补偿)、上行(VFUP)下行(VFDN)指令、复位指令(VFRST)等。

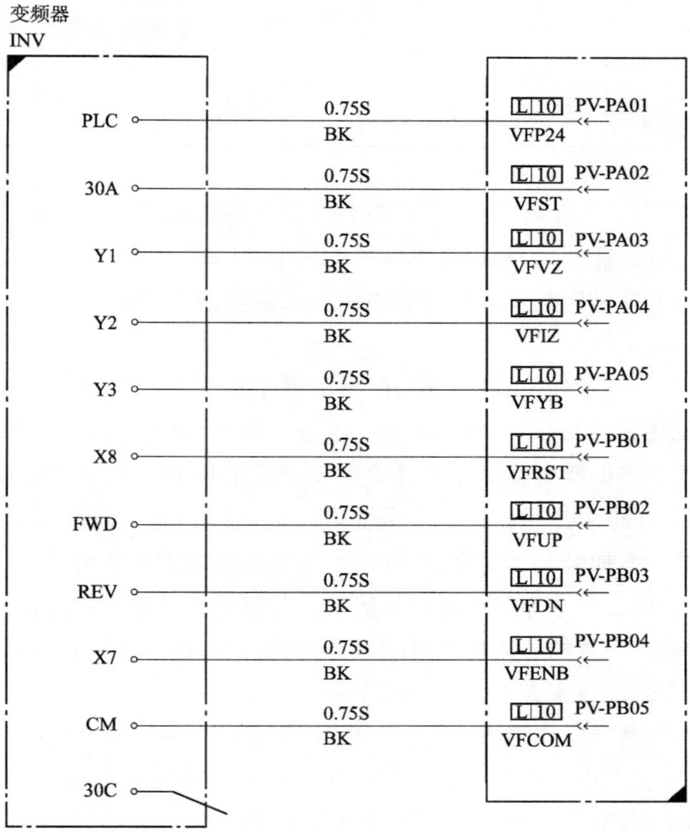

```
变频器
INV
         PLC  ○────0.75S────  [L10] PV-PA01
                    BK         VFP24
         30A  ○────0.75S────  [L10] PV-PA02
                    BK         VFST
         Y1   ○────0.75S────  [L10] PV-PA03
                    BK         VFVZ
         Y2   ○────0.75S────  [L10] PV-PA04
                    BK         VFIZ
         Y3   ○────0.75S────  [L10] PV-PA05
                    BK         VFYB
         X8   ○────0.75S────  [L10] PV-PB01
                    BK         VFRST
         FWD  ○────0.75S────  [L10] PV-PB02
                    BK         VFUP
         REV  ○────0.75S────  [L10] PV-PB03
                    BK         VFDN
         X7   ○────0.75S────  [L10] PV-PB04
                    BK         VFENB
         CM   ○────0.75S────  [L10] PV-PB05
                    BK         VFCOM
         30C  ○──/─
```

图 4-37 变频器控制信号接口

第六节 电梯的节能技术与能效评价

一、电梯的节能技术

电梯的节能可以从三个方面来考虑：第一，减少能量传输过程中产生的消耗和损耗来提高效率，实现节能；第二，提高电梯的运行效率，降低运行次数，通过减少无效运行来降低运行能耗；第三，减少非运行状态下能量的消耗。

电梯在运动时能量传输过程中的能耗比较复杂，主要有以下一些：电梯轿厢运行所需的有效能耗、控制系统与显示照明系统的能耗、驱动系统的损耗、电机与曳引机的损耗、曳引系统的其他损耗等。而最重要的是驱动系统的损耗及电机与曳引机的损耗。

不同电梯驱动控制系统的节能情况如表 4-3 所示。

表4-3 电梯驱动控制系统节能效果

调速系统	双速	ACVV	VF异步有齿轮	VF永磁同步无齿轮	VF永磁同步带能量反馈
用电量	100	≈90~92	≈50	≈35	≈25
节能率		8%~10%	45%	30%	25%

所以,同一规格、同一工况的电梯,经过驱动控制及传动系统的技术进步,发展到今天用永磁同步无齿轮系统,且带能量反馈装置,可以节约用电70%~75%(与双速电梯相比)。

另外,通过提高电梯的运行效率来节能往往被大家所忽视,而实际上这样所起到的节能效果也是相当可观的。

为了提高电梯的有效运行率,最值得做的事情是采用先进的电梯的群管理系统,在配置电梯功能时应尽可能把同一候梯厅的电梯组成一组进行调配,合理高效的群调配技术会明显地降低电梯的总能耗,而简单低效的指令分配算法则会导致电梯低效甚至无效运行,造成能量的浪费。最近几年个别公司推出的目的层召唤系统可以在候梯厅就对乘客按所要到达的不同层站进行分流,大大降低了电梯的起制动次数,提高平均每次输送乘客的数量。

部分电梯的功能也会对电梯的能耗产生影响。如返基站功能、群控时的分散待机功能都是为了缩短电梯对大楼内乘客的总体响应时间而开发的,但每次的返基站运行或向待机层的运行都是空轿厢运行。有时候效率和节能是一对矛盾。

其他还有指令、召唤误操作消除功能,也可以起到减少电梯无效运行的作用。

非运行状态下的消耗主要是控制显示系统在待机时所消耗的能量和照明消耗的能量。电梯使用频率低的场合,该能耗比例较高。因此,在一段时间没人用梯时,可以通过关闭轿内照明和风扇、降低显示器亮度等来节能。

二、电梯的能效评价

截至2010年底,中国在用电梯总数达到162.8万台,并以每年20%左右的速度高速增长。按照公认的统计数据,每台电梯平均日耗电约40kW·h,则全国电梯每天耗电6512万kW·h,这个能源消耗是相当可观的。国家质量监督检验检疫总局发布第116号令《高耗能特种设备节能监督管理办法》,将电梯列为三大高耗能特种设备之一,开始对电梯的能耗进行监管。

由于电梯的拖动系统对电梯的能量消耗影响最大,习惯上以电梯拖动系统所采用的技术来评价电梯的能耗,如表4-3所示。从中我们可以知道驱动控制系统的节能情况。另外,采用永磁同步电机驱动的无齿轮曳引机(下称PM曳引机)的电梯又比采用有齿轮减速机构的曳引机的电梯节能(节能约30%,见表4-4)。

我们对4层站的有齿轮曳引机曳引和PM无齿轮曳引机曳引的电梯(规格都是1.75m/s,1050kg,平衡系数46%)进行了详细测试。测试工况为从电梯在1F关门到位开始,运行到4F,正常开门、关门,再运行到1F,正常开门,至关门到位为止,为一个运行周期。表4-4为测试结果。

表 4-4　PM 无齿轮曳引机电梯与蜗轮蜗杆有齿轮曳引机电梯实际测试数据

负载率(%)	曳引方式	匀速运行功率(kW)	该工况运行 1h 功耗(kW·h)	PM 无齿轮比有齿轮节能率（按功耗比较）
0	有齿轮	14.61(4F→1F)	2.572	25.86%
0	PM 无齿轮	11.59(4F→1F)	1.907	25.86%
25	有齿轮	8.15(4F→1F)	1.812	29.8%
25	PM 无齿轮	6.48(4F→1F)	1.272	29.8%
50	有齿轮	5.90(1F→4F)	1.743	39.53%
50	PM 无齿轮	3.07(1F→4F)	1.054	39.53%
75	有齿轮	12.10(1F→4F)	2.123	32.03%
75	PM 无齿轮	7.68(1F→4F)	1.443	32.03%
100	有齿轮	19.83(1F→4F)	3.025	25.22%
100	PM 无齿轮	13.39(1F→4F)	2.262	25.22%

根据表 4-4 我们可以得出负载率与节能率的关系，如图 4-38 所示。

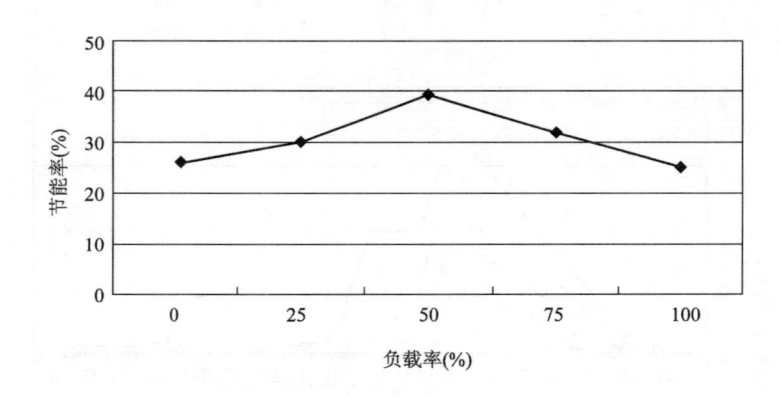

图 4-38　PM 无齿轮电梯与有齿轮电梯的节能效果图

从图 4-38 和表 4-4 可以看出，负载越接近平衡负载，PM 电梯的节能率越高。说明曳引机在轻载时与满载时相比（即电梯在平衡载时与空载和满载时相比），蜗轮蜗杆加异步电机的效率比 PM 曳引机更低，这种工况时采用 PM 曳引机具有更大的节能率。另外，匀速运行时间越长，节能率越高。

我们采用专用的功率计对带能量回馈功能的电梯的运行过程中的功率进行了连续测量，记录了电梯从启动到停止运行全过程的功率变化。图 4-39 为 1600kg、4m/s 采用 PM 曳引机并且带能量回馈功能的电梯在满载、75% 额定负载、50% 额定负载、25% 额定负载、空载上行时在电梯的电源进线侧观测到的从 4 楼运行到 13 楼的功率变化曲线[纵坐标为功率(W)，横坐标为时间(s)]。图 4-40 为 1600kg、4m/s 电梯在满载、75% 额定负载、50% 额定负载、25% 额定负载、空载下行时的曲线。图中正值代表电梯消耗的电能,负值表示电梯向电网回馈电能。由图可知,不论是什么负载,电梯在加速时都必须消耗电能,运行距离越长,恒速水平段越长,回馈的能量越多。

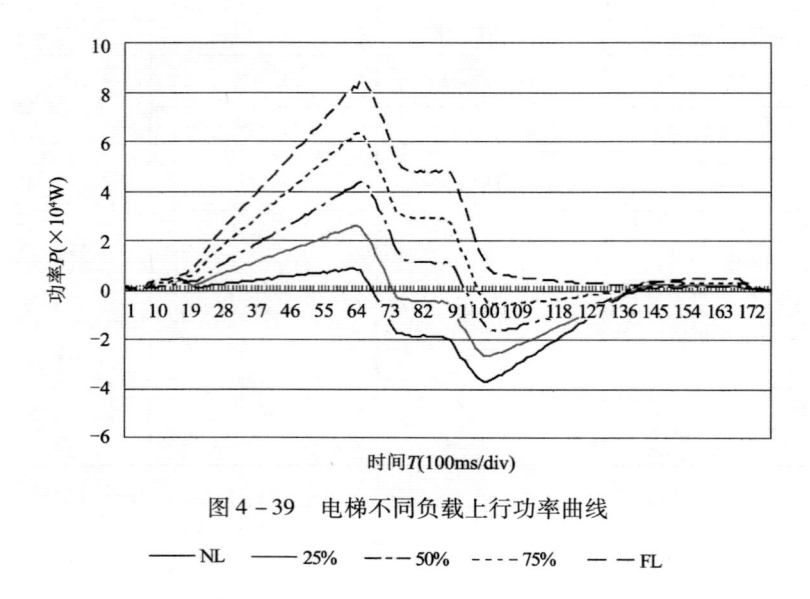

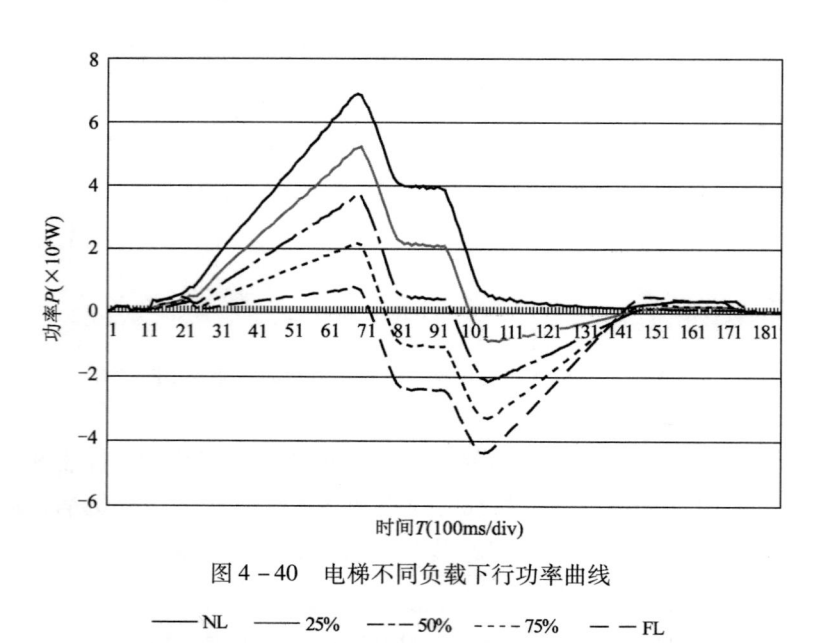

图 4-39 电梯不同负载上行功率曲线
—— NL —— 25% —·— 50% ---- 75% — — FL

图 4-40 电梯不同负载下行功率曲线
—— NL —— 25% —·— 50% ---- 75% — — FL

表 4-5 为对不同负载下的功率曲线求取正值和负值部分的面积,得到的值分别代表电梯消耗的电能和回馈的电能。

表 4-5 电梯在相同负载上下行一个来回能耗和回馈电能分析

负载		0%(W·h)	25%(W·h)	50%(W·h)	75%(W·h)	100%(W·h)
4F—13F	回馈	37.8	22.1	11.8	3.51	0
	消耗	12.6	25.5	47.2	78.0	118
13F—4F	回馈	0	5.94	15.3	29.8	45.2
	消耗	96.8	62.1	37.8	22.3	13.1
回馈/消耗(一个来回)		34.6%	32%	31.9%	33.2%	34.5%

同样,根据表 4-5,我们可以得出负载率与节能率的关系,如图 4-41 所示。

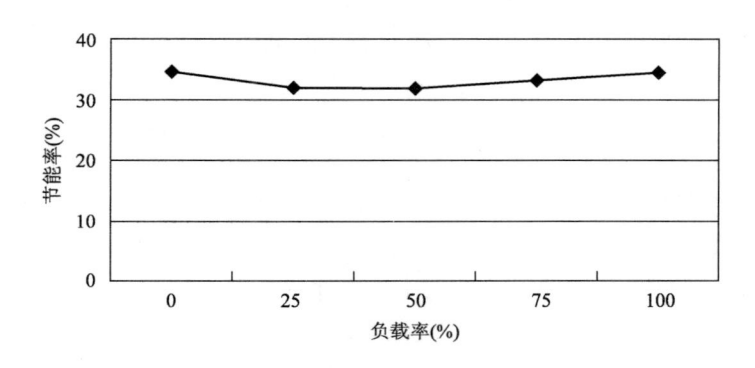

图 4-41 能量回馈电梯节能效果图

由此可见,在上述条件下,采用能量回馈技术可以使电梯节能约 32%(不考虑轿厢照明、井道照明等损耗)。运行距离增大,节能的比例将提高;反之,则降低。

为了更好地推进电梯行业的节能工作,同时也为了引导用户选用节能型的电梯产品,目前部分地区已经制定或正在制定电梯的能效分级标准。全国电梯标委会也正在制定《电梯和自动扶梯的能量性能 第 1 部分能量测量与验证》标准(等同采用 ISO 标准),这部分标准规定了电梯能量的测量与验证方面的技术要求。涉及电梯的能效分级的第 2 部分,ISO 组织正在制定中。

所谓电梯的能效,可以理解为电梯在一定的工况下(如一定速度、一定载重量、一定的提升高度下),其对电能的利用效率。所谓电梯的能耗,根据 ISO_DIS 25745-1 的定义,是指电梯"一段时间内的能量消耗"。因此电梯的能效和电梯的能耗的概念是不一样的,能效关心的是电梯的理论设计上的耗能指标,而能耗关心的是电梯在实际应用上的耗能指标。

据了解,目前已经公布实施的或正在制定的关于电梯能效的地方标准基本上都采用了根据电梯实测能量使用情况进行电梯能效分级的原则。也就是说,根据一定的负载规律和运行工况,实测电梯的耗能情况,然后通过既定的算法得出被测电梯的能效等级(如分为 1~5 级,1 级为最好,能效最高)。

但是由于电梯的运行工况千变万化,我们不能简单地以能效或能耗的单方面指标来评判电梯的耗能优劣。对实际在用电梯,我们有必要结合能效和能耗一起来评判电梯用电性能的优劣。对可能影响到评价结果的因素要予以充分的考虑,如电梯的运行能耗与实际电梯的安装情况、运行工况密切相关。对于安装在不同地方的同样技术、同样规格的电梯,能耗具有较大的随机性。所以其检测出来的能效等级会有较大差别。另外,由于使用工况不同,能效高的电梯能耗不一定低,能效低的电梯能耗不一定高(比如能效高的能量回馈电梯若在医院门诊楼使用,其能耗一定比在高档住宅楼的能效低的电梯要高)。

另外,从原理分析,影响电梯能效的因素有电气拖动系统、机械传动系统、控制系统、照明通风系统、群控系统、电梯的额定运行参数等。而电梯的拖动系统对电梯的能量消耗影响最大。这一观点在 GB/T 10058—2009《电梯技术条件》和国际标准 ISO – DIS 25745—1《电梯和自动扶梯的能量性能 第 1 部分能量测量与验证》、日本的《平成 11 年节能法通告》中也得到了充分体现。在 GB/T 10058—2009 中,采用了式(4 – 98)所示的电梯能耗评估模型:

$$E_{\text{elevator}} = \frac{(K_1 \cdot K_2 \cdot K_3 \cdot H \cdot F \cdot P)}{V \cdot 3600} + E_{\text{standby}} \qquad (4-98)$$

式中:E_{elevator}——电梯使用一年的能耗,kW·h/年;

K_1——驱动系统系数,交流调压调速驱动系统时,$K_1 = 1.6$,VVVF 驱动系统时,$K_1 = 1.0$,带能量反馈的 VVVF 驱动系统时,$K_1 = 0.6$;

K_2——平均运行距离系数,2 层时,$K_2 = 1.0$,单梯或两台电梯并联且多于 2 层时,$K_2 = 0.5$,3 台及以上的电梯群控时,$K_2 = 0.3$;

K_3——轿内平均载荷系数,$K_3 = 0.35$;

H——最大运行距离,m;

F——年启动次数,一般在 100 000 ~ 300 000 之间;

V——额定速度,m/s;

E_{standby}——一年内的待机总能耗,kW·h/年;

P——电梯的额定功率,kW,且 $P = P_1 \times P_0$,

其中:

P_1——与平衡系数相关的系数,平衡系数为 50% 时,$P_1 = 1.0$,平衡系数为 40% 时,$P_1 = 0.8$;

$$P_0 = \frac{(0.5 \times 额定载重量 \times 额定速度 \times g_n)}{1\ 000 \times n_s \times n_g \times n_m}$$

n_s——悬挂效率,默认值 $n_s = 0.85$;

n_g——传动效率,蜗轮蜗杆传动系统时,$n_g = 0.75$,无齿轮传动系统时,$n_g = 1.0$;

n_m——电动机效率,交流调压调速驱动系统时,$n_m = 0.75$,VVVF 驱动系统时,$n_m = 0.85$;

g_n——标准重力加速度,为 9.81m/s^2。

在该模型中,影响电梯能耗的主要因素是电梯采用的拖动、传动技术与调配技术。通过实测不同拖动系统、传动系统的电梯能效,并进行分析,检测出的能效等级基本上与所采用的技术相对应。例如,带能量反馈的 VVVF 驱动系统驱动的 PM 曳引机曳引电梯系统的能效等级为 1 级,不带能量反馈的 VVVF 驱动的电梯系统的能效等级基本为 2 级。

由此可知,电梯的能效也可以通过电梯所采用的技术(这些进行能效评价的技术也需要有相应的规范来决定其对节能所起的重要程度)来进行评价,并非需要实梯检测(可以在必要时对采用一定技术的电梯进行一定工况下能效的实测,以验证其准确性)。这样即达到了鼓励企业开发和制造含有先进技术的节能电梯,让用户也明确知道所选用的电梯是否为节能产品。同时,也可以使相关机构省却繁琐的检测任务。

本章小结

本章首先叙述了电机学的基础,包括介绍电机的种类、直流和交流电动机(三相交流异步电动机、交流永磁同步电动机)的工作原理、电动机的基本方程式、电机的铭牌内容等,并且简述了电梯应用中的电动机容量的选择原则。然后简述了电梯电力拖动系统的发展,包括简单介绍变极调速、交流调压调速、变压变频调速的基本原理。

在上述基础上,详述了电梯变压变频调速的工作原理及其实现,重点叙述了 SPWM 的原理和电梯非能量回馈与能量回馈系统的物理实现。以某电梯专用变频器为例,具体介绍了应用于电梯时的变频器的具体操作菜单和相应的调整内容。最后,详细介绍了电梯的能耗构成情况与电梯的节能技术,并针对当前国内外的电梯能效评价的基本情况,提出了一些个人的见解,以供读者参考。

思考题

1. 请简述交流电梯的调速方式。
2. 请简述变压变频调速原理。
3. 为什么交流变频调速电梯能够取代直流调速电梯?
4. 为什么电梯专用变频器要采用 SPWM 技术?
5. 为什么永磁同步无齿轮曳引电梯将成为交流电梯的主流产品?
6. 简述能量反馈装置在电梯中的应用。
7. 在电梯中应用变频器时应该注意哪些接线问题?

第五章　电梯安全保护装置

第一节　电梯安全保护装置概述

电梯是建筑物必不可少的垂直交通运输工具,经常长时间频繁运行,必须将安全运行放在首位。电梯的安全首先是对人员的保护,同时也要对电梯设备本身、所载货物、相关建筑结构进行保护。

电梯的安全性除了在系统结构的合理性以及电气控制和拖动的可靠性方面充分考虑外,还应针对各种可能发生的危险,设置专门的安全装置。现代电梯都设有完善的安全保护系统,包括一系列的机械安全装置和电气安全装置。

主要包括:

1. 防止人员被挤压、撞击和发生坠落、剪切的保护装置　包括层门门锁与轿门电气联锁及门的防夹人装置。

2. 防止轿厢超速或缓解撞击力的保护装置　包括限速器、安全钳、缓冲器以及其他形式的超速保护装置。

3. 防止超越行程的保护装置　包括强迫减速开关、终端限位开关、终端极限开关。

4. 防止材料失效、强度丧失而造成结构破坏的保护装置　包括轿厢超载保护装置、各种装置的状态检测保护装置,如限速器断绳开关、钢带断带开关。

5. 防止人员被困于轿厢或井道的保护装置　包括报警和通讯装置、曳引机的紧急手动操作装置、层门的手动开锁装置、轿顶安全窗等。

6. 防止人员被电梯运动部件的伤害　包括绳轮的防护罩、轿顶的防护栏、底坑对重侧的防护隔栅等。

7. 防止轿厢意外移动对人员的伤害　包括紧急停止开关、检修开关、开门情况下平层和再平层的控制装置等。

8. 电气安全保护系统　主要防止人员触电和设备损毁事故,包括绝缘耐压的要求、接地保护、供电系统的短路保护和错断相保护、电机的过流和过载保护、安全触点和安全电路的要求等。

这些装置共同组成了电梯安全保护系统,以防止任何不安全的情况发生。同时,电梯的维护和使用必须随时注意,需要随时检查安全保护装置的状态是否正常有效,以杜绝造成事故的隐患,并保证电梯的正常操作和运行。

第二节　电梯安全保护装置的作用

一、防止被挤压、撞击、坠落、剪切

乘客进入电梯轿厢首先接触到的就是电梯层门（厅门）。一般的电梯，只有轿门开启才能带动层门的开启。层门上装有电气、机械联锁的门锁。层门门锁是确保层门能真正起到使层站与井道隔离，防止人员坠入井道或剪切而造成伤害的极其重要的一个安全装置。为此，国家规范对其提出了严格的要求。

（一）对坠落危险的保护要求

电梯正常运行时，应不可能打开层门（或多扇层门中的任何一扇），除非轿厢停站或停在该层的开锁区域内。开锁区域不得大于层站地平面上下0.2m。用机械操纵轿门和层门同时动作的电梯，开锁区域可增加到不大于层门地面上下0.35m。

（二）对剪切危险的保护要求

如果一扇层门（或多扇层门中的任何一扇门）开着，在正常操作情况下，应不可能启动电梯，也不可能使它保持运行，只能为轿厢运行作准备的预备操作。符合规范要求的特殊情况例外，如在开锁区域内的平层或再平层。

（三）锁紧要求

轿厢只能在层门门锁锁紧元件啮合不小于7mm时才能启动。切断电路的触点元件与机械锁紧装置之间的连接应是直接的和防止误动作的，必要时可以调节。锁紧元件应是耐冲击，应用金属制造或加固。锁紧元件的啮合应能满足在朝着开门方向力的作用下，不降低锁住强度，即沿着开门方向，在门锁高度处施以最小为1000N的力，门锁应无永久性变形。层门门锁应由重力、永久磁铁或弹簧来保持其锁紧动作，即使永久磁铁或弹簧失效，重力亦不应导致开锁。若用弹簧来保持其锁紧，弹簧应在压缩状态下工作并有导向，其尺寸应保证在开锁时，弹簧圈应不会被并圈。如锁紧元件是通过永久磁铁的作用保持其适当位置，则它不应被一种简单的方法（如加热或冲击）使其失效。锁紧装置应有保护措施防止积尘，工作部件应易于检查，例如采用一块可以观察的透明板。当门锁触点放在盒中时，盒盖的螺钉应是不脱出式的，这样可以在打开盒盖时螺钉仍能留在盒内或盖的孔中。一种层门锁的结构如第二章图2-36所示。

（四）紧急开锁要求

每个层门均应设紧急开锁装置，在一次紧急开锁以后，当无开锁动作时，锁闭装置在层门闭合情况下，不应保持开锁位置。用于紧急开锁的钥匙应由专人保管，只有具备资质的专门人员才允许使用该钥匙。

当轿厢位于开锁区域以外时，若层门无论因何种原因而开启，一种层门自闭装置（可以利用重块或弹簧）应确保层门立即自动关闭。

（五）关于机械连接的多扇门组成的水平滑动门的要求

当水平滑动门由几个用直接机械连接的门扇组成时，允许只锁紧其中的一扇门，只要这个

单独锁紧的门扇能防止其他门扇的开启,并在一个门扇上配置能验证层门闭合的符合规范的电气安全装置。

当门扇是由间接机械连接时(如用钢丝绳、链条或皮带),这种连接机构应能承受任何正常情况下能预计的力,并定期检查。也允许只锁住一扇门,只要这个单独锁住的门扇能防止其他门扇的开启,未被锁住的其他门扇应安装一个验证其关闭位置的符合规范要求的电气安全装置。

(六) 自动操纵门的关闭要求

正常使用中,在经过一段必要的时间后仍未得到轿厢运行的指令,层门应自动关闭。这段时间的长短可以根据使用电梯的客流量而定。

(七) 防止关门夹人的保护装置

乘客进入层门后就立即经过轿厢门进入轿厢,但由于乘客进出轿厢的速度不同,有时会发生人被轿门夹住的事故。为了尽量减少在关门过程中发生人或物被撞击、夹住的事故,对门的运动提出了保护性的要求。

(1) 门扇面向层站的一面要光滑,不得有大于3mm的凹凸。

(2) 阻止关门的力不大于150N,以免造成意外伤害。

(3) 应设置一种保护装置,当乘客在门的关闭过程中被门撞击或可能会被撞击时,保护装置将停止关门动作使门重新自动开启。

保护装置一般安装在轿门上,常见的有接触式保护装置、光电式保护装置和感应式保护装置,如第二章第四节所述。

二、防止轿厢超速

轿厢超速一般常见的有以下几种可能的原因:

(1) 蜗轮蜗杆的轮齿、轴、键、销折断。

(2) 曳引轮槽严重磨损,造成当量摩擦系数急剧下降,致使平衡失调,钢丝绳在曳引轮槽中打滑。

(3) 制动器失灵等。

当电梯在运行中无论何种原因发生超速、甚至坠落的危险状况,而所有其他安全保护装置均未起作用的情况下,则靠限速器、安全钳(轿厢在运行途中起作用)和缓冲器的作用使轿厢制停或减缓对轿厢的冲击而不致使乘客和设备受到严重伤害。因此按照国家有关规定,无论是乘客电梯、载货电梯、医用电梯等,都应配置限速器、安全钳和缓冲器装置。

(一) 限速器

限速器是一种当电梯的运行速度超过额定速度一定值时,其动作能切断电气安全回路甚或进一步导致安全钳或上行超速保护装置起作用,使电梯减速直到停止的安全装置。操纵轿厢安全钳的限速器的动作应发生在速度至少等于额定速度的115%。详见第二章第五节所述。

1. 限速器的方向标记 限速器上应标明与安全钳装置动作相应的旋转方向。

2. 限速器的可接近性 为便于维修和检查,限速器在任何情况下都应是可接近的。若限速器装于井道内,则应能从井道外面接近它。

限速器动作后,应由称职人员使电梯恢复使用。

3. 限速器的电气安全装置　在轿厢上行或下行的速度达到限速器动作速度之前,限速器或其他装置上的一个符合规范要求的电气安全装置使电梯驱动主机停转,但是对于额定速度不大于1m/s的电梯,此电气安全装置最迟可在限速器达到其动作速度时起作用。

如果安全钳装置释放后,限速器未能自动复位,则在限速器处于动作状态期间,这个符合规范的电气安全装置应阻止电梯启动。但使用紧急电动运行开关或另一个电气安全装置时例外。

4. 限速器标牌　限速器上应有标牌。标牌上应标明限速器制造单位、型号、规格参数和型式试验机构标识,铭牌和型式试验合格证、调试证书内容应当相符。

5. 限速器动作速度的校验　对于新安装电梯和使用周期达到两年的电梯,或封记移动、动作出现异常的限速器,应进行限速器动作速度校验。

（二）安全钳

安全钳是受限速器控制的,当轿厢（或对重）超速下行并达到限速器动作速度时,通过限速器绳、连杆机构夹紧导轨,使装有额定载荷的轿厢或对重装置制停,并保持静止状态,防止坠落。详见第二章第五节所述。

（三）轿厢和对重缓冲器

缓冲器是电梯端站保护的最后一道安全装置。当电梯由于某种原因失去控制冲击缓冲器时,缓冲器能逐步吸收轿厢或对重对其施加的动能,迅速降低轿厢或对重的速度,直至停止,最终达到避免或减轻冲击可能造成的危害。详见第二章第六节所述。

（四）上行超速保护装置

GB 7588—2003《电梯制造与安装安全规范》对上行超速保护装置提出了明确的要求,并允许采用多种类型和形式的保护装置。

1. 引起上行超速的技术原因　曳引式电梯依靠曳引轮和钢丝绳之间摩擦力带动轿厢运行,只有制动器有效闭合才能保证轿厢可靠制停。因此在对重侧重量大于轿厢侧重量的情况下,传动、曳引和制动的任何一个环节失效都可能导致电梯上行超速,严重时将导致冲顶。因此,引起电梯上行超速原因是多方面的,主要有以下几个方面：

（1）制动弹簧松弛、失效;制动器闸瓦和制动轮摩擦引起过热,导致制动能力下降;制动器机构卡死;制动器臂、轴销断裂等导致制动器不能有效闭合。

（2）曳引轮主轴、轴承、齿轮、蜗杆等机械部件断裂或损坏,曳引力严重下降。

（3）曳引条件被破坏,曳引轮和钢丝绳之间打滑。

（4）电气控制系统故障、动力电源异常波动。

在上述分析的超速原因中,制动器故障引起的上行失控是最常见的,主要是由于部分早期制造的电梯采用的制动器不是安全制动器所致。

2. 上行超速保护装置　按照GB 7588—2003《电梯制造与安装安全规范》的要求,上行超速保护装置需要对制动器制动失效和电机传动失效引起的上行超速起作用。通常采用双向限速器作为速度监控装置。减速装置则包括安全钳、夹绳器和安全制动器,分别作用于轿厢或对重、钢丝绳系统（悬挂绳或补偿绳）和曳引轮。

安全制动器作为上行超速保护装置必须直接作用在曳引轮或作用于最靠近曳引轮的曳引轮轴上。采用永磁同步无齿轮曳引机的电梯就是利用直接作用在曳引轮上的制动器作为上行超速保护。这种制动器机械结构设计冗余，符合安全制动器的要求。

三、防止超越行程保护

为防止电梯由于控制方面的故障，轿厢超越顶层或底层端站继续运行，必须设置保护装置以防止发生严重的后果和结构损坏。

防止越程的保护装置一般由设在井道内上下端站附近的强迫减速开关、限位开关和极限开关组成。这些开关或碰轮都安装在固定于导轨的支架上，由安装在轿厢上的打板（撞杆）触动而动作。

防止越程通常由三道保护组成，强迫减速开关组成第一道保护，使电梯按终端距离强迫减速；限位开关组成防止越程的第二道保护，当轿厢在端站没有停层而触动限位开关时，立即切断方向控制电路使电梯停止运行；极限开关是防越程的第三道保护，立即切断安全控制电路使电梯停止运行，并能防止电梯在两个方向的运行。强迫减速开关、限位开关和极限开关的结构示意图、保护详细描述请参考第三章第三节电梯控制原理和电气部件相关内容。

防越程保护装置只能防止在运行中电气控制故障造成的越程，若是由于曳引钢丝绳打滑、制动器失效或制动力不足造成轿厢越程，上述保护装置是无效的。

四、防止超载运行

超载限制装置是一种设置在轿底、轿顶或机房，当轿厢超过额定载荷时能发出警告信号并使轿厢不能运行的安全装置。设置超载限制装置是为防止轿厢超载引起的机械构件损坏及因超载而可能造成的溜车下滑事故。详见第二章第二节所述。

五、防止人员被困于轿厢或井道

若发生人员被困在轿厢或井道内时，通过报警或通信装置应能将情况通知管理人员及时采取施救措施。

（一）报警和通讯装置

为使乘客能向轿厢外求援，轿厢内应装设乘客易于识别和触及的报警装置。轿厢内的应急照明必须有适当的亮度，在紧急情况时，能看清报警装置和有关的文字说明以及联系电话。报警装置和应急照明必须由应急电源进行供电。

操作报警装置的按钮一般设在轿内操纵箱的醒目位置处，上有黄色的报警标志，按下按钮后会启动对讲系统，提供乘客向外求援条件。该按钮常与警铃联动，警铃一般安装在出入口所在楼层的井道内，警铃的声音应急促响亮，不会与其他声响混淆。轿厢内也可设内部直线报警电话或与电话网连接的电话。

根据 GB 7588—2003 的要求，出厂电梯必须安装多方通话装置，包括轿厢、机房和监控室，在机房无人的情况下，乘客可以向监控室的管理人员求援。

考虑到在电梯井道底坑和轿厢顶部工作的人员也存在被困的危险，因此要求在底坑和轿顶

(如无安全窗)也应安装报警和对讲装置,与轿厢、机房和监控室一起构成五方通话系统,使人员被困后能尽快得到救援。

(二)救援装置

1. 曳引机的紧急手动操作装置 当电梯在运行途中遇到突然停电造成停止运行,又未配置停电应急电源运行设备,且轿厢又停在两层门之间,乘客无法撤离轿厢时,就需要由维修人员到机房用制动器松闸扳手和盘车手轮,人工操纵移动轿厢就近停靠,撤离乘客。

制动器松闸扳手的作用就是使制动器的闸瓦脱离制动轮。盘车手轮是用来转动电动机主轴的轮状工具。操作时首先应切断电源,然后由两人配合操作,即一人操作制动器扳手,一人盘动手轮。应防止制动器松闸后未能把握住手轮致使轿厢产生快速移动现象。

制动器扳手和盘车手轮平时应放在醒目并容易接近的位置,盘车手轮应涂成黄色,松闸扳手应涂成红色。为使操作时知道轿厢的位置,最简单的方法就是在曳引绳上用油漆做标记,同时将标记对应的层站写在机房操作地点的附近。

2. 曳引机的紧急电动运行装置 当手动操作使轿厢移动的力大于400N时,必须设置紧急电动运行装置来使轿厢在紧急情况下移动。紧急电动运行时,驱动曳引机可以是正常的市电或备用电源。紧急电动运行时,可以通过符合要求的电气开关使下列电气安全装置失效:安全钳上的电气安全装置、限速器上的电气安全装置、轿厢上行超速保护装置上的电气安全装置、极限开关、缓冲器上的电气安全装置。

无机房电梯因为其结构具有特殊性,一般仅配有紧急电动运行装置,并且需要考虑停电状态下如何进行制动器松闸(例如可使用应急用蓄电池)以及轿厢和对重处于平衡状态下使轿厢移动的措施。

3. 轿顶安全窗 轿顶安全窗的尺寸应不小于0.35m×0.5m。窗应向外开启,但开启后不得超过轿厢的边缘。窗应有锁,在轿内要用三角钥匙才能开启,在轿外则不用钥匙也能打开。窗上应设验证锁紧状态的电气安全触点,当窗打开或未锁紧时,触点断开切断安全电路,使电梯停止运行或不能启动。

4. 井道安全门 井道安全门的位置应保证至上下层站地坎的距离不大于11m。要求门的高度不小于1.8m,宽度不小于0.35m,门的强度不低于轿壁的强度。门不得向井道内开启,门上应有锁和电气安全触点,其要求与轿顶安全窗一样。

5. 轿厢安全门 在同一井道有多台电梯时,当一台电梯发生故障时可利用其他电梯进行互救,此时需在轿厢内侧相应位置上都装有轿厢安全门。在有相邻轿厢的情况下,如果轿厢之间水平距离不大于0.75m,才可使用安全门。安全门的高度不应小于1.8m,宽度不应小于0.35m。

救援轿厢内乘客的工作应从轿外进行。轿厢安全门应能不用钥匙从轿厢外开启,并应能用规定的三角钥匙从轿厢内开启。轿厢安全门不应向轿厢外开启。轿厢安全门不应设置在对重(或平衡重)运行的路径上,或设置在妨碍乘客从一个轿厢通往另一个轿厢的固定障碍物(分隔轿厢的横梁除外)的前面。

轿厢安全门的锁紧应通过一个符合规定的电气安全装置来验证。如果锁紧失效,该装置应使电梯停止。只有在重新锁紧后,电梯才有可能恢复运行。

6. 电梯停电应急装置 现在一些电梯安装了电动的停电(故障)应急装置,在停电或电梯故障时自动接入。该装置动作时以蓄电池为电源向电机输入低频交流电(一般为5Hz),在满足安全条件下,判断负载力矩后按力矩小的方向低速将轿厢移动至最近的层站。

在一些重要场合,一般都配置了后备电源。在日常供电因故停止后,自动切换至后备电源供电,电梯可按预设的顺序依次返回疏散层,并根据后备电源的容量,自动地控制与后备电源适应的一定数量的电梯维持运行,其余电梯在返回基站后停止使用。

六、防止人员被电梯运动部件的伤害

电梯上有不少运动部件在人接近时可能会产生撞击和挤压等危险,所以必须采取防护措施。对于作业人员现场工作时可以接近的旋转部件必须设有安全网罩或栅栏,以防无意中触及,尤其是传动轴上突出的锁销和螺钉、钢带、链条、皮带,电动机的外伸轴,甩球式限速器等;曳引轮、盘车手轮、老式曳引机上的惯性轮等应涂成黄色;轿顶和对重上的反绳轮必须安装防护罩;装有多台电梯的井道中不同电梯的运动部件之间均应设隔障;机房地面高度不一且相差大于0.5m时,应在高处应设楼梯或台阶并设置护栏。除此之外,还应有以下防护设施。

(一) 轿顶护栏

轿顶护栏是电梯维修人员在轿顶作业时的安全保护栏,可以防止维修人员不慎坠落井道或触及与轿厢做相对运动的部件。GB 7588—2003对护栏的高度等均有明确要求。就实践经验来看,设置护栏时应注意使护栏外围与井道内的其他设施(特别是对重)保持一定的安全距离,做到既可防止人员从轿顶坠落,又能避免因扶、倚护栏造成人身伤害事故。在维修人员安全工作守则中可以写入"站在行驶中的轿顶上时,应站稳扶牢,不倚靠护栏",和"与轿厢做相对运动的对重及井道内其他设施保持安全距离"等语句,以提醒维修作业人员注意安全。

(二) 底坑对重侧护栅

为防止人员进入底坑对重运行的空间下方,在底坑对重侧两导轨间应设防护栅,防护栅高度为2.5m以上,从距地面不大于0.3m处开始装设。宽度不小于对重(或平衡重),宽度两边各加0.1m,防护网空格或穿孔尺寸无论水平方向或垂直方向测量,均不得大于75mm。

(三) 轿厢护脚板

当轿厢不平层且轿厢地坎的位置高于层站地面时,会使轿厢与层门地坎之间产生间隙或在层站处出现轿厢向上"溜车"现象,极易发生人员坠落或被挤压、剪切等重大事故。为此,国家标准规定,每一轿厢地坎上均需装设护脚板,其宽度是层站入口处的整个净宽。护脚板的垂直部分的高度应不少于0.75m。垂直部分以下部分成斜面向下延伸,斜面与水平面的夹角大于60°,该斜面在水平面上的投影深度不小于20mm。护脚板用2mm厚铁板制成,装于轿厢地坎下侧且用扁铁支撑,以增加机械强度。

七、防止轿厢意外移动对人员的伤害

(一) 停止开关

停止开关一般称急停开关,按要求在轿顶、底坑、滑轮间、检修控制装置和对接操作的轿厢

内必须装设停止开关。

停止开关应符合电气安全触点的要求,应是双稳态非自动复位的,误动作不能使电梯恢复运行。停止开关的操作装置要求是红色的,并标以"停止"字样加以识别,若是刀闸式或拨杆式开关,应以把手或拨杆朝下为停止位置。

轿顶的停止开关应设在距离检修或维护人员入口处(一般为轿门)不大于 1m 的易接近位置,也可以设在紧邻距入口不大于 1m 的检修运行控制装置上。底坑的停止开关应安装在打开门去底坑时和在底坑地面上容易接近的位置。当底坑较深时,可以在底坑梯子旁和底坑下部各设一个串联的停止开关。对于最低层为前后开门的电梯,在底坑前后门侧均应设置停止开关。

(二)检修运行

检修运行是为便于检修和维护而设置的运行状态,由安装在轿顶或其他地方的检修运行装置进行控制。

检修运行时应取消正常运行的各种自动操作、紧急电动运行、对接操作运行、轿内和层站的选层及召唤信号、门的自动操作。此时轿厢的运行依靠持续揿压方向操作按钮操纵,轿厢的运行速度不得超过 0.63m/s,门的开关也由持续揿压开关门按钮控制。检修运行时所有的安全装置均应有效,如限速器、安全钳、缓冲器、限位开关和极限开关、门的电气安全触点以及其他的电气安全开关。

检修运行装置包括一个运行状态转换开关、操纵运行的方向按钮和停止开关。转换开关应是符合电气安全触点要求的双稳态开关,有防误操作的措施,开关的检修和正常运行位置有明显标示,若用刀闸或拨杆开关则向下应是检修运行状态。检修运行的方向按钮应有防误动作的保护,并标明方向。有的电梯为防误动作设有 3 个按钮,操纵时方向按钮必须与运行确认的按钮同时按下方才有效。

(三)开门情况下的平层和再平层控制

根据规定,在一些特殊的情况下,若具备下列条件,则允许层门和轿门在打开时进行轿厢的平层和再平层运行。

(1)运行只限于开锁区域,应至少有一个开关,防止轿厢在开锁区域外的所有运行;该开关装于门及锁紧电气安全装置的桥接或旁接式电路中,而且应是一个安全触点或其连接方式满足安全电路的要求;平层运行期间,只有在已给出停站信号之后才能使门电气安全装置不起作用。

(2)运行期间,平层速度不大于 0.8m/s,再平层速度不大于 0.3m/s。

八、电气安全保护

(一)直接触电的防护

电气系统具有良好的绝缘是防止直接触电和电气短路的基本措施。根据要求,动力和安全电路的绝缘电阻不得小于 0.5MΩ,其他(如照明、控制、信号等)电路不得小于 0.25 MΩ。

(二)间接触电的防护

防止间接触电最常用的防护措施是采用安全保护性接地,即将故障时可能带电的外露的电气设备可导电部分通过电气接线的方式将其强制性接地,从而避免可能出现的危险电压对设备及人身安全所构成的威胁。

电梯电气设备(如电动机、控制柜、接线盒、布线管、布线槽等)外露的金属外壳部分均应进行保护接地,各种电气设备的接地电阻应不大于4Ω;保护接地线应采用截面积不小于4mm²的有绝缘层的铜线,接地线绝缘层的颜色为黄绿双色;线槽或金属管相互应可靠连成一体并接地,必要时可采用焊接方式进行连接;除36V以下安全电压外的电气设备金属罩壳应设有易于识别的接地端,且应有良好的接地;接地点要可靠连接,不得松动,接地线应分别直接接至接线柱上,不得互相串接后再接地。需要强调的是,接地线接至主接线柱的直接性,不得串接,其意在降低总的接地电阻值,以保证电梯各电气用电设备发生接地故障时设备金属外壳不致产生过高的接触电压,并且能产生足够大的故障电流使保护装置可靠动作。此外,如果采用串接方式,一旦连接处开路,则若干处将失去触电防护。

(三)电气故障的防护

1. 曳引电动机的过载保护 电梯使用的电动机容量一般都比较大,从几千瓦至几十千瓦。为了防止电动机过载后被烧毁,可以设置热继电器过载保护装置。

(1)双金属片热继电器。双金属片热继电器是比较传统的一种。热元件分别接在曳引电动机主电路中,当电动机过载超过一定时间,因较大的过载电流使得热继电器中的双金属片产生变形,从而断开串接在安全保护回路中的接点,进而使电动机失电停止运转,保护了电动机不会因长时间过载而烧毁。

(2)电流互感器构成的检测电路。采用电流互感器构成的检测电路来对电路中的电流进行软检测,并通过过流持续时间的模拟计算,再通过接触器或继电器来切断电路,也可以对曳引电动机作过载保护。

(3)过载保护电路。利用热敏电阻的特性与热保护继电器构成过载保护电路。将热敏电阻埋藏在电动机的绕组中,当过载时因绕组发热而引起阻值变化,经热保护继电器内的放大器放大使微型继电器吸合,断开其接在安全回路中的触头,切断控制回路,进而使电动机失电停止运转。

2. 电梯控制系统中的短路和过电流保护 短路保护一般可以使用断路器或熔断器。熔断器是利用低熔点、高电阻金属不能承受过大电流的特点,从而使它熔断之后切断电源,对电气设备起到保护作用。断路器一般由触头系统、灭弧系统、操作机构、脱扣器、外壳等构成。当短路时,大电流(一般10~12倍)产生的磁场克服反力弹簧,脱扣器拉动操作机构动作,开关瞬时跳闸。当过载时,电流增大,发热量加剧,双金属片变形到一定程度推动机构动作(电流越大,动作时间越短)。断路器的作用是切断和接通负荷电路,以及自动及时地断开故障电路,能有效地防止故障范围或事故的扩大,保证电梯在安全状态下运行。

除了上述的硬件保护以外,对于交—直—交变压变频调速方式来说,不仅要检测输出曳引机的交流电流,还需要检测直流母线上的电流,以保护功率器件、整流器件和主接触器不被损坏。

3. 供电系统相序和断(缺)相保护

(1)相序保护(错相保护)。对于三相动力电源直接驱动电机的电梯,当供电系统因某种原因造成三相动力电源的相序与原相序有所不同,有可能使电梯原定的运行方向变为相反的方向,会给电梯运行造成极大的危险性。对于此类电梯,可以在电气线路中采用相序保护继电器,当线路错相时,相序保护继电器切断控制电路,使电梯不能运行。

近年来,由于电力电子器件和交流拖动技术的发展,电梯的主驱动系统普遍使用了以绝缘栅双极型晶体管 IGBT 或智能功率模块 IPM 为主体的交—直—交变压变频调速方式来驱动交流电机,使电梯的运行方向与供电系统电源的相序无关。

若电梯配备了能量回馈装置,由于可控整流器需要对再生电流进行调制,然后回馈到电网,其工作原理与供电系统电源相序直接相关,必须要对电源相序进行检测,否则相序错误会导使此类电梯无法正常运行。

(2)断(缺)相保护。当三相动力电源出现断(缺)相时,主驱动电路会出现电压降低或其他相电流增大的情况,引起电气设备损坏,同时控制电路也会由于电压降低导致控制系统工作不正常。所以必须要设置检测电路,如采用错断相保护继电器或电子检测电路,一旦发生缺相将阻止电梯启动。

4. 安全触点和安全电路 《电梯制造与安装安全规范》中列出的电气安全装置,任何一个动作时都要防止电梯驱动主机启动或使其立即停止运转。电气安全装置应包括一个或几个满足规范要求的安全触点或安全电路。大部分电气安全装置采用的是安全触点,例如各处的停止装置,机房的盘车手轮开关、限速器开关,轿厢的安全钳开关、安全窗开关,井道中的限速器松(断)绳开关、缓冲器开关、终端层极限开关、层门门锁开关、紧急出口处开关等都采用了安全触点,这些触点都串接在电梯的安全回路中,任意一个触点动作都会切断安全回路,进而使主接触器失电断开,制动器失电抱闸,使电梯立即停止或不能再启动。

5. 电气控制系统的安全检测(软检测) 这里所谓的"软检测"是相对于直接使用硬件装置进行检测的方式而言的,一般包括外部的硬件检测电路和 CPU 内部的软件处理。例如,在电梯控制系统中,CPU 回路及其他逻辑电路是最关键的保护对象,其工作电源要求比较高。一旦出现电源不正常,会造成 CPU 等回路不能正常工作,为此应设置电源检测回路。若出现异常,发出系统复位信号,电梯紧急停止。

(1)过高速检测电路。如下图所示。当电梯从启动到停止过程中的某一时刻,轿厢速度超过设定值时,检测回路发出指令,电梯紧急停止。

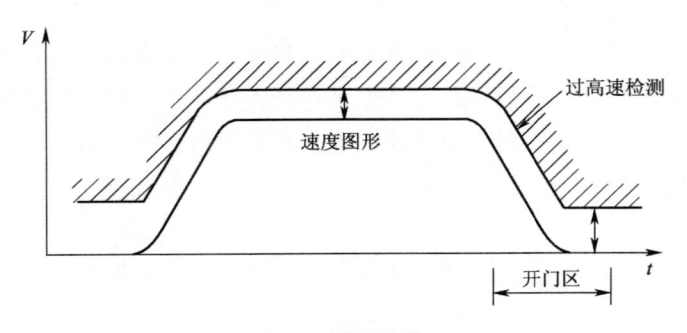

图 过高速检测图

(2)系统反馈图形异常检测电路。考虑到由于光电旋转编码器故障或速度反馈图形信号传输线路的异常造成电梯不能正常运行,设置了系统反馈图形异常检测回路,该检测过程是在电梯从启动到停止过程中进行。如果认为反馈速度图形异常,则电梯紧急停止,且不能再启动。

类似的软检测措施在电梯的电气控制系统中还有很多,如缺相检测、过电流检测、过负载检测、欠电压/过电压检测、过高速/过低速检测、失速检测、反向运行检测、制动器动作检测、CPU状态监视、CPU通讯异常检测等。为了保证这些软检测措施的可靠性,如果涉及CPU的软件处理时,还应该考虑增设冗余的CPU电路,以确保安全检测的可靠性。

本章小结

第一节主要对电梯安全保护装置作了总体介绍,并简单说明了各种安全装置和保护系统的作用。

第二节对各种电梯安全保护及装置分别进行详细介绍。层门门锁及与轿门联锁的安全装置主要用于防止人员发生坠落、剪切;防止关门夹人保护装置主要防止人员被挤压、撞击;防止轿厢超速或断绳的保护装置主要介绍了限速器、安全钳装置、轿厢和对重缓冲器、上行超速保护装置等;防止超越行程的保护装置主要由设在井道内上下端站附近的强迫减速开关、限位开关和极限开关组成;超载限制装置、限速器绳张紧装置和断绳开关主要用于防止材料失效、强度丧失而造成结构破坏的保护装置;防止人员被困于轿厢或井道的保护装置主要有报警和通讯装置和救援装置;曳引机的紧急手动操作装置主要用于当电梯运行当中遇到突然停电造成电梯停止运行时,电梯又没有停电自投运行设备,且轿厢又停在两层门之间,乘客无法走出轿厢时,就需要由维修人员到机房用制动器扳手和盘车手轮,人工操纵移动轿厢就近停靠,以便疏导乘客;紧急电动运行装置则用于手动操作使轿厢移动的力大于400N时的情况;防止人员被电梯运动部件的伤害,实际主要是针对维护人员作业时的安全保护;停止开关、检修运行、开门情况下的平层和再平层控制主要是防止轿厢意外移动对人员的伤害;本章最后还对触电的防护、电气故障的防护、电气控制系统的安全检测等电气安全保护系统作了详细说明。

思考题

1. 层门门锁及与轿门联锁的作用是什么?
2. 防止人员被挤压、撞击和发生坠落、剪切的保护装置主要有哪些?请说明有哪些要求?
3. 防止轿厢超速或断绳的保护装置主要由哪些?请举其中一例说明其保护要求。
4. 防止超越行程的保护装置由哪些组成?请分别说明其保护范围。
5. 请说明曳引机的紧急手动操作装置、紧急电动运行装置、电梯停电应急装置的操作或工作过程。
6. 电气安全保护系统中的电气故障的防护主要有哪些?请分别说明其作用。

第六章 电梯安装工艺

第一节 电梯安装的前期工作

一、现场土建勘察

众所周知,电梯是按用户需求,将工厂生产的零部件运送到现场拼装的大型机电设备。电梯安装人员进场安装前,必须对现场的机房、井道、层门等与电梯相关的土建施工质量进行勘察和复核。复核依据是供货合同书中制造厂家根据用户需求提供的电梯土建布置图。电梯土建布置图的参考依据是《电梯制造与安装安全规范》(GB 7588—2003)、《电梯主参数及轿厢、井道、机房的型式与尺寸》(GB/T 7025—2008)等国家标准。若出现现场实际测量的土建尺寸(含机房地板预留口位置、尺寸;井道尺寸、井道垂直度;层门位置、尺寸等)与图纸不符合时,必须向用户提出书面整改意见书,并应签字确认,明确整改的期限,以免影响施工工期或工程质量。

(一)土建勘察复核内容

土建勘察复核包括以下内容:

(1)机房内平面净尺寸,预留孔位置及尺寸;吊钩位置尺寸及吊钩承载能力等。如图6-1所示。

(2)井道平面净尺寸、顶层高度、底坑深度、层楼距离等,如图6-2所示。

(3)各层门位置尺寸;各楼层层显及呼梯盒留孔位置、尺寸。

(二)用户沟通内容

电梯安装单位在进场安装前应该同用户作必要的沟通,如了解现场土建施工进度、水、电配套等情况,并请用户配合提供临时库房、休息场所及施工用电等。

二、制定工程施工方案及进度计划

为保证电梯安装工程正常有序进行,在电梯安装前首先应对整个项目制定周密的施工方案。施工方案内容应包括以下部分:

(1)施工项目概况及特点。

(2)项目组织管理及人员配置,如图6-3所示。

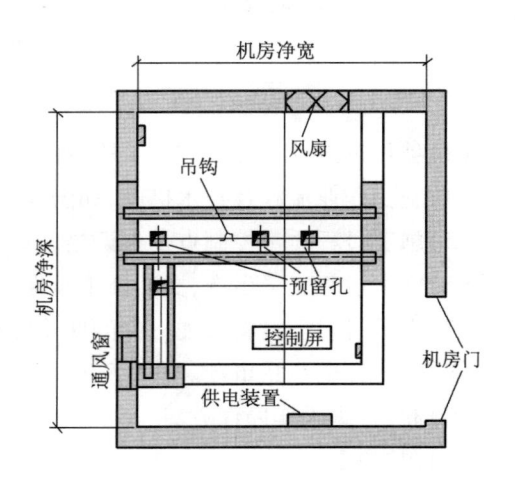

图6-1 电梯机房平面土建布置图

(a) 井道立面图

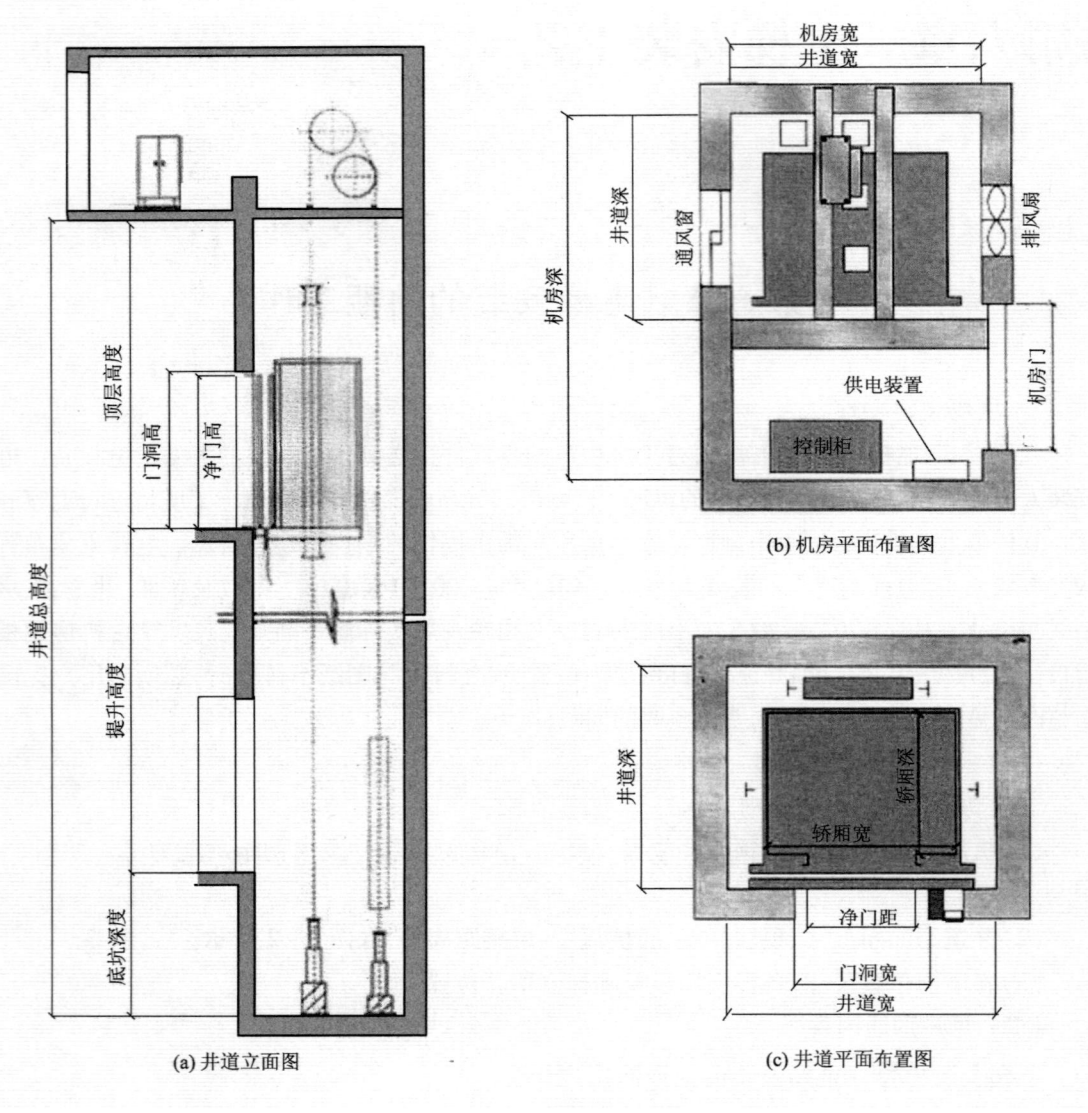

(b) 机房平面布置图

(c) 井道平面布置图

图 6-2　电梯井道土建布置图

(3) 项目进度计划,如表 6-1 所示。
(4) 施工作业流程及技术措施,如图 6-4 所示。
(5) 施工过程质量控制点及保证措施。
(6) 施工过程安全生产,文明施工及保证措施。
(7) 人员、机具、材料及加工件的使用计划。
(8) 竣工移交注意事项。
(9) 起重、脚手架操作方案。
(10) 其他事项。

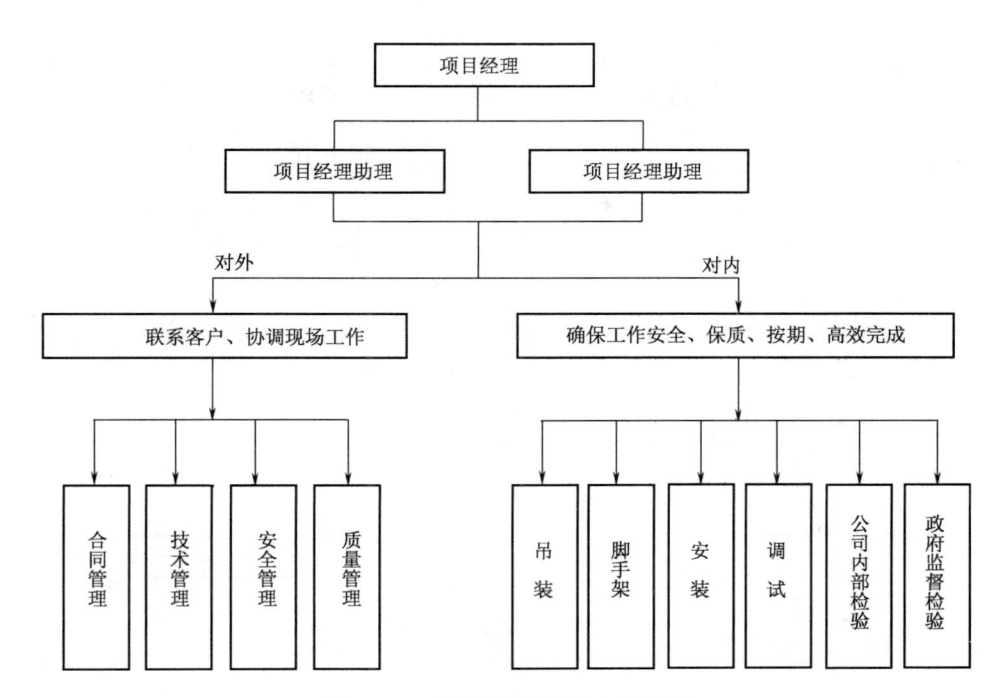

图 6-3 项目组织管理及人员配置

表 6-1 电梯施工进度计划

工程名称		层站		型号		计划天数	

序号	安装内容	安装进度(天) 1 2 3 4 5 6 7 8 9 10 11 12 13 14 15 16 17 18 19 20 21 22 23 24 25 26 27 28 29 30 31 32 33 34 35 36 37 38 39 40 41 42
1	安装前的准备工作	
2	样板架安装放线测量	
3	支架、导轨	
4	机房设备	
5	层门安装调整	
6	轿厢、对重、缓冲器	
7	井道安全设备及电气敷设	
8	电缆、钢丝绳、限速器	
9	慢车运行、井道信息	
10	层楼显示、召唤盒	
11	快车运行调整	
12	整机调整	
13	整机自检	
14	监管部门验收	
15	交付	

注 用粗线表示计划，用细线表示实际进度。

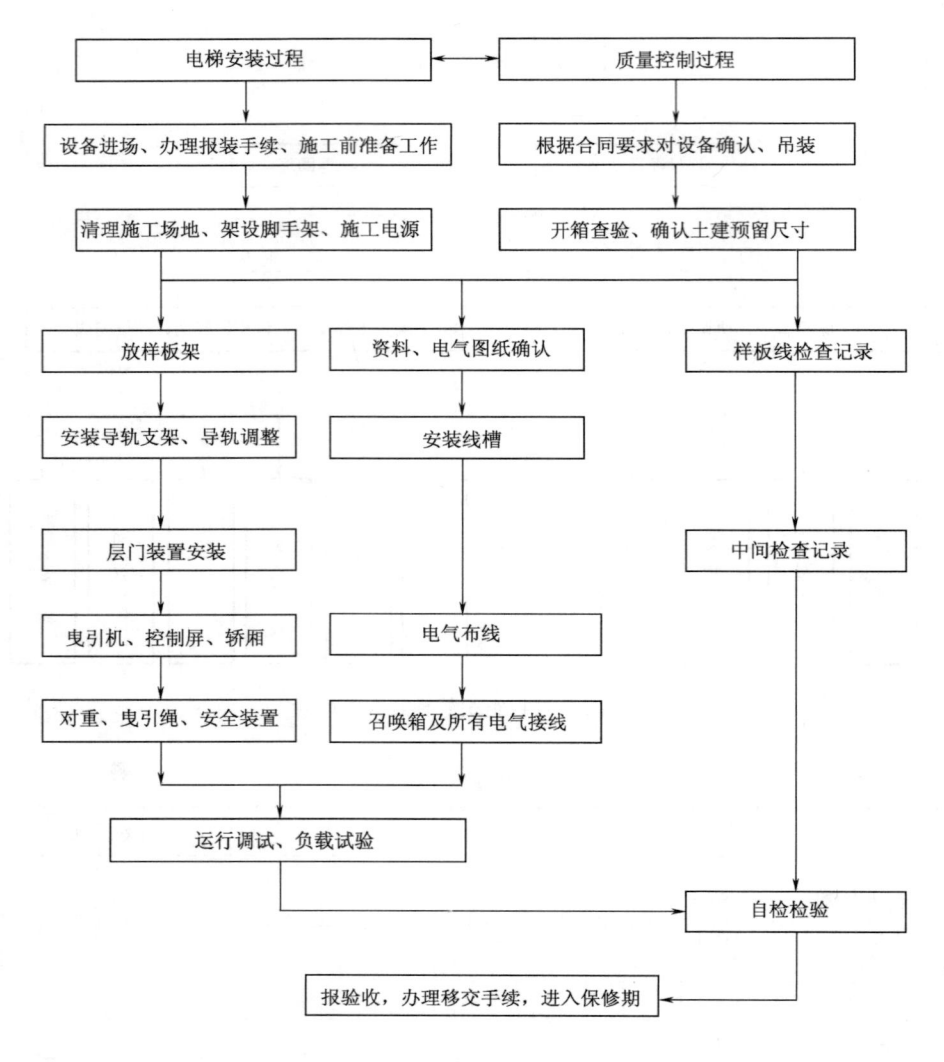

```
电梯安装过程  ←→  质量控制过程
       ↓              ↓
设备进场、办理报装手续、    根据合同要求对设备确认、吊装
施工前准备工作
       ↓              ↓
清理施工场地、架设脚手架、   开箱查验、确认土建预留尺寸
施工电源
       ↓
┌──────┼──────────────┐
↓      ↓              ↓
放样板架  资料、电气图纸确认   样板线检查记录
↓      ↓
安装导轨支架、导轨调整  安装线槽
↓      ↓              ↓
层门装置安装          中间检查记录
↓      ↓
曳引机、控制屏、轿厢   电气布线
↓      ↓
对重、曳引绳、安全装置  召唤箱及所有电气接线
↓      ↓
运行调试、负载试验
       ↓              ↓
              自检检验
                ↓
       报验收、办理移交手续、进入保修期
```

图 6-4　电梯安装流程图

三、施工前的技术交底及安全培训

（一）施工前的技术交底内容

（1）向施工人员详细介绍本项目的施工方案。

（2）介绍本项目的工作任务（落实到人）及工作进度（明确具体日期）。

（二）安全培训内容

（1）检查各工种人员持证情况及防护用品配备状况。

（2）讲解现场安全作业要领。

（3）分析典型事故案例引以为戒。

（4）学习本单位安全制度。

四、资料、工具及防护用品

（一）资料内容

产品随机文件；电梯井道、机房土建图；安装部门管理文件及常用技术资料；

（二）主要工具

电梯安装主要工具见表6-2，注意计量器具的有效标定日期。

表6-2 电梯安装常用工具

类别	序号	名称	规格	数量	备注
常用工具	1	钢丝钳	150mm、200mm	各1把	
	2	尖嘴钳	160mm	2把	
	3	斜口钳	160mm	2把	
	4	鲤鱼钳	200mm	2把	
	5	挡圈钳	轴、孔用	各1把	
	6	梅花扳手	8件套	1套	
	7	套筒扳手	28件套	1套	
	8	活动扳手	100～375mm	1把	
	9	一字旋具	75～300mm	2把	
	10	十字旋具	75～250mm	2把	
	11	多用旋具	7件套	2套	
	12	锤子	1.2kg	1把	
钳工工具	1	台虎钳	125(150)mm	1台	
	2	钢锯架	300mm	2个	
	3	锉刀	扁、圆、方、三角	各1套	粗、细
	4	整形锉	150mm	2套	
	5	铜锤		1把	
	6	中心冲		2只	
	7	钢凿		2把	
测量工具	1	框式水平仪	300mm、500mm	各1把	精度2mm/m
	2	游标卡尺	150mm、300mm	各1把	精度0.05mm
	3	钢直尺	150mm、300mm、500mm	各1把	
	4	钢卷尺	2m、3m、30m	各1把	
	5	塞尺	150mm、300mm	各1把	
	6	直角尺	150mm	1把	
	7	刀口直尺	300mm、500mm	各1把	
	8	磁性吊坠	150g、300g	各1只	

续表

类别	序号	名称	规格	数量	备注
切削工具	1	手电钻	6.5mm、13mm	各1把	
	2	冲击钻	12mm、22mm、38mm	各1把	
	3	角向磨光机	80～100mm	1台	
	4	手提砂轮机	100～500mm	1台	
	5	小型台钻	16mm	1台	
	6	钻头	2.5～16mm	1套	
起重工具	1	手拉葫芦	1T、3T、5T	各1个	
	2	千斤顶	5号	4只	
	3	撬杠	钢管制	2把	
	4	C形夹头	50mm、75mm、100mm	各4只	
	5	钢丝绳扎头	Y4～Y12、Y5～Y15	各10只	
	6	索具卸扣	1.4、2.1	各2只	
	7	钢丝绳	0.5m、1m、3m、5m	各2根	
电工工具	1	万用表		1只	
	2	摇表		1只	
	3	钳形电流表	5～150A	1只	
	4	电烙铁	35W、300W	各1把	
	5	剥线钳		2把	
	6	测电笔		2支	
	7	电工刀		2把	
专用工具	1	初校板		1～2块	自制
	2	找导尺		1把	自制
	3	导轨校正器		2副	自制
调试工具	1	对讲机	1000m	1对	
	2	声级计(A)		1套	
	3	转速表	电子	1套	
	4	弹簧秤	0.5N、30N	各1只	
	5	秒表		1块	
其他工具	1	气焊		1套	
	2	电焊		1套	
	3	喷灯		1把	
	4	油壶	机油、黄油	各1把	
	5	手提灯		2个	
	6	手电筒		4把	
	7	工地电源箱		2个	
	8	木工工具		1套	
	9	泥瓦工工具		1套	
	10	电源变压器		1个	

(三)防护用品
防护用品包括公用和个人用两大类。
1. 公用类 安全绳、防护网、层门口安全护栏、安全警示标记等。
2. 个人类 防护服、安全帽、绝缘鞋、安全带、手套(工作、绝缘两类)、眼镜、口罩等。

五、开箱清点、部件安放
(一)开箱清点
电梯产品一般按部件分若干箱装箱发货,在电梯安装前必须现场开箱并依据随机文件中的装箱清单逐项清点。清点时,电梯制造方、使用方及安装单位均应派人到场共同清点,做好记录并签字确认。若发现缺少、损坏、错发等情况,应及时向制造商联系办理补发手续。

(二)部件安放
在开箱清点无误时,按部件的安装位置将其搬运至就近放置,避免二次搬运。大件搬运还需由有资质的专业起重单位协助完成。在零部件搬运安放时应注意防止碰伤、变形、丢失等问题的发生。

各部件安放位置:
(1)机房安放曳引机、控制柜、承重钢梁、限速器。
(2)顶层站安放轿厢架、轿底、轿顶、轿壁、门机装置、安全钳、导靴。
(3)各层站安放层门扇、层门套、层门上、下坎。
(4)底层站安放轿厢导轨、对重导轨。
(5)底坑安放对重架、对重块、缓冲器。

六、脚手架及安全设施
(一)搭建脚手架
电梯安装是一项高空作业,为便于安装人员在井道内安全施工,一般需要在井道内搭建脚手架,本节介绍的是电梯有脚手架安装工艺。搭建脚手架必须由持证的专业人员操作,也可委托有资质的专业机构搭建完成。

搭建脚手架之前必须先清理井道,清除井道内、井壁上或机房楼板下土建施工中所留下的露出表面的异物,底坑内的积水、杂物也必须清理干净。

脚手架一般使用 $\phi 48mm \times 3.5mm$ 钢管等坚固材料搭设。脚手架由立杆、横杆、支撑杆、攀登杆、木板组成。脚手架的层高(横梁的间隔)一般为 1.2m 左右。脚手架横梁上应铺放厚 50mm,宽 200~300mm 的脚手板,并与横梁捆扎牢固。脚手架在层门口处应考虑到层门地坎的安装位置,应符合图 6-5 的要求。脚手架的承载力应大于 $250kg/m^2$。

脚手架拆除时应按照先绑后拆、后绑先拆的原则。拆除物应堆放层门外适当处,严禁抛入井道内。

脚手架搭建时根据对重位置,可分后置式(图 6-6)和侧置式(图 6-7)两种形式。

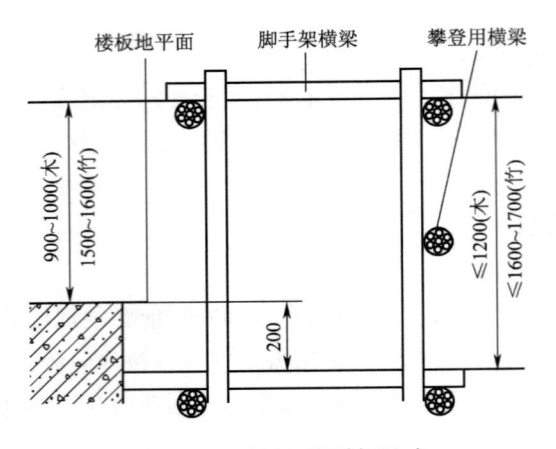

图6-5 层门处脚手架尺寸

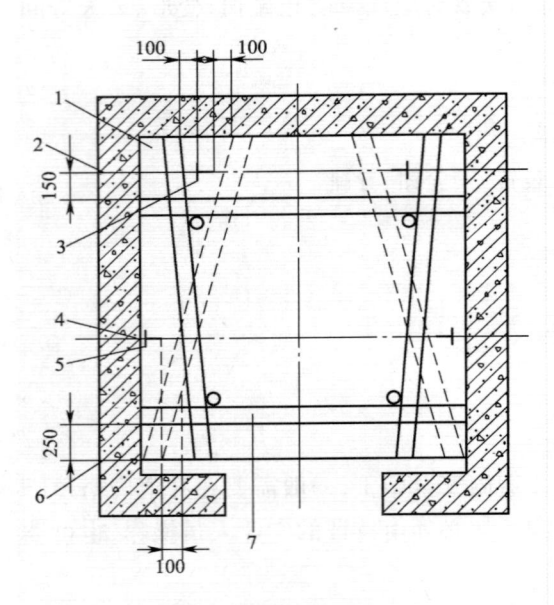

图6-6 对重在轿厢后侧脚手架平面布置图
1—井道 2—对重导轨中心线 3—对重导轨
4—轿厢导轨中心线 5—轿厢导轨
6—厅门地坎外沿线 7—脚手架

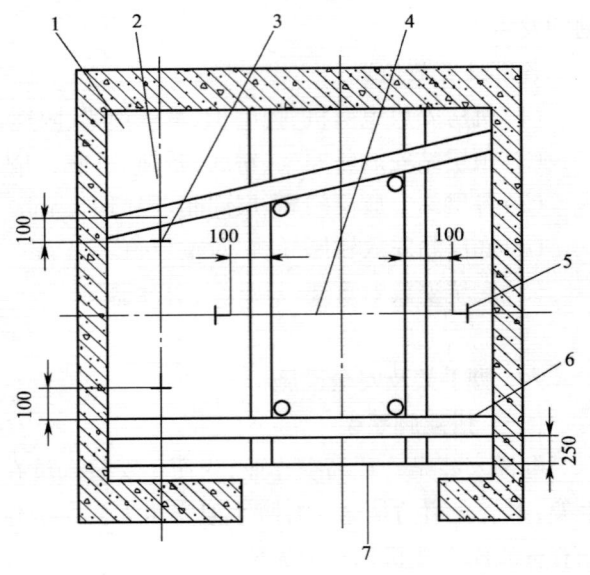

图6-7 对重在轿厢左侧脚手架平面布置图
1—井道 2—对重导轨中心线 3—对重导轨
4—轿厢导轨中心线 5—轿厢导轨
6—脚手架 7—厅门地坎外沿线

(二)施工安全设施

(1)电梯安装过程中,为防止人员意外坠落,尚未安装层门的层门口应放置安全栅栏,并在层门旁贴有安全告示,在未放遮拦物前应有专人看管。

(2)在未安装电梯部件前,所有预留孔、洞应采取可靠的遮掩措施。

(3)施工现场所有供电线路、设备、设施、器材、照明器具应符合临时用电安全管理的有关规定。

（4）施工移动配电箱、分电箱内器件完好，安全保护系统（漏电保护开关等）动作灵敏可靠。漏电保护开关容量不小于60A，漏电动作电流不得超过30mA。

（5）井道内临时照明、手持行灯应采用36V安全电压供电。

（6）手持电动工具必须一机一开关控制，并在漏电保护开关控制范围以内。

（7）使用电焊机必须专线供电，电源线应符合要求，不得借用随行电缆芯供电。

（8）井道内焊接作业，坚决杜绝利用电梯金属结构部件或井道钢管脚手架作为地线使用。

第二节 样板架及放样

一、样板架的制作

电梯导轨及部件在井道中的安装准确度直接关系到今后电梯使用的舒适感和安全性。而决定的主要因素就是样板线安装的正确放置。放样的标准器具就是样板架。

根据所安装电梯提升高度，样板架可分金属和非金属两种。样板架根据对重在轿厢侧位或后位又有所不同，如图6-8和图6-9所示。

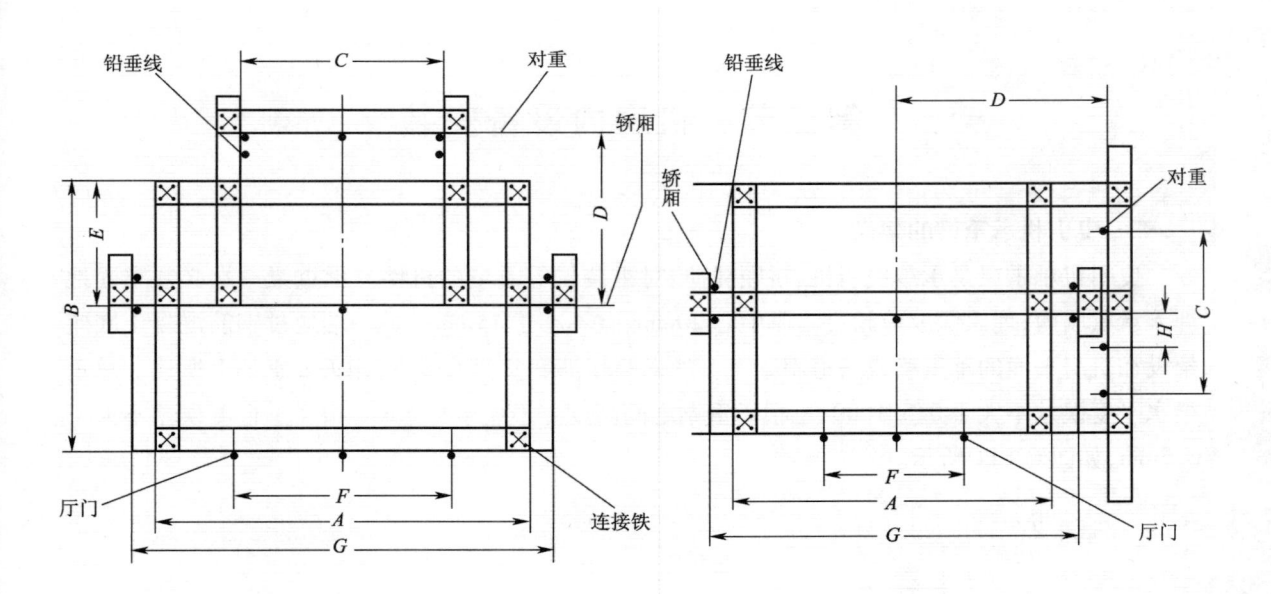

图6-8 对重在轿厢后侧样板架平面图

图6-9 对重在轿厢右侧样板架平面图

在样板架上应标出轿厢导轨中心线、对重导轨中心线、轿厢中心线、净开门尺寸线等。各线位置偏差不超过0.30mm。在样板架上悬放铅垂线位置可开一小缺口作为定位点，以防止铅垂线在安装中移位。

二、样板架及架设

在井道顶部距楼板 1m 处的两侧墙上同一高度处,用膨胀螺栓固定四个角铁托架,在托架上面安放两根方木或型钢作为样板架的托梁,托梁的水平度误差不超过 5mm。再将样板架放入托梁内,并再次校正样板架的水平度。根据井道尺寸及机房预留孔位置固定样板架位置。如井道高度较高时,应在离底坑 1m 处再固定一个辅助样板架,校正后,采用上下绷线取代挂线以保证放线的精度,同时可以避免样板线的晃动,如图 6 - 10 所示。

三、挂放铅垂线及放样

在样板架铅垂线缺口位置挂放直径 1mm 的镀锌铅丝或 0.7mm 的细钢丝,端部悬挂重锤。为防止铅垂线旋转或飘移而影响定位,铅垂线稳定并确定好位置后,用 U 形钉将其固定在样板架的木梁上。

随后,放下电梯安装所需要的相关基准线,包括层门、轿厢导轨、对重导轨、轿厢中心线等。

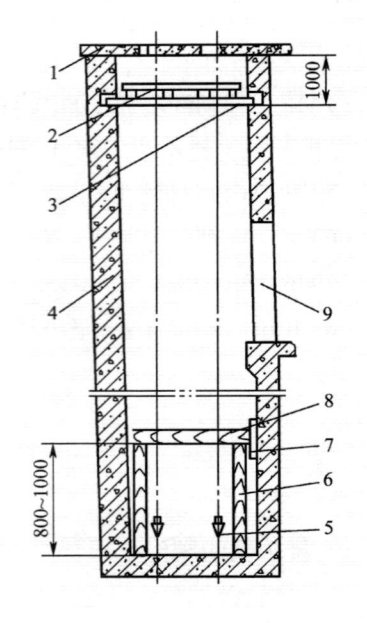

图 6 - 10 样板架架设示意图
1—机房楼板 2—上样板架 3—托梁
4—井道壁 5—铅坠 6—撑木 7—木楔
8—下样板架 9—层门口

第三节 机房内设备安装

一、曳引机承重梁的架设

曳引机承重梁是承载曳引机、轿厢载荷、对重装置等重量的机件。承重梁一端必须牢固地埋入承重墙内,埋入深度应超过墙厚中心 20mm,且不小于 75mm。另一端通过钢筋混凝土底座架设在机房平面的承重梁或井道圈梁上。如果两端都需要埋入墙中,相关要求如上所述。承重梁水平度误差不大于 0.5/1000,三根承重梁之间高度差不大于 0.5mm,相互平行度误差不大于 0.5mm,如图 6 - 11 所示。

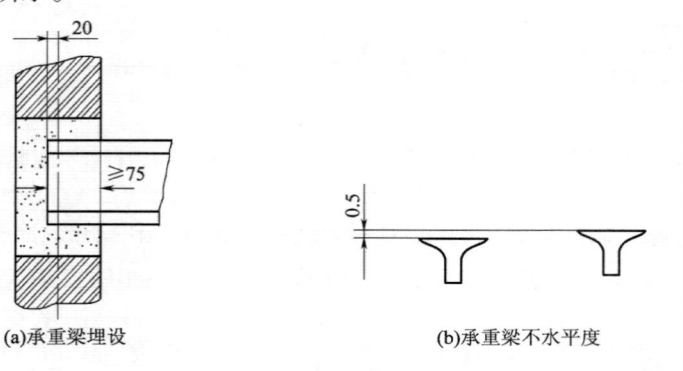

(a)承重梁埋设   (b)承重梁不水平度

图 6 - 11 承重梁的安装要求

二、曳引机的安装

承重梁安装稳固和经检查符合精度要求后,可通过机房顶梁上的吊钩用手拉葫芦起吊曳引机,并按照要求精确定位。曳引机底座与承重梁之间由橡胶垫(橡胶垫在承重梁上下应各铺设一层,面积不小于曳引机底座的钢板)作弹性减振,安装时橡胶垫的位置应按说明书要求布置。低速货梯可不设此缓冲装置。

曳引机纵向和横向水平度误差均不应超过 1/1000。曳引轮的方向取决于轿厢位置。曳引轮在轿厢空载时垂直度偏差必须不大于 0.5mm,曳引轮端面对于导向轮端面的平行度偏差不大于 1mm。

曳引机制动器应按要求调整,制动时闸瓦应紧密地贴合于制动轮工作面上,接触面不小于 80%,松闸时两侧闸瓦应同时离开制动轮表面,间隙均匀适中,在确保闸瓦与制动轮不发生碰擦的前提下,其间隙尽可能小。

三、限速器及张紧装置的安装

按所安装电梯的额定速度不同,限速器分凸轮式、甩块式、甩球式三类。限速器底座安装在搁机承重梁或机房地面上,位置正确,牢固可靠。限速器的定位应从限速器绳轮上悬挂铅垂线,使铅垂线穿过楼板预留孔至轿厢架,并对准限速器绳头拉手中心孔直至底坑张紧轮绳槽中心位置。限速器轮垂直度偏差不大于 0.5mm。

限速器动作时,限速器绳的张紧力不应小于安全钳所需提拉力的两倍,或不小于 300N,可取两个值的较大者。限速器绳的张紧力可通过增减其张紧装置上的配重量来调节。限速器钢丝绳同安全钳提拉机构之间通过 3 只钢丝绳夹头连接,夹头压板应压在钢丝绳受力边,每个轧头间距应大于 6 倍钢丝绳直径,如图 6-12 所示。限速器动作速度在出厂标定后打有铅封,其有效期为两年。

限速器张紧装置底部离底坑地面距离为:

(1)电梯额定速度在 1m/s 及以下时,不小于 400mm ± 50mm。

(2)随着电梯额定速度的提高,此距离应相应增大。安装时应参照相关的技术文件。

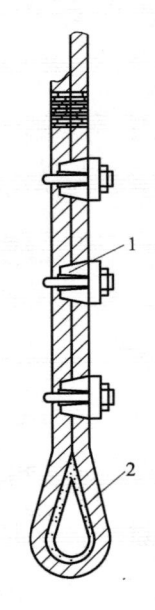

图 6-12　限速器钢丝绳连接绳头
1—钢丝绳夹头　2—套环

四、机房控制屏的安装

电梯控制屏一般安装在电梯机房内。其安装位置除按施工图要求外,还应满足以下要求:

(1)安装位置尽量远离门、窗,其最小距离不得小于 600mm。

(2)控制屏的维修侧与墙壁的最小距离不得小于 600mm。

(3)控制屏应尽量远离曳引机等机械传动设备,其距离不得少于 500mm。

(4) 控制屏的垂直度允差为 1.5/1000。

(5) 控制屏前应有一块净空面积，其深度不小于 0.7m，宽度为 0.5m 或屏的全宽（两者中的大值），高度不小于 2m。

第四节　井道内部件安装

一、导轨的安装

安装电梯导轨是电梯安装工作中最繁重而又关键的工序，其安装质量直接关系到电梯运行的稳定和舒适性。导轨安装示意图如图 6-13 所示，其技术要求如下：

（1）导轨安装前应对其直线度及两端接口处进行尺寸校正。

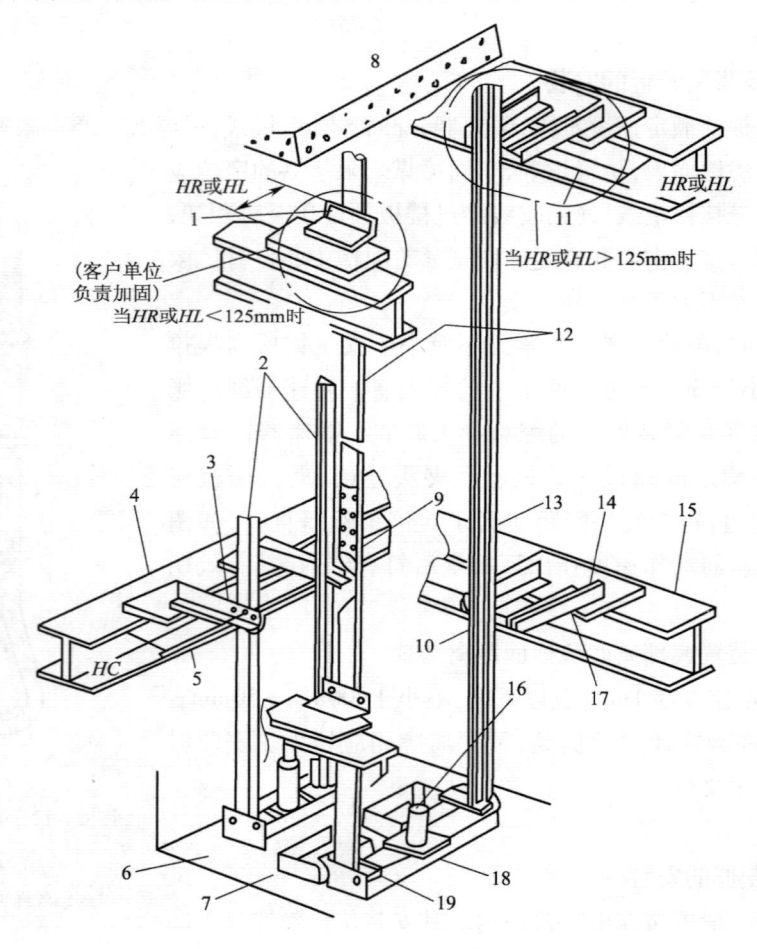

图 6-13　导轨安装示意图

1—导轨侧支架加固件　2—对重导轨　3—对重导轨侧支架　4—建筑物承重梁　5—导轨中心线　6—底坑地面　7—油槽　8—机房地板　9—连接板　10—压板　11—导轨背部　12—轿厢导轨　13—导轨　14—加固件（由客户单位负责加固）　15—建筑物承重梁　16—缓冲器　17—导轨侧支架　18—缓冲器底座　19—油盘

(2) 准备 8 个 25kg 线坠，足量的 ϕ1mm 钢丝线。

(3) 按照样板架标定线对导轨支架位置进行精确定位。

(4) 首先在井道壁上安装导轨支架，且每根导轨至少有两个支架。支架应保证间距不大于 2.5m。

(5) 支架背衬坐标和整个井道内同侧的支架中心线与导轨底面中心线重合后作临时固定。

(6) 松开压导板安装导轨。

(7) 轿厢导轨两侧都用压板临时固定后，即可固定支架。

(8) 精确找正导轨后固定压导板。

(9) 每列导轨工作面每 5m 铅垂线测量值间的相对最大偏差：轿厢导轨和设有安全钳的 T 形对重导轨不大于 1.2mm，不设安全钳的 T 形导轨不大于 2.0mm。

(10) 轿厢导轨间距允差为 0 ～ +2mm，对重导轨间距允差为 0 ～ +3mm。

二、轿厢与对重的安装

（一）轿厢安装

轿厢安装的操作程序如下：

(1) 拆除井道顶层的脚手架，用两根坚固的方木（300mm×200mm×3000mm）一端从层门口伸入并固定于井道墙，另一端搭在层门地面上，调整找平，作为组装轿厢的支承梁，如图 6-14 所示。

(2) 在支承梁周围搭设脚手板组成安装平台。

(3) 在支承梁上放置轿架下梁，并将其调整找平，组装轿架。

(4) 在机房内设法悬挂手拉葫芦，将吊钩通过曳引绳孔吊住轿厢架。

(5) 在下梁上预装安全钳。

(6) 将轿底固定在轿架下梁上，用水平尺校正其水平度。

(7) 调节导轨与安全钳楔块滑动面之间的间隙，调节导靴与导轨之间的间隙，两边间隙应相等。

(8) 轿壁安装之前要对后壁、前壁和侧壁分别进行测量复验，控制尺寸。装配顺序为后壁、侧壁、前壁、扶手（若有）。

(9) 当轿壁安装完毕之后，安装轿顶，并将轿厢照明、装饰吊顶固定在轿顶上。

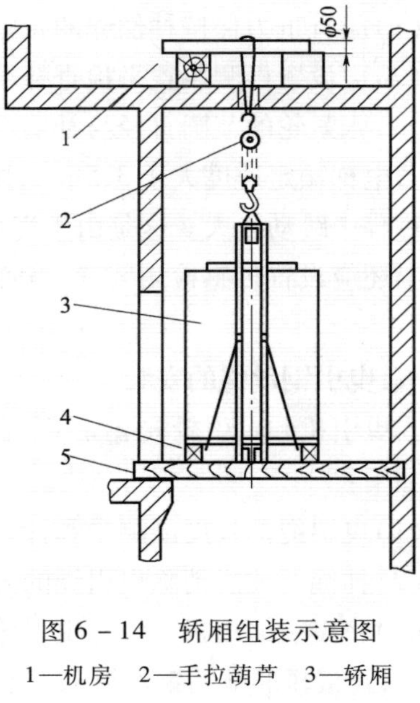

图 6-14 轿厢组装示意图
1—机房 2—手拉葫芦 3—轿厢
4—方木 5—支撑梁

（二）对重安装

对重装置的安装在井道底坑内进行。安装时用手拉葫芦将对重架吊起就位于两列对重导轨之间，下面用方木顶住垫牢，把对重导靴装好，再将对重块一一送入对重架中，放平、垫实，并用压板固定。

三、缓冲器的安装

缓冲器安装在电梯井道的底坑内，缓冲器必须牢固、可靠地固定在缓冲器底座——槽钢或混凝土基础上。缓冲器经安装调整后，应满足下列要求：

(1) 轿厢底部碰撞板中心与其缓冲器顶面板中心偏差≤20mm。

(2) 对重底部碰撞板中心与其缓冲器顶面板中心偏差≤20mm。

(3) 一个轿厢采用两个缓冲器时，两个缓冲器顶部高度偏差不大于2mm。

(4) 采用液压缓冲器时，其柱塞垂直度不大于0.5mm。

(5) 采用弹簧缓冲器时，弹簧顶面的水平度应不大于4/1000mm。

(6) 液压缓冲器内用油标号、油量加注正确。

四、补偿装置的安装

补偿装置的作用是平衡因电梯运行过程中曳引绳重量变化而引起两侧重量变化。补偿装置两端分别固定在轿厢和对重的底部，其长度应根据电梯冲顶或撞底时不被拉断或与底坑撞击确定。补偿装置的最低处应离底坑底面不小于100mm。

若电梯额定速度大于2.5m/s，则应使用带张紧轮的补偿绳。并符合下列条件：

(1) 应有重力保持补偿绳的张紧状态。

(2) 应设置检测装置来检查补偿绳的张紧状况。

(3) 张紧轮的节圆直径与补偿绳的公称直径之比应不小于30。

若电梯额定速度大于3.5m/s，则还应在上面所设基础上增加防跳装置，以防补偿绳在高速运动过程中跳动太大。这是由于当补偿绳跳动太大时，将使电梯运行时晃动加剧。因此在防跳装置上还应设置传感检测装置，当防跳装置动作过大时能使电梯驱动主机停止运转。

五、曳引钢丝绳的安装

当曳引机和曳引轮安装完毕，且轿厢、对重组装完毕后，则可进行曳引绳安装。安装的操作程序如下：

(1) 曳引绳的长度经测量和计算后，可把成卷的曳引绳放开拉直根据尺寸测量截取。

(2) 挂绳时注意消除曳引绳的内应力。

(3) 将曳引绳由机房绕过曳引轮、导向轮悬垂至对重，用夹绳装置把曳引钢丝绳固定在曳引轮上，连接轿厢端的钢丝绳末端展开悬直至轿厢。

(4) 复测核对曳引绳的长度是否合适，内应力是否消除，认定符合要求后用钢丝绳端接装置固定曳引钢丝绳或按第(5)条制作绳头。

(5) 曳引钢丝绳绳头用巴氏合金浇注而成。制作前先把钢丝绳末端用汽油清洗干净，然后抽绳套的锥形孔内，再把绳套锥体部分用喷灯加热，熔化巴氏合金，将其一次灌入锥体（二次灌入会造成冷隔现象），灌入时使锥体下的钢丝绳1m长部分保持垂直，灌后的钢丝绳弯头部分要高出巴氏合金几毫米,如图 6-15 所示。

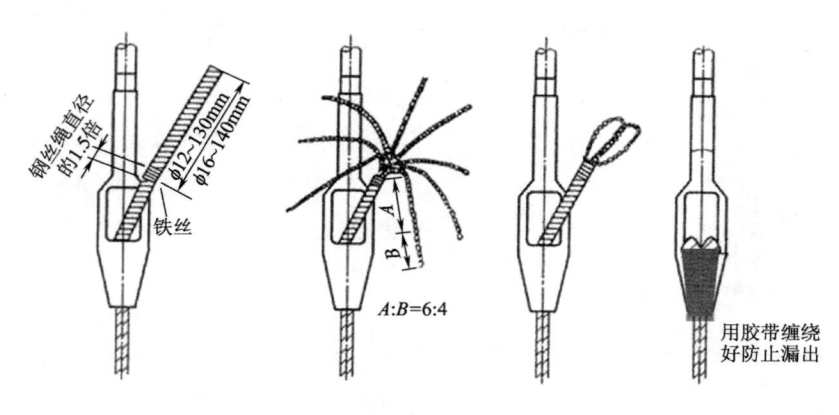

图 6-15 曳引绳头制作

(6)借助手拉葫芦把轿厢吊起,再拆除支撑轿厢的方木,放下轿厢并使全部曳引绳均匀受力。

(7)初次调整各曳引绳间张力至均匀。

六、电气装置的安装

(一)中间接线箱的安装

井道中间接线箱安装在井道 1/2 高度往上 1m 左右处。确定接线箱的位置时必须便于电线管或电线槽的敷设,使跟随轿厢上、下运行的软电缆在上、下移动过程中不至于发生碰撞现象。

(二)分接线箱、线槽及线管的安装

根据随机文件中电气安装技术文件的要求,安装控制屏至极限开关、曳引机、制动器、限位开关、井道中间接线箱、各层站分接线箱、各层站召唤箱、层门联锁等处电线管或电线槽。具体操作如下:

(1)按电线槽或电线管的敷设位置(一般在层门两侧井道壁各敷设一路干线)在机房楼板下离墙 25mm 处放一根铅垂线,并在底坑内稳固,以便校正线槽的位置。

(2)用膨胀螺栓将分线箱和线槽固定妥当,注意处理好分线箱与线槽的接口处,以保护导线的绝缘层。

(3)在线槽侧壁对应召唤箱、层门电联锁、限位开关等水平位置处,根据引线的数量选择适当的开孔刀开口,以便安装金属软管。

(4)敷设电线管时,竖线管间隔 2~2.5m,横线管不大于 1.5m,金属软管小于 1m 的长度内需要一个支撑架,且每根电线管应不小于两个支撑架。

(5)线管、线槽的敷设应横平竖直、整齐牢固。线槽内导线总面积不大于线槽净面积的60%。线管内导线总面积不大于管内净面积的 40%。

(6)全部线槽或线管敷设完后,应采取可靠的措施将全部槽、管和箱联成一体,然后进行可

靠的接地处理,如图 6-16 所示。

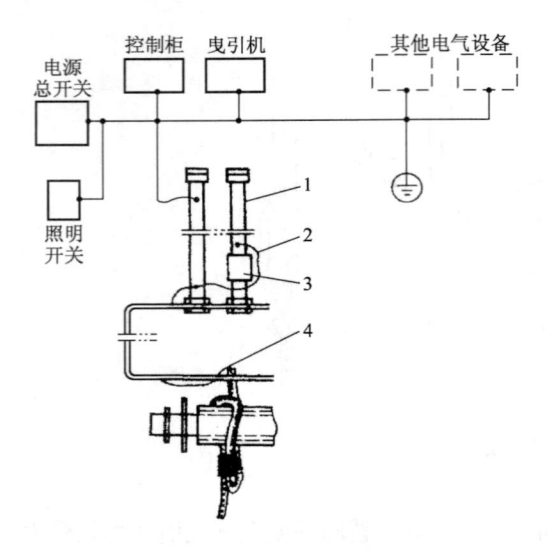

图 6-16 电气部件接地示意图
1—电线管或电线槽　2—金属线材　3—电线管接头
4—电缆钢心或钢心线

(7)为避免与运行中的轿厢、对重、钢丝绳、电缆等相互擦碰,井道内的线管、线槽和分接线箱活动部件的间距不得小于 20mm。

(三)供电装置的安装

(1)电梯动力与控制线路应分离敷设,零线和接地线应始终分开,接地线的颜色为黄绿双色绝缘电线。

(2)除 36V 及其以下安全电压外的电气设备金属罩壳均应设有易于识别的接地端子,且应有良好的接地,接地电阻值不应大于 4Ω。接地线应分别直接接至地线柱上,不得互相串接后再接地。

(3)电梯的供电电源应由专用开关单独控制供电。每台电梯分设动力开关和单相照明电源开关。同一机房中有几台电梯时,各台电梯主电源开关应易于设别。其容量应能切断电梯正常使用情况下的最大电流,但该开关不应切断下列供电电路:

①轿厢照明、通风和报警装置。
②机房、隔离层和井道照明。
③机房、轿顶和底坑电源插座。

(四)电缆敷设

(1)井道电缆在安装时应使电缆避免与限速器、钢丝绳、限位、缓冲开关等处于同一垂直交叉容易引起刮碰的位置上。

(2)轿厢底部电缆架的安装方向要与井道电缆一致,并保证随行电缆随轿厢运行至井道底层时,能避开缓冲器并保持一定距离。井道电缆架用螺栓稳固在井道中间接线箱下 0.5m 处的井道墙壁上。

(3)电缆敷设时应设法预先释放内应力,确保安装后无打结、扭曲现象。多根电缆的长度应一致,非移动部分应用卡子固定牢固。

七、其他

(1)磁感应器和感应板在安装时要注意其垂直、平整。其间隙为 10mm±2mm。磁开关和磁环中间距偏差不大于 1mm。轿顶光电(磁)感应器定位准确,符合相关的技术要求。

(2)限速器断绳(松绳)开关、液压缓冲器开关安装位置正确,动作灵敏、可靠。

(3)井道强迫减速与极限开关装在井道的上、下端站处,由装在轿厢上的撞弓触动,当电梯到达端站超越正常的停站控制位置时,能自动地强迫减速或进一步导致极限开关动作,切断控制电路,使轿厢停止运行。

(4)为保证检修人员进入底坑的安全,必须在底坑中设置电梯红色停止开关(急停)。该开关应安装在检修人员能方便操作、开启层门伸手可及的位置。

第五节　层门安装

一、层门地坎及门套安装

层门地坎分单槽和多槽两类。单槽用于单扇旁开或二扇中分门,多槽用于多扇旁开或多扇中分门。

层门地坎埋设前应根据样板放线定位后固定其位置,地坎上平面的水平度误差不大于1/1000且应高出已竣工楼面2~5mm。层门套固定在井道层门处井道壁上,应调整其垂直度不大于1mm,调整完毕后用水泥浇灌固定,待凝固后还需复核以上尺寸。

二、层门门扇安装

在门扇上固定门滑轮后将门扇挂在门上坎导轨上,通过调正滑轮支架和层门之间间隙的垫片使门扇下端面与地坎上平面间隙不大于6mm,同时应调正滑轮架上偏心档轮与门导轨下端面间隙不大于0.5mm。水平滑动门在开启方向以150N力作用于缝隙最易增大处,其缝隙对旁开门不得大于30mm,对中分门总和不得大于45mm。轿厢门关闭后,门扇之间或门扇与门柱、门楣,地坎之间的间隙客梯不大于6mm,载货电梯不大于8mm。

三、层门门锁安装

层门门锁由机械和电气联锁两部分组成。只有机械锁钩与锁栓的啮合深度不小于7mm时,门锁的电气触点才允许接通。

近年来,随着建筑物高度不断增加,在电梯安装工程领域正逐步推行无脚手架安装工艺,具有作业效率高、安装成本低等诸多特点,尤其是在高层建筑的电梯安装工程中优势更为明显。

采用无脚手架安装工艺时所用的移动作业平台分为两大类。一类是利用轿架、轿底、曳引机、安全部件等电梯本体的部分部件;另一类是利用专用的移动作业平台。限于篇幅,本章仅介绍电梯基础安装工艺,无脚手架安装工艺不作详细叙述。

本章小结

本章系统介绍了电梯安装的前期准备工作,包括现场土建勘察、制定工程施工方案及进度计划、施工前的技术交底及安全培训、开箱清点,脚手架的搭建及安装流程。

本文对样板架的制作与放样、曳引机、导轨、轿厢、层门、安全部件、电气部件等安装工艺作了较为详细的叙述，同时给出了相关的量化参数要求，供读者参考。

思考题

1. 现场土建勘察复核的内容有哪些？
2. 说出电梯施工方案的主要内容？
3. 电梯样板架应标出哪些部件的定位中心线？
4. 试述电梯承重梁安装的技术要求。
5. 简述电梯限速器及张紧装置安装的技术要求。
6. 电梯导轨安装的精度要求有哪些？
7. 简述电梯层门门扇安装的技术要求。
8. 电梯层门门锁锁钩与锁栓的啮合深度至少应为多少？
9. 电梯主电源开关不应切断哪些供电电路？
10. 电梯电缆敷设中应注意哪些事项？

第七章　电梯的调试

电梯调试人员必须熟悉所要调试电梯梯型的整体技术、性能与特点,正确有效的调试是电梯安全运行的保障。调试人员应该在学习掌握并知晓所要调试的内容与设备的技术特点的基础上,按产品特定的调试要求与工艺步骤逐步进行。

电梯的调试过程务必是在井道、轿厢内无其他人员的情况下进行,并至少有两人配合同时作业。若出现有异常情况应立即切断电源,以防止不测。由于不同电梯产品在电气系统结构、器件配置、参数以及调试工艺上存在较大差异,因此以下仅以举例的方式对电梯的调试技术作一介绍,提供调试人员参考。

第一节　调试前工作环境的检查

一、机房部位

（1）机房内应有足够的照明。
（2）机房的门窗应齐全,门能上锁。
（3）机房内近门口部位建设方已提供电梯专用的三相五线制380V动力电源（且供电电源性能符合要求）。
（4）机房内无杂物,不积水,并已清洁干净。
（5）机房内的布线各高、低电压线及微机通信线缆已按规定分线槽敷设,已完成各线槽接地与各自的屏蔽。
（6）曳引机至控制柜接线正确,编号清晰。
（7）曳引机、导向轮已加注润滑（黄油、齿轮油）。
（8）机房楼板的各下井孔洞已作了比装饰后的地坪高出50mm的圈框台阶。
（9）限速器清洁,超速开关接线可靠、起作用,接地良好。
（10）机组松闸扳手、盘车手轮均已按规定挂至近操作处的墙上并已标识。

二、轿厢与轿顶

（1）轿顶、轿厢内清洁,照明正常。
（2）检修盒接线可靠。
（3）轿顶急停开关断启位置可靠。
（4）轿厢安全钳位置安装正确并已初步调整。

(5) 安全钳开关、安全窗开关接线正确,动作可靠。
(6) 轿顶接线盒清洁,接线整齐,编号正确。
(7) 自动门机接线正确、可靠。
(8) 门关闭后,中间无间隙,开关灵活。
(9) 轿门上坎与下地坎清洁。
(10) 轿厢体接地可靠、规范。
(11) 轿顶护栏已安装。

三、井道与对重

(1) 层门门套及各类孔、洞、缝已封好。
(2) 层门上坎与下地坎清洁。
(3) 层门机械勾锁起作用。
(4) 层门关闭,中间无缝隙。
(5) 层门开足后两边与门套平齐,门缝间隙符合要求。
(6) 层门厅外钥匙锁起作用。
(7) 上/下终端极限开关、方向限位开关、强迫减速限位开关安装到位,有调节余量,接线可靠。
(8) 对重块需临时固定。
(9) 井道内不应有渗漏水。

四、底坑与轿底

(1) 底坑清洁、无积水。
(2) 底坑急停,照明起作用。
(3) 轿厢、对重缓冲器清洁,开关接线可靠,接地良好。
(4) 涨紧轮开关接线可靠、灵活。
(5) 所有开关盒应有接地线。
(6) 缓冲器内已加液压油且油位正确。

第二节　慢车调试

为了确保人员与设备的安全,必须在条件具备的情况下方可实施调试工作。在进行慢车调试前,要求严格进行如下检查:机房各机械部件的检查。控制柜各外围电气线路的接线、接插件检查并再次进行紧固。机房动力进线电源箱至控制柜的动力线(三相五线)的接线检查并再次紧固。控制柜至曳引机的动力、电磁制动器、监控、旋转编码器的接线等检查并再次紧固。主机制动器必须检查调整后才能进行松闸或送电试车,以确保制动器能随时有效地锁住曳引轮两端的重力场偏差。在检查中如出现任何问题都必须仔细查明原因所在并予以排除。具体步骤如下所述。

一、通电前的检查
（一）电磁制动器的检查与初步调整
曳引机的电磁制动器必须经过检查与初步调整后才可进行手盘车移动轿厢或送电试车操作，避免因长期不动或装配未到位产生卡阻、锈蚀、不灵活等现象，致使开闸后可能发生飞车等险情。

调节两个制动臂动作灵活可靠（单个进行检查），紧固环节锁紧有效、转动点润滑。制动闸瓦应最大面积紧密黏合在制动轮工作表面，闸瓦与制动盘的接触面积应大于80%，不应有过量的氧化铁锈。制动弹簧压缩在规定尺寸的刻度范围内、手摇两边弹簧的弹力基本均匀。

电磁铁心动作灵活，铁心间隙适当，线圈无松动现象，绝缘良好。接线应可靠，各电气接头有效紧固，快速释放电路（阻容元件）有效。

初调电磁铁开闸顶杆与制动臂联动处在闭合状态时须留有足够的安全间隙，开闸状态制动臂闸瓦与制动轮的间隙均匀合理，确保闭合状态时闸瓦可靠抱紧制动盘而不被铁心顶杆顶死。

（二）制动器初步调整后的再次检查工作
打开井道照明和底坑照明，检查井道内通畅无杂物。用曳引机盘车手轮将轿厢向下移动约2m或半个楼层左右，即轿顶比顶层地坎高出300~500mm。调试人员既能顺利上下轿顶，也能方便地检查轿门与门机机构的位置。打开轿顶照明、将轿顶急停开关置接通位置、轿顶检修开关拨至正常位置，关闭层门。

（三）机械硬件的安装检查与确认
（1）曳引机安装与承重梁埋设与固定符合规范要求，隐蔽项在浇灌封没前得到了监理确认（留有浇灌前的相片与确认报告）。

（2）曳引机已加注齿轮油且牌号、油位正确，放油管口安装正确。

（3）曳引机、控制柜、轿内操纵箱上的专用编号及识别码应相配（按出厂梯号配置）。

（4）控制柜的安装位置及通风符合设计要求，柜内走线规范。

（5）动力线、控制线与信号线按规定分线槽敷设，做好分隔与屏蔽。

（6）在同一线槽内的线不得相互缠绕，线槽间的互连与接地符合规范要求且接触性能良好。

（7）悬挂绳头安装正确，绳头固定（弹簧、垫圈、螺母、锁母、开口销）可靠。

（8）曳引电动机轴上的编码器安装规范。

（9）限速器安装位置与方向正确，底坑内张紧轮装置与限速器钢丝绳就位正确。

（10）机房、井道已清理干净，且井道内无影响电梯运行的障碍物。

（11）导轨的安装已在过程质量控制中检验合格。

（12）层门安装符合要求。

（13）井道内外各孔洞、层门框柱侧、门楣侧、地坎侧、层站召唤箱、缝、孔已有效临时封闭好。

(14) 轿厢组装过程正确, 各部件的定位正确, 拼装紧固。

(15) 轿顶安全护栏、导靴、轿厢卡板、绳头组合、安全钳与拉杆组合、安全开关、门机系统安装正确。

(16) 轿门、门刀安装与定位正确。

(17) 随行电缆与补偿装置安装正确。

(18) 各楼层显示器已基本安装就位。

(19) 限位开关已基本安装就位。

(20) 底坑限速器张紧轮开关动作可靠、灵活。

(21) 缓冲器安装正确、开关可靠、灵活。

(22) 底坑各安全栅栏、通井道分隔、补偿导向等部件全已安装正确完好。

(23) 液压缓冲器内已加注液压油且油位正确。

(24) 底坑清洁干燥无积水。

(四) 电气接线的安装检查与确认

检查下列各线与端子的接线、各接插件间的接插按电气原理图所示要求接插正确, 并在检查的同时再紧固一遍, 特别对于专用屏蔽线须保证屏蔽层应按工艺图要求正确连接。

(1) 控制柜内下井道底坑(安全门)的安全回路接线是否按图接线正确。

(2) 控制柜内下井道端站保护线的线号或色标是否按图接线正确。

(3) 控制柜内下井道的随行电缆至轿厢的安全回路接插件是否接插正确。

(4) 控制柜内下井道随行电缆各接插件是否按要求接插正确。电缆中所有的接地线(黄/绿双色)都已接地, 规定的缆线区域间的分隔隔离线、屏蔽线/层或缆线中的受力钢缆已可靠连接并接地。

(5) 控制柜内下井道层门门锁线接线正确。

(6) 控制柜内下井道的固定线缆(楼层印板/层显/召唤)各接插件及电源线、井道数据总线与其他线缆的有效间距是否安装正确、有效隔离并外屏蔽层的可靠接地。

(7) 编码器线是否按图号或色标接线并外表屏蔽层接地/零正确。

(8) 检查进线电源箱动力线 L_1、L_2、L_3 及零线、地线至控制柜的两端三相五线制动力接线正确并紧固。

(9) 检查控制柜动力线 R、S、T 及零线、地线至变频器两端的动力接线正确并紧固(如控制与驱动分柜情况)。

(10) 检查控制柜(变频器)驱动输出端至曳引驱动电机两端的动力线 U、V、W、零线、地线接线正确紧固(此线一般需外层屏蔽并接地以防高频谐波干扰其他设备)。

(11) 检查曳引机制动器线及制动监控线、曳引电机温控热保护及冷却风机线接线正确并紧固。

(12) 旋转编码器线、通讯信号线、监控线等微控线必须与动力线等其他强电线分线槽敷设, 并做好隔离、屏蔽与接地。

(13)检查各接线端子、接插件、继电器、接触器、电气设备上的线并同时紧固一遍。

(14)在控制柜至下井道口部分的轿厢随行电缆中的数据通讯回路线,以及井道固定线缆中的数据通讯回路线必须与其他强电线分线槽敷设至下井道口处,并做好隔离、屏蔽与接地。

(15)井道固定线缆中的数据通讯回路线必须与其他线分线槽敷设,并有效隔离、屏蔽与接地。如井道内无线槽敷设,数据通讯回路线必须单独走线并与其他线的距离确保≥200mm。

(16)轿厢随行电缆中的部分电缆区域分隔地线或分隔钢丝的两端必须同时有效接地,数据通讯回路线外的屏蔽层两端也必须有效接地。

(17)轿顶线槽按要求敷设,走线规范合理,控制线与信号线间已做好分隔与屏蔽。

(18)轿顶总接线箱内接线整齐规范、走向布置合理。轿顶操作箱按规范要求布置,人在层门口处应容易触及并在轿顶边缘内时应便于安全操作。

(19)井道上端站强迫换速开关、限位开关、极限开关线接线正确并留有可调整范围。

(20)底坑各安全开关接线正确,如限速器张紧轮开关、底坑急停开关、缓冲器开关、补偿绳张紧装置开关。

(21)底坑安全门开关(如有)、井道下端站强迫换速开关、限位开关、极限开关接线正确并留有可调整范围。

(五)接地检查

检查下列端子与接地端子 PE 之间的电阻值是否无穷大,如果存在电阻值偏小情况需检查并确认原因。

(1)电源侧动力线进线 L_1、L_2、L_3 与 PE 之间电阻。

(2)动力线 R、S、T 与 PE 之间电阻。

(3)变频器直流端正、负母线端子与 PE 之间电阻。

(4)变频器输出侧 U、V、W 与 PE 之间电阻。

(5)电机侧 U、V、W 与 PE 之间电阻(卸开星形中线 N 线),定子三相绕组间的电阻值是否平衡。

(6)电磁制动器及制动监控、曳引电机热保护及冷却风机线与 PE 之间电阻。

(7)各安全回路、门锁、检修回路端子与 PE 之间电阻。

(8)下井道固定线缆、随行电缆非零地线与 PE 之间电阻。

(9)旋转编码器的电源、信号线与 PE 之间电阻。

(10)24V、5V、COM 控制电源与 PE 之间电阻。

(11)所有电器部件的接地端与控制柜电源进线 PE 接地端之间的电阻应尽可能小,如果偏大须查清原因并予以排除。

(六)供电电源的性能检测

(1)总进线及开关容量应达到相应的动力所需要求。

(2)如采用是临时电源其总进线(开关前级)的线缆应符合所需动力要求。

(3)三相进线相间电压在 380V±7% 以内,每相电压的不衡度不大于 3%。

（4）每一相与零线 N 之间的单相电压（相电压）在 220V±7% 以内。

（5）若 N 线与 PE 之间相通，则 N—PE 之间的电压不能大于 2V，零线（N）、地线（PE）性能可靠。

需要注意的是，系统供电电压超出允许值会造成破坏性后果，系统供电处缺相时禁止动车，以免发生事故。

（七）送电前的线路暂时性处理

送电前将控制柜的急停开关（一种能接通或断开安全回路及相关控制电路的装置）按下（断开），检修（紧急运行）开关拨至检修（紧急运行）位置。把微电子板插件与接插件再检查一次。如调试人员对产品的性能非常熟悉，可先把与开动慢车无关的线路做好标记后暂时与控制电路分开，一些回路用短接线短接，等慢车正常后再分段、分块，循序渐进地进行调试测量后再接入控制电路来替换短接线。这样可使可能引发的损失减为最小，即使万一有损毁部分时也能非常便利地来判断确认问题的部位与原因所在。

1. 机房部分 包括电磁制动器线及制动监控线、曳引电机热保护线、冷却风机线、限速器开关、轿厢上行超速保护开关（如有）、急停开关等线或串联总线。

2. 井道部分 包括以下内容：

（1）井道固定线缆中的数据通讯线/缆（井道各楼层控制板、召唤、层显）或接插件。

（2）层门门锁回路串联总线、井道安全门开关（如有）。

（3）端站上下强迫换速开关、限位开关、极限开关线、消防开关线、井道内警铃线。

3. 轿厢部分 包括以下内容：

（1）轿内操纵盘线（按钮、显示、开关门等）接插头或线。

（2）安全回路、开关回路串连总线（安全钳开关、安全窗开关、急停开关等）。

（3）轿门门锁线及开门机系统的线或插件。

（4）层楼/门区感应器线、轿厢装置线插件、轿厢与轿顶对讲装置（无安全窗时）线。

（5）将上述相关的线，如机房安全回路、层门门锁、底坑安全回路、井道中各限位与极限、轿门门锁、轿顶安全回路等相关线脱离控制电路并在控制柜接线柱上按各段分类暂时用短接线桥接。

4. 底坑部分 包括以下内容：

（1）底坑安全回路串连总线（限速器张紧轮开关、底坑急停开关、缓冲器开关、补偿绳张紧装置开关）。

（2）底坑对讲系统线缆插座、底坑安全门开关（如有）。

（八）送电前再次确认

（1）确认轿顶、底坑（井道）内无人，并适合电梯的安全运行。

（2）确认所有层门已关闭，各类孔、洞、缝已封好。

（3）确认井道外的施工作业不可能影响井道内电梯的安全运行。

（4）确认轿顶照明、井道照明、底坑照明全部打开且照明正常。

（5）确认轿顶急停开关置接通位置、轿顶检修开关在正常运行位置。

（6）置控制柜内所有的电源开关、保护开关、熔断器于断开状态。

二、通电检查

先送入进线总电源开关后观察数秒,如无异常将按电气原理图将上述所有已关断的开关、熔断器、由上级至下级逐级逐个送上,每级每个送上后观察数秒。如无异常,即检查已送上开关所涉及的电气装置的工作状态,如输入/输出的电位值、电气元器件的工作/吸合状态、显示元件的状态等。在检查中若发现有异常现象,应立即停电并进行检查,待非正常现象排除后再进行下一级的送电测试。

例举：

（1）送上控制柜三相电源总开关后,首先相序继电器应工作。如果送电后显示绿灯亮,则表示相序正常,其继电器中的正向触点将接通下一级控制电路。如果显示红灯,则表示相序错误,应关闭电源后更换进线 L_1、L_2、L_3 的相位。在相位正常状态下,其继电器中的正向导通触点两端间的电阻值应为零。

（2）送上控制柜 DC24V 控制电路总开关后,其各路相关的输出点及印板测试点或控制器主板上系统进电端子间的电压与极性都应正常（L—N：+24—com）,并能按要求在 DC24.3V±0.3V 范围内（目前仅为空载待加载后也须同样达到）。若未达到,则应按线路检查变压器输出电压、整流状况、输入电压、电路开关等,并按技术说明书要求调整相应的可调器件至达到要求,如变压器的输入、输出或整流部分,或对应其他原因所产生的故障予以排除。

最后打开（接通）控制柜的急停开关并需观察数分钟。检查控制系统电脑板开始工作及 LED 的发光显示情况、驱动变频器开始工作及控制板上 LED 的发光显示情况、控制柜中相应继电器的吸合情况、各变压器的输入与输出值、各接线柱相关电压输出状况及各电压值（交—直流、抱闸制动板、+24—com、+5—com…）、变频器中的直流中间电压值等都须在所规定的范围内。

关断控制柜急停开关,在控制器主板上的相应插口插上调试仪器或笔记本电脑,然后打开急停开关,则调试仪上显示出当前电梯的状态。按要求进入参数设置菜单,检查储存器中原有的出厂参数值,并根据要求进行该电梯检修运行所需的各参数值的设置/置入后并写入储存器中。

同样,关断控制柜急停开关,在变频器主控板上的相应插口插上调试仪器或笔记本电脑,然后打开急停开关。同上述按要求设置变频器检修运行所需的各参数值。

三、基本参数设定

按产品的技术特点与调试文件要求设定慢车调试的一些相关参数。一般产品通常在进行慢车调试之前检查或设定一些相关参数,其他参数均应保持工厂内所设定的参数值,如表 7-1 所示（内容仅为举例）。

表 7-1 基本参数设定表

额定速度计算值	mm/s	制动闸滞后闭合时间	≈ 50 ~ 500ms
电动机额定转速	r/min	速度控制比例增益	（需设定）%
电动机型号	（需设定）	速度控制积分增益	（需设定）%
相序旋转方向设置	"0、-1"或"+、-"	速度控制微分增益	%
运行方向控制设置	"0、-1"或"+、-"	负载（开/断）	off
检修运行速度	(250 ~ 350)mm/s	编码器脉冲数	(1024 或其双倍数)
制动闸预先打开时间	≈ 50 ~ 500ms		

表 7-1 所列的参数为通常调试前需要的参数，所有在主控制板及变频器上修改的参数均应在校对检查后进行储存，主控制板及变频器的其他参数一般由工厂出厂设定，不要随意设定。

需要注意的是，第一次送入电源后不可马上设置参数并进行慢车试验。控制系统与驱动系统中的储能元件、电池性元器件需数分钟以上的充电后才能逐步建立稳定状态。如即刻试车很可能造成器件损毁，特别是变频器中的大功率整流、逆变管器件，直流电容器等极易造成过电流击穿与爆裂。通常为先通电 10min 后关闭数分钟，然后再次送电数分钟后再进行参数的检查或设定的操作。

四、机房检修操作（紧急电动运行）

快速点动机房检修操作的向上或向下运行按钮，测试电梯检修运行的方向正确。仔细检查并观察各输入与输出信号及各电气装置在运行过程中动作顺序是否正常，如发现问题应及时检查并排除。快速点动检修向下按钮试验抱闸动作，并进一步在电动状态下逐步将制动器调整好。根据各产品的不同一般可进行如下调整：

如果发现电梯检修运行方向与操作方向相反，此时电梯会以很缓慢的速度向错误方向运动，可用调试仪器或笔记本电脑改变变频器"相序旋转方向的设置"参数来改变电动机的转动方向（如果原来是 0，则置为 -1。如果原来是 -1，则置为 0）。也可以直接调换变频器电源进线 R、T、S 电源线的相位。

如果发现电梯检修运行时电动机滑行或以极低的速度和很强的噪音不受控制地转动，可用调试仪改变变频器"运行方向控制设置"参数来改变电动机的转动方向（同上所述）。也可检查改变非插件式的旋转编码器的接线，交换 A、B 相的线后再试。

一些产品需在现场进行曳引电动机与变频器之间的相配自学习，特别是永磁同步电动机在运行前必须先测出转子磁场的位置。根据各产品的特性与调试工艺技术规定逐条完成。如果工艺技术规定曳引电动机与变频器之间的自学习是需要电动机在空载情况下通过电动机旋转来配合的，那就得吊起轿厢并卸去曳引钢丝绳来进行自学习。如果不需电动机转子旋转而仅定子磁场旋转即可（需要自学习时转子不能动或两边力矩相等），可采用不让制动器动作或松闸将对重坐稳在缓冲器上进行（一般是对重重量大于轿厢且此时重量差已消耗在对重缓冲器上了，曳引机两边的重力已相等）。

机房检修运行正常后,轿厢设在顶层附近,并做如下操作:

(1)关闭控制柜的急停开关电源,用万用表再次检查确认控制柜驱动电机热保护线的正常导通与绝缘后,将接线柱处的前述短接线拆除并以电机热保护线接入。打开急停开关,确认电梯正常。

(2)关闭控制柜的急停开关电源,再次检查确认驱动电机冷却风机线的阻值与绝缘后,将接线柱处短接线拆除并以前述进行替换。打开急停开关,调整并设定温控值、确认风机工作正常。

(3)检查、校验/调整限速器。

①检查调整限速器。关闭控制柜的急停开关电源,用大力钳(带自锁紧)放置在地坪并用布包裹非轿厢端下井孔部位的限速器钢丝绳后,用大力钳夹紧钢丝绳并自锁紧。稍松抱闸让轿厢向上滑行 50～100mm,此时限速器上的钢丝绳松弛,拨下钢丝绳。

②校验/调整限速器。可采用无极调速的手电钻夹上特制的橡胶轮紧贴限速器轮外缘带动限速器轮旋转并逐渐提速,同时用转速表测量限速器轮外缘的线速度,调整/校正并确认电气开关的动作速度正确、机械装置的动作速度正确后,将钢丝绳放回限速器轮槽。打开急停开关,检修向下点轿厢动使轿厢端钢丝绳恢复张紧(大力钳与地坪脱开),松开并撤走大力钳。关闭控制柜的急停开关电源,用万用表再次检查确认控限速器开关与开关线的通断正常并绝缘良好。将接线柱处短接线拆除并以上述方法进行替换。打开急停开关,确认电梯正常。

(4)按此方法分别接入轿厢上行超速保护开关线(如有)、机房凸台急停开关线或串联总线路等机房其他安全回路线。

五、轿顶检修操作

在机房检修运行正常后,可进行下一步的轿顶检修操作。但在快车调试前的任何时刻,机房的检修开关是不能被拨动的,绝不可置于正常位置。

在机房以检修速度将轿顶部位停靠在比顶层层门地坎高出 300～500mm 位置,使人员能顺利上下轿顶及检查轿门与门机机构的位置。调试人员在顶层层门外确认轿顶在层门口(此时轿顶照明已打开),并用三角钥匙打开顶层层门确认轿顶位置后,在厅外关闭轿顶急停开关,置轿顶检修开关至检修位置,进入轿顶关闭层门。

在轿顶站稳后,打开轿顶急停开关,用轿顶检修操作快速点动轿厢上下运行按钮测试轿顶检修的运行方向正确、轿顶急停开关功能正常,如发现问题应及时检查并排除。此时因为各还未调整好的限位开关、轿顶的检修运行限位磁开关与其他开关的功能已在控制柜接线柱上被短接,因此测试会比较顺利,不会因为碰到哪个开关后或开关不可靠等造成调试人员被关在轿顶等麻烦,但必须要注意各安全距离,尽量不要随意超越井道两端部的行程。

六、井道部件检查与调整

井道的照明已全部点亮,在轿顶用检修速度巡视整个井道内的情况并同时检查轿厢与其他部件之间的位置。逐层检查轿厢地坎与各层门地坎的间距、轿门与层门的中心位置。如出现超差,应调整使之能符合要求。

1. 导轨 在轿顶用检修运行由上至下巡视整个井道并逐步检查或抽检轿厢导轨与对重导轨、导轨支架、压导板、接导板处螺栓紧固情况,如发现有松弛现象应对其进行全部的紧固并重复拧紧。

2. 随行电缆 检查随行电缆在井道上/中部的悬挂固定点正确牢固,悬挂不应有波浪、扭曲等现象。有数根电缆时应保证其相互活动间隙50～100mm(扁电缆为上下、圆电缆为左右),并且与其他部件有足够的间距。

3. 对重(平衡重) 检查对重架安装横平竖直,非整体焊接式的对重架的对角线误差应≤4mm。对重导靴支架上紧固件须有锁紧螺母,滑动导靴与导轨间隙为1～3mm。对重块应按要求安放。检查安放是否稳固,若有松动应及时压紧,防止在运行中产生抖动或窜动。对重块卡板应牢靠,运行无异声。如一些产品的对重块采用再生材料制成时,其铁板/钢块应安装在底部与顶部来承受对重块的重力与压力,以免再生材料损坏而造成不测。

检查对重架下端的补偿链(绳)安装正确且有断链(绳)保护装置与二次保护装置。对重下端缓冲器撞板应装全工厂配置的2～3块缓冲蹲座,便于当曳引钢丝绳伸长时可及时地逐块抽除以保证缓冲距在允许的范围内,避免或减少缩短曳引钢丝绳的劳力。

对重架上设有安全钳的,应对安全钳装置进行检查与调整(类同轿厢),对重限速器的动作速度应比轿厢限速器动作速度高,但不应超过10%。

七、轿厢位置及部件检查与调整

轿厢位置的调整可根据整个井道巡视后的轿厢位置与其他各部件之间的位置误差值来确定。首先应根据一些不可能再变动的固定部件与轿厢位置尺寸存在超差的情况,通过改变轿厢的位置来达到要求。如出现已装修好的层门地坎与轿厢地坎的位置不符合规范要求时,只能靠移动轿厢来达到满足。这种方法同样适用于类似其他调整情况。

轿厢的位置调整可采用重新移动轿厢体与轿厢架之间的位置来实现,也可采用调整改变轿厢导靴在轿厢架上的位置来实现,但采用移动轿厢导靴的方法对轿厢的可调范围较小。

(一)轿厢导靴的检查与调整

1. 滑动导靴的检查与调整 检查轿顶导靴在上梁的紧固情况及导靴与导轨的配合情况,两虎口喉部的间距应相当且保证导靴对导轨的弹性张紧力适当,在运行中无异声且能有效吸收运行振动。导靴靴衬与导轨的顶端面间隙为2mm,油杯固定牢靠。

检查时可站在轿顶,用双腿来回晃动轿厢,也可用塞片、撬棒等检查。轿底下导靴检查时可站在轿厢中心,将门敞开,前后左右来回晃动轿厢,查看轿厢地坎相对于层门地坎的运动情况,也可在底坑用塞片、撬棒等检查。

2. 滚轮导靴的检查与调整 采用滚轮导靴的轿厢首先必须要设置好轿厢的静平衡。设计时应考虑三段(井道下端部、中部与上部)的静平衡,并对轿厢的动平衡也有所考虑。要求轿厢底部静止的配重块应可分布排列、轿厢移位后底部各悬挂装置的受力互补等。以避免轿厢因偏置过大而滚轮导靴无法有效吸收运行振动,或因电梯停滞时间较长(节假日)后轿厢偏置过大而使导靴滚轮外表橡胶点受压时间较长后塑性变形而使滚轮受损。

调整时检查轿顶滚轮导靴座及滚轮、弹簧、挡圈、锁母等部件的紧固情况,滚轮导靴应滚轮滚动良好。空轿厢静止时,用手盘动滚轮时应每个都能盘动(轿厢静平衡是采用滚轮导靴的必要条件),说明滚轮没有受到过分的非正常偏载力。确保滚轮与导轨中心线对正,使导轨与滚轮组喉部的间距相等。尽量使各个滚轮导靴的弹簧/性张力近似相等。

(二)安全钳的检查与调整

轿厢导靴定位后,可以检查调整轿厢的安全钳(反之则会产生重复劳动)。

瞬时式安全钳检查与调整时,要对安全钳机构四周的灰尘和碎屑进行清洁,对所有枢轴点和弹簧进行润滑,确保安全钳位于导轨中心线位置,且导轨表面不会刮擦安全钳钳口部。检查时将轿厢制停,拉动限速器绳,看关联部件是否能够自由引动。

渐进式安全钳为带有弹性的滑移型安全钳,安全钳的制停力是逐渐由小增大后至保持恒定值,制停过程中轿厢将带有缓冲滑移后再逐渐制停,可分为变制动力和恒制动力两种。

变制动力渐进式安全钳一般由限速器直接带动,随着轿厢制停滑移过程使安全钳逐渐夹紧,同时制动力逐渐增大而使轿厢达到制停的目的。

恒制动力渐进式安全钳一般由杠杆系统操纵,夹持零件能自锁夹紧并由弹簧承载,其特点是在制停过程中制动力保持恒定,制停性能良好,所以现代快速和高速电梯的安全钳绝大多数都采用此种结构。

渐进式安全钳的检查与调整首先要对安全钳机构进行清洁,对所有的枢轴点、滚轮和弹簧进行润滑(安全钳动作时楔块与导轨接触的那一面不能润滑),检查部件的位置与活动情况并检查导靴位置,对连杆进行检查,确保各安全钳机构的动作灵活可靠。

轿厢安全钳检查调整完毕后,检查调整安全窗(若有)开关与轿顶其他安全装置正常后返回机房。

同前述,关闭控制柜的急停开关电源,用万用表再次检查确认各开关与开关线的通断正常并绝缘良好。替换接线柱处短接线,打开急停开关,确认电梯正常。

(三)轿门的检查与调整

检查/调整门中心、门隙、滚轮、偏心轮、门机联动机构、主付门联动机构。检查门板下部插入地坎槽内的门导靴(门脚)插入深度。

检查/调整门的滑行应轻快、无振动、无晃动、无噪音,垂直度好,关闭时门缝紧密,润滑各活动节点。

检查/调整门刀的垂直度及与各层层门地坎的间隙(应保持在 5~10mm 范围内),检查门刀的张、闭状态,其动作灵活可靠,开锁与闭锁时的尺寸应符合要求。

检查/调整门光幕(光栅、安全触板)随动线走线必须合理,在轿门板上的固定、走线转弯处 100mm 内不应固定,曲率合理,不易疲劳折伤、固定良好,保证变化状态下与井道固定部件的安全间距。

(四)轿顶感应器与楼层感应码板的调整

楼层感应码板(遮光/隔磁板)只有在轿顶能开检修运行后才可能正确地安装与调整到位。

将轿厢开到底层平层位置后按产品的设计位置安装并调整好轿顶感应器,同时调整底层的楼层感应码板。调整时一人在轿顶,一人在轿厢内(调整楼层感应码板时可临时短接轿门门锁)将轿门打开。轿厢内的调试人员将测量出的轿厢地坎与底层层门地坎的高度误差值报给轿顶的调试人员,轿顶的调试人员根据所报知的平层误差,将底楼的楼层感应码板的高度调整至平层后在感应器中心位置,使轿厢在底层平层后轿顶感应器正好在层楼感应码板的中心(代表准确平层)。最底层的楼层感应码板最难调整,可能要上上下下多次,也会下越程多次。最底层的楼层感应码板调整好位置后,上面的相对就比较好调整,可先让轿厢低于停层500mm左右,这样轿顶上调试人员就比较容易松开或紧固楼层感应码板支架上的压导板螺栓,便于校正支架的横平、感应码板的竖直、插入轿顶感应器的纵向深度以及横向中心位置。由此由下往上调整至最高层。调整后的各层楼码板支架应横平牢固、楼层感应码板应垂直(纵向与横向),其垂直偏差≤1/1000mm,对感应器的插入深度要基本一致并符合产品要求,保证工作可靠,感应器与各层码板间隙适当且各层楼码板在电梯运行时无抖动。

八、层门的检查与调整

层门的调整通常以检修运行方式站在轿顶上由上至下逐层逐门进行。最底层层门的大部分调整工作是在轿厢内打开轿门(如轿厢比层门高出1m左右的合适位置)时进行的。

层门各部件应保持横平竖直,各部件相互间隙符合要求。检查/调整门中心位置、扒门间隙等。门扇与门扇的间隙、中分门的门扇在对口处的不平度不应大于1mm,门缝的尺寸在整个可见高度上均不应大于2mm。门板之间应相互平行,门扇与门套间的间隙均等,折叠式门扇的快门与慢门之间的重叠部位为20mm。

各门扇与门套的间隙、门扇与门扇的间隙、门扇与地坎间的间隙应小于6mm。虽然标准中规定客梯为1~6mm、货梯为1~8mm,但根据实践经验,建议以3~4mm为佳,且门扇与门套、门扇与门扇间的各间隙应均等。间隙太大易造成事故同时外表也不美观,太小易造成门板外表擦坏,特别是不锈钢层门擦坏后较难修复。

要保证层门下端扒门间隙较小,层门上坎导轨下端的偏心轮必须调整到位,标准中偏心轮与滑轨下部的间隙为小于0.5mm,但实际上是只要不碰就越小越好。两端偏心轮调整时的偏转方向要各自都朝外翻转,这样可使两偏心轮的中心距最大。

调整层门开启、闭合轻便灵活,无跳动、摆动和噪声,门滑轮的滚动轴承和其他摩擦部位及所有运动部分都应充分润滑,层门在开启后的任何部位都能自闭锁紧。

检查/调整层门各门板下部插入地坎槽内的两门导靴(门脚)插入深度足够并两导靴在地坎槽内无偏斜(过渡的偏斜将增加层门运动阻力与噪音)。如偏斜时应先拆下一门导靴,后用手将门板扳直(不受力时应与地坎槽平行)后再重新装上。

检查、调整联动机构及牵引装置,包括主付门的连动与牵引,不应有松动或错位现象。检查强迫关闭装置(自闭重锤、导管或弹簧),检查重锤绳索和强迫关门装置有无卡死现象。层门滑动性能良好,松手时,即能自动关闭。当用手轻微扒开缝隙时,装置应能使门自动闭合严密。特别要验证在关闭前瞬间有较大的自关闭倾向力。

检查锁紧装置。各层门机械锁钩、锁臂及动接点动作应灵活可靠,在层门关闭上锁时,必须保证不能从外面开启。在电气安全装置动作之前,锁紧元件的最小啮合长度应≥7mm。层门锁、锁紧装置相互间的锁紧间隙尽量小且保证进钩及退钩时无撞击或摩擦声。扒门时层门上部间隙小而确保扒门至最大门隙时不影响电梯运行(扒门不停车),但层门开启或电路触点断开时,电梯应立即停止运行。

各层门锁滚轮与轿厢地坎间的间隙应保持为 5～10mm,应调整至各层门锁滚轮与轿厢地坎间的间隙基本均等,保证与轿门上的门刀联动时的啮合深度。调整门锁滚轮与门刀两端的间隙符合联动设计时的技术要求,门刀在穿越层门门锁滚轮中心时不应因偏离中心使单边间距太小而造成碰擦或造成故障急停,同时要保证门刀在带动滚轮联动工作时层轿门的同步平齐,特别是层门的锁紧装置在进钩及退钩时的有效吻合与打开。层门滚轮间距应调整至各层各门情况基本相同,保证各层层门与轿门在联动时工作状况基本相同。

检查厅外紧急手动开锁装置安全可靠,手动开锁装置应在厅外用专用钥匙操作时不需用过大的力而容易打开层门,开锁装置应转动灵活无卡阻,开锁后的自动复位须有效可靠以确保层门有效锁紧。

检查并调整井道安全门(若有)或底坑检修安全门(若有)装置及接线与开关有效。井道安全门与底坑检修安全门须朝井道外开启且在井道内能方便打开,在井道外须由专用钥匙才能打开,井道安全门或底坑检修安全门一旦打开,电梯须立即停止运行。

层门与轿门(井道安全门或底坑检修安全门)全部调试完成后返回机房。同前所述,关闭控制柜的急停开关电源,用万用表再次检查确认层门与轿门(井道安全门或底坑检修安全门)联锁总线的通断正常并绝缘良好。替换接线柱处短接线,打开急停开关,确认电梯正常。此时各层门与轿门(井道安全门或底坑检修安全门)的门锁已可靠有效。

九、端站保护装置的检查与调整

端站保护设在井道的两端终点(顶层和底层)位置。设有终端位置强迫减速开关、终端位置限制开关、终端极限位置开关三级保护装置。各开关的动作都是受轿厢外侧面的撞弓板撞击而作用的。所以在调整前应首先调整好轿厢外侧面的撞弓板装置的位置与垂直度,各限位支架应横平竖直,各限位开关打轮方向均为顺向设置,各限位开关线管固定可靠并留有可调节余量。

终端强迫减速开关动作的安装位置是滞后于端站的正常减速位置(点)30～50mm。在电梯的调试及使用维护说明书中对不同的梯速有规定的减速距离或平层距离要求,调整时可测量根据轿厢地坎与端站地坎距离差来进行,这样能使系统按照已既定的运行曲线图(梯形图)来进行减速与准确停靠。如果终端强迫减速开关的安装位置超前于端站的正常减速位置时,电梯在端站的减速就会显得不协调或减速时间过长。

终端位置限制开关是防止轿厢在超越端站停止位置时而未停止的情况下以强制手段作出停止指令。限制开关动作后迫使运行方向电气回路强制失电,立即由曳引机抱闸紧急制停轿厢。所以终端位置限制开关的安装位置设置在滞后于轿厢在端站平层后的 30～50mm。

终端极限位置开关是安装在终端强迫减速开关、终端限位开关的后面,是轿厢超越安全行程时的最后一道安全保护装置。极限开关动作后将切断电梯控制回路的电源,迫使驱动回路强制失电,曳引机抱闸紧急制停轿厢。开关的安装位置设置在滞后于轿厢在端站平层后的 80~100mm。

在调整好各限位装置后返回机房,同前所述的关闭控制柜的急停开关电源,用万用表再次检查确认上、下各限位开关线的通断正常并绝缘良好后替换接线柱处短接线。打开急停开关,确认电梯正常。此时上、下各限位开关已可靠有效。

十、底坑及轿厢底部的检查与调整

底坑及轿厢底部的检查与调整主要包括急停装置、限速器张紧轮、缓冲器、补偿链/绳及随行电缆在轿底部位的悬挂、补偿链/绳的导向与张紧装置及其他底坑部件。

检查轿厢与对重的缓冲器与撞板的安装及距离正确,检查补偿链在轿底部位固定可靠。如采用的是补偿链装置,则补偿链档链装置及补偿链距地面的距离在 100~200mm 范围,轿底部位固定可靠。补偿链的弯曲半径应是在其自然状态下的曲率半径,即轿厢停至底层位置时补偿链应在对重侧的档链装置的中心位置而不受任何水平力移位。如采用的是补偿绳装置的,其检查调整方法与补偿链基本相同。若采用的补偿绳带张紧轮装置的,其底坑部位的张紧轮装置应上下浮动灵活、转动灵活。检查调整监视补偿绳张紧情况的电气安全装置应可靠。

检查轿厢弹簧/橡胶装置、轿底装置与控制盒、称量装置的接线/接插件正确、轿底压重顶杆与轿底的间隙、轿底随行电缆的正确安装与悬挂。

底坑部位的检查主要归结为目视检查所有的底坑设备,特别是缓冲器复位开关、限速器张紧轮开关、钢丝绳伸长限位开关和补偿绳轮开关。检查所有开关及其打板的完好性。检查调整所有底坑滚轮工作情况,检查缓冲器的完好性。如果是液压缓冲器,检查油位是否正确,确保没有明显漏油现象。检查对重防护装置和隔离网的固定情况、底坑照明设施与井道照明开关、急停开关、爬梯/安全门装置等的安装正确、操作安全。

在调整好底坑及轿厢下部的各装置与各电气开关后返回机房,同前所述关闭控制柜的急停开关电源,用万用表再次检查确认各电气开关线的通断正常并绝缘良好后替换接线柱处短接线。打开急停开关,确认电梯正常。底坑部位的各安全开关已可靠有效。

至此,电梯各安全回路与安全开关均已可靠有效。

十一、自动门机系统的检查与调整

现代产品电梯的自动门机系统大多采用以计算机为控制单元的控制技术。以变频器为驱动单元并以交流电动机(交流异步或交流永磁同步)为执行单元的伺服控制与智能控制自动门机系统。交流电动机伺服控制系统能达到准确位置控制,能实现电控的关门力矩的智能控制,可按工作原理编制多种功能的程序(自学习、开关门、关门力检测、关门力保持等功能)。并大多采用同步带机械传动方式,使结构非常简单。调试人员在调试前应该阅读并掌握所要调试型号自动门机的技术特点并按产品说明书中的调试工艺步骤进行。

检修运行时,将轿顶部位停靠在比顶层层门地坎高出 300~500mm 位置,关闭轿顶急停开关（轿顶检修开关还是置在检修位置），关闭机房控制柜总电源，再次检查确认轿顶门机的电气线路正确：

（1）电源线/插座连接正确。

（2）控制线/插座连接正确。

（3）输出线/插座连接正确。

（4）电动机接线/插座连接正确。

（5）编码器线/插座连接正确。

（6）确保所有电气部件正确接地。

（7）检查门机机械联动装置，用手动开/关轿门与门机系统检查各部件运动正常。

返回机房，打开机房控制柜总电源后再返回轿顶。打开轿顶急停开关，测量门机供电电源正常。

接通电源，检查门机各电压与指示正常后，进行如下参数设定操作。

电机参数。电机铭牌参数值设定。

传动参数。传动比参数设入。

速度参数。开关门的正常速度、加、减速度、爬行速度等。

位置参数。开关门时的各加速点、减速点的位置与各终端点的位置。

力矩参数。正常开关门时的力矩输出、强迫关门时的力矩输出、防止夹人保护时的最大力矩输出。

编码器参数。编码器转一圈的脉冲数（1024 或其双倍数）。

通过自学习获取门宽（自学习脉冲数）。用手将轿门开足（与门立柱平齐）后启动自学习运行，轿门即进行位置自学习并缓慢地将轿门关闭。此时门机已自动记录了轿门从打开至关闭所行走的距离（旋转编码器输出的脉冲数），自动记录了轿门打开与关闭时的两个终端的位置，并自动获取了门的宽度。

存储所设置的参数后，使门机系统作自动开关门运行，观察其协调性与流畅性，如感觉不佳，可进行部分参数调整，如开（关）门速度、加（减）速度、爬行速度、开关门时的各加速点、减速点的位置等。

检修将轿厢运行至下一层平层位置，再使自动门机系统由轿门带动层门作自动开关门运行，必要时可进行力矩参数、速度参数、位置参数等的调整，直至达到较为理想的程度。

再往下进行其他数层层门的联动运行正常后，自动门机装置的初步调试已完成。

十二、轿厢称量装置的检查与调整

乘客电梯轿厢的称量装置大部分设置在轿厢底部，也有部分设置在轿厢顶部。载货电梯一般也可把轿厢的称量设置在电梯悬挂系统中的曳引钢丝绳绳头板处，也可设置在轿顶轮轴处或设置在轿厢架的横梁上面。

现代产品通常所用的轿厢称量装置大多采用以微型计算机为控制单元的独立的计算机控制系统。系统采用特定的传感器与微机相连来实施轿厢内重量的实时测量，计算机把传感器测出的变化量通过 A/D 转换与计算后再 D/A 或逻辑控制信号直接通过系统的数据总线(串行数据总线/CanBus)把轿内的实际载重量传送给主控计算机(控制柜的主板/母机)或同时也传送给变频器。设有预负载启动的电梯需根据轿厢内的重量与运行的方向来设置启动电流。

传感器有位置式传感器、压力式传感器、磁极变形式传感器等多种类型。

位置式传感器是采用无接触方式进行测量的,并将结果转换为一个模拟电压、电信号或频率信号等。此模拟电压、电信号或频率信号的大小由轿厢内的负载或由传感器与探测体之间的距离(S)来决定。电梯的活络轿厢与固定的轿厢架之间的距离随轿厢内重量的变化而变化,位置式传感器把所测出的因距离变化而产生的电信号通过线缆传送给称量装置。称量装置收到电信号后通过计算与修正后给出近似于线性的一个斜直线信号输出给主控制器与驱动变频器,按重量所测量的结果较为精确。

压力式传感器(如压磁装置)通常是直接接触式的,称量传感器将重量信号直接转换成电信号经传输电缆送给控制仪部分,由控制仪部分进行运算处理,完成轿内载荷的称量。传感器直接安装在轿底(活络轿底)。

磁极变形式传感器通常在大吨位的载货电梯上使用。磁极变形式传感器设置在轿厢架上梁的横梁上,铁磁元件在轿厢架的横梁上因轿厢载荷变化发生机械变形时,内部产生应力并引起导磁率变化,使绕在铁磁元件(磁极)两侧的次级线圈的感应电压也随之变化。从测量出电压的变化量即可得出加到磁极上的力,进而确定轿厢内的重量。磁极变形式传感器的准确度不高,一般为 1/100。仅适用于大吨位的货梯。

传感器传送电信号给称量装置,称量装置可按控制要求的不同输出连续的实际重量电信号或按级数输出。如分段设定输出五级电平信号,如输出 5%、30%、50%、80%、100%(110%)五级电信号输出。轿厢内的载荷不到额定载重量 5% 时为空载。主控制器可根据所接收的信号开通实施轿厢内的防捣乱功能,此时轿厢内的操纵面板上最多只能保存三个内指令信号且一旦停层后即全部自动消除。轿厢内的载荷大于额定载重量 30% 时为轻载,50% 时为半载,80% 时为满载。80% 时电梯就不再应答厅外的呼梯信号,仅按轿厢内操纵面板上的内指令信号逐层停靠,待轿厢内的载荷小于 80% 时,则重新按顺序进行内、外呼梯指令信号的停靠。

根据不同的规定,有轿厢内的载荷达到额定载重量的 110% 时为超载的产品,也有以 100% 为超载的产品。一般情况亚太产品多以 100% 为超载,欧洲产品则多以 110% 时为超载。超载时轿厢内会显示超载指示信号并同时发出超载报警声响,此时轿门被限制自动关闭。电梯将不作运行。

如果称量装置被要求输出连续的实际重量信号时,也可携带五级电平信号输出。如将输出信号传送给主控制计算机同时又将重量信号传送给变频器或调速装置(也可由主控制计算机再传送给变频器或调速装置)时,系统可设置带有轿厢预负载启动的功能,可使运行的品质进一步提高。

调试人员在调试前应该阅读并掌握所要调试的称量装置技术特点,并按调试工艺步骤进行。调试应在检查各接线/接插件无错、传感器的位置正确后操作。

关闭轿顶急停开关。检查电源接线/接插件连接、传感器在控制装置部分接线/接插件连接、称量装置的输出接线/接插件连接、系统的数据传输总线的连接。按要求调整传感器的测试位置。注意通常情况下电梯轿厢的称量装置是控制系统轿厢(井道运行)部分计算机数据传输总线的末端,如被系统设置为数据传输总线的末端时,应按要求做好末端总线 H—Bus 与 L—Bus 的电阻器串接。

轿厢称量装置的下列调试一般是在快车调试以及静载试验完成后进行的。

将轿厢停在最底层平层位置。如果轿厢称量装置设置在轿底的位置时,调试人员在底坑处轿厢底部位进行调试。在空轿厢状态按产品要求进行空载的参数设置或自学习空载工作参数,之后调试人员应离开轿厢下方位置。由层门外人员向轿厢内加载至额定载荷时,调试人员再进行额载参数设置或自学习额载工作参数。调试完成后可测试 5%、80%、100%(110%)的功能,并可进行下一步电梯启动、运行等舒适感的调试工作。

十三、轿厢及层外指令与显示系统的检查

现代电梯产品控制系统的设计以多计算机局部网络化控制,各计算机通过系统的数据总线(串行数据总线/CanBus)相连。其中主控机(单梯系统的中央控制机/主机板)设置在控制柜内。主机通过系统的数据总线与驱动系统(变频调速系统)、轿厢(运行系统)部分、井道(固定系统)部分的各计算机相连,以此构成了单梯系统内的分布式多计算机局部网络化控制,以达到设计所需的分散控制与集中管理原则的要求。

轿厢主操纵盘(COP)内的计算机板是运行系统部分的主控机,分管自动门机的控制系统、轿厢装置的控制系统以及轿厢内的操作与指令系统、显示系统等。若轿厢有两个操纵盘,则有一个为主控机(运行系统主板)。所以需要检查与校验操纵盘(COP)内主板上的电源(供电电源)电压正常、数据总线(串行数据总线/CanBus)的电位符合系统的设计要求、各接地正确、屏蔽正确无干扰源。检查轿内指令系统、开关门等其他各按钮线/接插件线接线正确。检查轿内显示系统、报警等其他系统线/接插件线接线正确。接线或接插件线插入或拔出操作须在关闭电源的情况下进行。需要注意的是,在接触计算机印板前应采取必要的措施,以防人体静电损坏印板内的微电子元器件。

每层楼召唤盒内所设置的层楼计算机板也是一个独立的计算机系统,与系统的数据总线相串连。各层楼计算机板相串连构成了固定(井道)部分的计算机网络系统。

层楼的计算机板的主要功能是管理与监控该楼层的层外呼梯指令及显示、层门的关闭等。一些产品的层楼计算机板监控该楼层层门的无效关闭次数,如门锁接触不良,该楼层层门连续三次关闭未成功,层楼计算机板将故障信息传送给控制柜主板的故障堆栈中,便于维保人员在下次的维护保养中能对故障进行特殊的检查与调整。

检查与校验各层楼计算机板的电源(供电电源)电压正常、数据总线的电位符合系统的设计要求、接地正确、屏蔽正确无干扰源。对于楼层较高的电梯,特别要注意检查与校验电源导线所产生的压降(供电电源导线应按层高要求设置,如 10 个楼层放一组)。对于数据总线,若楼

层过高可能会导致传输信号衰减,应予以预防(增大数据总线截面积或增加信号放大装置)。检查与校验层楼各呼梯按钮线/接插件线接线正确。检查层外显示系统线/接插件线接线正确。接线或接插件线插入或拔出操作须在关闭电源(轿顶急停开关)的情况下进行。

需要注意的是,井道部分的计算机网络数据总线不应与其他线路平行设置在同一线槽内,以防止意外干扰,数据总线外应有良好的屏蔽层且接地良好。通常情况数据总线与其他线需分线槽设置或平行间距大于200mm。通常情况最底层的层楼板是固定(井道)部分的计算机网络系统计算机数据传输总线的末端,应按要求做好末端总线 H—Bus 与 L—Bus 的电阻器串接。

第三节 快车调试

一、准备工作

首先将轿顶急停开关置接通位置、轿顶检修开关设置在正常运行位置。关断控制柜急停开关,控制柜内所有的电源开关、保护开关、熔断器于断开状态。插入/接入控制柜内所有相关的电子印板。

(一)通电检查

先合上总电源开关后观察十数秒左右。如无异常将按电气原理图将上述所有已关断的开关、熔断器由上级至下级逐级逐个合上,每级每个合上后观察十数秒,如无异常即检查合上开关所涉及的电气装置的工作是否正常,如输入/输出电位值、吸合状态、显示状态等。在检查中若发现有非正常现象,应立即检查,待排除后再进行下一级送电。最后打开控制柜的急停开关(此时检修开关须置在检修位置)并需观察数分钟。

检查控制系统电脑板上 LED 的发光显示情况、驱动变频器电脑板上 LED 的发光显示情况、控制柜中相应继电器的吸合情况、各变压器的输入与输出值、各接线柱相关电压输出状况及各电压值(交—直流、抱闸制动板、+24—com、+5—com…)、变频器中的直流中间电压值等都须在所规定的范围内。

关断控制柜急停开关,在控制器主板上的相应插口插上调试仪,然后打开急停开关,则调试仪上显示出当前电梯的状态。按要求进入参数设置菜单,检查储存器中原有的出厂参数值,并根据要求检修运行所需的各参数的设置后并写入储存器中。

同样,关断控制柜急停开关,在变频器主控板上的相应插口插上调试仪,然后打开急停开关。同上述按要求设置变频器进行正常运行所需的各参数值。

(二)基本参数设定

按产品的技术特点与调试文件要求设定参数,如表 7-2 所示。通常在进行快车调试之前,需要检查或设定一些相关参数,其他参数均应保持工厂内所设定的参数值。

表 7-2 基本参数设定表

额定速度计算值	mm/s	制动闸滞后闭合时间	≈50～500ms
电动机额定转速	r/min	速度控制比例增益	（需设置）%
电动机型号	（需设置）	速度控制积分增益	（需设置）%
相序旋转方向设置	"0、-1"或"+、-"	速度控制微分增益	%
运行方向控制设置	"0、-1"或"+、-"	负载（开/断）	off
检修运行速度	250～350mm/s	编码器脉冲数	（1024 或其双倍数）
制动闸预先打开时间	≈50～500ms	负载增益	%
电机最大运行转速	r/min	预置方向（开/断）	
运行加速度	mm/s²	预置方向增益	%
运行负加速度		上行抱闸制动减速度	mm/s²
运行加加速度		下行抱闸制动减速度	mm/s²

表 7-2 中所列的参数为通常调试前需要的参数，所有在主控制板及变频器上修改的参数均应在校对检查后进行储存，主控制板及变频器的其他参数一般由工厂出厂设定，不要随便设定。

（三）机房检修操作（紧急电动运行）

点动机房检修运行向上（下）按钮测试检修运行正常，并仔细检查、观察各输入与输出信号及各电气装置在运行过程中动作顺序正常，如发现问题应及时检查并排除。

（四）井道位置与系统通讯信息自学习操作

在机房以检修速度（紧急电动运行）将轿厢运行到最底层位置直至曳引钢丝绳打滑，此时轿厢已坐在轿厢缓冲器上，表明轿厢已在井道的最低部位。

需要注意的是，机房在紧急电动运行时，系统是自然跨接各限位、极限与缓冲器开关的。若某些电梯不具备此功能，则仅能开至限位或极限开关为止，再需向下运行则需采用短接操作来实现。

用短接线在控制柜安全回路的接线排上将轿厢的缓冲器开关、极限开关短/跨接。设置插在控制器主板上的调试仪菜单参数为井道位置自学习方式。将机房检修（紧急电动运行）开关拨至正常位置，用手按入调试仪井道位置自学习方式，此时轿厢从坐在缓冲器上开始向上进行井道自学习。以系统的自学习速度（通常为电梯的校正运行速度）从井道的底部向上自学习至井道的顶部后自动停止。用手按入调试仪井道位置自学习后的信息储存方式后，系统即自动储存井道内的全部位置信息。但一些产品是靠关闭总电源数秒后来进行自学习后的信息储存的。这时控制系统通过设在轿顶的传感器与井道中的各层楼码板作用，曳引电动机转轴上的旋转编码器发生脉冲数（电动机转一圈为 1024 个或 1024 倍数的脉冲数），这两者所产生的综合信息全部写入计算机储存系统，计算机系统清楚地知道了整个井道的精确高度以及各楼层间的相对精确位置。以后，控制系统清楚地知道轿厢的实时运行的位置（精确到毫米级以内）。

同样，用调试仪进行系统中各计算机通信系统的信息自学习（扫描）。通过系统通讯信息的自学习后，电梯控制系统中的各计算机即完成了系统化的连接。完成了控制系统设计所要求的多计算机分布式控制与网络化管理的要求。将信息同样进行储存。

较早期的产品多有采用并行通讯为计算机通信系统信息的传输方式,其传输总线是外表带有色标的微型扁电缆,各计算机板均需设置系统号码(即在板上设置有微型开关来进行各计算机通信板的编码设置而大多采用的是用8421码的编码方式)。近代产品系统的数据总线均以串行总线(即一根双绞线)/CanBus线来进行计算机网络化通讯信息的传输与系统化的控制管理。一旦系统的通讯信息自学习(扫描)完成后,系统中的各计算机的编码已在自学习(扫描)后按距离方式自动排列生成。

此时已完成了系统中各自然数据的采集与信息的储存。

二、快车运行的检查与测试

(一)快车试运行检查

在井道位置与系统通讯信息的自学习完成并储存后。将机房检修(紧急电动运行)开关拨至检修位置,用电梯调试仪菜单设置至轿厢内指令信号部分,在控制主板上用对应的控制按钮取消轿厢自动开关门功能与层站的召唤按钮功能,机房检修开关拨回至正常位置。用调试仪设置数个轿厢内指令信号,电梯将以正常的梯速快车运行并作相应的停靠。再作若干次不同层站间的运行与停靠包括两端站(最高/最低站)的运行与停靠,检查上述所设的轿内指令楼层的运行及功能正常。

按此方法把调试仪菜单设置至层站召唤信号部分,同样进行相关运行试验并检查所设的层站召唤信号的运行及功能正常。

将电梯召唤至顶层停靠,当一位调试人员在厅外等候时,机房内的另一位调试人员将控制主板上的取消轿厢自动开关门功能恢复,此时轿厢将在顶层楼层开门,调试人员进入轿厢后进行轿厢内指令信号以及轿厢正确停靠、自动消号、开关门、轿厢内显示功能、各相应的功能(如开关门按钮等)操作与测试。

同样,恢复控制主板上层站的呼梯按钮功能。两位调试人员共同对轿厢内、各层站的呼梯功能及轿厢的准确停靠、自动消号、各楼层的显示功能等的操作、测试与检查。

(二)系统各功能的检查与测试

较早期的产品需设置与调整,如单层运行、双层运行、三层运行(多层运行)等,有多段速运行曲线。需根据调试说明书要求予以设置与进行调整并需调整单层运行、双层运行、三层运行(多层运行)等各自的平层精度。现代的电梯产品无需如上操作(设计编程时已设入)。

接下来要根据电梯的运行状况对系统各功能、各部分参数进行更进一步精确的检查与测试与调整如:对曳引机制动器工作状况及制动器的监控装置再次作检查、测试与精调;轿门、层门与门机系统、关门力矩与舒适感、各部分运行状况等的再次检查、测试与精调;门光幕或安全触板运行状况的检查、测试与精细调;各限位开关、强迫减速开关、极限开关位置的检查、测试与精调;各层平层准确度状况的检查与精调(调整后需重新做井道位置自学习操作并重新进行储存);轿厢称量装置的检查、测试与精调;电梯的应急电源供电系统、监控、五方通话、消防、安保系统等的检查、测试与调整;电梯的起制动、轿厢运行的水平方向振动(调整导靴)、垂直方向振动(检查调整曳引钢丝绳或变频器参数设置)及整机运行舒适感的调整等各项调试工作。

(三)电梯群控的连接、功能检查与测试

将单梯的计算机分布式控制与网络化管理系统通过各自的主计算机与梯群中的每台梯相互再连接,组成了更大的计算机分布式控制与网络化管理系统,梯群将会按要求进行自动调度的操作。如一个楼层呼梯信号对梯群中各梯按各自的运行方向与井道内的位置进行实时积分运算,所得积分最高/最低(最大或最小原则)的电梯就会立即应答该信号。

检查梯群控制系统、空闲时轿厢停层分布,消防操作与返回基站等功能正常。

三、电梯调试基本参数记录

电梯调试时需检查梯群控制系统、空闲轿厢停层的分布、消防操作与返回基站等功能正常。详见表7-3所示的调试报告内容。

表7-3 电梯调试报告

用户名称_____		地　址_____	
产品型号_____		制　造_____	
电梯编号_____		(群控/相关梯号)_____	
层/站/门_____		提升高度_____m	
额定速度_____m/s		额定载重量_____kg	
安装单位_____		安装班组长_____	
调试人员_____		填表日期_____	
曳引装置、缓冲器及油类检查			
曳引机			
型号		速比	
编号		制造商	
曳引轮			
直径		槽型	
槽宽(绳径)		槽数	
曳引绳			
直径		根数	
规格		绕法	
电动机			
型号		编号	
转速	r/min	电流	A
电压	V	功率	kW
温升	℃	制造商	

续表

曳引机/缓冲器油及各部位润滑检查			
曳引机油牌号		加入容量正确	L
缓冲器油加入	正确□ 不正确□ 未加□	缓冲器恢复时间	s
各润滑部件注油	正确□ 不正确□ 未加□	油温	正常□ 不正常□
制动器制动调整			
弹簧压紧长度	左 mm 右 mm	制动器间隙	左 mm 右 mm
制动器安全间隙	左 mm 右 mm		
制动器额定电压	V	制动器维持电压	V
制动器监控装置	设置□ 不设置□	监控装置有效	左 右
控制/驱动装置主要参数			
控制柜			
型号		制造商	
编号		出厂年月	
主控制器			
型号		制造商	
控制方式			
驱动器			
型号		制造商	
驱动方式			
运行主要参数（控制器/驱动器）			
额定速度计算值	mm/s	速度控制比例增益	
运行加速度	mm/s²	速度控制积分增益	
运行负加速度	mm/s²	速度控制微分增益	
运行加加速度	mm/s³	负载（开/断）	
制动闸打开时间	ms	负载增益	%
制动闸闭合时间	ms	预置方向（开/断）	
电机最大运行转速	r/min	预置方向增益	%
上行抱闸制动减速度	mm/s²	电动机型号	
下行抱闸制动减速度	mm/s²	编码器脉冲数	

续表

主要部件的调整记录					
限速器—安全钳—上行超速保护装置—张紧装置					
	限速器型号		制造商		
	动作速度	m/s	使用有效期		
	安全钳型号		制造商		
	提前断开开关		钳口向上自动复位		
	张紧装置正常		距地高度	mm	
	上行超速保护		制造商		
	系统工作正常		动作速度	m/s	
轿厢称量装置					
	型号		制造商		
	轿顶减振装置	按产品要求		左	
				右	
	轿底减振装置	按产品要求		前左	前右
				中左	中右
				后左	后右
	轿底定位螺栓	超载时距轿底顶板间隙2mm		前左	前右
				后左	后右
	称量装置调整	已全部调整好□ 没作调整□ 轿厢将作装潢□			
层楼码板/门区码板检查					
	层楼码板	适中□ 安装牢固□	插入深度	mm	
	门区码板	适中□ 安装牢固□	插入深度	mm	
限位开关与极限开关					
	快车限位距	上 mm	慢车限位距	上 mm	
		下 mm		下 mm	
	极限距	上 mm	极限距	下 mm	
门机控制(厅/轿门参数)					
	门机型号		制造商		
	驱动器型号		控制方式	DC□ VVVF□ ACVV□	
	开门型式	中分□ 左□ 右□	开门宽度	mm	
	开门速度	mm/s	关门速度	mm/s	
	加速度	mm/s²	减速度	mm/s²	
	层门制造商		轿门制造商		

续表

电气绝缘测试记录				
动力线路绝缘电阻测试记录				
L₁				MΩ
L₂				MΩ
L₃				MΩ
驱动回路绝缘电阻测试记录				
R				MΩ
S				MΩ
T				MΩ
电动机回路绝缘电阻测试记录				
U				MΩ
V				MΩ
W				MΩ
安全回路绝缘电阻测试记录				
机房设施				MΩ
井道部分				MΩ
底坑设施				MΩ
轿厢系统				MΩ
照明回路绝缘电阻测试记录				
轿厢照明	MΩ	轿内通风		MΩ
接地电阻值测试记录				
动力线路	Ω	照明及通风		Ω
电梯运行特性曲线测定				
额定负荷	kg	平衡系数	%	平衡负荷	kg
驱动电机额定电流(A)		驱动电机最大电流(A)		

负荷	0 负荷电流(A)	25% 负荷电流(A)	40% 负荷电流(A)	50% 负荷电流(A)	75% 负荷电流(A)	100% 负荷电流(A)	110% 负荷电流(A)
向上运行							
向下运行							

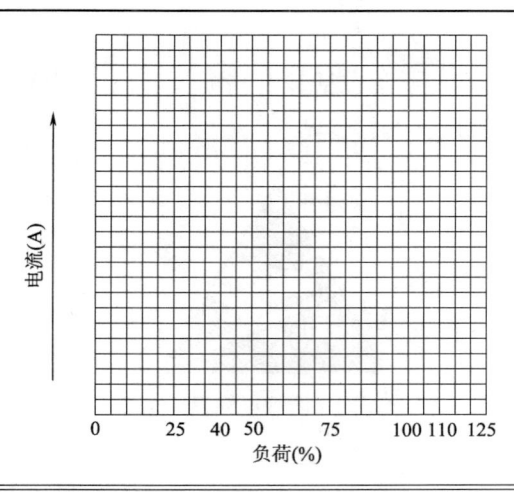

续表

轿厢平层、层站呼梯及层显功能检测记录

层站	平层精确度（空载）	层站呼梯		面板水平度/垂直度	层门指示灯		层显	面板水平度/垂直度
		上	下		到站钟			
					上	下		
标准	<±4mm	正常	正常	<2mm	正常	正常	正常	<2mm

电梯主要功能检测记录

轿内照明	完成□ 未做□	轿内通风装置	完成□ 未做□
轿内应急照明	完成□ 未做□	轿内报警功能	完成□ 未做□
轿门开门按钮功能	完成□ 未做□	轿门关门按钮功能	完成□ 未做□
内呼及相关功能	完成□ 未做□	轿内层显	完成□ 未做□
满载、超载装置	完成□ 未做□	强迫关门功能	完成□ 未做□ 无此项□
防捣乱功能	完成□ 未做□ 无此项□	消防显示及报警功能	完成□ 未做□ 无此项□
轿内/机房通话系统	完成□ 未做□ 无此项□	五方通话系统	完成□ 未做□ 无此项□
梯群控制功能	完成□ 未做□ 无此项□	专用运行功能	完成□ 未做□ 无此项□
消防操作功能	完成□ 未做□ 无此项□	消防运行功能	完成□ 未做□ 无此项□
消防迫降功能	完成□ 未做□ 无此项□	司机操作功能	完成□ 未做□ 无此项□
紧急供电运行功能	完成□ 未做□ 无此项□	自动返回运行功能	完成□ 未做□ 无此项□
锁梯功能	完成□ 未做□ 无此项□	梯群监控系统	完成□ 未做□ 无此项□
远程监控系统	完成□ 未做□ 无此项□	断电平层装置	完成□ 未做□ 无此项□
其他			

四、施工现场易被静电放电损坏的设备(ESD)的处理

(一)涉及的部件

施工现场易被静电放电损坏的设备包括各电脑板、印刷电路板和带 PC 板的电器组件。下图所示符号被用于标识需要防静电的材料。

图　防静电标识

(二)问题描述

静电的放电是指两个有不同电位的物体间的电荷传动。静电的放电能改变半导体的电器特性或完全损坏,引起微电子器件或设备的损坏。

(三)工具需求

腕环、带有 $1M\Omega$ 电阻的连接线、鳄鱼夹(包括在 ESD 装置中)以及设备调试时所需的各防护设施。

本章小结

本章概要地阐述了当代曳引式电梯产品的通用调试步骤、方法以及通常在电梯调试中所涉及的一些问题。描述了从调试所需的必要条件、调试前的检查与确认、慢车过程直至各部件的检查与调整、快车调试。简要介绍了一些当代电梯部件的性能与特点、当代电梯的控制技术等通用性电梯技术。可作为通用技术与方法提供现场调试人员日常学习与参考。但调试人员必须要熟悉自己所要调试电梯梯型的整体技术、性能与特点,正确有效的调试是确保电梯安全运行与电梯调试人员人身安全的必要保障。

思考题

1. 电梯在调试前应该要完成哪些必备的工作?
2. 设备在通电前应做好哪些必要的检查与调整?
3. 简述调试中若先以桥接线来替代各部件,调试后再逐步取代这种方法的利与弊。
4. 调试工作如仅是以电气系统的数据输入方式来进行,对产品的整体性能会导致怎样的后果?
5. 简述调试中应遵守哪些注意事项。

第八章 电梯的维修保养与改造技术

第一节 维护保养概述

一、电梯维护保养的意义

电梯为什么需要进行维修保养呢？电梯进行维护保养是为了确保电梯系统以最高的效率和最小的损耗提供安全可靠舒适的运行服务。电梯是建筑物中构造精密的上下运输工具，是集建筑、机械、电气为一体化的设备，定期的系统性保养和规范的维护不仅能确保电梯安全可靠运行、延长零部件的使用寿命，而且能及时或超前发现故障或隐患，进而最大限度地减少电梯故障，保证设备的安全性能与可靠使用。

电梯运行质量的基本要求为，投入使用的设备要安全可靠、经久耐用与平稳舒适。因此，规范的维护，快捷、高效的故障处理水平是电梯维修保养质量的最基本要求。

二、电梯维护保养的基本要素

电梯维护保养的基本要素（四要素）为清洁、润滑、检查、调整。

（一）清洁

确保电梯能正常运行的最基本要求是各部件的清洁。积尘易造成电器元件的触点接触不良或误动作、机械部件工作的不流畅等，从而引发运行故障。如以层门为例，门锁触点的积尘会造成层门关闭后因接触不良致使电梯不能正常启动，而触点处由于不干净易产生电气火花而加快触点磨损与损坏，从而导致日后的故障频发；层门上坎的积尘易使开关门动作不流畅且振动与噪音加大、自锁闭系统失效同样是层门在关闭至最后一段时不能使其正常关闭到位而造成电梯不能正常启动的原因；轿门上的光幕表面太脏会造成不关门……一般情况下，潜在的故障点及磨损损坏的零件可以通过日常的清洁工作来及时发现与处理，以防患于未然。

（二）润滑

系统性正确的润滑可以保证各机械部件运动自如、减少摩擦力、减少能量损耗、减少噪音、减少磨损、减少振动，确保各机械装置运行在最佳状态，从而确保电梯的正常运行，延长设备各零部件的使用寿命。

（三）检查

检查是维保工作中最重要的任务之一，通过规范的检查工作能及时地发现和解决问题，或予以纠正与预防。仔细的检查和测试能超前地发现了问题所在，及时排除故障或隐患，并能对不良零部件进行及时更换，进而最大限度地减少电梯的故障率，确保电梯设备各部分持续、安全、可靠地运行。

(四) 调整

调整是保证电梯各部位处于最佳工作状态的最重要措施之一。通过不断地检查与调整，使电梯设备中的各个环节、机械部件间的吻合与运动、电气部件的连接与释放、一体化部件间的有效配合等都达到最合理的工作界面，是确保电梯安全、可靠、正常、舒适运行的基础。

三、维修保养作业的安全操作规程

(一) 作业安全基本要求

(1) 维修保养现场作业人员必须经过专业的安全技术操作培训，经考核合格，并持有"特种设备作业人员证"。

(2) 电梯施工作业人员从事特定的施工作业须持有相应的资格证，如起重、电工、电/气焊等相关岗位证书。

(3) 保养前，基站层门口必须放置维护保养告示牌，出入层门必须放置安全警示障碍围栏并予以警示，防止无关人员靠近，以免发生意外。

(4) 日常维护保养工作应至少需要两人进行，并应随时注意相互配合和监护。

(5) 避免上下交叉作业，如实属必要，应根据具体情况采取必要的防护措施。

(6) 不允许短接安全回路开关。如实属必要，在恢复电梯正常运行之前，务必拆除短接线。电梯不允许在安全回路短接状态下投入正常使用。

(7) 安全回路中不允许短接层门或轿门电气联锁开关，这是由于层门和轿门对乘客或建筑物内的人员来说是最重要的安全防护装置。如实属必要，首先应确认所有层门机械锁钩均有效锁闭且必须是在检修状态下才能进行，找出故障后必须立即拆除，在拆除前决不允许检修开关复位。

(二) 作业安全基本规程

(1) 确保已经具备所有与施工作业相关的安全设备，根据规范正确使用。

(2) 保持所有安全设备性能良好，定期检查，确保设备不出现破裂、磨损等缺陷。一经发现，须立即更换。

(3) 作业时必须穿戴使用与工作相适应的且合身的安全防护用品。

(4) 对设备进行清洁、吹风等操作，用真空吸尘器、毛刷清扫以及其他任何存在伤害眼睛的情况，应佩戴防护眼镜。

(5) 在存在噪音的环境下作业，应佩戴相应的耳套或耳塞，以避免听觉受到长时间的损害。

(6) 在对电梯井道进行清洁、对控制器吹风或其他任何存在空气微粒的情况下，应佩戴防尘口罩，必要时须佩带防护眼镜。

(7) 注意必要的护手，在需要防护物理、高温或化学物质等伤害的情况下，应佩戴防护手套。但在旋转设备周围作业时，严禁佩戴各种手套。

(8) 任何人员进入安装、维修、更新改造作业场所时，必须佩戴安全帽。一旦安全帽遭到重物撞击,应立即更换。

(三)进入轿顶操作规程

1. 准备工作

(1)基站层门张布告示牌。

(2)出入的层门口放置安全围栏。

(3)电梯撤离群控或并联系统。

(4)打开井道照明。

(5)确认轿厢位置及轿内无乘客。

必备的工具有层门三角钥匙、手电筒、层门限位器。

2. 验证工作　进入轿顶前应将轿厢停靠于易进入轿顶的合适位置(轿顶距楼层位置不超过500mm),并验证:

(1)层门门锁电气联锁有效。

(2)轿顶急停开关有效。

(3)轿顶检修开关有效。

3. 进入轿顶顺序

(1)把急停开关置"停止"位置。

(2)置检修开关为"检修"位置。

(3)打开轿顶照明。

4. 进入轿顶后顺序

(1)关闭层门。

(2)将急停开关复位。

(3)验证检修上行与"共用"(若有)按钮、下行与"共用"(若有)按钮操作轿厢的检修运行方向正确。

5. 注意事项　在轿顶操作时,必须佩戴安全帽。井道照明应完好。严禁骑跨作业,严禁快车运行。当电梯停止运行时,应及时按下轿顶急停开关。

(四)退出轿顶操作规程

使轿顶停于合适位置(轿顶略高于楼层且位置不超过500mm),并可以接触到门锁的高度。

(1)同一楼层进出(无需再验证层门门锁有效)。按下轿顶急停开关,打开层门,固定层门限位器,作业者离开轿顶,将轿顶急停开关复位。

(2)不同楼层进出(需验证层门门锁有效)。按下轿顶急停开关,在轿顶上打开层门,固定层门限位器将门关至最小,将轿顶急停开关复位,按"上行"或"下行"和"共用"(若有)按钮,验证层门安全回路有效后,按下急停开关,作业者离开轿顶。

另一种验证门锁方法是,检修运行向下,运行中手动断开需要离开层的层门机械/电气门锁,确认电梯停止,验证层门门锁有效,按下急停开关,作业者离开轿顶。

(3)检修开关置于"正常"位置,将急停开关复位,关闭轿顶照明开关,关闭层门,确认电梯恢复(群控或并联)正常运行状态。

(五)轿顶作业安全规程

1. 危险源

(1)坠落到井道底坑。

(2)电梯移动时,被挤压在轿厢与固定物中间。

(3)电梯移动时,被挤压在轿厢和对重装置中间。

(4)电梯意外移动。

(5)电击。

(6)物体坠落打击。

2. 控制措施

(1)在轿顶作业前,需做工作相互的交底。如果可以选择,电梯先撤离群控或并联,检查现场个人的安全用品及物品是否完好。

(2)在移动轿厢之前,应大声、清楚地告知现场的每一个人,并说明电梯将运行的方向,得到现场所有人的确认后方可运行。

(3)轿厢在移动时,身体的任何部位都不应该超越轿顶边缘,应尽可能地靠近轿顶中心的位置(如有轿顶轮时应注意)。

(4)留意电梯井道中的障碍物。障碍物可能是静止的(如承接梁/托梁),也可能是移动的(如对重装置)。

(5)人员或物件都不得倚靠轿厢顶部或相邻井道(通井道电梯)。

(6)不得将任何较长物体直立在轿厢顶部和护栏的限制区域,或任何轿厢顶部构成部分。

(7)停留在电梯井道中间时,应注意隔壁(通井道电梯)的轿厢或后/侧面的对重装置运行情况。

(8)如果可以选择,作业时应尽量从上往下,而不要从下往上进行。因为在轿顶上行时可能的危险比下行时要大些。

(9)在轿顶作业时,应始终将电梯置于"检修"或停止模式。严禁将电梯置在"正常"模式,否则电梯可能随时突然(响应外召唤信号等)地运行。

(10)在轿顶作业时,置电梯于停止运行状态,应即刻按下轿顶急停开关。

(11)在轿顶作业时,轿顶以上及以下部位不得立体交叉作业,以免坠物打击。

(六)机房作业安全规程

电梯维保人员进入机房内作业时,必须遵守安全操作规程,要时刻注意所有现场作业人员的安全。

(1)对带电的电气系统、控制柜等进行检查测试或在其附近作业时,注意用电安全,谨防触点。

(2)涉及转动设备时一定要小心,要警惕或去除周围容易造成羁绊的东西。

(3)工作服着身要合理,不可穿戴容易卷入转动设备中的服饰,如首饰、翻边裤等。

(4)对于同一机房内多梯的情况,要首先按编号找到所需保养的电梯开关,并确认轿厢内确实没有乘客后再断电进行操作。

(5)电梯运行时切不可用抹布等擦拭转动部件,谨防抹布与人手一同被卷入运转部件中。

(6)检查维护曳引机、电动机、限速器等各旋转部件时必须首先切断电源,并应等设备完全停转后才能进行工作。

(7)在转动设备附近作业时一定要高度警惕,以免不慎被旋转部件卷入。

(七)底坑操作安全规程

1. 准备工作

(1)基站层门张布告示牌。

(2)底层层门放置安全围栏。

(3)电梯脱离群控或并联系统。

(4)打开井道照明。

(5)确认轿厢位置与轿内无乘客。

2. 进入底坑

(1)控制措施之一(上下配合式:A员工在轿顶,B员工下底坑)。

必备工具:层门钥匙、手电筒、层门限位器。

A员工用进入轿顶的程序进入轿顶,以检修速度将电梯开至最底层层门上坎略高处,按下轿顶急停开关。通知(通讯工具)在最底层层门外等候的B员工。

B员工得知A员工确定信息后,放好层门安全警示障碍护栏。使用三角钥匙打开层门,用层门限位器将层门可靠固定在最小的开启位置,通知A员工拔出轿顶急停开关、以检修速度运行电梯,不运行视验证所打开的(底层)层门回路有效。

B员工重新打开层门,以标准姿势开足层门,用层门限位器固定层门,扶靠墙壁伸手进入井道,打开底坑照明,按下底坑上"急停"开关,关门后通知A员工以检修速度验证底坑上"急停"有效。

B员工重新打开层门,以标准姿势开足层门,用层门限位器固定层门,沿爬梯进入底坑,按下底坑下"急停"开关,沿爬梯走出底坑,扶靠墙壁伸手拔出上"急停"开关,关门后通知A员工以检修速度运行电梯,不能运行视验证底坑下"急停"有效。

B员工重新打开层门,以标准姿势开足层门,用层门限位器固定层门,沿爬梯进入底坑,在底坑作业时将层门关闭,由A、B员工上下配合工作。

(2)控制措施之二(内外配合式:A员工在候梯厅,B员工下底坑)。

必备的工具:层门钥匙、手电筒、层门限位器。

放好层门安全警示障碍护栏,将电梯召唤至最底层,检查轿内是否有乘客。在轿内分别按上一层及最高层选层按钮。

B员工让电梯在上行时打开层门(切勿平层),使用层门限位器将门关至最小。按外呼按钮,观察(大于10s)轿厢运行情况,不运行视验证底层层门回路有效。

B员工重新打开层门,以标准姿势开足层门,用层门限位器固定层门,扶靠墙壁打开照明开关,按底坑上"急停"开关,关门后,按外呼按钮,观察轿厢运行情况,不运行视验证底坑上"急停"开关有效。

B员工重新打开层门,以标准姿势开足层门,用层门限位器固定层门,沿爬梯进入底坑,按底坑下"急停"开关。沿爬梯退出底坑,扶靠墙壁伸手拔出"急停"开关。关门后,按外呼按钮,观察轿厢运行情况,不运行视验证底坑下"急停"开关有效。

B员工重新打开层门,扶靠墙壁,顺爬梯进入底坑。

A员工将层门可靠固定在最小的开启位置,B员工开始进行底坑工作,A、B内外呼应。

如果电梯尚未安装外呼按钮,两名员工可以互相沟通,一人在轿厢内通过按内呼按钮的方法来验证安全回路的有效性。

在上述验证步骤中,验证的等待时间至少为10s。如果电梯尚未安装外呼按钮或是群控电梯(或并联)[先脱离群控(或并联)],可由两名员工互相沟通,一个在轿厢内通过按选层按钮的方法来验证安全回路的有效性。

3. 退出底坑

(1)控制措施。

①打开层门,将层门固定在开启位置。

②沿爬梯走出底坑,关闭照明开关,拔出"急停"开关。

③关闭层门,确认电梯恢复正常。

(2)注意事项。在上述验证中,如果发现任何安全回路失效,应立即停止操作,先修复电梯故障,如不能立即修复,则须将电梯断电、上锁、设标记牌。

在井道、底坑作业时,必须佩戴安全帽。首先开亮井道、底坑照明,按下底坑急停开关。

(八)电梯底坑作业规则

1. 危险源

(1)由电梯轿厢或对重装置降落到电梯井道底部而引起的挤压危险。

(2)限速器绳轮转动危险。

(3)补偿装置运动或绳轮转动危险。

(4)随行电缆。

(5)爬梯上的坠落危险。

(6)因电梯底坑的油质造成滑倒。

(7)被电梯底坑的设备绊倒。

(8)有人通过底部层门通道进入电梯井道。

(9)电击。

(10)落物打击。

2. 控制措施

(1)在进入电梯底坑作业前,必须进行安全交底。检查现场每一个人的安全用品和每一件物品是否有问题。进入时,口令清晰,按下底坑"急停"开关。

(2)注意电梯底坑正在移动和转动的部件,包括电梯轿厢、对重装置以及限速器绳轮、补偿装置、随行电缆。

(3)确保电梯底坑整洁以及照明设备完好。

(4)底坑安全门开启时须有人看管。
(5)不要在其他人上方或下方立体交叉作业。
(6)在正在运转或移动的设备旁作业时,不得佩戴手套并注意衣物被缠绕。
(7)当电梯正常运行时,不要滞留在电梯底坑。
(8)底坑应设导轨盛油盒,并定期清理,以免油溢,滑倒伤人。

第二节　维护保养技术

一、机房(井道顶部)设施的维护与保养

机房内主要部件有曳引机组、控制柜、限速器,外围设备有总电源、供电控制箱、照明与通风等设施。工作程序为清洁,润滑,检查(看、听、闻、摸、感受)和调整。

(一)曳引机组的基本维护

1. 外表　清洁和检查曳引机、曳引轮、导向轮、挡绳装置、电动机、制动器、绳头组合、机座及搁机梁。

2. 减速箱　减速箱在运转时应平稳无振动。窥镜油位正常,箱盖、窥视孔、轴承盖等与箱体连接应紧密、不漏油。

蜗杆伸出端渗油应不超过 $150cm^2/h$。

油箱内油液抛甩正常,各油孔畅通。蜗轮轴上的滚动轴承或滑动轴承应经常保持润滑良好。对新安装的电梯,在半年内经常检查油箱润滑油油质。用蘸减速箱内齿轮油后在手指上用捏感的方法检查。如果油质中发现过量铜屑和杂质,则立即更换齿轮油,并按电梯的使用频率定期更换齿轮油。对使用率较低的电梯,可根据润滑油的黏度与杂质情况确定更换时间。

轴承与齿轮油的工作温度应正常,如温升过高时应检查原因。当滚动轴承产生不均匀或异常噪声时,应及时检查消除或予以更换。

箱体、轴承座、电动机与底盘连接螺栓等应该经常检查和紧固,无松动现象。

检修时如需拆卸零件,必须将轿厢在顶层用钢缆吊起,对重在底坑用木楞撑住,将曳引绳从曳引轮上摘下。

3. 曳引电动机　电动机的连接螺栓应该紧固,应经常保持清洁,水或污油不得侵入电机内部,定期用吹风机吹净电机内部和引出线的灰尘。

电动机工作温度正常,电动机定子绕组温升过高时应检查原因。

冷却风机工作正常,经常检查、紧固电气接线,如动力线、旋转编码器装置等电气线路。

当滚动轴承有异声或噪声,则应更换轴承。如老式电动机转轴是轴瓦形式的应检查油窗机油位与抛甩装置正常。

(二)制动器的基本维护

制动器的动作应灵活可靠,各环节紧固锁紧有效、各转动点润滑及活动正常。包括制动闸瓦工作厚度(当制动带厚度磨损 1/4 或铆钉露出表面时,制动带应更换)、闸瓦与制动轮的吻合

度（制动闸瓦应最大面积紧密地贴合在制动轮的工作面上，相互的接触面积应大于闸瓦制动面面积的 80%）、松闸后与制动轮的间隙（其各边间隙均都须小于 0.7mm，若大于应重新调整间隙至要求值）。

制动弹簧压缩在规定尺寸范围内、两边弹力均匀。调整制动弹簧力，要在保证安全可靠的原则下来满足平层准确和舒适感。检修运行停止时与制动轮滑移摩擦无异常。

制动器电磁线圈工作温度正常，启动电压与维持电压均正常。接线螺栓处应无松动现象，绝缘良好。线圈接线应可靠，各电气接头有效紧固，快速释放电路（电阻电容元件）有效。

电磁铁芯动作灵活，铁心间隙应适当（电磁铁松闸吸合力与铁芯间距离的平方成反比），工作时应无机械撞击声。

制动器抱闸后，电磁铁顶杆开闸联动处均留有足够的安全间隙，以确保闸瓦可靠地抱紧制动盘。

制动与松闸监控开关工作有效、开闭时与推杆间隙能确保开关动作可靠。

（三）曳引轮与导向轮的基本维护

清洁和检查曳引轮上、曳引钢丝绳及张力应均衡，检查各曳引钢丝绳在曳引轮绳槽上的嵌入深度应一致，以维持均等的钢丝张力和曳引力（用水平尺或钢直尺）。当各绳槽磨损下陷不一致相差曳引绳直径的 1/10，或严重凹凸不平出现麻花状而影响使用时，或曳引绳钢丝绳与曳引轮绳槽槽底的间隙≤1mm 时，应就地重新加工（车削）曳引轮绳槽或更换曳引轮绳圈。车削曳引绳槽前应注意切口根部的轮缘厚度在车削后不小于相应钢丝绳的直径（轮缘根部厚度不够曳引轮易崩圈）。

导向轮，复绕轮和反绳轮滚动轴承使用锂基润滑脂润滑，1200h 加注一次，如是用轴瓦与轴型式的老产品，每次保养时应旋紧油杯数圈或用油枪对油眼注入润滑脂。轮槽油污需清理，当绳槽磨损影响使用时，应予以更换。各挡绳装置与曳引钢丝绳的间隙应保持在 3mm 左右或小于曳引绳的半径尺寸。

2:1 绕绳法的绳头组合、双螺母互紧、开口销，绳头止转装置需清洁检查。

（四）曳引钢丝绳的基本维护

电梯的全部曳引钢丝绳所受的张力应保持均衡。如果张力有不均衡情况，可用钢丝绳锥套螺栓上的螺母来调节弹簧的张紧度使其平均，每根曳引绳受力相近，其张力与平均值的偏差均不大于 5%。

曳引绳外表应保持清洁，钢丝绳内部应有适当润滑，以降低绳丝之间的摩擦损耗，并保护表面不锈蚀，麻芯钢丝绳内原有油浸麻芯，使用时油渐外渗，新绳不须表面涂油，使用日久，油渐告枯竭，就须定时上油，油质宜较薄，不可太多，使钢丝绳表面有渗透的轻微润滑（手摸感油即可）。当渗油过多时应予清洁，防止渗油过多使得与曳引轮之间的摩擦力下降。

经常检查钢丝绳有无机械损伤、断丝断股情况，以及锈蚀和磨损程度。钢丝绳按不同形式在 1 个捻距内出现一定断丝数或绳外径磨损变细至一定数值时应予以更换。曳引钢丝绳更换时应将整个轮上的曳引钢丝绳一同更换，且曳引钢丝绳是同一批次的产品，更换前应检查曳引轮绳槽状态以确定是否需要加工（车削）。

（五）限速器与绳

限速器运转应柔和流畅（甩块、凸轮离心、飞球型式），夹绳式的限速器应经常检查夹绳钳口处，并清除异物，以保证动作可靠。绳轮摩擦型的限速器应经常清洁限速钢丝表面、清洁限速器轮槽油污以保证其摩擦力，如绳槽磨损量较大应即时予以更换。

必须保证限速器所有部件的清洁，没有尘灰。活动部位加润滑油或油脂，但油脂或润滑油不可阻碍其正常工作。用轴瓦与轴的老产品，应在轿厢检修上行时注入油杯润滑脂。

各环节紧固件锁紧有效、电气开关应动作在机械装置动作前。机/电开关动作与复位、限速器的工作试验与复位均应无卡阻。

限速器的检修、校核、调试与试验应两年进行1次，并标示与铅封。

（六）控制柜电气装置

检查控制柜、变频器、制动电阻等设备电气线路及各冷却系统、冷却风扇。校检安全回路及各保护开关回路、保护装置工作有效。

各接插板（电子印板）、接插件框/件组合清洁后插紧。定期清洁、检查各插件、卡口。接插组合应用防静电毛刷、吹尘器清洁，接插口用餐巾纸擦净。

各工作电压必须准确，特别是微机控制系统或信号传输系统输出的电压，如5V、12V、24V，各分段电压的零线与地线须分清；在检查时必须分清二次回路的直流110V、交流220V、动力三相交流380V的主电路，防止发生短路，损坏电气元件。

经常检查并消除接触器、继电器上的积灰，检查触头的接触是否可靠吸合，线圈外表绝缘是否良好，以及机械连锁装置工作的可靠性。无明显噪音，动触头连接的导线头处无断裂现象，接线端、接线柱处导线接头应紧固无松动。

（七）电梯配电箱

清洁、检查并紧固电气进线开关箱下级各相关动力和照明线路，零、地线。校检各保护开关回路、保护装置工作有效。

（八）机房清洁

保持机房的整体清洁能使设备的各机械部件、电气部件、电子装置等处于一个良好的使用环境，以减少曳引机等各机械部件的擦拭频率及电气、电子装置的清洁频率，从而减少维护所需的工作量。另一方面，设备的寿命与安全性、可靠性也取决于电梯的运行环境，如灰尘在易产生腐蚀的同时也容易影响电气部件及电子印板线路间的爬电距离从而影响设备的稳定性与可靠性能。清洁机房地板、擦净机器等是电梯维护的例行工作。材料、溶剂、润滑油和备件等的分类有序存放，废弃物的处理同样也很重要。

二、层门与轿门系统的维护与保养

（一）层门

层门的预防性保养是整个电梯保养工作的重点。层门对乘客而言是最主要的保护设备，是电梯整机故障率与事故最易发生的部位。

层门的维护保养通常是以检修运行方式站在轿顶上由上至下逐层逐门进行。最底层层门的大部分保养工作应在轿厢内打开轿门(轿厢与层门合适位置)进行,将可作业部位完成后再转入由井道底坑部位进行。

工作用料除日常维护保养工具外还包括机油油枪、回丝布、清洁剂、细砂纸或小钢丝刷、吸尘器、手灯、手电筒等。

工作程序包括清洁、检查、调整、润滑

主要工作内容有:

(1)层门开启、闭合轻便灵活,无跳动、摆动和噪声,门滑轮的滚动轴承和其他摩擦部位及所有运动部分都应充分润滑,层门在开启后的任何部位都能自闭锁紧。

清洁和检查层门上坎(门上部导向轨)上下口均确保干净、光滑无锈蚀。如有锈蚀或污垢(干油泥),则先用细砂纸或小钢丝刷擦净锈垢,后用油性回丝布擦沫后再用干回丝布擦净。

清洁、检查、调整层门滚轮(门葫芦)。如果滚轮外缘有脏物干油泥或污垢干瘤,应予以剔除后擦净。如果滚轮外缘磨损过大或不圆,应计划予以更换。

检查、调整层门各门板下部插入地坎槽内的两个门导靴(门脚)插入深度足够且两导靴在地坎槽内无扭裂(扭裂将增加层门运动阻力与噪音)。如扭裂时应先拆下一门导靴,后用手将门板扳直后再重新装上。

门导靴过度磨损时应及时更换,以确保层门的安全保护性能。

联动机构及牵引装置,主(动)、从(动)门连动与牵引应经常检查、清洁并对机构的所有部件进行必要性润滑,如发现机构有松动、松弛或错位迹象须及时予以调整。

清洁和检查强迫关闭装置(自闭重锤、导管或弹簧),检查重锤绳索和强迫关门装置有无卡死现象。对自闭门机构的所有部件进行清洁润滑,层门滑动性能好,松手时即能自动关闭。当用手轻微扒开缝隙时,装置应能使门自动闭合严密。检校特别是在关闭前瞬间有较大的自关闭倾向力。

(2)层门锁、锁紧装置、电气联锁、厅外紧急开锁装置。检查锁紧装置。各层门机械锁钩、锁臂及动接点动作应灵活可靠,在层门关闭上锁时,必须保证不能从外面开启。在电气安全装置动作之前,锁紧元件的最小啮合长度应≥7mm。层门锁、锁紧装置相互间的锁紧间隙尽量小且保证进钩及退钩时无撞击或摩擦声。扒门时层门上部间隙小而确保扒门至最大门隙时不影响电梯运行(扒门不停车)。

经常清洁门锁动触点污垢,电气安全联锁装置必须保持干净,接触与吻合良好并有效(锁簧与触点间的接触部分应充分可靠而须有适量接触压力且不至于卡死),检查电气联锁啮合有效可靠。

电气控制应灵敏、安全、可靠。电梯只能在层门(主、从门)锁闭均合时,触点闭合接通的情况下,才能运行,并需每次检查。无论何时,当层门开启或门锁触点断开时,电梯均应立即停止运行。在轿顶以检修速度向下运行,并手动触发层门锁钩,确保轿厢立即制停。

各层层门滚轮与轿厢地坎的间隙应保持为 5~10mm,应调整至各层门滚轮与轿厢地坎间的间隙基本均等,保证与轿门门刀联动时的啮合深度。调整层门滚轮与轿门门刀两端的间隙符合联动设计时的技术要求。轿门门刀在穿越层门滚轮中心时不应因偏离中心使单边间距太小而造成碰擦或造成故障急停,同时要保证轿门门刀在带动层门滚轮联动工作时厅轿门的同步平齐,特别是层门的锁紧装置在进钩及退钩时的有效吻合与打开。层门滚轮间距应调整至各层各门情况基本相同,保证各层层门与轿门在联动时工作状况基本相同。

检查(清洁、润滑)厅外紧急手动开锁装置安全可靠。手动开锁装置应为在厅外用专用钥匙操作时不需用过大的力就容易打开层门,开锁装置应转动灵活无卡阻,开锁后的自动复位须有效可靠以确保层门有效锁紧。

(3)层门各部件应保持横平竖直,尺寸到位且各部件相互间隙符合要求。各部件应保持横平竖直,检查和调整门中心位置、扒门间隙、门扇与门扇间的门隙。中分门的门扇在对口处的不平度不应大于1mm。门缝的尺寸在整个可见高度上均不应大于2mm。门板间相互平行,门扇与门套间的间隙均等,折叠式门扇的快门的与慢门之间的重叠部位为20mm。

各门扇与门套间的间隙、各门扇与门扇间的间隙、各门扇与地坎间的间隙应小于6mm。标准规定,客梯为1～6mm,货梯为1～8mm。建议此间隙以3～4mm为佳。门扇与门套、门扇与门扇间的各间隙应均等。间隙太大易造成事故,太小易造成门板外表擦坏,尤其是不锈钢层门擦坏后较难修复。

保证层门下端扒门间隙较小,层门上坎导轨下端的偏心轮必须调整到位,标准中偏心轮与滑轨下部的间隙为应小于0.5mm,但实际上是只要不碰就越小越好。两端偏心轮调整时的偏转方向要各自都朝外翻转,这样可使两偏心轮的中心距最大。

清洁层门上坎顶部灰尘及垃圾,清洁外罩、盖板,清洁地坎与井道内地坎段、井道内层门门板(背部及底部)、层门内立柱(及根部)、护脚板。

(二)轿门

轿门和层门对电梯乘客而言都是最重要的安全保护装置,防止人员坠落、遭受剪切、夹伤或撞击而引发事故等,每次都应进行重点检查与保养。

轿门的外形与层门基本相似,所以轿门与层门相似部分的维护保养要求也基本相同,维保方法也为清洁、检查、调整、润滑。仅在结构不同处略有差异。

层门开启与关闭运动是靠轿门来带动的,在电梯的整个门机构中,轿厢门是主动体而层门是被动体。所以轿门工作的正确性与安全性能就显得更为重要。

轿门与轿厢门机构是联成一体的,也可称轿厢门总成,包括有轿门机构、自动门机、驱动与控制装置、轿门与门机联动机构、机械电气联锁装置、门刀、关门保护装置(光幕、安全触板)等。

主要工作内容有:

(1)清洁轿门上/下坎导轨滑槽及滚轮外缘、清洁轿门门锁动触点污垢,电气安全联锁装置必须保持干净(门锁动触点污垢清洁用餐巾纸)。检查轿门电气联锁(主副门)啮合(锁闭装置)有效可靠,锁簧与触点间的接触部分应充分可靠而须有适量接触压力且不至于卡死。

检查/调整门中心、门隙、滚轮、偏心轮、门机联动机构、主副门联动机构。检查门板下部插入地坎槽内的两个门导靴(门脚)插入的深度足够,门导靴过度磨损时应及时更换,以确保轿门的安全保护性能。

门滑行应轻快、无振动、无晃动、无噪音。垂直度好,关闭时门缝紧密。润滑状态良好。

检查轿门门刀的垂直度与各层层门地坎的间隙,应保持在 5～10mm 范围内。与各层门滚轮的啮合深度、两滚轮的间隙合理并应均等。

检查门刀的张、闭状态,其动作应灵活可靠,开锁与闭锁时的尺寸应符合要求。

(2)检查门光幕(安全触板)随动线缆走线必须合理,在轿门板上固定,走线转弯处100mm内不应固定,曲率合理,不易疲劳折伤。检查随动线缆在固定状态和变化状态下与井道固定部件的安全间距。

门光幕应保持清洁。动作灵敏、功能正确可靠。安全触板的移动应灵活可靠,经常润滑触板各活络关节,微动开关顶杆螺栓间隙应调节到位(间隙过大碰触板时反应慢,过小易误动作或顶坏微动开关)。

(三)自动门机系统的检查与调整

现代电梯的自动门机系统大多采用以计算机为控制单元、以变频器为驱动单元并以交流电动机(交流异步或交流永磁同步电动机)为执行单元的门机自动控制系统。按不同产品情况,可分别设置为门机计算机为控制板(盒)、门机变频器驱动板(盒)或组装在一个盒(箱内)。门机电动机(交流异步或永磁同步)的转子轴上同轴安装了带脉冲的发生器(旋转编码器)。它安装在门机系统支架上,通过机械传动连接到门悬挂组件,从而带动轿门工作。

维保人员应熟悉、掌握所维护保养的自动门机的主要特点及相关技术参数,并应严格按产品说明书中的工艺步骤与要求进行日常的维护、检查与调整。

(1)维保时,以检修运行状态将轿厢顶部停靠在比层门地坎高出 300～500mm 的位置,检查门机机械联动装置,手动开/关轿门与门机系统,检查各部件运动正常。

(2)自动门机系统常用的参数调整。

①电机参数。电机铭牌参数值设定。

②传动参数。传动比参数设定。

③速度参数。开关门的正常速度,加、减速度,爬行速度等。

④位置参数。开关门时的各加速点、减速点的位置与各终端点的位置。

⑤力矩参数。正常开关门时的力矩输出、强迫关门时的力矩输出、防止夹人保护时的最大力矩输出。

⑥编码器参数。编码器转一圈的脉冲数(1024 或其双倍数)。

如需进行自动门机的参数调整时,可参阅电梯调试相关章节。

三、悬挂系统的维护与保养

(一)曳引钢丝绳

(1)定期对曳引钢丝绳的外表进行清洗和清洁。清除外表污物,清除脏锈斑,清洗后表面光洁不易黏异物。

(2)检查每根曳引钢丝绳所受的张力应保持均衡,如果张力有不均衡情况可以通过钢丝绳锥套螺杆上的螺母来调节弹簧的张紧度,保持张力与平均值偏差均不大于5%。

曳引绳张力误差大会使各绳在曳引轮槽上的高低位置产生不一致。张得较紧的曳引绳受到较大的力,由于在曳引轮锲型绳槽内受挤压变形量较大而处于绳槽内较深(低)位置。而相对较松的曳引绳则在轮槽上部(浅)位置。曳引轮在驱动钢丝绳运动时,发生紧的曳引绳(内圈)和松的钢丝绳(外圈)状况。当曳引轮旋转后,会发生外圈绳和内圈绳的距离差(外圈走的距离比内圈长),使曳引绳组在轿厢和对重两端的张力产生变化。当张力达到曳引耐受极限力时(此时内圈绳与外圈绳在各自的曳引轮槽内进行着差值曳引摩擦力的抗衡),即会产生曳引绳组中的某些曳引绳在曳引轮槽内不断窜/滑移,使绳组各端的张力重新再分配。以此循环从而加快了曳引钢丝绳与曳引轮槽之间的滑移磨损(正常情况下曳引轮槽使曳引钢丝绳锲入挤压变形后所产生的是两者的静摩擦)。紧的曳引绳越陷越深、滑移加剧。恶性循环最终造成所悬挂的轿厢在运行中垂直振动越变越大,曳引绳与曳引轮的使用寿命缩短。

(3)检查曳引钢丝绳有无机械损伤,有无断丝断股情况,以及锈蚀和磨损程度。当使用一定时间后出现断丝时,必须每次都仔细检查和注意钢丝的磨损和断丝数。

(4)曳引钢丝绳的报废。根据《电梯监督检验和定期检验规则》(TSG T7001—2009)规定,出现下列情况之一时,悬挂钢丝绳和补偿钢丝绳应当报废:

①出现笼状畸变、绳芯挤出、扭结、部分压扁、弯折。

②断丝分散出现在整条钢丝绳,任何一个捻距内单股的断丝数大于4根;或者断丝集中在钢丝绳某一部位或一股,一个捻距内断丝总数大于12根(对于股数为6的钢丝绳)或者大于16根(对于股数为8的钢丝绳)。

③磨损后的钢丝绳直径小于钢丝绳公称直径的90%。

采用其他类型悬挂装置的,悬挂装置的磨损、变形等应当不超过制造单位设定的报废指标。

应当注意的是,换新曳引绳时应符合原设计要求,如果采用其他型号代用,则要重新计算,除绳直径符合要求外,其破断拉力、抗弯折与疲劳参数也不能低于原型号曳引钢丝绳的要求。

(5)电梯钢丝绳检测周期。

①定期检验。电梯投入正常运行之后,每年应进行一次例行年度检查。

②特殊检验。新安装、大修、重大改装或事故修复的电梯,在正式投入运行之前应进行检查。

(6)曳引钢丝绳检查方法。按维护保养要求进行必要的检查,对易损坏、断丝和锈铁较多的一段作停机检查,断丝的突出部分应在检查时记入检查记录簿内,查看轿厢上梁上面的曳引绳数据,查看曳引绳是否为松散绳。查看绳上是否有红色粉末(俗称"出铁粉")。绳锈蚀严重、点蚀麻坑形成沟纹、外层钢索松动时,不论断丝数或绳径变细多少,都要立刻更换。

在机房检查钢丝绳,电梯以检修速度全程运行,仔细检查钢丝绳在曳引轮上绕行的全过程,若有断丝和磨损,应参照钢丝绳报废标准来处理。若在一个捻距(7~7.2倍绳径)内断丝数目超过钢丝总数的2%,每次保养时就都需检查。特别要注意的是,绳在稳定期后出现不正常的伸长或断丝数增多。如果连续出现显著伸长或在某一捻距内每天都有断丝出现,则钢丝绳已接近失效,宜及时更换。

在井道检查钢丝绳,人站在轿顶启动电梯,慢速使轿厢从井道顶部移至轿顶与对重等高部位(并在其间每隔1m左右停止一次),检查对重上部的钢丝绳,其内容与方法同在机房检查相同。

(二) 绳头组合检查

检查绳头组合,即为检查绳头的联结部分。1:1 绕法的绳头组合在轿厢架与对重架上,2:1 绕法的绳头组合在机房内。仔细检查装置上各零部件没有锈蚀、紧固螺母不松动、缓冲弹簧没有永久变形和裂纹。检查时可用小锤轻轻敲击被查部位,观察松动情况,若敲击有嘶哑声,则表明已有裂纹存在应予更换,上述部分装置都用钙基润滑脂防腐。

(三) 曳引钢丝绳的维护与保养

曳引钢丝绳的使用寿命在很大程度上取决于良好的检查与维护。钢丝绳表面应始终保持清洁,不沾杂物,不锈蚀。曳引绳头组合应安全可靠,且每个绳头均应装有双螺母和开口销。

清洁(洗)/检查曳引绳和清洁曳引轮绳槽。除使用专用曳引钢丝绳清洗油之外,一般采用机/柴油混合清洗油。柴油能起到清洁与帮助机油渗入绳内部后再挥发的作用。曳引绳外部需定期清洁。

曳引钢丝绳清洁可以使用钢/铜丝刷,用钢丝绳清洁专用油或柴/机油混合油,渗入绳内部后表面用干布或(略潮)油布清洁,后用干抹布擦净。轮槽先用木/竹片铲刮后用干抹布擦净。不能用清洁剂清洁曳引绳,因为清洁剂会渗入绳芯加速绳芯的干枯,产生红铁锈粉。绳芯润滑剂的丧失是由于周围环境、重载或在多个曳引轮上弯曲造成的。曳引绳一旦发生出铁粉,其疲劳度就会增加。这种状况是无法逆转的,但是可以通过良好的润滑来延缓。出现这种状况后,检验的时候就要格外注意。

(四) 导向轮及反绳轮的维护与保养

导向轮及反绳(复绕)轮应转动灵活,运行时平稳无异常杂声,轴承或轴瓦内润滑油量充足。应按产品要求定期给轴承或轴瓦挤加润滑脂/油。

(1) 一般采用轴承形式的 2~3 月挤加一次,采用轴瓦形式的每次保养时都需挤加。挤加时,一般是第一回挤加后使该轮转动 1/3 或 1/4 圈后挤加第二回,如此连续 3~4 回。

(2) 导向轮及反绳轮绳槽无异常磨损。当发现绳槽磨损严重,且各槽的磨损深度相差 1/10 绳径时,应拆下修理或更换。

(3) 导向轮及反绳轮的挡绳装置与钢丝绳之间的间距应检查调整至小于钢丝绳半径尺寸约为 3~4mm 左右。

(4) 导向轮及反绳(复绕)轮设置的防护装置应保持可靠,以避免人身伤害且防护装置不妨碍对绳轮或绳的检查和维护。

(五) 重量补偿装置的维护与保养

设置重量补偿装置是为了减少由于轿厢与平衡重(对重)在井道中的位置变化所引起的曳引钢丝绳在主机两边悬挂的由曳引钢丝绳自重所产生的重量差,使电梯无论在什么位置,曳引钢丝绳自身的重量都不对曳引能力产生影响。重量补偿装置一般用来弥补和减少电动机的功率。通常对于提升高度超过 30m 的电梯,就需要考虑增设重量补偿装置。重量补偿装置又分为为补偿链或补偿绳装置。

补偿链或补偿绳在运行中不应与其他运动部件有任何碰撞或摩擦,链或绳在自然悬挂状态时应无任何扭力(内应力)。

1. 补偿链　补偿链距底坑地面的距离在 100～200mm 之间,且两端点(对重下部与轿厢底部)的固定必须可靠并加装二次保护。二次保护应在补偿链万一与井道中其他运动部件有钩、拉、刮、扯时起到有效的保护作用,以防止因此造成的部件间的过分受损。

现代的补偿链大多采用链条外包橡胶形式。为了保护补偿链,通常在底坑对重部位安装补偿链导向装置以限制运行中的晃动幅度。其导向定位装置应保证转动灵活,其轴承部分应每月挤加一次润滑油。

老式的补偿链大都采用链条形式。如果发现在运行时产生较大噪声,则应检查补偿链中的消音绳是否折断。

2. 补偿绳　国家标准 GB 7588—2003 中规定,运行速度大于 2.5m/s 的电梯应增设补偿绳装置,并且使用时必须符合下列条件:

(1) 使用张紧轮。
(2) 张紧轮的节圆直径与补偿绳的公称直径之比不小于 30。
(3) 张紧轮应设置防护装置,以避免人身伤害、钢丝绳或链条因松弛而脱离绳槽或链轮、异物进入绳与绳槽或链与链轮之间。
(4) 用重力保持补偿绳的张紧状态。
(5) 用一个符合规定的电气安全装置来检查补偿绳的最小张紧位置。

若电梯额定速度大于 3.5m/s,除满足上述的规定外,还应增设一个防跳装置。防跳装置动作时,由一个符合规定的电气安全装置使电梯驱动主机停止运转。

设于底坑的张紧装置应转动灵活,上下浮动灵活。对需要人工润滑部位,应定期添加润滑油。对于使用带张紧轮的补偿绳,维护与保养中要检查补偿绳张紧情况的电气安全装置,确定其保持可靠。对于设有防跳装置的补偿绳,应检查防跳装置动作的电气安全装置应动作可靠,检查补偿绳和补偿链无机械损伤,其端部连接可靠。

补偿绳以及张紧轮装置需按其状况定期进行清洁保养。

3. 随行电缆的维护与保养　现代产品所用的随行电缆都为扁电缆,运行中的随行电缆悬挂须消除扭力(内应力)不应有波浪、扭曲等现象,有数根电缆时应保证其相互活动间隙 50～100mm。电缆在井道壁上、中部的悬挂固定与在轿厢底部的悬挂固定应规范、可靠,电缆的曲率半径应尽可能设得大一点以免电缆过多弯折疲劳而使寿命下降。并和其他部件有足够的空间距离。

检查随行电缆是否会由于与井道内的横梁或其他部件接触而受损。对随行电缆进行防护,防止井道建筑构架或其他设备的损害。安装电缆保护垫片、细长橡皮软管或旧扶梯扶手带包住横梁的棱边。高速梯可以安装电缆导向槽、防护钢丝或铁丝网,上至中部的悬挂固定点,下至底坑。电缆走向槽、防护钢丝或铁丝网可以防止随行电缆运行时甩动变位钩拉井道中其他部件或落进旁边的井道、分隔梁或水泥墙体中。如果随行电缆与井道内的线槽、导线管并排,则需确保固定导线管的螺栓与螺母应是平齐切削的,紧固好线槽或导线管罩子,防止损伤到随行电缆。如果导轨支架与随行电缆相干涉,则可以在支架上安装一个挡绳罩将电缆引开以避免碰撞。随行电缆曲率的底部与底坑地面的距离应保持在200mm左右。轿厢完全压缩缓冲器后不得与底坑地面和轿厢边框接触。

随行电缆需按其状况定期进行清洁和保养。

四、导轨的维护与保养

配用滑动导靴的导轨的工作面应保持良好的润滑,经常擦拭清洁导轨外表面,特别是工作面。每次保养都需要检查自动加油杯中的剩余油量,要定期在油杯中添加润滑油,并调整毛毡的出油量及保持毛毡清洁。3个月1次放在柴油碗内捏洗后捏干。

定期检查导轨、导轨支架、压导板、接导板处螺栓紧固情况,并对全部紧固螺栓进行重复拧紧。检查时以低速运行,检查轿厢导轨和对重导轨是否有划痕、安全钳动作后的划痕,并对此进行必要的修整。

每隔2~3个月用吸尘器、毛刷、抹布清洁一次井道内各导轨支架及井道分隔梁(如有)。

每隔2~3个月清洗一次轿厢及对重导轨(除锈、去除污垢积聚、修整、重新加注润滑油)。下部底坑部分须加大工作力度清除工作面污垢积聚并对非工作面进行除锈、油漆。清除导轨底部集油槽内的油污。

对采用滚轮导靴的导轨,其工作表面必须保持清洁干燥,不允许在导轨的工作面上加任何油,以免造成滚轮导靴与导轨接触的橡胶面与油类产生化学反应使橡胶轮变形膨胀、脱胶脱圈以致损坏。同时也不允许导轨的工作面上有油污积垢、锈迹锈斑等集留,所以要经常擦拭清洁导轨外表面特别是工作面。每隔3个月用微湿的机油抹布在导轨工作面擦拭后即用干抹布清洁干燥,这样可使部分机油渗入导轨工作面内层而使外表保持干燥,导轨工作面就不易生锈和积尘。采用滚轮导靴导轨的其他部分维护保养内容类同于采用滑动导靴导轨的保养内容,不再赘述。

五、导靴的维护与保养

导靴为轿厢或对重导向的支撑。轿厢导靴能防止轿厢在不对称负载下偏移,是使轿厢只能定向沿着导轨上下移动的导向装置。当轿厢与对重的悬挂中心不变时,空轿厢的导靴几乎不受力。轿厢内的载荷移动会使轿厢的载荷中心发生变化,由此产生的力就会反映在导靴上,使导靴靴衬在轿厢静止或上下运行时与导轨间产生压力与摩擦,对重上没有变载。如果悬挂中心正确,则导靴几乎同样不受力。

(一)导靴的基本类型

1. 刚性滑动导靴 刚性滑动导靴常用于运行速度 $v \leqslant 0.63\text{m/s}$ 的低速载货电梯或对重上,导靴的靴头是固定死的,没有弹性元件。一对导靴在横向水平侧与导轨之间存在一定间隙(一般为1mm左右),并且随着运行时间的增长,间隙会越来越大,运行时会出现晃动。间隙太大时需要调小。保养时,通常需要用加上黄油(钙基润滑脂)来润滑导轨。

2. 弹性滑动导靴 弹性滑动导靴由靴座、靴轴、靴头、靴衬、压缩弹簧和调节组件组成。靴衬以适当的压力与导轨表面接触,在上部导靴上端安装机油油杯,运行时通过导油毛毡不断润滑导轨。弹性靴头只能在弹簧的压缩方向上作轴向移动与左右径向转动,能吸收轿厢运行时由导轨所产生的部分冲击与振动。为了补偿导轨侧工作面的直线偏差,导靴与导轨工作面之间要留有1~2mm的间隙。弹性滑动导靴一般应用在运行速度$v \leqslant 2.5$m/s的电梯上。

3. 滚轮导靴 滚动导靴是由靴座、摇臂、滚轮和弹簧组成。滚轮式导靴以滚轮滚动代替滑动导靴的3个工作面,3个或3对(6个)滚轮在摇臂与弹簧的作用下紧贴在导轨的3个工作面上,能较好地吸收轿厢运行时由导轨所产生的部分冲击与振动。当轿厢运行时,滚轮在导轨上滚动,大大减小了运行摩擦力,使轿厢能平稳、舒适地运行,能节约能源、减少噪音。由于不需要在导轨上润滑,所以无油污染,但需要保证导轨的工作面清洁。滚轮导靴常用在电梯速度$v>2.5$m/s的高速电梯上。

(二)导靴的维护与保养

1. 滑动导靴 检查轿顶导靴在上梁的紧固情况,检查导靴靴衬的磨损情况以及导靴与导轨的配合情况,保证弹性滑动导靴对导轨的压紧力、导靴在运行中有无异常声响。定期在油杯中添加润滑油,油杯要固定牢固,应使用经核准的润滑油。调整毛毡的出油量及保持毛毡清洁(每隔3个月放在柴油碗内捏洗后捏干一次),保持良好的润滑。当滑动导靴靴衬工作面磨损过大而引起松动时,会影响电梯运行的平稳性,应加以调整。一般侧向工作面的磨损量不应超过1mm,顶端面的磨损量不超过2mm,超过时应更换。检查时站在轿顶,用双腿来回晃动轿厢,检查轿顶导靴的磨损情况以及导靴与导轨的配合情况,也可用塞片、撬棒等检查。轿底下导靴检查时可站在轿厢中心,将门敞开,前后左右来回晃动轿厢,查看轿厢地坎与层门地坎的相对运动情况,也可在底坑用塞片、撬棒等检查。磨损摆动比较大的,则需调整导靴位置或进行靴衬更换。更换靴衬时必须用同材料、同型号的靴衬进行更换。每年一次详细检查导轨、导轨支架、压导板、接导板处的螺栓紧固情况,并对全部紧固螺栓进行重复拧紧。轿底下的滚轮导靴检查与轿顶检查相同。

安全钳动作后,应及时修整导轨侧向工作面上由安全钳钳块夹紧拖拉处的痕迹,以确保靴衬不被过分磨损。

对重导靴的检查、调整、维护与保养与轿厢相同。

2. 滚轮导靴 检查轿顶滚轮导靴座及滚轮、弹簧、挡圈、锁母等部件的紧固情况。滚轮导靴应滚轮滚动良好。空轿厢静止时,用手盘动滚轮时应每个都能盘动(轿厢静平衡是必要条件),说明滚轮没有受到过分的非正常偏载力。查看滚轮导靴滚轮与导轨接触的橡胶面有无机械外伤、疲劳开裂、膨胀变形、过压脱圈、脱胶或积垢。如果有机械外伤、疲劳开裂、膨胀变形或脱圈、脱胶,则应进行更换。确保滚轮与导轨中心线对正,使导轨与滚轮组喉部的间距相等。尽量使各个滚轮导靴的张力近似相等。当出现磨损不均时,应进行修理调整。应每年一次详细地检查导轨、导轨支架、压导板、接导板处螺栓紧固情况,并对全部紧固螺栓进行重复拧紧。轿底下的滚轮导靴检查与轿顶检查相同。

安全钳动作后,应及时修整导轨侧向工作面上由安全钳钳块夹紧拖拉处的伤痕,以确保滚轮导靴的靴轮与导轨接触时免受机械损伤。

对重导靴的检查、调整、维护与保养与轿厢相同。

六、对重(平衡重)装置的维护与保养

对重架安装应横平竖直,其对角线误差≤4mm。对重导靴支架上紧固件须有锁紧螺母,滑动导靴与导轨间隙为1~3mm。

检查滑动导靴与导轨的润滑是否良好,每次检查油杯中油量,缺油时应及时添加。检查润滑装置、油杯、盖、油砖(芯)等齐全。检查调整油杯毛毡的伸出量,做好导轨和滑动导靴的外部清洁,防止异物、灰尘进入,以免加快磨损靴衬。

对重铁应按要求安放,重铁块应安装在底部,轻铁块应安放在顶部,检查对重架内的对重铁块是否稳固,松动应及时压紧,防止对重铁块在运行中产生抖动或窜动。对重铁卡板应牢靠,运行时无异声。

1:1绕法对重绳头弹簧应涂黄油/漆以防生锈,绳头端有锁紧螺母及横销。曳引钢丝绳头杆处应安装防止旋转的钢丝绳组件。

2:1绕法对重架上的对重轮转动应灵活,其挡绳装置应可靠并且与钢丝绳之间的距离应小于钢丝绳半径尺寸约为3~4mm左右。对重轮按不同的形式要求定期加注润滑油。对重轮的垂直度≤2mm。

对重架上设有安全钳的,就应对安全钳装置进行检查。传动部分应保持动作灵活可靠。定期对联动机构加润滑油。对重限速器的动作速度应大于轿厢限速器的动作速度,但不得超过10%。

检查对重架下端的补偿链(绳)安装正确且有断链(绳)保护装置与二次保护装置。

对重装置下端缓冲器撞板应装全由制造单位配置的2~3块缓冲蹲座。当曳引钢丝绳伸长时,应及时逐块抽除以保证缓冲距在允许的范围内。

对重(平衡重)相对于轿厢的平衡系数为,采用有齿轮曳引机的平衡系数设置为45%~48%,采用无齿轮曳引机的平衡系数设置为48%~50%。

七、限速器的维护与保养

限速器的种类繁多。各产品都有各自特定的维护保养程序和周期表,保养时应严格遵守。轴承有封闭式和开放式,对应有不同的润滑要求。如果润滑不当,则会引起安全钳误动作而引发轿厢急停或影响限速器的校准速度。维护保养完限速器后,一定要在轿厢进行运行试验后才能投入正常使用。

(一)润滑

应保证限速器转动灵活,各部件对速度变化反应灵敏,其旋转部分及转动部分应保持良好的润滑。如果限速器轮的转轴采用轴承形式,需按产品要求定期加注润滑油(不要向密封轴承装置中挤压油,在枢轴点加少许润滑油即可)。如果限速器的转轴采用轴瓦形式,在每次保养时都应加注润滑脂。采用黄油杯或油枪加注时,一般为检修向上运行,如向下运行时加注,则易产生限速器动作而造成安全钳动作。当发现限速器内部积有污物时,应及时进行清洗,维护时

需要注意不损坏测速弹簧与调节螺杆上的铅封。

(二) 清洁

维护保养限速器时,必须首先清洁所有的部件,保证外表及各接触部分没有灰尘、油脂或油污积垢阻碍其正常工作。限速器夹绳装置和限速器摩擦绳轮等关键部位上如果有油脂或油污积垢、滑油或灰尘,可能会阻碍夹绳装置与限速器绳的有效接触,阻碍其夹持限速器钢丝绳。如果油脂、滑油和灰尘在限速器摩擦绳轮沟槽中积聚会降低限速器钢丝绳与摩擦绳轮间的摩擦力,形成超速时打滑,以影响限速器速度与轿厢实际速度的统一协调。

(三) 检查

正常情况下,限速器各部件的运转声音轻微均匀而富有节奏。凸轮式限速器应检查凸轮摆杆与摆杆轮摆动部分及旋转部分润滑良好,运行时摆杆摆动应正常而富有节奏,如果检查中发现限速器在转动时有异常松动、碰擦声或摆杆上的棘爪与棘轮有非正常碰擦,应检查摆杆摆动轴的轴孔与轴有无磨损变形、摆杆轮的轴孔与轴有无磨损变形、测速弹簧是否变形或松弛。离心式限速器应检查离心摆锤与绳轮或固定板与离心摆锤的连结螺栓有无松动,检查离心摆锤轴孔的磨损和变形,轴孔过大会造成不平衡,两个离心摆锤重量不一致会造成不平衡使振动与噪音增加。检修运行电梯时,观察限速器绳是否从夹绳钳中心位置穿过,如果不是从中心穿过则很可能是轴承/轴瓦出了问题或者是绳轮有摆动。如果轴承/轴瓦出了问题,则须及时予以更换以免发生更大的故障。

检查限速器钢丝绳轮与限速器摩擦绳轮是否有过度磨损。检查元件和测速弹簧,调节螺杆上的锁母是否有松弛。检查超速打板的固定螺栓是否松动或产生位移,应保证打板完全能碰动开关触点。校检超速开关的动作速度(应先于机械机构的动作),手动触发限速器检查是否能工作。检查限速器铭牌以及两年检测的检验标签。限速器运行方向标志应清晰,维护保养后应紧固限速器外壳保护罩,防止意外伤及他人。

现代限速器在通常情况下都是可以免维护的,只要保证外表清洁即可,但每次都需例行检查。

限速器张紧装置转动灵活,每年应清洗一次。其维护保养类同于限速器,不再赘述。

保证安全钳动作灵活,提拉力及提升高度均应符合要求,在季度检查中应进行检查。

限速器钢丝绳的检查和维护与曳引钢丝绳相同,具有同等重要性,维修时人站在轿顶上,从最上段开始以电梯检修状态向下一段段进行检查直至井道全程,并检查绳与绳套连接、联动机构可靠。

八、轿厢上行超速保护装置的维护与保养

轿厢上行超速保护装置是 GB 7588—2003《电梯制造与安装安全规范》中新增加的,老型号、老产品的电梯没有该装置。

当由于系统故障,轿厢的上行速度达到或超过某一设定值时,该装置用来有效制停轿厢,从而实现对轿厢内乘客的保护。轿厢上行超速保护装置的种类很多,详见本书第二章。

一般,限速器安全钳装置在动作时是必须要立即制停轿厢的。但对于轿厢上行超速保护装置而言,当速度监控装置动作时,制动减速装置能使轿厢制停也能使轿厢的速度减慢至对重缓

冲器能承受的设计范围。

图 8-1 所示为采用夹绳器(钢丝绳制动器)时的轿厢上行超速保护装置示意图。

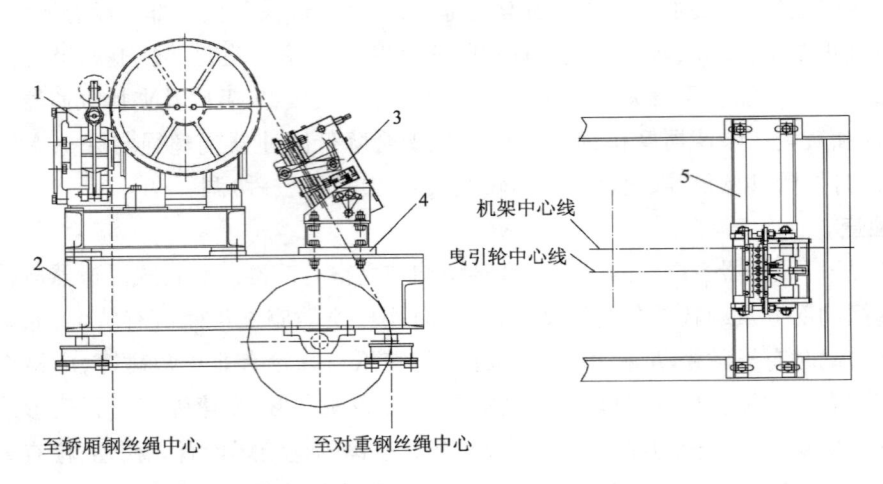

图 8-1 采用夹绳器的轿厢上行超速保护装置示意图
1—曳引机　2—机架　3—钢丝绳制动器　4—垫板　5—支架

轿厢上行超速保护装置的种类繁多。各产品有各自特定的维护保养程序和周期表,保养时应严格遵守执行产品工艺设计及维护要求。维护保养时必须首先清洁所有的部件,保证外表及各接触部分没有尘灰、油脂或油污积垢,以防止阻碍其正常工作,应保证各部件反应灵活,活动部分及一些机械部件应保持必要的防锈与润滑。

无齿轮曳引机的曳引轮与制动盘同轴且有两套独立的制动系统。在控制系统带有监控情况下满足了 GB 7588—2003 标准中对曳引驱动电梯的轿厢上行超速保护要求,故不再需要另加轿厢上行超速保护装置。

九、端站保护装置的维护与保养

(一)限位开关的检查与维护保养

检查限位开关的动作应灵活可靠。当轿厢在超越端站的正常减速点位置或停止点位置系统未执行相关减速或停止操作时,限位开关能以强制手段作出减速或停止指令。

终端强迫减速开关的安装位置在滞后于端站的正常减速位置 30~50mm 处。在电梯的调试及使用维护说明书中对不同的梯速有规定的减速距离或平层距离要求,测量时可以根据轿厢地坎与端站地坎距离差来进行检查与调整,这样能使系统按照既定的运行曲线图(梯形图)来进行减速与准确停靠。

轿厢外侧面的撞弓板装置应与各限位开关之间的动作协调可靠,撞弓板装置应垂直,并有足够长度,在与开关作用后互相不应脱离。限位开关与碰板作用时应全面接触,沿碰板运行全过程中,开关触点必须可靠动作并不被受压过度,限位开关打杆被压缩后应还留有 1~2mm 可动安全间隙以防开关过压损坏。应注意限位开关碰轮安装的方向为顺向动作,否则易损坏开关。

（二）终端极限位置开关的检查与维护保养

极限开关装置是轿厢越层的最后一级保护，和安全钳一样，虽然它在长期使用中偶尔动作，但必须加强维护与检查。首先动作应灵活可靠，电气式极限开关的维护保养内容与限位开关相同，机械式极限开关的各活动部位应定期加润滑油并要防止连动钢丝绳生锈，定期清洁检查钢丝绳张力和碰块位置。

十、电梯井道信息采集系统的维护与保养

电梯井道信息采集系统所用的传感器通常有光电感应器、磁感应器、机械平层单元等。维护保养时必须首先清洁所有的部件，保证外表没有灰尘、污垢。定期检查对层楼码板支架安装，确保其牢固、平整、垂直，垂直偏差≤1/1000mm，各码板相对感应器的直线误差<4mm。对感应器的插入深度要基本一致。各层楼码板在电梯运行时无抖动，感应器与各层码板间隙适当。插入深度符合产品要求并保证工作可靠。

十一、轿厢称量装置的维护与保养

大部分乘客电梯轿厢的称量装置是根据要求设置在轿厢底部位置的，也有部分产品是设置在轿厢顶部位置的。一些对轿厢的称重要求不需要很精确的载货电梯也可以把轿厢的称量设置在电梯悬挂系统中的曳引钢丝绳绳头板处、轿顶轮轴处或轿厢架上梁的横梁上面。称量传感器的类型有多种，有位置式传感器、压力式传感器和磁极变形式传感器等。

将轿厢停在最底层平层位置，如果轿厢称量装置是设置在轿底的，维保人员在底坑处轿厢底部对其功能进行检查与测试。

十二、底坑部位设备设施的维护与保养

底坑及轿厢底下部分的维护保养主要包括缓冲器、安全钳、限速器张紧轮、补偿链/绳和底坑部件的检查与保养。

（一）缓冲器的维护与保养

缓冲器应进行定期检查，检查缓冲器是否移动，螺栓有无松动，发现不符应及时进行修理和调整。经常清洁、检查轿厢和对重缓冲器，检查对重缓冲距（轿厢缓冲距离不会改变，对重缓冲距离因曳引钢丝绳的伸长而缩短），发现缓冲距小于或接近规范要求下限值时，可抽除对重下端缓冲蹲座或缩短曳引钢丝绳以保证缓冲距在许可的范围内。弹簧缓冲器应定期涂刷防锈油漆，以防止缓冲器表面出现锈斑。液压缓冲器应保证油位正常，一般每季度检查一次，发现油位低于油位线时，需添加新油。缓冲器柱塞的外露部分应保持清洁，并涂以防锈油脂。经常检查缓冲器开关与复位。每年年检时，使轿厢空载以检查速度并对缓冲器进行一次复位试验，其完全复位的时间不应超过120s。

（二）安全钳的维护与保养

1. 瞬时式安全钳　对安全钳机构四周的灰尘和碎屑进行清洁和吸尘，对所有枢轴点和弹簧进行润滑，检查确保安全钳位于导轨中心线位置，且导轨表面不会刮擦安全钳钳口部位。

检查和调整导靴的靴衬与导靴的位置,确保使其能位于导轨中心线位置。

将轿厢制停,拉动限速器绳,检查关联部件是否能够自由引动。

2. 渐进式安全钳 对安全钳机构进行清洁和吸尘,对所有的枢轴点、滚轮和弹簧进行润滑(安全钳动作时楔块与导轨接触的那一面不能润滑)。检查部件的位置与活动情况,对连杆进行检查、清洁与润滑,确保各安全钳机构的动作灵活可靠。

检查调整导靴的靴衬与导靴的位置,确保使其能处于导轨中心线位置。

(三)限速器张紧轮的维护与保养

清洁、检查、调整限速器张紧装置,检查距底坑地面的距离,检查限速器断(松)绳开关动作距离位置在 8～20mm 之内,张紧轮应转动灵活,转动销轴部分。如需加油的,应在每次维保时注入。

(四)补偿链/绳的维护与保养

检查补偿链在轿底部位的固定可靠。检查补偿链档链装置及补偿链距地面的距离在100～200mm 范围。

检查补偿绳在轿底部位的固定可靠。底坑部位的张紧装置转动灵活,上下浮动灵活。对需要人工润滑部位,应定期添加润滑油。对于使用带张紧轮的补偿绳,要检查监视补偿绳张紧情况的电气安全装置应保持可靠。

检查轿厢称量弹簧/橡胶装置、称量控制盒、轿底压重顶杆与轿底的间隙、轿底随行电缆悬挂、轿底各机械易锈部件,并经常清洁及作防锈处理。

(五)底坑部件的维护与保养

根据现场情况,每月或每两个月清洁一次底端部的轿厢和对重导轨,清洁轿厢/对重底端部以上的 3 档导轨支架(支架用吸尘器及刷子、导轨用机/柴油布及刷子、下端部需用铲子铲除污物),清洁底坑集油槽内油污,井道底部两段分隔梁(如有)、分隔网及对重安全防护栏。

底坑部位的维护与检查主要归结为:目视检查所有的底坑设备,特别是缓冲器复位开关、限速器张紧轮开关、钢丝绳伸长限位开关和补偿绳轮开关。检查所有开关及其打板的完好性。检查调整所有底坑滚轮的工作情况,如有必要进行清洁和润滑。检查缓冲器的完好性。如果是液压缓冲器,检查油位是否正确,是否有明显漏油现象。检查对重防护装置和隔离网的固定情况。清洁底坑照明设备、清洁底层层门下部、清扫底坑。

十三、轿厢内及层外设施的维护与保养

(一)轿厢内的维护与保养

1. 检查轿厢操纵盘(COP)的功能

(1)轿内操纵面板上各内指令按钮。逐个按下,所有的指令灯应点亮,按钮罩壳字面清晰并完好无缺损。电梯按指令停靠层站后,该层指令应熄灭。

(2)开关门按钮。测试开关门按钮功能正常。

(3)楼层显示信号指示。运行方向指示及楼层显示正常不缺笔残段。

(4)各开关、专用钥匙的功能正确。警铃按下后,井道内外报警功能正常。按下对讲通话

按钮、机房、轿厢、轿顶、底坑、监控中心5方通话功能正常,声音应清晰、有效。

(5)轿内操纵盘平整、无松动。

2. 检查轿内装饰顶及照明、轿厢通风 清洁/检查轿内所有的照明灯应都点亮,罩壳完好,风扇运转正常,噪声低。装饰顶清洁完好。

3. 电梯正常开关门 自动门机应在开门、关门全过程中的速度应正常稳定,用手去阻挡安全触板或光幕,其功能应正确可靠,动作灵敏。光幕、光电头清洁,无灰尘、划痕。

4. 其他 检查轿厢起/制动、平层/再平层及各运行功能正常,轿内负载称量功能正常。

关闭正常电源,按下警铃与对讲通话按钮,检查/测试应急电源状态下轿厢内与机房与轿顶与底坑与监控中心的各路对讲通信系统正常,井道内外报警功能正常,轿内应急照明灯自动点亮。检查轿内/机房的消防通讯系统正常。

(二)厅外层站检的维护与保养

检查厅外层站各按钮盒与面板竖直牢固平整、层站位置显示器盒与面板平行牢固平整。检查各召唤按钮及信号、层站位置显示器或厅外指示灯、到站钟系统功能与显示正常、锁梯功能、消防操作、消防通讯系统正常。

第三节 电梯日常维护保养项目(内容)和要求

在用电梯必须按照国家特种设备使用管理与维护保养规则进行定期的循环性检查与定期的维护保养工作,以确保电梯运行的安全性与可靠性,还能延长设备的使用寿命。国家质量监督检验检疫总局于2009年5月8日颁布并于2009年8月1日实施的TSG T5001—2009《电梯使用管理与维护保养规则》中明确规定了电梯使用管理单位的职责与电梯维护保养的内容和要求,维保的频次与期限,维保单位和使用单位双方的权利、义务与责任。使全国在电梯使用管理和维护保养方面形成了一个统一的、能满足电梯安全保障和正常运行的强制性标准,达到了规范全国电梯使用管理与维修保养工作的目的。

电梯日常维护保养的工作内容和要求应当根据电梯安全技术规范以及产品安装使用维护说明书的要求和实际状况,及每个项目电梯使用的不同状态与差异,编制针对每个项目、每台电梯特有的维护保养施工(作业)方案。施工方案所实施的内容与要求须覆盖产品使用维护说明书的特殊要求且须高于国家对电梯使用管理与维护保养规则中所要求的日常(常规)维保基本内容,以及各专项定期升级维保(季度、半年度、年度)项目(内容)和要求。根据各电梯的状态与使用环境等特点对其组织实施具有针对性的维护与保养工作。以下为TSG T5001—2009《电梯使用管理与维护保养规则》中对于乘客电梯、载货电梯日常维护保养最基本的项目(内容)和要求。

一、电梯每半月的维护保养项目(内容)与要求

半月(不超过15天/次)维护保养基本项目(内容)和要求共有28项,如表8-1所示。

表 8-1　半月维护保养基本项目(内容)和要求

序号	维护保养项目(内容)	维护保养基本要求
1	机房、滑轮间环境	清洁,门窗完好、照明正常
2	手动紧急操作装置	齐全,在指定位置
3	曳引机	运行时无异常振动和异常声响
4	制动器各销轴部位	润滑,动作灵活
5	制动器间隙	打开时制动衬与制动轮不应发生摩擦
6	编码器	清洁,安装牢固
7	限速器各销轴部位	润滑,转动灵活;电气开关正常
8	轿顶	清洁,防护栏安全可靠
9	轿顶检修开关、急停开关	工作正常
10	导靴上油杯	吸油毛毡齐全,油量适宜,油杯无泄漏
11	对重块及其压板	对重块无松动,压板紧固。
12	井道照明	齐全、正常
13	轿厢照明、风扇、应急照明	工作正常
14	轿厢检修开关、急停开关	工作正常
15	轿内报警装置、对讲系统	工作正常
16	轿内显示、指令按钮	齐全、有效
17	轿门安全装置(安全触板、光幕、光电等)	功能有效
18	轿厢门锁电气触点	清洁,触点接触良好,接线可靠
19	轿门运行	开启和关闭工作正常
20	轿厢平层精度	符合标准
21	层站召唤、层楼显示	齐全、有效
22	层门地坎	清洁
23	层门自动关门装置	正常
24	层门门锁自动复位	用层门钥匙打开手动开锁装置释放后,层门门锁能自动复位
25	层门门锁电气触点	清洁,触点接触良好,接线可靠
26	层门锁紧元件啮合长度	不小于7mm
27	底坑环境	清洁,无渗水、积水,照明正常
28	底坑急停开关	工作正常

二、电梯每季度的维护保养项目(内容)与要求

根据 TSG T5001—2009《电梯使用管理与维护保养规则》维护保养工作的内容和要求,在完成半月(15 天/次)常规的维护保养基本项目(内容)要求的前提下,3 个月需进行一次升级专项维护保养工作,称为季度维保,季度维保项目(内容)和要求除符合表 8-1 中半月维保的项目(内容)和要求外,还应当符合季度维保基本项目(内容)和要求。季度维保基本项目共 13 项,如表 8-2 所示。也就是说,每季度必须按表 8-1 及表 8-2 中项目(内容)和要求做一次 41 项(28 项 +13 项)的(升级)维护保养的工作。

表8-2 季度维护保养基本项目(内容)和要求

序号	维护保养项目(内容)	维护保养基本要求
1	减速机润滑油	油量适宜,除蜗杆伸出端外均无渗漏
2	制动衬	清洁,磨损量不超过制造单位要求
3	位置脉冲发生器	工作正常
4	选层器动静触点	清洁,无烧蚀
5	曳引轮槽、曳引钢丝绳	清洁,无严重油腻,张力均匀
6	限速器轮槽、限速器钢丝绳	清洁,无严重油腻
7	靴衬、滚轮	清洁,磨损量不超过制造单位要求
8	验证轿门关闭的电气安全装置	工作正常
9	层门、轿门系统中传动钢丝绳、链条、胶带	按照制造单位要求进行清洁、调整
10	层门门导靴	磨损量不超过制造单位要求
11	消防开关	工作正常,功能有效
12	耗能缓冲器	电气安全装置功能有效,油量适宜,柱塞无锈蚀
13	限速器张紧轮装置和电气安全装置	工作正常

三、电梯半年的维护保养项目(内容)与要求

在完成半月(15天/次)常规维护保养基本项目(内容)要求与季度升级专项维护保养工作的前提下,半年需进行一次再升级的专项维护保养工作。半年维护保养基本项目(内容)和要求共14项,如表8-3所示。也就是说,半年必须按表8-1~表8-3所示项目(内容)和要求,做一次55项(28项+13项+14项)的再升级专项维护保养工作。

表8-3 半年维护保养基本项目(内容)和要求

序号	维护保养项目(内容)	维护保养基本要求
1	电动机与减速机联轴器螺栓	无松动
2	曳引轮、导向轮轴承部	无异常声,无振动,润滑良好
3	曳引轮槽	磨损量不超过制造单位要求
4	制动器上检测开关	工作正常,制动器动作可靠
5	控制柜内各接线端子	各接线紧固、整齐,线号齐全清晰
6	控制柜各仪表	显示正确
7	井道、对重、轿顶各反绳轮轴承部	无异常声,无振动,润滑良好
8	曳引绳、补偿绳	磨损量、断丝数不超过要求
9	曳引绳绳头组合	螺母无松动
10	限速器钢丝绳	磨损量、断丝数不超过制造单位要求
11	层门、轿门门扇	门扇各相关间隙符合标准
12	对重缓冲距	符合标准
13	补偿链(绳)与轿厢、对重接合处	固定、无松动
14	上下极限开关	工作正常

四、电梯年度的维护保养项目(内容)与要求

在完成每半月(15 天/次)常规维保基本项目(内容)要求、季度升级专项(41 项)项维护保养工作、半年再升级的专项(55 项)维护保养工作的前提下,每年应进行一次年度专业大保养工作。年度专业大保养项目(内容)和要求如表 8-4 所示。也就是说,年度专业大保养项目(内容)和要求为表 8-1~表 8-4 所示各项总和 71 项(28 项+13 项+14 项+16 项)的维护保养工作。

表 8-4 年度维护保养基本项目(内容)和要求

序号	维护保养项目(内容)	维护保养基本要求
1	减速机润滑油	按照制造单位要求适时更换,保证油质符合要求
2	控制柜接触器,继电器触点	接触良好
3	制动器铁芯(柱塞)	进行清洁、润滑、检查,磨损量不超过制造单位要求
4	制动器制动弹簧压缩量	符合制造单位要求,保持有足够的制动力
5	导电回路绝缘性能测试	符合标准
6	限速器安全钳联动试验(每两年进行一次限速器动作速度校验)	工作正常
7	上行超速保护装置动作试验	工作正常
8	轿顶、轿厢架、轿门及其附件安装螺栓	紧固
9	轿厢和对重的导轨支架	固定,无松动
10	轿厢和对重的导轨	清洁,压板牢固
11	随行电缆	无损伤
12	层门装置和地坎	无影响正常使用的变形,各安装螺栓紧固
13	轿厢称重装置	准确有效
14	安全钳钳座	固定,无松动
15	轿底各安装螺栓	紧固
16	缓冲器	固定,无松动

在按照表 8-1~表 8-4 对电梯进行维护保养时,要注意以下问题:

(1)如果某些电梯没有表中的项目(内容),如有的电梯不含有某种部件,项目(内容)可适当进行调整。

(2)维护保养项目(内容)和要求中对测试和试验有明确规定的,应当按照规定进行测试和试验;没有明确规定的,一般为检查、调整、清洁和润滑。

(3)维护保养基本要求规定为"符合标准"的,有国家标准应当符合国家标准;没有国家标准的应当符合行业标准、企业标准。

(4)维护保养基本要求规定为"制造单位要求"的,按照制造单位的要求;其他没有明确"要求"的,应当按照安全技术规范、标准或者制造单位的要求。

第四节　电梯改造、重大维修与维护保养的区分

对于电梯的维护保养、修理、重大维修与电梯的改造(重大改装)之间的区分,国家法规根据施工范围有了明确的界定,但真正的界限分割通常是纵横交错的,有时会遇到较难区分的情况。但改造(重大改装)与重大维修所涉及的界限分割是比较明确的,其改造(重大改装)所涉及的范围如下所述。

一、电梯的改造

电梯的改造(重大改装)是指由于某种原因改变了电梯主要受力构件的结构或受力方式,对电梯或电梯的某些部件进行一系列操作,导致下列一项或几项主要参数的内容发生改变,即改变电梯控制系统、驱动系统、驱动主机,改变电梯主要受力构件的结构或受力方式,改变电梯主要参数的施工活动的总称。

其中,主要参数指额定速度、额定载重量、提升高度(运行长度)、倾斜角度和名义宽度。驱动系统指驱动方式(曳引驱动、强制驱动、液压驱动等)和调速方式(变极调速、交流调压调速、调频调压调速、直流调速、液压流量控制调速等)的总称。电梯控制系统指电梯控制、信号和指令、故障的防护、电气安全装置等控制的总称。

1. 改变　是指改变电梯的额定速度,额定载重量,提升高度(行程),轿厢的质量,控制系统(电气控制、信号和指令、故障的防护、电气安全装置等),控制方式[微机控制、可编程逻辑控制(PLC)、数字/模拟控制、继电器逻辑控制等任何型号或类别],驱动系统与方式(曳引驱动、强制驱动、液压驱动等),调速系统与方式(变极调速、交流调压调速、调频调压调速、直流调速、液压流量控制调速等),或者改变电梯安全保护装置、主要部件的规格以及加装安全保护装置并引起系统发生变化的。

2. 改变或更换　是指改变或更换门锁装置类型(用同一种类型的门锁更换,不作为重大改装),更换导轨或导轨类型,改变门的类型(或增加一个或多个层门或轿门),更换电梯驱动主机或曳引轮、限速器、轿厢上行超速保护装置、缓冲器、安全钳装置。

为保证在用电梯正常、安全运行,更换除上述所列的部件之外的其他部件,如更换其他相同的新零部件来取代旧的零部件或对旧的零部件进行加工、修配等操作,如果这些操作不改变所规定的内容,则不视为电梯改造(重大改装)。

二、电梯的重大维修

电梯的重大维修是对电梯安全保护装置或安全技术规范规定的电梯主要部件进行整体更换或整体拆卸维修,更换和加工、修配电梯主要部件,包括非主要部件同型号、同规格的更换,不改变电梯的主要参数、额定速度、额定载荷、驱动方式、调速方式、控制方式、提升高度、轿厢重量、电梯主要受力构件的结构或受力方式、加装安全保护装置不引起系统发生变化,电梯主要参数没有

改变。

从上述的描述可知,电梯改造与重大维修的根本区别在于改造(重大改装)是使电梯的特性与主要参数发生改变。而重大维修则不导致电梯特性与主要参数发生变化,仅是通过维修、更换或整体拆卸,更换、加工和修配主要部件,以部分新部件取代旧部件,使电梯在原有的性能与基础上进行改善。

三、电梯的普通维修

普通维修不属于改造和重大维修的普通维修和调整,包括更换不属于重大维修部件的其他零部件,调整改造以外的性能参数、零部件间隙或距离的校正、部件的解体清洗复位等。

四、电梯的维护保养

在电梯交付使用后,为保证电梯正常及安全运行,定期对电梯进行的清洁、润滑、检查和调整等日常维护或保养性工作。其中清洁和润滑不包括部件的解体,调整只限于不会改变任何安全性能参数的变化。

第五节　电梯的改造设计

电梯的改造技术是一门集电梯整机设计、制造、非标准土建设计、电梯零部件的设置与配置、非标准部件的设计与制造、电梯的工程设计、电梯的工程施工等的综合性电梯学科技术。

电梯改造的方案与设计是改造的核心价值部分,是根据电梯现有状况在原有基础上因地制宜地以最合适的工程设计方案、最合理的费用,同时采用节能环保新型技术对现状进行分项局部改造与全项维修。在确保设备的安全性能与可靠使用的前提下,达到以高质量与高性能产品为要求的目的,达到改造后的设备等同或接近等同于现代新梯产品的各项技术性能指标与质量保证要求,达到或接近新梯产品的使用寿命等要求,避免不必要的经济损失与浪费。所以电梯改造的方案与设计将直接关系到改造后电梯的价值与效果。

一、电梯改造方案设计程序框图

电梯的改造技术不仅是一门综合性电梯学科技术,而且同时综合了电梯工程类技术和电梯工程管理类技术,如电梯的安装技术、维修技术与维护保养技术的综合最优化技术。

改造前的工作可分为现场技术勘查与测量、改造技术方案设计、预算与报价、综合评估、最优化技术……

电梯改造方案设计程序框图如图8-2所示。

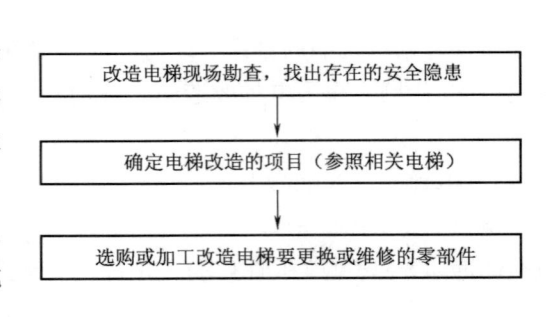

图8-2　电梯改造方案设计程序框图

二、改造电梯现场勘查

改造电梯现场勘查与测量是电梯改造过程中十分重要的一个环节。组织丰富经验的专业技术人员对拟改造的电梯进行仔细地现场勘查，可以找出电梯存在的隐患。在此基础上有针对性地对电梯的薄弱环节进行更新改造，有针对性地进行电梯主要部件和易损部件的更换，有针对性地确认更换或维修电梯所存在的隐患部件，有针对性地采用新技术、新工艺对部分主要部件进行升级换代。使改造后的电梯接近甚至达到现代产品的技术性能与经济适用的要求，这样才能事半功倍，才能达到改造后的预期目的与效果。

三、电梯改造项目的确定

电梯改造项目的确定是电梯改造过程的核心，它决定着改造的效果和改造成本等。以下是改造现场部分情况：

(1) 通过现场勘查与测量，对旧电梯进行全面的仔细检查与性能评估，制定改造方案。

(2) 对改造方案进行技术性能、质量安全性能、经济性、实用性与可实施性的综合评估。

(3) 控制方式上的改进应从整个系统上实现产品升级换代、减少能耗，以提高自动化控制程度为基础。

(4) 驱动方式上的改进应以采用性能优越的新技术、新工艺、采用节能环保的新型产品、增强电梯运行舒适感、节能减排为目的。

四、改造技术中通常部件的更新与维修后再利用

电梯的部件按类别可分为非磨损性部件与易磨损性部件，又可按时代分为淘汰性部件与非淘汰性部件。机械部件有磨损或锈蚀但不存在老化，电气部件不但有磨损同时还存在老化，所以在使用超过10年以上的电梯在改造时一般都考虑更换电气部件。而电气部件除了结构与外形老化外还存在按年限更新换代与被淘汰等问题，改造时如不更换，易造成日后备件供应问题。所以改造设计中要根据用户对产品的性能要求与经济预算给出既能满足目前需求并同时能考虑到长远利益的最合理的改造与维修方案。

下列引用一些电梯改造项目中常见的部件更新与维修后再利用的案例：

1. 曳引驱动系统　如果原曳引驱动系统是采用直流（直流发电机—电动机系统或可控硅直接供电系统）系统，在改造时应考虑更换整个驱动系统。这是由于直流驱动系统的耗能数倍于交流驱动，在电梯电力拖动技术上早就被交流拖动系统所淘汰。如果原来是直流无齿轮驱动的，改造时可以更新为先进的交流永磁同步无齿轮驱动系统。如果原来是直流有齿轮驱动的，改造时仅更换交流曳引电动机或更新曳引机组。这样对整个悬挂系统的改动最小。

如果原曳引驱动系统的调速方式为变极调速或交流调压调速控制，在改造时可考虑更换为变压变频调速系统（载货电梯不记在内）。改造时可利用原多绕组电动机中的快速绕组（增设旋转编码器）为新的变压变频调速系统所利用，也可仅更换新的交流曳引电动机或更新曳引机组。

改造中如无特别需求，应避免有齿轮驱动系统与无齿轮驱动系统之间的改变，即悬挂系统

2∶1 的绕绳方式改动为 1∶1 的或反之。这样牵涉到整个悬挂系统,包括曳引机组、轿厢架、对重架、轿顶轮、对重轮、各绳头板等变化,大幅增加了对整个悬挂系统改动的费用。

2. 电气控制系统　　在幅度比较大的改造时,一般都考虑更换电气控制系统。首先更换的是控制柜,更新为微机控制系统与调压调频调速系统的结合。

现代产品电梯的控制系统都以微型计算机群为控制单元,采用多微机局部网络化控制系统。控制系统以机房控制柜内的主计算机为主控单元(也叫主板或中央微计算机),其他各个系统,如轿厢内的操纵盘、轿厢内的楼层显示系统、自动门机系统、轿厢称量系统、每层层外的呼梯及显示,都为单独的微计算机。这些计算机群以数据总线与电气控制系统主计算机系统相连传递信息与任务,控制执行各自的指令与操作,执行分散控制、集中管理原则。

各计算机群以数据总线(即串行通信总线)相连(采用 1 根 2 芯双绞线将各计算机相串联),使原电梯控制系统中与井道、轿厢的电气连线大大减少。这样不但能快速、安全、可靠地传递信息,而且同时能与改进后的楼宇智能化体系(如消防、保安、监控、远程监控等楼宇设备控制自动化信息系统)相连、并网互交联动,可以把电梯所在的实时楼层信号、运行方向、消防信号以及故障信号等状态通过总线信号传送至监控中心并进行必要的控制,使电梯成为安全、舒适、高效的楼宇垂直运输服务工具。

对于载货电梯的改造,较为合理的做法是不改变原来的变极调速方式(载货使用的梯速慢一般可忽略舒适感),改造或更换控制柜,将原继电器逻辑控制系统更新为可编程逻辑控制(PLC)系统。

可编程逻辑控制器(PLC)适合使用在各种恶劣环境下且故障率极低,控制器的工作一般状况下可达到 30 万小时(34.25 年)无故障,但控制电路的输入与输出变化是靠系统对"电气原理图"变化后的每次图扫描得出,所以反应速度较慢。因此仅适合梯速不高、楼层数不太多、两台以下并联电梯的控制系统。

由于 PLC 控制器的费用较低,所以在可用场合的性价比相当高。

3. 呼梯及指令、显示系统　　轿厢内的操纵盘系统、轿厢内显示、各层外的呼梯及显示盒等在改造中一般都会随着新的控制系统一起更换为当代(如液晶显示、数码显示等)新型产品。

4. 导轨与导轨支架　　电梯的导轨与导轨支架为运动部件的导向系统。导轨为标准件,可视为非磨损性部件。只要在安装时未遗留质量与安全隐患,在使用年限内也没有过分地发生安全钳误动作等使导轨表面过多机械损伤,导轨与导轨支架则完全可以通过清洁、除锈、油漆等方法实现再利用。即使在安装中存在有导轨尺寸技术指标超差等安装质量问题,也完全可以在改造中进行重新校直后再利用,达到与新梯相同的技术性能指标、质量保证要求与同等的使用寿命要求。

5. 对重(平衡重)装置　　对重框架大多为型钢(槽钢)与铁板焊接而成,所以可通过对对重框架的清洁、油漆等方法完全可再利用。最多也就是更换对重导靴衬、修理对重轮或更换轴承等就完全可达到新梯同等效果与要求。

6. 主机承重梁　　改造项目如果不涉及更换主机,则主机与主机承重梁将可直接利用。如果涉及更换主机,只要改造后电梯的载重量与梯速向上变化量不大,主机承重梁/框可通过局部改建后再利用。

7. 轿厢架与轿厢 轿厢架由型钢构成上梁、底梁与立梁组件拼装组成,改造时可通过除锈、油漆等方法实现再利用。轿厢由型钢与铁板加工构成轿底,由冷轧钢板折弯、焊接、加固等构成轿顶,加之轿壁板、门楣等通过拼接成轿厢整体。施工时可通过加固、除锈、油漆等方法实现再利用。轿厢内部可通过装饰、更换吊顶、更换操纵面板、按钮、显示、增加扶手等使之焕然一新。

若原轿厢是固定式的,需将其改造为活动轿厢便于称量轿内载荷,其方法为在原轿厢与轿厢架之间增设轿厢托架,托架以两根大角钢与两根小角钢反向焊接成框,大角钢与轿厢架底梁上端固定形成轿厢托架,将原轿厢斜拉条设于托架上,在轿厢与托架之间按重量要求增设单位弹性橡胶垫或压力传感器等称量装置,将轿顶卡板改为滚动形式。以此便可达到当代产品所需的无司机操作与轿厢自动称重、预负载启动等技术功能要求。

8. 层门与轿门 层门与轿门的门板为冷轧板加工而成,除特别潮湿的地下层易腐蚀外,通常可通过清洁、除锈、油漆、外包装饰面等方法实现再利用。层/轿门可通过更换滚轮(门葫芦)、上坎滑轨(如从成本考虑至少需更换轿厢与基站层门滑轨)、导靴衬(门脚)、地坎(如从成本考虑至少需更换轿厢与基站层门与个别被损坏的地坎),改造层门钩锁系统、轿门门刀结构、增加门光栅/或安全触板等方式达到与新梯相同的技术性能要求。

9. 自动门机系统 自动门机系统在改造时可以根据不同的要求考虑去留。这是由于电梯层门与轿门对乘客而言是最重要的保护装置之一,也是电梯故障率发生的最高部位。层门与轿门的运动质量牵涉到电梯的品质与乘载舒适感,所以应力所能及地考虑自动门机系统的更新与换代。现代产品电梯的自动门机系统大多采用的是微机控制变频调速的自动门机控制系统。

10. 限速器/限速器张紧轮、安全钳、缓冲器等安全部件 限速器/限速器张紧轮都是易损性部件,在改造时没有维修价值,应予以更换。如原产品为瞬时式安全钳,若改造梯额定速度大于$0.63m/s$,在改造时须予以更换为渐进式安全钳,以满足国标要求。如原产品就是渐近式安全钳,那就需根据现状来决定去留,如留用的必须对其进行必要的修理与调整。

如原来为蓄能型缓冲器(弹簧缓冲器),若改造梯额定速度大于$1m/s$,在改造时须更换为耗能型缓冲器(液压缓冲器),以满足国标要求。如原产品就为耗能型缓冲器(液压缓冲器),一般可维修、油漆再利用(除底坑常积水严重锈蚀的外)。

五、改造项目的设计和开发

根据项目工程具体的改造要求列出改造内容,并应充分考虑部件间的合理配置以及部分部件改动后机构的协调等,经过论证以及可行性分析后转入设计和开发管理程序。

(一)改造项目的设计和开发策划

根据项目工程具体的改造内容,按改造施工单位制定的"改造设计和开发控制程序"要求,对该项目设计和开发过程进行策划和控制。

1. 改造项目设计和开发输入 根据改造项目内容要求,确定设计输入。设计输入包括:
(1)功能和性能的要求。
(2)适用的法律和法规要求。
(3)以前类似产品设计提供的信息。

(4)顾客的适用土建图及其他技术资料等。

(5)必需的其他要求。

之后,应对这些改造项目输入进行评审,确保输入是充分的和适宜的。

2. 改造项目设计和开发输出 确定改造项目设计和开发的输出。设计输出包括:

(1)满足改造项目设计和开发输入的要求,能针对输入进行验证。

(2)给出改造项目采购、生产和服务提供所需的适当信息。

(3)给出判定改造项目产品是否合格的接收准则。

(4)确定改造项目产品正常使用至关重要的特性和对改造项目产品安全性有影响的安全特性。

(5)改造项目输出文件在发放前应予以批准。

3. 改造项目设计和开发评审 在适当的阶段,对改造项目设计和开发应进行系统的评审,以便评估改造项目满足要求的能力,以及识别改造项目问题并提出改进措施。

评审的参加者应包括与所评审的改造项目设计和开发阶段有关职能的代表。评审的结果及改进措施应予以记录。

4. 改造项目设计和开发验证 改造项目设计和开发应进行验证。改造项目设计和开发的验证包括以下方式:

(1)变换计算方法进行验证。

(2)与原有成功设计进行比较。

(3)适当进行试验。

改造项目验证的结果及跟进措施应予以记录。

(二)改造项目的施工组织方案

电梯改造施工组织方案应在改造项目得到确认后或开始改造前由施工单位组织相关工程现场技术人员、管理人员、质量控制人员、安全监督等人员,按改造工程的具体情况制订出能符合工程实际情况切实有效的项目改造的具体实施方案。从项目开始改造前就制订改造施工组织方案,不仅能保证施工作业有计划、按条理地实施,而且能从根本上杜绝改造工作中出现的无序与混乱,如缺乏沟通与协调、工序颠倒、等工窝工、影响工程质量、影响施工进度等状况。科学合理的方案能切实提高工作效率和工程施工质量,避免意外事故的发生。此外,在方案的制订中还应考虑到施工现场的状况和客户的需求,确保向客户提供最优质的服务。

(三)制订依据

电梯施工组织方案需严格按照改造合同中的相关条款制订,并且必须保证符合安装工艺和流程以及管理文件中的相关要求、国标 GB 7588—2003、检规 TGS T7001—2009、国家其他与电梯安装相关的法律、条例和规定。

施工方案内容包括以下内容:

(1)工程概况及特点说明。包括项目名称、工程特点、设备技术参数、工期、人数及安装设备。

(2)主要施工方法和技术措施(安装工艺的现场实施)。

(3)组织机构、质量计划的保证措施。

(4)施工进度计划及保证措施。
(5)安全生产,文明施工保证措施。
(6)主要劳力、机具、材料及加工件的使用计划。
(7)施工平面图。
(8)进场计划。
(9)成本测算。

第六节 电梯常见故障分析

科学技术的不断发展与进步,使电梯产品的质量与稳定性、可靠性有了很大提高。加之政府主管部门对特种设备的严格控制与管理,使电梯产品从设计、制造、安装、检验、维保、日常使用及管理等方面的水平不断提高。电梯运行的可靠性明显提高,但在日常的使用中仍然会出现各种各样的故障,下面对一些常见且比较典型的故障分类进行分析,以便及时发现、排除或预防。

电梯的故障一般是由于电梯的电气控制系统中的电气部件/元器件、机械运动部件或零部件发生异常,从而导致电梯不能正常运行。故障起因有内部原因、外部原因或内外部共存。外部原因常见有供电电源问题、使用不当或外部干扰、日常使用与管理不善所造成的问题等。内部原因则有原设计存在缺陷所形成的故障隐患、安装质量不到位或不规范等缺陷而引发的故障、日常的维护保养不到位所造成的故障、产品部件或元器件质量不稳定所引发的各类故障等。

一、机械系统的故障

机械系统常见故障现象和原因有下列几类:

(1)由于某些零部件出现磨损过度或老化、日常的维护与保养工作或使用管理不当,没能预先发现并及时更换或修复不可靠的、有缺陷的或非正常的零部件,以至造成缺陷进一步扩大而直至损坏。

(2)电梯在使用过程中出现的正常延伸或震动引起紧固件的松弛或自然松脱,而在日常的维护与保养中未能履行相关的标准对设备按计划进行检查与维护,使得一些部件的自然延伸状态未能及时予以调整与控制、运动部件的紧固与合理的位置未能得到保证、部件间的啮合状态不正常而造成电梯损坏。

(3)由于机械部件的日常润滑状态不良或润滑不足而造成的系统故障,造成部件的转动部位工作不正常而产生发热磨损直至部件间相互咬死,导致运动部位产生非正常工作故障。

当电梯发生机械系统故障时,维修人员应仔细检查并认真判断故障部位,当故障点确定后,应按有关技术规范的要求进行必要的零部件更换或修复。

二、电气系统的故障

(1)常见的电梯电气故障有系统中各供电电源/电压出现问题,线路中的各触点、接线、接插件接触不良或松脱、各电气开关啮合不到位、产品部件或元器件质量不达标、各电气部件不兼容而互相干扰等。

（2）以电梯电气故障发生的频次来看，其最常见的故障是发生在层门与轿门的电气联锁上的接触不良所造成的门系统故障。当然，层/轿门的电气故障通常会与门系统机械部件的合理调整有关。其次是安全回路中各开关点的接触故障。

（3）以电气故障发生的性质看，其主要原因均为接触故障及由于电器组件引入引出线松动或电气回路中各开关由于位置误差而造成连接点接触不可靠；接点的接触压力不够或过大而使开关或部件损坏等。

（4）电气控制系统故障的判断和排除

判断电气系统的故障首先要根据电气原理图来进行逐块、逐段分析，迅速缩小查找范围，正确地分析、判断故障的原因，从而及时、准确地找到故障点并予以调整与修复。

本章小结

本章概要地阐述了电梯的维护保养技术、方法与规程，阐述了电梯日常维护保养工作所需的内容与要求。概述了电梯改造、重大维修、维护保养的区分，以及电梯改造的方案与改造设计、改造技术的实施过程，简单地介绍了电梯常见故障分析。电梯的维护保养与改造技术作为通用性技术，可供现场维修保养人员日常学习与参考使用。

思考题

1. 简述电梯维护保养的四要素。
2. 电梯维护保养有哪些最基本的安全操作规程？
3. 简述电梯日常维护保养工作中每次升级保养的意义所在？
4. 简述改造、重大维修、维护保养的区分。
5. 成功的电梯改造需要达到哪些综合要求？

第九章 电梯的检验

第一节 检验的依据与分类

一、检验的依据

电梯的检验通常可分为电梯的安装检验与电梯的维护保养检验,规范中称其为监督检验与定期检验。当电梯的某设备或某部件进行了特定项的维修、改进、更换或改造后,也须按所申报的项目进行特定的检验与鉴定。

电梯检验依照的主要标准和法规有:
(1) GB 7588—2003 电梯制造与安装安全规范。
(2) GB/T 10058—2009 电梯技术条件。
(3) GB/T 10059—2009 电梯试验方法。
(4) GB 10060—1993 电梯安装验收规范。
(5) GB 50310—2002 电梯工程施工质量验收规范。
(6) TSG T7001—2009 电梯监督检验和定期检验规则——曳引与强制驱动电梯。
(7) 电梯制造企业对产品的设计、制造、安装、维修、保养的企业标准。

电梯的最终检验由国家质量监督检验检疫总局核准的特种设备检验检测机构实施。检验检测机构以 TSG T7001—2009《电梯监督检验和定期检验规则——曳引与强制驱动电梯》为依据,制定相关的实施细则,使得在电梯检验的过程中更具有可操作性。

二、电梯的检验分类

1. **监督检验** 特种设备检验检测机构对新安装、改造、重大改装、发生重大设备事故、停用一年以上电梯的检验。
2. **定期检验** 特种设备检验检测机构对在用电梯进行每年度的例行检验。
3. **日常检验** 维保企业对电梯进行维修、保养及运行状况的常规检验。
4. **安装自检** 电梯安装完毕后,安装企业对安装质量的检验。
5. **出厂检验** 制造企业对产品在出厂前的检验。

三、电梯检验现场的条件

对电梯整机进行检验时,检验现场应当具备以下检验条件:
(1)机房或者机器设备间的空气温度保持在 5~40℃之间。

(2) 电网输入正常,电压波动在额定电压值±7%的范围内。

(3) 环境空气中没有腐蚀性和易燃性气体及导电尘埃。

(4) 检验现场(主要指机房或者机器设备间、井道、轿顶、底坑)清洁,没有与电梯工作无关的物品和设备,基站、相关层站等检验现场放置表明正在进行检验的警示牌。

(5) 对井道进行了必要的封闭。

特殊情况下,电梯设计文件对温度、湿度、电压、环境空气条件等进行了专门规定,检验现场的温度、湿度、电压、环境空气条件等应当符合电梯设计文件的规定。

第二节 检验的内容

一、电梯安装自检

(一) 安装质量控制

电梯的安装检验可分为安装过程质量检验与安装完工最终检验。安装过程质量检验主要是针对一些在过程中若不加以必要的质量控制与检验,而在后期发现问题后难整改的特定项进行的必要的检验与控制。主要有样板的定位、导轨及导轨支架、层门的安装以及预埋承重梁等项目。

电梯样板架定位后,各部件安装的相关尺寸都将参照样板线来进行定位。如位置错误会使安装无法继续或导致拆除重装。若是梯群控制时,样板定位不但要考虑本梯井道,还需统筹兼顾层站处各梯的相对位置。

导轨与支架方面,当导轨安装完毕后若再发现导轨本身存在有弯曲或扭曲等质量问题,此时就很难再有改进机会了。当脚手架拆除后再发现导轨的安装尺寸存在问题,同样也就很难再调整好了。同理,在层站部位,当外装饰完成后若再发现层门的安装尺寸有问题,要在不破坏外装饰的情况下也是难以解决问题的。

所以,严格的质量控制与检验应该是贯穿在整个安装施工过程中的,各部件在安装过程中都要求有必不可少的过程检验,包括工序与工步的自检与互检,并按控制点的要求,即前道工序未通过检验或检验不合格时不允许进行下一工步施工。

安装过程中对电梯样板、导轨与支架、层门的一些相关尺寸要求需在安装过程中予以控制,并要做好详细记录,详见表9-1~表9-4。

表9-1中,图(1)~(3)可为各类井道布置,如中分、左开、右开、贯通门、后置、侧置对重型式所使用,可选其中一图使用。

通常,样板架放线有一板六线与一板十线制。本表中图为一板六线,即A、B、C、D、E、F六线。一板十线制的样板架放线是在每根导轨设置两根铅垂线以更精确的方式来定位。若是贯通门形式,则需多两根层门线。

表9-1 电梯放样记录检查

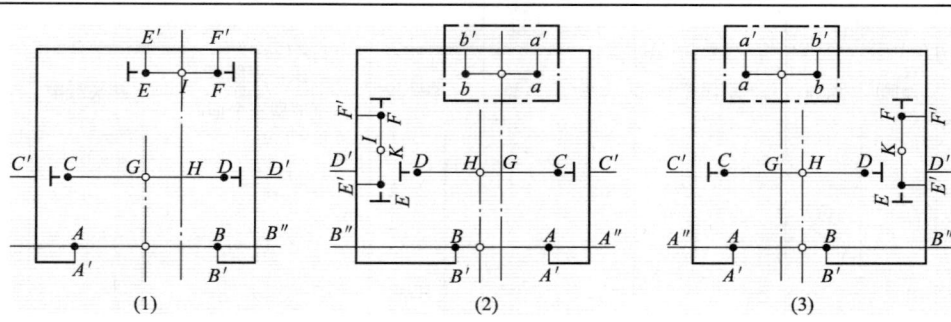

基准尺寸	\multicolumn{3}{c	}{$AA' = BB'$}	mm	\multicolumn{2}{c	}{导轨样板线与导轨端面间距}	\multicolumn{2}{c	}{}	mm
井道结构	1	2	3	门宽 AB	mm	导轨样板线距	CD	mm
							EF	mm
HI(mm)			HJ(mm)		HG(mm)		IK(mm)	

样板线与井道	CC'	DD'	EE'	FF'	aa'	bb'	AA''	BB''	备注
实测 上样板									
下样板									

楼层	AA'/aa'	BB'/bb'	楼层	AA'/aa'	BB'/bb'	楼层	AA'/aa'	BB'/bb'	楼层	AA'/aa'	BB'/bb'	楼层	AA'/aa'	BB'/bb'
1			3			5			…					
2			4			6								

表9-2 导轨支架的检测要求

序号(左)	a	b	c	d	序号(左)	a	b	c	d	序号(右)	a	b	c	d	序号(右)	a	b	c	d
1					4					1					4				
2					…					2					…				
3										3									

检 测 示 意 图

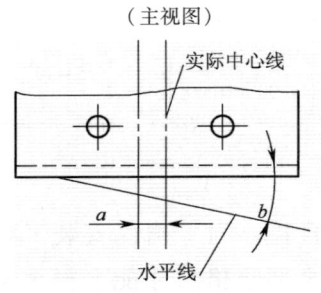

1. 中心偏移量 a　差值 ≤ 1mm
2. 横向水误差 b　不平行度 $\leq 1.5\%$
3. 立面垂直误差 $c = (c_1 - c_2)$　差值 ≤ 0.5mm
4. 立面平行误差 $d = (d_1 - d_2)$　差值 < 0.5mm

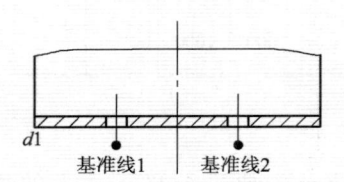

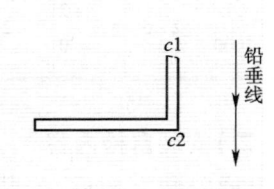

表9-3 轿厢导轨的检测要求

内容\序号	导轨平行度		导轨间距偏差	导轨垂直度		导轨接头				
	左轨	右轨		左轨	右轨	序号	接口直线度（T型三个面）		接头缝隙	修光
1						左轨				
中间										
2						右轨				
中间										
3						左轨				
中间										
…						右轨				
要求	2/1000	2/1000	( )$^{+2}_{0}$	0.5/5000（基准线）		自下而上编号	0.05/500		0.4	>300

表9-4 层门安装检测要求

层楼	层门地坎					层门间隙					层门立柱（门套）			门锁滚轮与轿厢地坎间隙（mm）	备注
	水平度（mm）	比地面高出（mm）	与轿厢地坎间隙（mm）	与轿厢中心偏差（mm）	与轿厢门刀间隙（mm）	垂直度横向（mm）	垂直度纵向（mm）	二门间隙（mm）	门扇与门套间隙（mm）	门扇与地坎间隙（mm）	垂直度横向（mm）	垂直度纵向（mm）	厅门导轨与轿厢地坎（mm）		
			左 右										左 右		
标准要求	<1/1000	2~5	( )$^{+2}_{0}$	<2	5~10	<1/1000	<1/1000	<2	3~5	2~6	<1/1000	<1/1000	( )$^{+2}_{-1}$	5~10	

（二）安装自检内容

电梯安装完毕后，安装单位首先要进行自下而上的逐级自检。为了确保安装工程质量，自检标准的要求有不少要高于国家标准。只有各级自检全部合格后才能上报至特种设备检验检测机构进行安装检验，表9-5为安装单位按电梯各部位进行自检项目的内容概要。

表 9-5　电梯安装自检内容

序号	技　术　要　求
1. 通用基本要求	
1.1	施工文件资料齐全,各报告填写完整、认真
1.2	轿厢、轿门、厅门、曳引机组、限速器、上行超速装置、控制柜等可见部位表面质量完好、外观整齐
1.3	各类信号指示按钮(按上述布置图施工)清晰明亮,动作准确无误
1.4	各运转或运动部位清洁、润滑、动作灵活可靠
1.5	各专用工具、夹具、应急解救装置(说明)等均已按要求放置并标明,吊钩已标明载重量
1.6	同一机房数台电梯的各部件均已编号,机房照明(亮度要求≥200lx)、门锁、消防措施完好
2. 曳引机组	
2.1	曳引机组曳引轮、导向轮对轿厢、对重导轨(轮)中心垂直度偏差≤2mm
2.2	曳引轮在空轿厢时垂直度误差(须翘起)≤1mm
2.3	导向轮垂直度误差≤1mm
2.4	曳引轮与导向轮平行度误差≤1mm
2.5	承重梁的水平误差≤1.5/1000,相互水平误差≤1.5/1000,总长方向最大偏差<3mm
2.6	各承重梁相互平行误差≤2mm
2.7	承重梁两端埋入墙内,其埋入深度超过墙厚中心20mm,且不应小于75mm
2.8	承重梁的埋设应符合安装说明书要求,必须用混凝土浇灌
2.9	搁机钢两端须封好且曳引机组距墙间隙>5mm
2.10	制动器动作灵活可靠,无机械撞击声,闸瓦与制动盘接触面>95%,顶杆有可靠的闭合安全间隙,开闸间隙<0.6mm
2.11	制动器监测开关须可靠,运行(开闸)时距螺杆间隙为0.1~0.3mm
2.12	导向轮外径最低点距楼板>100mm
2.13	曳引钢丝绳应有醒目的层楼平层标志(黄色)及轿厢、对重等标志
2.14	各曳引钢丝绳张力误差<5%
2.15	曳引钢丝绳在曳引轮上高度须保证一致
2.16	曳引钢丝绳绳头锥套螺杆端部距螺母≤70mm,安全销(开口销)距锁紧螺母≥5mm
2.17	曳引轮专用夹绳装置、液压千斤顶、手盘轮应正确悬挂或放置并标写清楚
2.18	机房钢丝绳与通孔台阶的间隙合适,井孔台阶≥50mm
2.19	曳引轮、手盘飞轮及电动机、齿轮箱近转动处须有轿厢升/降标志(动、静都须有)
2.20	各转动部分漆成黄色;松闸扳手漆成红色,同一机房若有数台电梯应分别标志
2.21	各转动部分的安全罩/盖/网已安装,曳引机组安装地坪若与机房地坪高度差≥500mm已安装曳引机组紧急停止开关
2.22	齿轮箱油质须标准,油位正确,放油口位置正确
2.23	曳引机温度正常,风机工作正常;运行无异声

续表

序号	技术要求
3. 速度控制装置	
3.1	限速器底平面不得低于经装饰的机房地面,其垂直度误差≤0.5mm
3.2	限速器电气线路须有管线并接地
3.3	限速器须有运行方向标志,并且护绳孔板须标准
3.4	限速器钢丝绳至导轨向面与顶面两个方向的偏差均≤10mm
3.5	限速器张紧轮转动灵活,无碰擦。断绳开关与挡块的间隙≥20mm
3.6	限速器张紧轮底部离地坑平面距离高度为: $0.25\text{m/s} < V \leq 1\text{m/s}$ $400\text{mm} \pm 50\text{mm}$ $1\text{m/s} < V < 2\text{m/s}$ $550\text{mm} \pm 50\text{mm}$ (或按产品技术要求调整) $2\text{m/s} \leq V < 3\text{m/s}$ $750\text{mm} \pm 50\text{mm}$
3.7	安全钳块与导轨侧面间隙为2~3mm,且各楔块间 隙均匀,钳口与导轨顶面间隙>3mm(或按产品技术要求调整)
3.8	安全钳起作用时,楔块动作基本一致,作用力均匀,能提前(可靠)断开安全钳开关
3.9	安全钳动作后,轿厢应保持平衡(空车时测量),轿厢底盘不平行度<3/1000
3.10	安全钳动作后,通电向下点冲,曳引轮打滑;向上点冲,楔块能自动复位
4. 电气控制系统	
4.1	电梯的供电电源必须单独铺设
4.2	电气设备绝缘电阻测试:动力电路>0.5MΩ;其他电路(不包括电子电解电容回路)>0.25MΩ
4.3	动力线与控制线应分别敷设,如必须在同一线槽时其外部需要有金属屏蔽层且两端都必须可靠接地,不得相互缠绕
4.4	保护接地(接零)系统须良好,电线管、线槽、中间过路箱的跨接必须紧密、牢固、无遗漏,零线和接地线应始终分开
4.5	控制柜、电动机动力接地线应采用≥4mm² 的多股线
4.6	动力接线应用铜接头,铜接头制作应符合标准,接地多股线应做圈、上锡,固定必须有平垫及弹垫
4.7	控制柜进出的动力线均有黄/绿/红色标,零线为浅蓝色、地线为黄/绿双色线。动力线外壳金属网接地
4.8	错、断相时,电梯应自动锁闭
4.9	控制柜垂直度偏差≤1.5/1000,且安装牢固,下端 要封口,但需要留有足够的通风缝隙
4.10	控制柜、曳引机等接线必须牢固,安装时须作一次可靠压紧
4.11	轿顶、轿厢、井道、底坑各电气部件接线须标准、牢固、可靠
4.12	机房内线管、线槽应固定/端口须规范封闭,线管线槽的垂直度、水平度偏差小于2/1000
4.13	井道电线管、线槽垂直度误差≤2/1000;全长误差<50mm,水平误差≤2/1000
4.14	井道内的电缆线铺设应横平竖直,分层盒处要求垂直、固定、牢靠、绑扎美观

续表

序号	技术要求
4. 电气控制系统	
4.15	各电线管、金属软管垂直方向固定间距2~2.5m,横向固定间距1~1.5m。软管电缆不大于1m,加支承架并用骑马固定,端头伸出长度不大于0.1m
4.16	单层绝缘电线两端外露出槽管部分不超过300mm,并用绝缘套管
4.17	配电柜应装在机房入口处,电源总开关中心距地高1.3~1.5m
4.18	控制柜工作面距离其他物体≥600mm
4.19	各接线盒、线管、线槽、层门、层外召唤应用黄/绿双色线接地,轿厢接地不小于2.5mm^2。接地线不允许有串接,各接头/点接线须规范
4.20	线槽转角处的电线应有保护层,各接线盒接线应走线合理
4.21	底坑内沿地面敷设的电缆应使用金属电线管保护,并要求防水
5. 导轨及组件	
5.1	轿厢导轨正/侧工作面垂直偏差<0.5/5000mm
5.2	对重导轨正/侧工作面垂直偏差<0.7/5000mm
5.3	轿厢导轨的平行度偏差≤2/1000mm
5.4	对重导轨的平行度偏差≤4/1000mm
5.5	导轨的距离应符合井道布置图要求,其偏差为: 轿厢导轨($\ ^{+1.5}_{\ \ 0}$)mm; 对重导轨($\ ^{+3}_{\ 0}$)mm
5.6	一对导轨间距偏差在整个高度不超过1mm
5.7	轿厢导轨与对重导轨在整个高度对角线偏差不超过4mm
5.8	导轨接头处的缝隙不大于0.4mm
5.9	导轨接口直线度(T型三个面)轿厢≤0.05/500,对重≤0.10/500
5.10	导轨接头处的台阶修光长度轿厢导轨为>300mm,对重导轨为>200mm
5.11	当对重(或轿厢)将缓冲器完全压缩后,轿厢(或对重)导轨的进一步的制导行程>($0.1+0.035V^2$)m
5.12	每根导轨至少有2个导轨支架,导轨支架间距不大于2.5m
5.13	主、副导轨支架应在同一水平面上,其误差<300mm
5.14	各导轨支架的安装尺寸应符合(过程测量)报告中的数据要求
5.15	每副支架正/反支架间应点焊两点且间距>120mm,焊接长度>5mm
5.16	各导轨支架膨胀螺栓平垫圈须点焊且对角两点焊实(适应于各平垫的点焊要求)
5.17	主、副导轨安装距离顶层楼板<50mm

续表

序号	技 术 要 求
6.轿顶装置	
6.1	检修操作终点磁开关(停止开关)应在距端站平层 300~500mm 时起作用,且能自动复位
6.2	层楼感应板安装应垂直、平整、牢固,其偏差≤1/1000mm,各码板相对感应器误差<4mm,插入深度要基本一致
6.3	感应装置/器井开关应安装在层楼码板中心,且与运行的磁铁距离恰当,工作可靠
6.4	轿厢称量系统操作正常(空载、满载、超载显示正确)
6.5	轿顶卡板安装正确,上/下运动无卡阻,运行时无异声
6.6	导靴间隙:滑动导靴滑块面与导轨面无间隙,两边弹性伸缩之和为 2~3mm
6.7	固定导靴与导轨顶面间隙不大于 1mm
6.8	导靴支架等紧固件上需有止滑螺母,油杯盖、油砖齐全
6.9	轿顶电气线路走向正确整洁,接线盒内各连接可靠
6.10	安全窗开关,各安全开关及轿、层门联锁开关应起作用
6.11	轿顶检修、急停、门机操作须正常
6.12	轿顶轮的垂直度偏差≤1mm,平行度偏差≤1mm
6.13	1:1 绕法轿顶绳头处应有锁紧螺母及横销,在锥套处安装防止旋转的钢丝绳组件
6.14	如果导靴是采用滚轮的,需要进行轿厢平衡的调整并使各滚轮导靴压力均匀,应在任何位置都能用手盘动
6.15	撞弓的垂直度偏差应≤1/1000
6.16	运行检查上、下限位开关越程距离 50~80mm。上、下极限开关越程距离 150~200mm
6.17	轿顶照明及插座应按国家标准安装。采用(2P+E)或 36V 安全电压与主电源分开
6.18	井道壁离轿顶外侧水平方向自由距离超过 0.3m 时,轿顶应当装设护栏。护栏由扶手、0.1m 高的护脚板和位于护栏高度一半处的中间栏杆组成
6.19	当自由距离不大于 0.85m 时,扶栏的扶手高度不小于 0.7m,当自由距离大于 0.85m 时,扶栏的扶手高度不小于 1.1m。护栏上有关于俯伏或斜靠护栏危险的警示符号标识或须知
6.20	轿顶可以站人的最高面积的水平面与位于轿厢投影部分井道顶最低部件的水平之间的自由垂直距离不小于 $1+0.035v^2(m)$
6.21	井道顶的最低部件与轿顶设备的最高部件在垂直投影面的间距不小于 $0.3+0.035v^2(m)$,与导靴或滚轮、曳引绳附件、层门横梁或部件最高部分之间间距不小于 $0.1+0.035v^2(m)$
6.22	轿顶上方应有一个不小于 $0.5m \times 0.6m \times 0.8m$ 的空间
7.层门、轿门装置	
7.1	层门地坎与轿厢地坎的间隙偏差为: $(\ )^{+2}_{0}$ mm 层门导轨与轿厢地坎的平行度误差: $(\ )^{+2}_{-1}$ mm

续表

序号	技 术 要 求
7. 层门、轿门装置	
7.2	层门地坎的横向及纵向水平度误差≤1/1000
7.3	层门地坎应高出厅外平面2～5mm
7.4	同一楼面的同一墙面有数台电梯的门套或地坎应在同一水平面,前后偏差≤5mm
7.5	前后开关门的层门地坎高度偏差≤3mm
7.6	轿厢地坎的水平度误差≤1.5/1000
7.7	层门门套、柱垂直度误差≤1/1000
7.8	轿门柱的垂直度误差≤1/1000
7.9	中分门层门中心与轿门中心的偏差<2mm
7.10	双折式层门装饰板与轿壁板应平齐,偏差<2mm
7.11	轿门门刀的垂直度偏差≤1mm
7.12	轿门门刀与层门地坎间隙为5～10mm
7.13	轿门地坎与厅门门锁滚轮的间隙为5～10mm
7.14	轿门、厅门下端面与地坎的间隙客梯为2～6mm;货梯为2～8mm
7.15	轿门、厅门偏心轮与导轨下端面的间隙<0.5mm
7.16	轿门刀片与厅门门锁滚轮啮合深度>8mm
7.17	门锁与门钩啮合须>7mm,其啮合间隙应符合产品要求,副门锁插入的剩余行程<1mm
7.18	各门扇与门套的间隙为3～5mm,门扇与门刀、门刀与门套之间的间隙偏差<1.5mm
7.19	中分门门扇之间正面平面度与平行度上下各点须<2mm
7.20	中分门/双折门在关闭时,门中缝/边的尺寸在整个高度<1.5mm(不允许缝在上方)
7.21	层门上坎、立柱、地坎托架应安装在平行的墙面上,且与墙面固定螺栓长度外露部分≤15mm
7.22	开关门应流畅,减速均匀,无明显的撞击声及噪声
7.23	轿门光幕动作正常,光幕动作时轿门反弹自如无强烈振动。门光幕应缩进轿门外边缘>10mm
7.24	轿门关门力矩开关动作正常,关门力矩夹力适当并能自动复位
7.25	轿门光幕线、关门力矩线走线必须合理,弯板端头应有所弯曲且不易使电线拆伤,走线转弯处应留有100mm
8. 对重装置	
8.1	拼装的对重架安装应横平竖直,其对角线误差<4mm
8.2	对重铁应按要求安放,钢块应安装在底部,铸铁薄片应安放在顶部,卡板应牢靠;运行无异声
8.3	1:1绕法对重绳头弹簧应涂黄油/漆以防生锈,绳头端有锁紧螺母及横销
8.4	1:1绕法曳引钢丝绳头杆处应安装防止旋转的钢丝绳组件
8.5	2:1绕法对重轮垂直度≤2mm

续表

序号	技术要求
8. 对重装置	
8.6	补偿链(绳)应安装正确且有断链(绳)保护装置
8.7	导靴支架上紧固件须有锁紧螺母,导靴与导轨间隙为 1~3mm
8.8	润滑装置、油杯、盖、油砖(芯)等齐全
8.9	对重下端应装全工厂配置的缓冲蹲
8.10	对重厢对轿厢的平衡系数有齿梯为 45%~48%。无齿梯为 48%~50%
9. 井道	
9.1	井道照明应按国家标准安装。照明亮度要求≥50lx、开关功能应能在机房及底坑同时操作
9.2	随行电缆及支架安装应符合安装图示要求。电缆在井道上/中部固定规范/可靠,并和其他部件有足够间距
9.3	随行电缆悬挂须消除扭力(内应力)不应有波浪、扭曲等现象/ 有数根电缆应保证其相互活动间隙 50~100mm
9.4	井道内的对重装置,轿厢地坎及门滑道的部件与井道安全距离 >20mm
9.5	轿厢与对重间的相对最小距离 >50mm
9.6	曳引绳、补偿链(绳)及其它运动部件在运行中严禁与任何部件碰撞或擦磨
9.7	各厅门护脚板安装牢固可靠支撑坚固,不得超出层门地坎外边缘
9.8	轿门处井道壁与轿厢地坎间隙水平距离 >150mm 且井道端设备上、下间距 >1200mm(轿门不设有断电锁紧装置)须加装与轿门等宽的隔离安全网/板
9.9	当对重完全压缩缓冲器时,轿顶应有一个不小于 0.5m×0.6m×0.8m 的空间
10. 底坑	
10.1	底坑地坪应平整且无漏水、渗水
10.2	轿厢、对重缓冲器垂直度偏差≤0.5/100,安装须牢固,同时压缩的两缓冲器其高度之差 <2mm
10.3	轿厢、对重缓冲器与撞板中心偏差 ≤ 20mm
10.4	轿厢、对重缓冲距为:蓄能型 200~350mm;耗能型 150~400mm;聚氨酯 200~350mm
10.5	轿底补偿链安装正确,有断链(绳)保护装置。底端距地面距离大于 100mm
10.6	轿底电缆曲率半径 200mm≤R≤350mm(高速梯应按产品设计要求安装)
10.7	当轿厢完全压缩缓冲器时,随行电缆距底坑距离 >100mm
10.8	对重防护栅栏应不低于 2500mm,且下端口在允许情况下距地坪应不大于 300mm
10.9	通井道须隔离其高度 >2.5m,且须符合高出其进入口地坪 1.5 m;若数底坑有高低差,则应从高点处起
10.10	底坑深度 >1.4m 须安装爬梯,爬梯踏板上部应高出厅门地坎,下部不高于地坪 300mm,扶手应高出厅门地坎 1.5 m 以上且漆成黄色。通井道须设隔离其高度 >2.5m
10.11	液压缓冲器内油及油位适当;压缩后其恢复时间 <120s
10.12	底坑下有隔层/若无安全钳系统其缓冲器底部须有立柱支撑(延升至地基)

续表

序号	技 术 要 求
10. 底坑	
10.13	在底坑入口处下 200～300mm 处应装有按国家标准要求；采用(2P+E)或 36V 安全电压的照明及插座并与主电源分开。并设有停止开关能切断电梯主电源
10.14	补偿链/绳导向装置须安装正确有效
10.15	当轿厢完全压缩缓冲器时，轿厢最低部分与底坑间的净空距离不小于 0.5m，且底部应有一个不小于 0.5m×0.6m×1 M^3 的空间
11. 轿厢、层外及运行	
11.1	轿厢底盘水平度≤2/1000(4 个边)
11.2	轿厢立柱垂直度≤1.5/1000。当拆除一个下导靴轿厢偏移时，在轿厢内用 70kg 活动负载能使偏移复位
11.3	轿厢壁垂直度≤1/1000
11.4	轿厢护脚板应安装牢固长度≥750mm，垂直度偏差≤2/1000
11.5	轿厢在正常运行及检修启动、停止时各拼装部分无异声
11.6	轿内照明装置、通风装置正常
11.7	轿内应急照明灯应有效，警铃及对讲装置完好
11.8	轿内呼唤、开关门按钮、显示器等应功能正常
11.9	超载、满载、空载装置功能完好
11.10	断电平层装置工作正常
11.11	轿厢操作面板须安装平整，与轿壁之间正面平面度与平行度＜2mm，操作面板开关顺畅，闭锁及铰链装置完好
11.12	轿厢各层楼平层精度应≤4mm
11.13	层门显示器应安装在层门中心，每楼面高度一致，水平误差＜2mm
11.14	各楼层召唤盒高度应满足设计要求，应左右一致，垂直误差＜2mm
11.15	各楼层显示器、呼唤盒须安装牢固且功能正常
11.16	消防操作系统工作正常；消防开关应当设在基站或者撤离层，防护玻璃应当完好，并且标有"消防"字样
11.17	轿厢分别空载、满载，以正常运行速度上、下运行，呼梯、楼层显示等信号系统功能有效、指示正确、动作无误，轿厢平层良好，无异常现象发生

二、电梯监督检验

电梯监督检验由特种设备检验检测机构实施，并出具检验报告中的检验结论，对被检验的电梯质量作出判定。电梯监督检验应提供如下资料。

1. 电梯制造资料

(1)电梯制造许可证。其范围能够覆盖所提供电梯的相关参数。

(2)电梯整机形式试验合格证或报告书。其内容能覆盖所提供的电梯相应参数。

(3)产品合格证。包括制造许可证编号、出厂编号、电梯技术参数、门锁、限速器、安全钳、缓冲器、轿厢上行超速保护、驱动主机、控制柜等安全保护装置的型号和编号,并有制造单位检验合格章及出厂日期。

(4)安全保护装置和主要部件的型式试验合格证。具体如下:

① 门锁装置型式试验合格证。

② 限速器型式试验合格证。

③ 安全钳型式试验合格证。

④ 缓冲器型式试验合格证。

⑤ 含有电子元件的安全电路(如果有)型式试验合格证。

⑥ 轿厢上行超速保护装置型式试验合格证(若有)。

⑦ 驱动主机型式试验合格证。

⑧ 控制柜型式试验合格证等。

⑨ 限速器调试证书。

⑩ 渐进式安全钳的调试证书。

(5)电梯机房及井道布置图。

(6)电气原理图。

(7)安装使用维护说明书。包括安装、使用、日常维护保养、紧急救援等内容。

2. 电梯安装资料

(1)电梯安装许可证(可覆盖所施工相应参数)安装告知书。

(2)电梯施工方案(已审批)。

(3)施工现场作业人员持有特种设备作业上岗证。

(4)电梯安装过程记录表和自检报告。包括承重梁、导轨支架等隐蔽工程的见证材料。

(5)设计变更证明文件。

(6)安装质量证明文件。

(7)安装竣工质量证明文件应盖安装单位公章或检验合格章。

3. 改造、重大维修资料

(1)电梯改造、重大维修许可证及告知书。

(2)电梯施工方案(已审批)。

(3)更换的安全装置和主要部件的形式试验合格证。

(4)电梯改造过程记录表和自检报告。包括承重梁、导轨支架等隐蔽工程的见证材料。

(5)电梯改造、重大维修质量证明文件。

三、电梯定期检验

电梯定期检验(年度检验)由特种设备检验检测机构实施。并出具检验报告中的检验结论,对被检验的电梯质量作出判定。电梯监督检验应提供以下资料。

(1)电梯安装、维修、改造、使用过程中所必须保留的安全技术档案。

(2)监督检验报告和定期检验报告。

(3)日常检查与使用状况记录、日常维护保养记录、年度自行检查记录或者报告。

(4)应急救援演习记录、运行故障和事故记录。

(5)以岗位责任制为核心的电梯运行管理规章制度。包括事故与故障的应急措施和救援预案、电梯钥匙使用管理制度。

(6)与取得相应资格单位签订的日常维护保养合同。

(7)电梯司机(对于医院提供患者使用的电梯、直接用于旅游观光的速度大于2.5m/s的乘客电梯,以及需采用司机操作的电梯)和安全管理人员的特种设备作业人员证。

电梯监督检验与定期检验所规定的具体检验项目及类别、检验内容与要求、检验方法以检验报告书中所填写的内容与要求可参阅特种设备安全技术规范 TSG T7001—2009《电梯监督检验和定期检验规则——曳引与强制驱动电梯》中的相关内容。

本章小结

电梯检验的依据包括 GB 7588—2003《电梯制造与安装安全规范》等相关国家标准。特种设备监督检验检测机构以 TSG T7001—2009《电梯监督检验和定期检验规则——曳引与强制驱动电梯》为依据,制定相关的实施细则,使得在电梯检验的过程中更具有可操作性。

电梯检验可细分为新装电梯的监督检验、在用电梯的定期检验(年检),以及日常检验、安装自检和产品出厂检验,都有各自相应的检验项目及具体内容。

思考题

1. 电梯检验依照的主要标准与法规有哪些?
2. 试述电梯监督检验和定期检验的区别?
3. 电梯安装监督检验前制造单位应提供的资料有哪些?
4. 简述施工过程质量检验与控制的重要性。

第十章　自动扶梯与自动人行道

第一节　自动扶梯

自动扶梯是指带有循环运行梯级,用于向上或向下倾斜运输乘客的固定电力驱动设备。

一、自动扶梯的分类

自动扶梯能在一定方向上大量而连续地输送乘客,并且具有结构紧凑、安全可靠、安装维修简单等特点。另外,自动扶梯和自动人行道还具有一定的环境装饰作用,在机场、车站、码头及商场等人流量大的场合得到了广泛应用。

根据不同的使用场合,自动扶梯可以分为普通型和公共交通型两种。

1. 公共交通型自动扶梯　适用在下列工作条件下运行的自动扶梯被称为公共交通型自动扶梯,即适用于地铁、火车站、机场、码头和公共交通通道。

(1) 属于一个公共交通系统的组成部分,包括出口和入口处。

(2) 适用每周运行时间约 140h,且在任何 3h 的时间间隔内,持续重载时间不少于 0.5h,其载荷应达到 100% 的制动载荷。

2. 普通型自动扶梯　主要用于商场、购物中心、宾馆和饭店的自动扶梯被称为普通型自动扶梯。

二、主要参数

(一) 倾斜角度、提升高度和名义速度

倾斜角 α 是指梯级、踏板或胶带运行方向与水平面构成的最大角度。提升高度是指自动扶梯或自动人行道出入口两楼层板之间的垂直距离。名义速度是指由制造商设计确定的,自动扶梯的梯级在空载情况下的运行速度。

根据国家标准《自动扶梯和自动人行道的制造与安装安全规范》(GB 16899—2011)的规定,常用的倾斜角度为 30°和 35°。也可使用倾斜角度为 27.3°的自动扶梯,详见表 10-1。

表 10-1　自动扶梯的倾斜角

提升高度(m)	速度 V(m/s)	最大倾斜角度(°)	水平移动距离(mm)
$H \leq 6$	$V \leq 0.5$	35	800
	$0.5 < V \leq 0.65$	30	1200
	$0.65 < V \leq 0.75$	30	1600

续表

提升高度(m)	速度 V(m/s)	最大倾斜角度(°)	水平移动距离(mm)
$H>6$	$V\leq 0.5$	30	1200
	$0.5<V\leq 0.65$	30	1200
	$0.65<V\leq 0.75$	30	1600

(二)梯级宽度

自动扶梯的梯级宽度分为 600mm、800mm 和 1000mm 3 种规格。

(三)导轨过渡半径

依据 GB 16899—2011 中有关"曲率半径"的规定,导轨过渡半径规定了自动扶梯的水平段向倾斜段的过渡状况,详见表 10-2。

表 10-2 自动扶梯的过渡半径

	速度 V(m/s)	过渡半径(mm)
上部	$V\leq 0.5$	$R\geq 1000$
	$0.5<V\leq 0.65$	$R\geq 1500$
	$V>0.65$	$R\geq 2600$
下部	$V\leq 0.5$	$R\geq 1000$
	$0.5<V\leq 0.65$	$R\geq 1000$
	$V>0.65$	$R\geq 2000$

(四)安装位置

按照自动扶梯搁放的位置分可分为室内型、室外型和室外有棚或半室外型。

三、结构及工作原理

自动扶梯主要由驱动主机、电气控制、梯路导向系统、围裙板、桁架、前沿板、盖板、梯级、梯级链部件、扶手驱动系统、扶手支撑部件组成,如图 10-1 所示。

(一)驱动主机

由于自动扶梯经常长时间运行,因此其对驱动装置提出了较高的设计要求,主要包括:
(1)所有零部件都需要有较高的强度和刚度,以保证充分的可靠性。
(2)零件具有较高的耐磨性,以保证每天长时间的正常工作。
(3)由于驱动装置设置空间的限制,要求其机构尽量紧凑,还要拆装维修方便。
驱动主机按其布置的位置不同,可分为端部驱动装置、中间驱动装置、端部双驱动装置。

1. 端部驱动装置　端部驱动装置是最常用的一种驱动装置,如图 10-2 所示。这是端部驱动自动扶梯上部结构的一种形式。由图可知,驱动机组通过驱动链 3 带动驱动主轴,并通过主

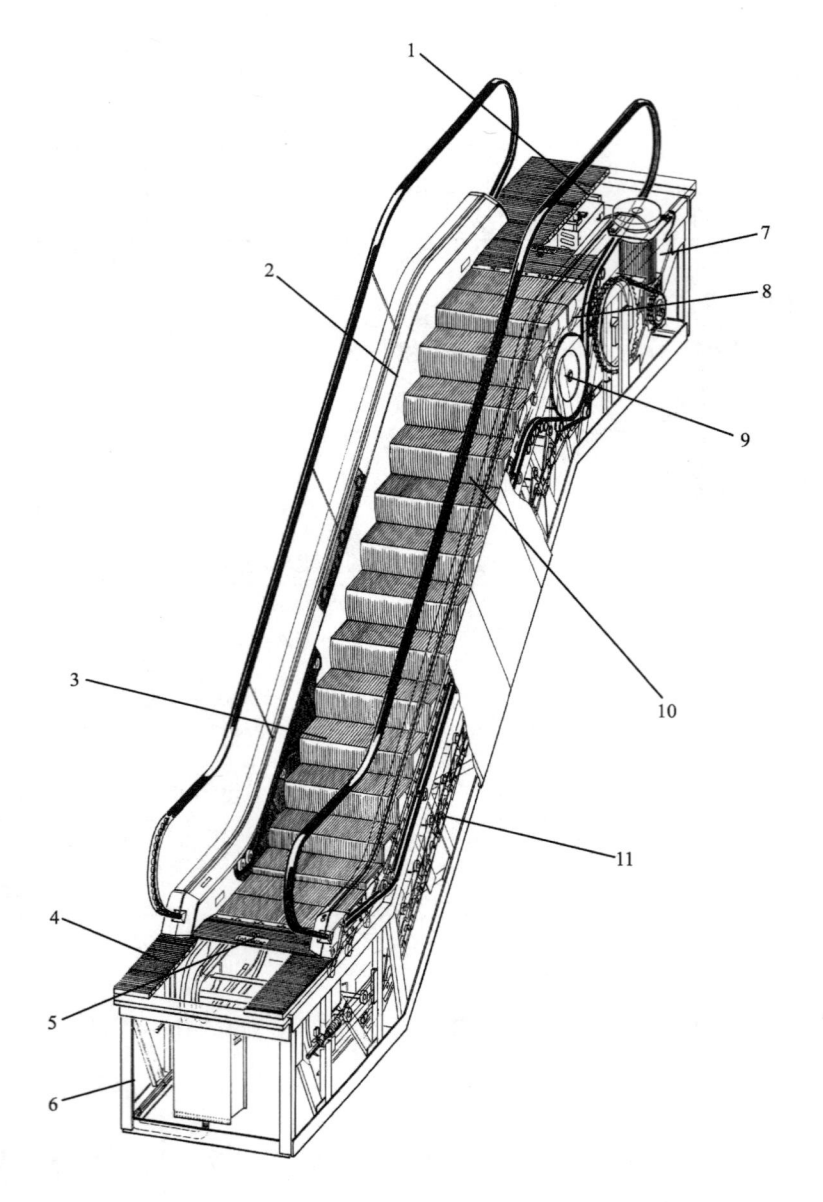

图 10-1　自动扶梯结构

1—电气控制　2—围裙板　3—梯级　4—盖板　5—前沿板　6—桁架　7—驱动主机
8—梯路导向系统　9—扶手驱动系统　10—扶手支撑部件　11—梯级链部件

轴上的两个牵引链轮、一个扶手驱动链轮带动梯级链、梯级和扶手带运转。

（1）减速机。端部驱动装置常使用蜗轮蜗杆减速机，也可采用立式斜齿轮减速机或平行轴线的圆柱斜齿轮减速机。图 10-2 所示的驱动机组采用的是立式蜗轮蜗杆减速机。

在 3 种减速机中，蜗轮蜗杆减速机具有运转平稳、噪音低、体积小等优点，但是蜗轮蜗杆减速机的效率较低。斜齿轮减速机的最大优点是效率高，但它的运转噪音较大。当采用卧式斜齿

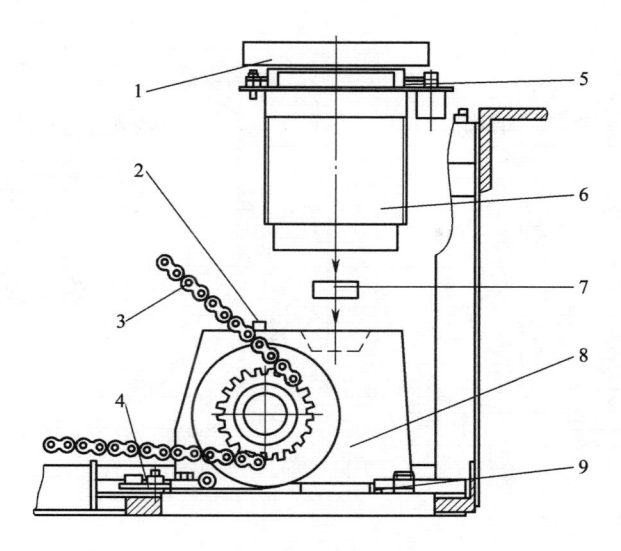

图 10-2 端部驱动装置示意图
1—飞轮 2—游标 3—驱动链 4—张紧装置 5—制动器
6—电机 7—联轴器 8—减速机 9—底板

轮减速机时,必须考虑到维修空间的问题。

三种结构有一个共同点,就是与牵引链轮的连接采用了链条传动。链条传动依靠链轮带动链条进行动力传递。驱动力作用在链轮和链条上。

(2)电机。自动扶梯的电机通常采用三相交流异步电动机。其转速常采用六极(1000r/min)、四极(1500r/min)。

(3)工作制动器。工作制动器是依靠构成摩擦副的两者间的摩擦来使机构进行制动的一个重要部件。摩擦副的一方与机构的固定机构相连,另一方与机构的转动件相连。当机构启动时,使摩擦面的两方脱开,机构进行运转;当机构需要制动时,使摩擦面的两方接触并压紧,此时摩擦面间产生足够大的摩擦力矩,消耗动能,使机构减速,直到停止运动。

工作制动器一般装在电动机高速轴上,它应能使自动扶梯或自动人行道在停止过程中,以几乎是匀减的速度使其停止运行,并保持在停止状态。工作制动器都采用常闭式的。所谓常闭式制动器,是指机构不工作期间是闭合的,即处于制动状态,而在机构工作时,通过持续向制动器电磁线圈通电将制动器释放(或称打开、松闸),使之运转。在制动器电路断开后,工作制动器立即制动。制动器的制动力必须由有导向的压缩弹簧或重锤来产生。工作制动器的释放器应不能自激。这种制动器也称为机电式制动器。

工作制动器常使用块式制动器、带式制动器等。

①块式制动器。块式制动器结构简单,如图10-3所示。主要由制动轮、制动臂、闸瓦、制动衬、释放器等组成。制动器通电后,释放器使制动臂上的闸瓦与制动轮分开,制动器释放。当制动器断电后,制动臂抱合,闸瓦上的制动衬与制动轮之间产生径向的制动力,由于两边的制动块产生的制动力相互平衡,因此不会使制动轮轴产生弯曲载荷。

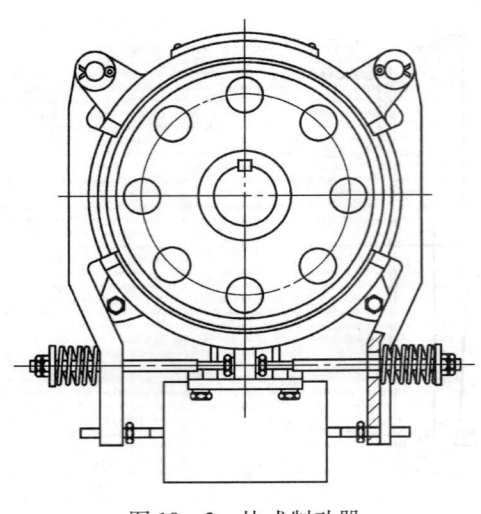

图 10-3 块式制动器

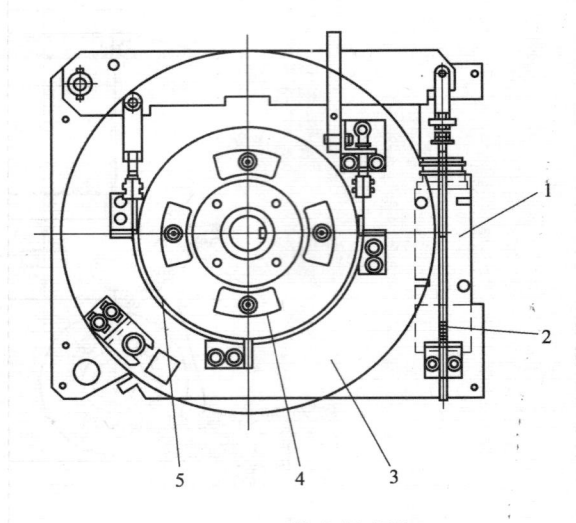

图 10-4 带式制动器
1—制动电磁铁 2—压缩弹簧 3—飞轮
4—制动盘 5—制动带

②带式制动器。带式制动器是较常用的一种制动器,如图 10-4 所示。当制动电磁铁 1 通电时,内部的衔铁吸合并克服制动弹簧的弹力带动制动弹簧螺杆运动,从而带动制动杆绕支点按顺时针方向转动到与止动块接触。此时制动带脱离制动盘,自动扶梯或自动人行道可以启动运行。在设备运行的过程中,制动电磁铁始终处于通电吸合工作状态,只有当自动扶梯或自动人行道停止工作时,制动电磁铁 1 断电释放,制动杆在制动弹簧的作用下恢复到制动状态,制动带重新抱闸。制动力矩的调节可通过调节制动弹簧的张力而实现。带式制动器可使扶梯在上、下方向运行时均能得到适当的制动力矩,一般上行制动扭力矩为下行制动扭力矩的 1/3,这样既可保证得到有效的制动力,同时在紧急制动时又不至于产生过大的制动力。带式制动器的制动力是径向的,因而对制动轮轴有较大的弯曲载荷。

(4)自动扶梯的制停距离。空载和有载向下运行自动扶梯的制停距离与名义速度相关:

名义速度(m/s)	制停距离(m)
0.50	0.20 ~ 1.00
0.65	0.30 ~ 1.30
0.75	0.40 ~ 1.50

自动扶梯向下运行时,制动过程中沿运行方向上的减速度不应大于 $1m/s^2$。

2. 中间驱动装置 将驱动机组置于梯级导轨的上、下两分支之间时,即为中间驱动装置。这种结构可节省端部驱动装置所占用内机房的空间。根据不同的用途,中间驱动装置可以分为传统型和齿轮齿条传动两种形式。如图 10-5 所示为传统型中间驱动装置,其直接安装在驱动主轴上,通过驱动主轴带动梯级链轮运转,从而带动梯级运行。

(二)电气控制系统

自动扶梯的电气控制设备通常设置在若干个由钢板制作的柜中。

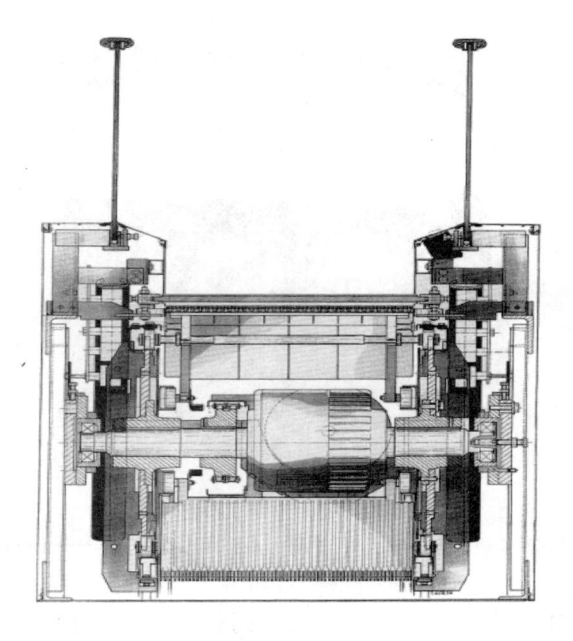

图 10-5　中间驱动装置

主电源柜中包含了主开关和主要的自动断电装置等,如图 10-6 所示。

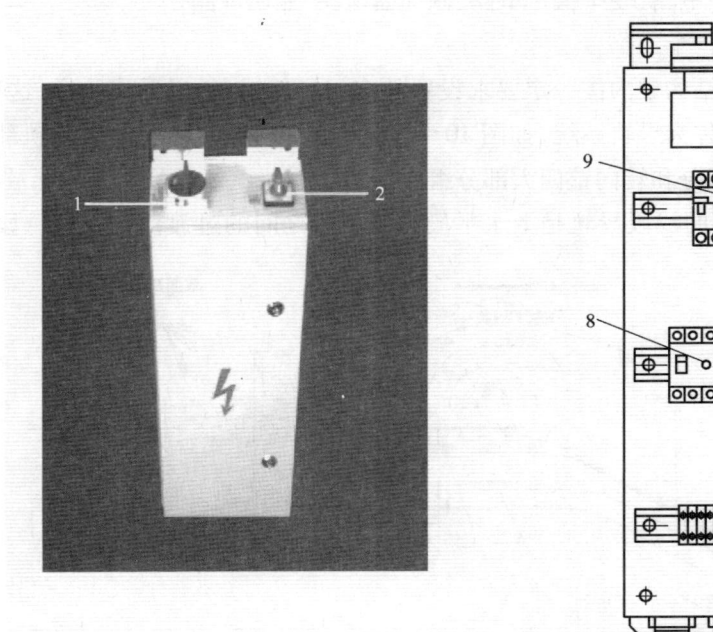

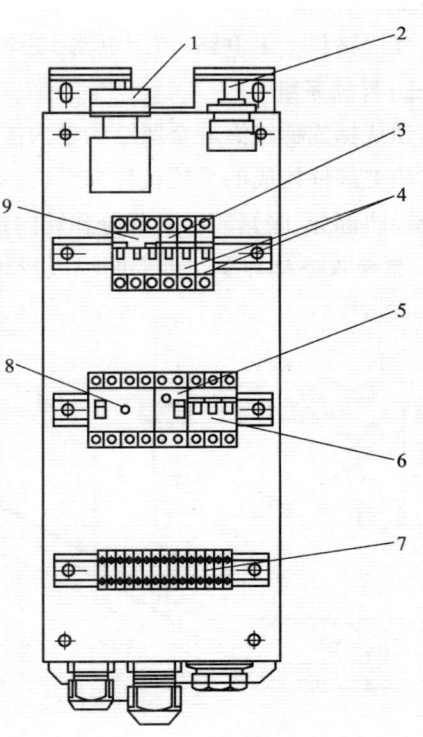

图 10-6　主电源柜

1—主开关　2—照明开关　3—照明电源断路器　4—电机和热风扇断路器　5—过流断路器
照明回路　6—加热器断路器　7—端子排　8—过流断路器主回路　9—主电源断路器

控制柜包含了控制系统的核心部件，如微机主板或程序控制器（PLC）、接触器、继电器等器件，如图10-7所示。

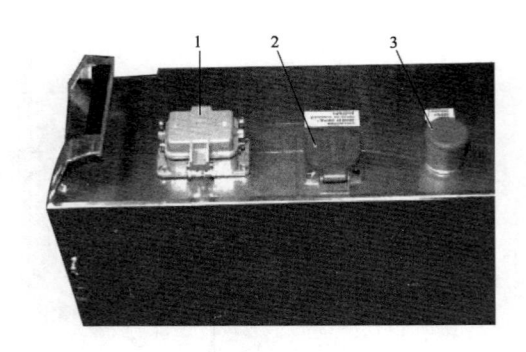

图10-7 控制柜
1—维保操作板 PRE 插座　2—插座 P（照明电插座）　3—停止按钮 JH

标准的主电源柜按 IP54 保护系统要求设计，而标准的控制柜则按 IP11 保护系统要求设计。作为一种选择，控制柜也可按 IP54 保护系统要求设计。

电气控制系统按不同的控制方式可分为专用电脑控制系统（PCB）、PLC 控制系统、继电器控制系统(已淘汰)。

电气线路包括主电路、控制电路、安全保护电路、制动器电路、照明电路。

（三）导轨系统

自动扶梯的梯级沿着金属结构架内按一定要求设置的多根导轨运行，以形成阶梯，这种以导轨与相关部件构成的系统被称为导轨系统，如图10-8所示。导轨系统由驱动段导轨部分、中间段导轨部分、张紧段导轨部分和转向壁四大部分组成。

1. 驱动段导轨部分　上部曲线段导轨是上水平段和倾斜段之间的过渡段。在这一段里，

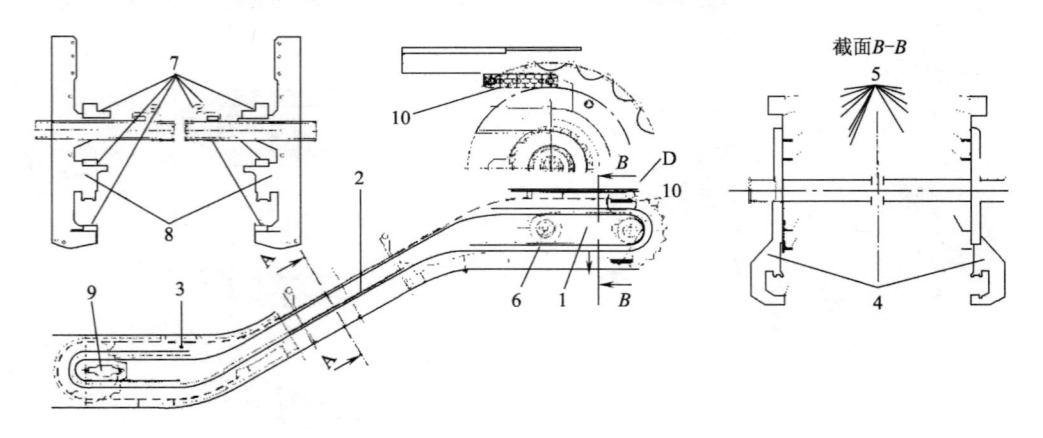

图10-8 自动扶梯的导轨系统
1—驱动段导轨部件　2—中间段　3—张紧段导轨部件　4—侧板　5—导轨——导轨部件
6—扶手驱动　7—导轨——中间段部件　8—加强筋　9—张紧拖架　10—切向导轨

梯级的运动由水平运动逐步向倾斜方向转变。在上部曲线导轨区段内,各导轨、反轨间的几何关系较复杂。为了准确地控制各导轨的尺寸和形状,通常将同一侧的有关导轨(5)、反轨固定在导轨侧板(4)上,成为一个组件。该组件在专用工装上组装后,再整体装入自动扶梯或自动人行道的金属结构架内。

2. 中间段导轨部分 中间直线段导轨是自动扶梯或自动人行道的主要工作区段,也是梯路中最长的部分。直线段导轨可选用冷拉或冷轧钢型材制成,通过导轨支架(8)将导轨(7)固定在金属结构架内。

3. 张紧段导轨部分 下部曲线导轨的构造与上部曲线导轨相似,并常设计成分段可伸缩移动的式样,以便调节梯级链条的松紧。

4. 转向壁 端部驱动的自动扶梯,当牵引链条通过驱动端牵引链轮和张紧端张紧链轮转向时,梯级主轮已不需要导轨及反轨,该处即是导轨及反轨的终端。但是辅轮经过驱动端与张紧端时仍需要转向导轨。这种辅轮终端转向导轨做成整体式的,即为转向壁。

中间驱动的自动扶梯,因为驱动装置在扶梯的中部,所以在驱动端与张紧端都没有链轮。辅轮经过上、下两个端部时,需要转向壁。而梯级主轮经过上、下两个端部时,也需要类似辅轮转向壁的转向导轨。这两个转向导轨通常各由两段约为1/4圆周长的弧段导轨组成。

(四)围裙板部件

围裙板是指与梯级、踏板或胶带相邻的扶手装置的垂直部分,如图10-9所示。为防止意外发生(楔入危险),围裙板的表面和接口必须绝对光滑。围裙板上的下排C型件主要是引导梯级链滚轮的运行,防止其跳动。

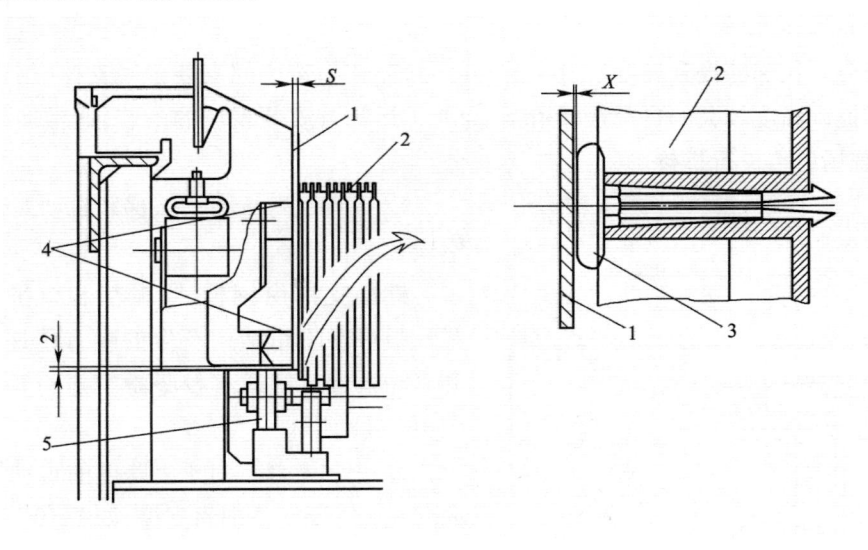

图10-9 围裙板
1—围裙板 2—梯级 3—导向块 4—C型件 5—梯级链滚轮

(五)桁架

自动扶梯桁架具有安装和支撑各个部件、承受各种载荷以及连接两个不同层楼地面的作用。扶梯金属结构架一般有桁架式和板梁式两种,常见的是桁架式,如图 10-10 所示。桁架式金属结构架通常采用普通型钢(角钢、槽钢、扁钢、方管、铁板等)焊接而成。

图 10-10　自动扶梯桁架

桁架的作用决定了它既要满足一定的强度,也要满足一定的刚度。

国家标准《自动扶梯和自动人行道的制造与安装安全规范》规定,对于普通型自动扶梯,根据 $5000N/m^2$ 载荷计算或实测的最大挠度,不应超过水平支撑距离 L 的 1/750;对于公共交通型自动扶梯,根据 $5000N/m^2$ 载荷计算或实测的最大挠度,不应超过水平支撑距离 L 的 1/1000。

为避免金属结构架的摆动或振动传到建筑物上,在金属结构架的支点与建筑物之间应填有减振装置。

一般当自动扶梯的提升高度超过一定高度时,需在桁架中间安装中间支撑,用以加强整体刚度。对于提升高度较大的自动扶梯桁架,为便于运输与安装现场的吊装,通常加工成分段的形式,到达现场后再进行拼接。

1. 端部支撑　自动扶梯和自动人行道采用跨空安装法。

标准支撑由钢板、隔振垫和校平螺钉组成。弹性板可以防止结构产生的噪音传递,自动扶梯和自动人行道应通过校平螺钉进行精确校平,如图 10-11 所示。

2. 中间支撑　对于大跨度的自动扶梯,为稳固起见,需要配备中间支撑,如图 10-12 所示。

中间支撑的调整,既可采用校准测力仪,也可通过目测进行,取决于所采用的中间支撑类型。

(六) 梳齿板部件

梳齿板位于梯级/踏板/胶带的入口处和出口处。梳齿用螺丝固定在梳齿板的前端,并且各自

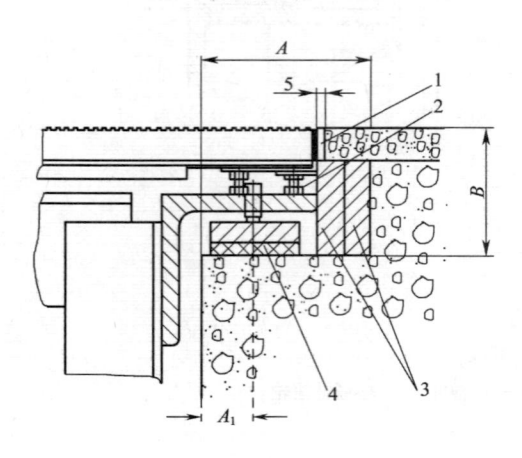

图 10-11　桁架的端部支撑

1—填缝料　2—校平螺钉　3—填充料　4—支撑垫板

与梯级的线状表面相啮合。梯级两侧的梯级导向部件确保了梯级对中地进入梳齿并避免发生碰撞。

梳齿板的端部应设计成圆角,以避免其在与梯级之间造成夹脚的危险。同时,其还具有与水平面不超过35°的夹角,保证乘客出入扶梯时不会绊倒。

为保证梳齿板与梯级的正确啮合,梳齿板及其支撑结构是可调的。对于自动扶梯和踏板式自动人行道的梳齿板应具有适当的刚度,并应设计成当有异物卡入时,其梳齿在变形或断裂的情况下,仍能保持与梯级或踏板正常啮合。

1. 梳齿板　梳齿板可活动地装配在导向件内,如图10-13所示。当有外物卡在梯级/踏板中并对梳齿板施加一定的压力时,它可以水平地移动。触点随即断开安全回路。

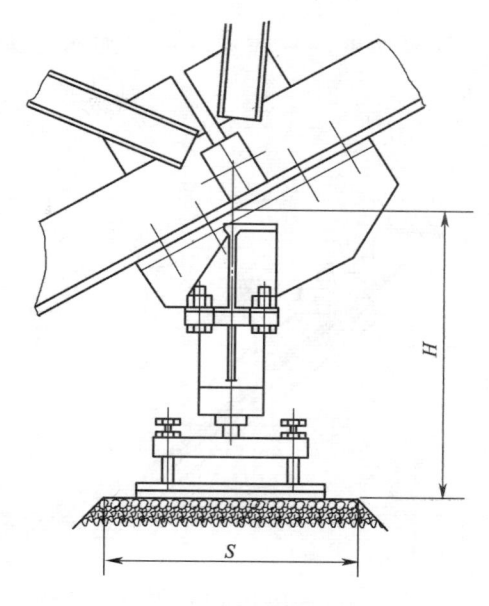

图10-12　桁架的中间支撑

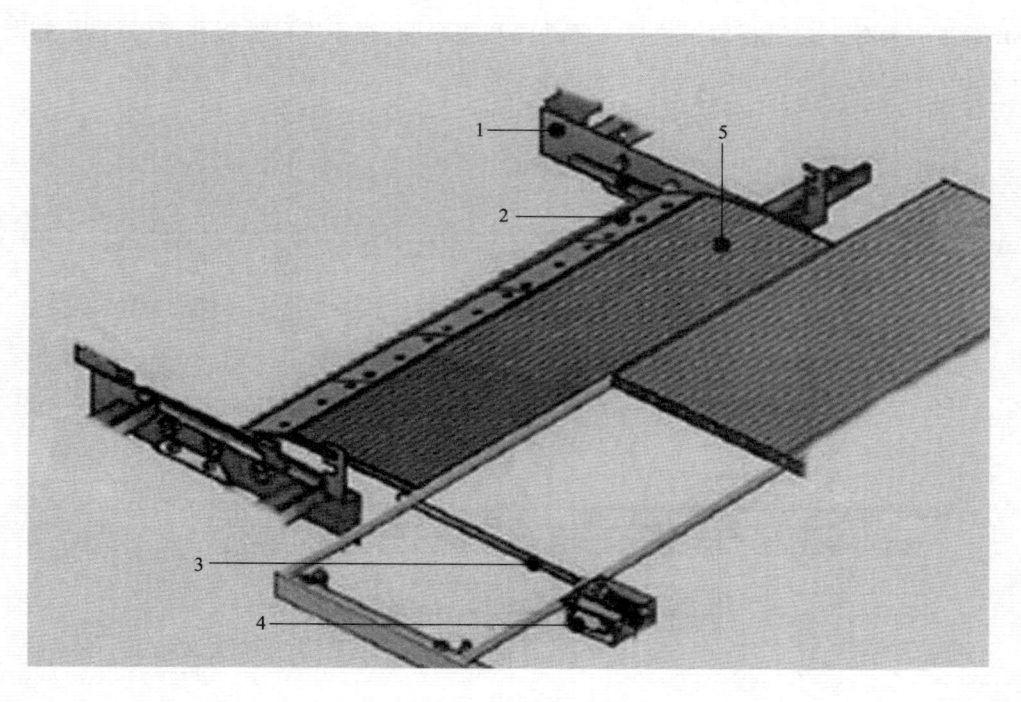

图10-13　梳齿板
1—梳齿板支撑件　2—梳齿　3—推杆　4—安全开关　5—可移动梳齿板

2. 梳齿　梳齿用铝或塑料制成,有银色和黄色两种颜色。两个侧边的梳齿装嵌有梳齿插入条,以便弥补围裙板与梳齿间的间隙,如图10-14所示。

3. 梳齿和梯级齿槽底面的间隙 如图 10-15 所示,梳齿和梯级齿槽底面的间隙为 4^{-1} mm。

图 10-14 梳齿
1—梳齿 2—梳齿插入条

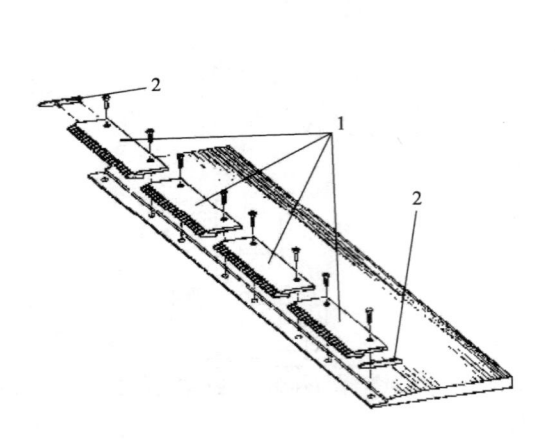

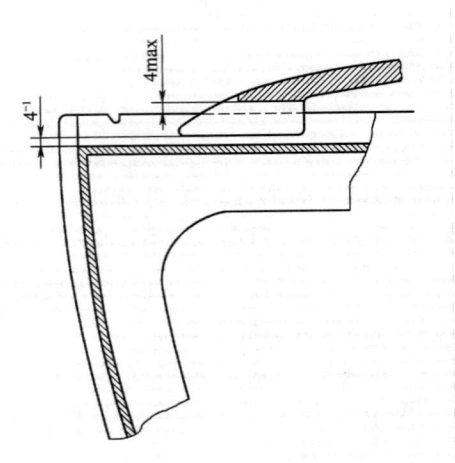

图 10-15 梳齿和梯级齿槽底面的间隙

4. 前沿板部件 前沿板位于扶梯的驱动段和张紧段,用于连接地板和梳齿踏板,如图 10-16 所示。

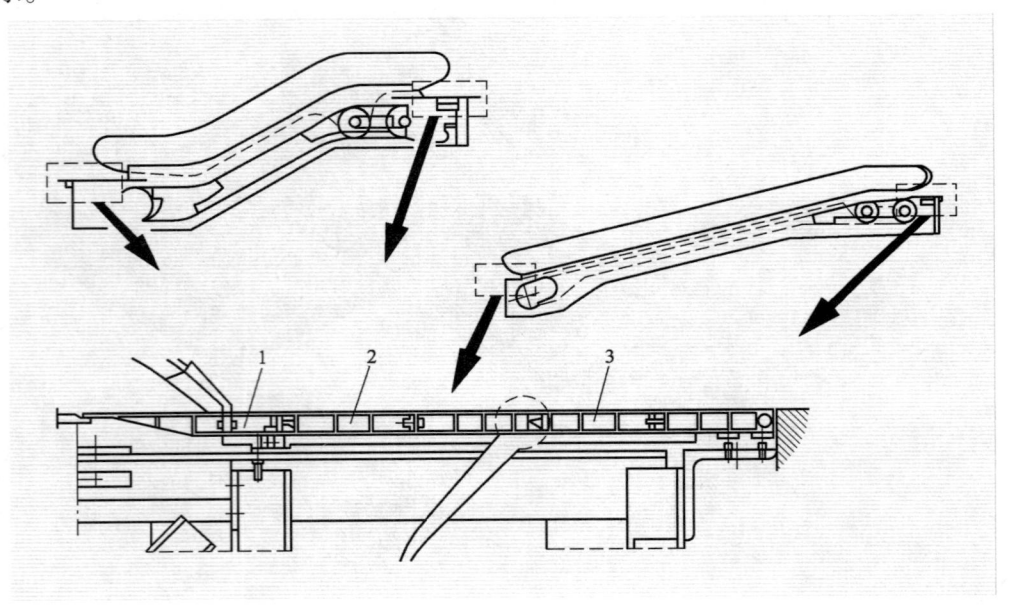

图 10-16 前沿板
1—连接盖板 2—中部盖板 3—端部盖板

(七)梯级

梯级在自动扶梯中是一个很关键的部件,它是直接承载输送乘客的特殊结构的四轮小车,如图 10-17 所示。梯级的踏板面在工作段必须保持水平。各梯级的主轮轮轴与牵引链条铰接在一起,而它的辅轮轮轴则不与牵引链条连接。这样可以保证梯级在扶梯的上分支保持水平,而在下分支可以进行翻转。

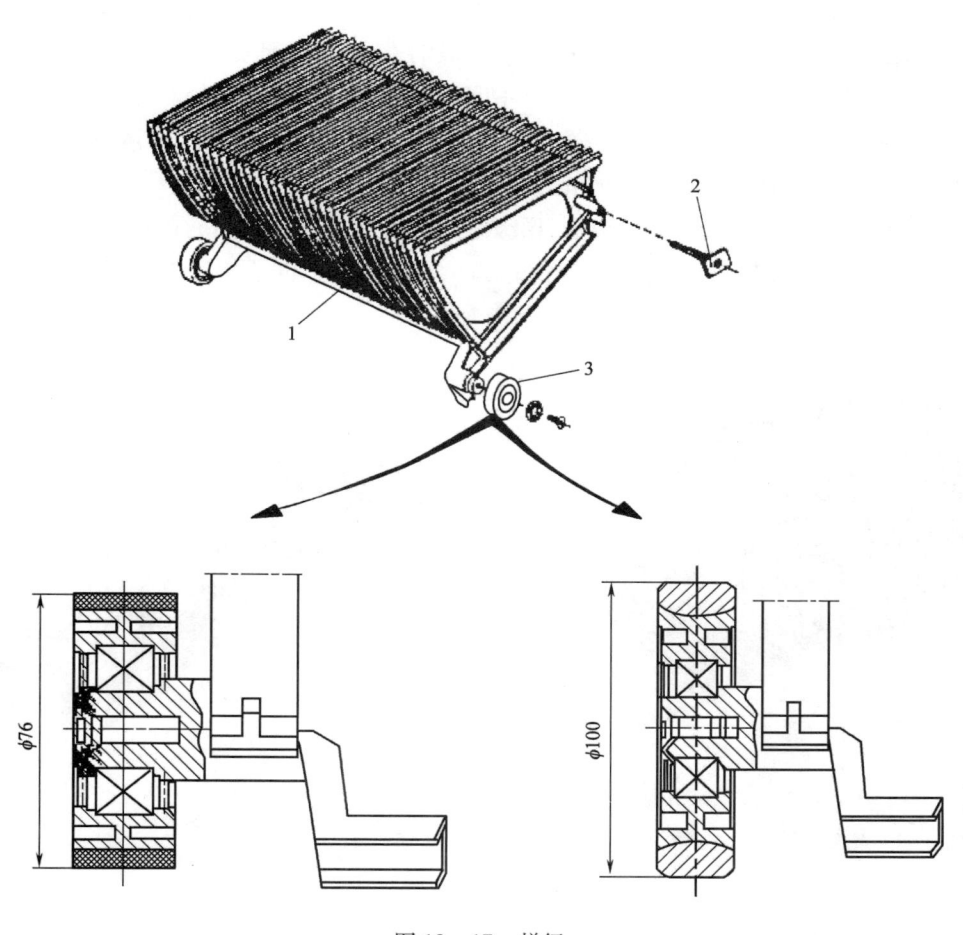

图 10-17 梯级
1—梯级 2—导向块 3—梯级滚轮

带黄色边框的梯级的基本设计与标准梯级相同。梯级踏板的后边缘以及踏板和踢板的两侧用螺丝固定黄色塑料边框,如图 10-18 所示。这样不仅提供了各个梯级清晰的边界线,还提示了乘客应站立在黄色安全边框内区域。

在一台自动扶梯中,梯级是数量最多又是运动的部件。因此,一台扶梯的性能与梯级的结构、质量有很大关系。梯级应能满足结构轻巧、工艺性能良好、装拆维修方便的要求。

目前,梯级的结构设计有整体压铸的铝合金铸造梯级和组装式不锈钢梯级。

梯级踏板面和踢板面均有精细的肋纹,这样确保了两个相邻梯级的前后边缘啮合并具有防滑和前后梯级导向的作用。

梯级上常配装塑料制成的侧面导向块,梯级靠主轮与辅轮沿导轨及围裙板移动,并通过侧面导向块进行导向,侧面导向块还保证了梯级与围裙板之间维持最小的间隙。

(八)梯级链部件

梯级牵引构件是传递牵引力的构件。自动扶梯的牵引构件有牵引链条与牵引齿条两种。一台自动扶梯或自动人行道一般有两根构成闭合环路的牵引链条(又称梯级链)或牵引齿条。使用牵引链条的驱动装置装在上分支上水平直线段的末端,即端部驱动装置。使用牵引齿条的驱动装置装在倾斜直线段上、下分支当中,即中间驱动装置。本文仅介绍牵引链条结构。

1. 梯级链 梯级链是自动扶梯传递动力的主要部件,其质量的优劣对运行的平稳和噪音有很大影响。随使用场合的不同,梯级链的构造、材料和加工方法也不同。

图 10 - 19 所示为自动扶梯的梯级链,梯级链滚轮安装在链节之间的销轴上,与梯级轴同轴的即为主轮。主轮不仅作为梯级与梯级链轮齿的啮合部件,也是梯级在导轨上的承载滚动部件。

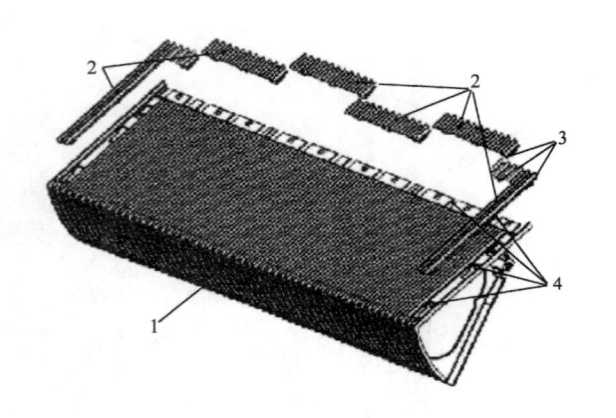

图 10 - 18 黄色塑料边框
1—梯级 2—黄色塑料边框 3—钩子 4—凹槽

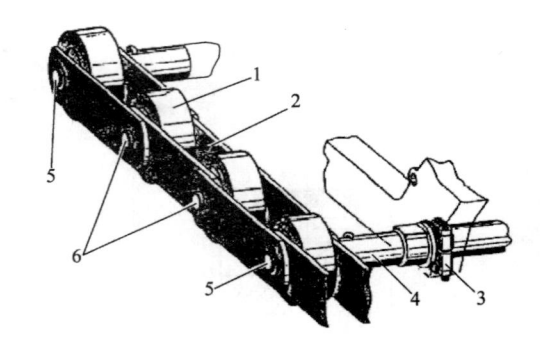

图 10 - 19 梯级链
1—梯级链滚轮 2—梯级链 3—夹紧件 4—梯级轴
5—弹簧档圈 6—短轴,铆接

梯级链滚轮的轮缘是用防油脂腐蚀的耐磨聚氨酯材料制成,中间装嵌了一个高质量的滚珠轴承,这种由特殊聚氨酯材料制成的轮箍既可满足强度要求,又不会发出很大噪音。每隔三个链销轴就有一个固定梯级轴的销轴,此销轴通过弹簧档圈与梯级轴固定。梯级装在梯级轴上并用塑料轴套隔开,而轴套则滑入梯级的轴孔中,便于在维修保养时将其拆除。

2. 梯级链的种类 标准梯级链条如图 10 - 20 所示。所有的链轮装有滚珠轴承。梯级轴销和短链销是铆接的。为方便在修理工作中断开梯级链,每隔 800mm 有一个主链节。

3. 过渡链节 当梯级数量为奇数时,每根梯级链有一个过渡链节,如图 10 - 21 所示。

4. 特殊运行环境的要求 对于无顶棚的室外安装的自动扶梯以及有特殊要求的室外安装有顶棚的自动扶梯,滚珠轴承还装有附加的盖盘,如图 10 - 22 所示。

5. 用于大提升高度或重载扶梯的梯级链 大提升高度或重载扶梯通常采用梯级链滚轮外置于梯级链的结构,如图 10 - 23 所示。

梯级链滚轮的直径也通常会放大至 100mm。轮毂采用铝合金材料。

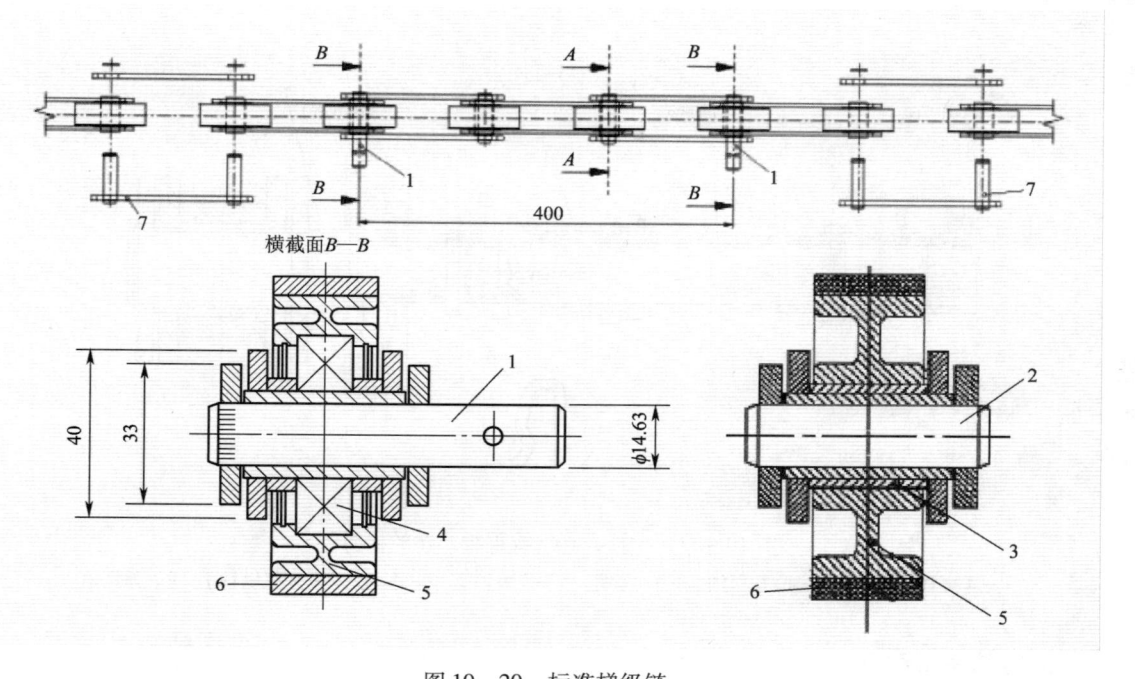

图 10-20 标准梯级链

1—梯级轴销　2—短链销　3—滑动轴承　4—滚珠轴承　5—轮毂　6—塑料轮箍　7—主链节

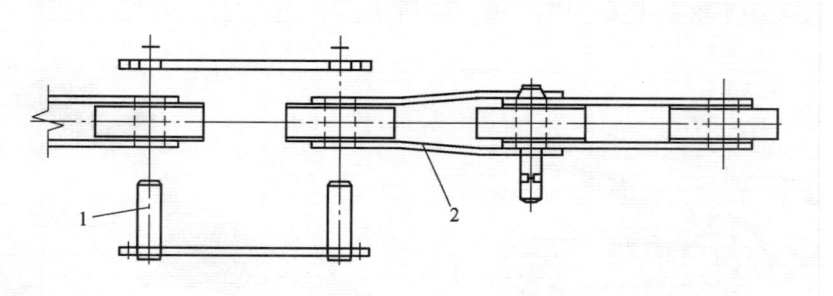

图 10-21 过渡链节

1—主链节　2—弯链节

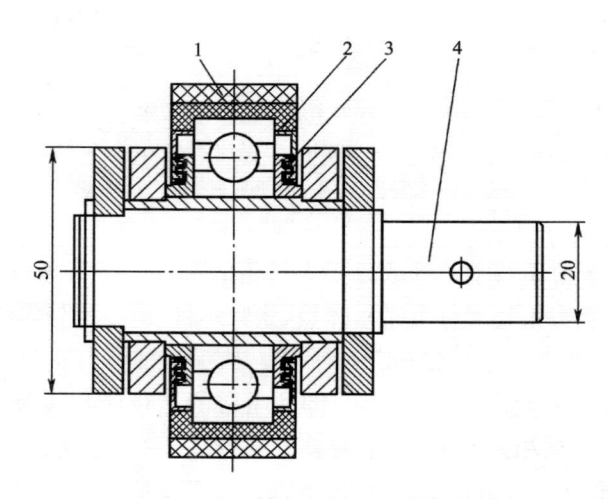

图 10-22 特殊运行环境的要求

1—塑料轮箍　2—滚珠轴承　3—盖盘　4—梯级轴销

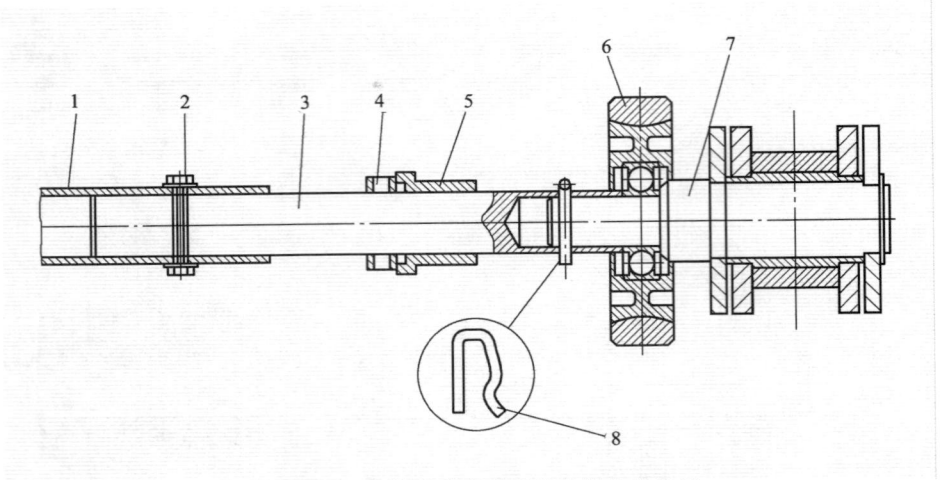

图 10-23 大提升高度或重载扶梯的梯级链
1—连接管 2—螺丝 3—梯级轴 4—夹紧件 5—梯级轴套 6—链轮 7—梯级链轴销 8—弹簧销

(九)扶手驱动系统

扶手装置按驱动方式可分为摩擦轮驱动型和压滚驱动型两种。

1. 摩擦轮式扶手驱动装置 如图 10-24 所示。

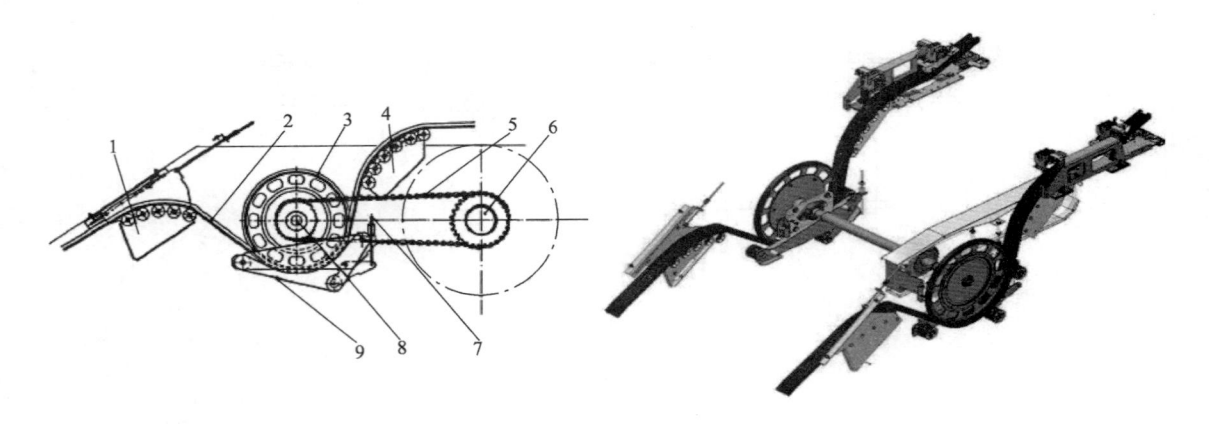

图 10-24 摩擦轮式扶手驱动装置
1—张紧滚轮组件 2—扶手带 3—摩擦轮 4—转向滚轮组件 5—扶手带驱动链
6—主轴 7—张紧装置 8—扶手带驱动轴 9—压带

这种扶手带驱动系统位于自动扶梯或自动人行道的头部。带有橡胶轮箍的摩擦轮由驱动主轴上的链轮带动。扶手带张紧装置由张紧弹簧、张紧螺杆、调节螺母等组成,扶手带的松紧度可通过调节螺母来调节,并可通过压带压紧扶手带。扶手带的运行速度相对于梯级(或踏板)的运行速度应在 0 ~ +2% 的允许偏差范围内,即扶手带的运行应与梯级(或踏板)同步或略微超前于梯级(或踏板)。如果相差过大,扶手带就失去意义,尤其是比梯级(或踏板)慢时,会使乘客手臂后拉,易造成事故。为防止偏差过大,可选用扶手带速度监控装置。

摩擦轮宽度稍小于扶手带内开档宽度就造成了一个大接触面。因此,扶手带就受到最小的表面压力,产生了很强的拉力。这种驱动装置非常易于维修保养,但缺点是占用空间大。

为增加扶手带驱动摩擦力,除配备扶手带张紧装置外,通常会采用扶手带压紧装置。

(1) 压带式压紧装置。如图 10-25 所示。

压带常设计成多楔形的,以提高压带在托辊轮上的对中心度,并确保压带不从托辊轮上滑落。压带的张紧度可由压带张紧装置上的调节螺母进行调节。

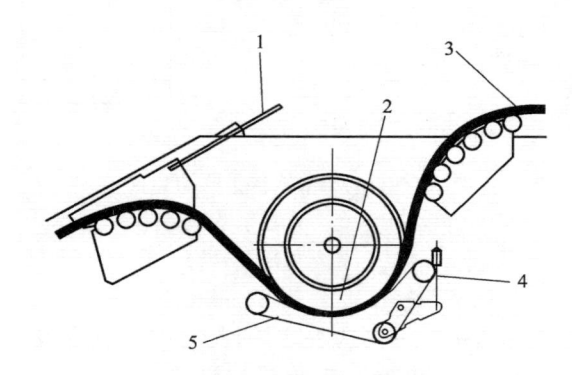

图 10-25 压带式压紧装置
1—张紧杆 2—摩擦轮 3—扶手带 4—压带张紧装置 5—压带

(2) 压带链式压紧装置。如图 10-26 所示。压带链的张紧可通过张紧弹簧调节。

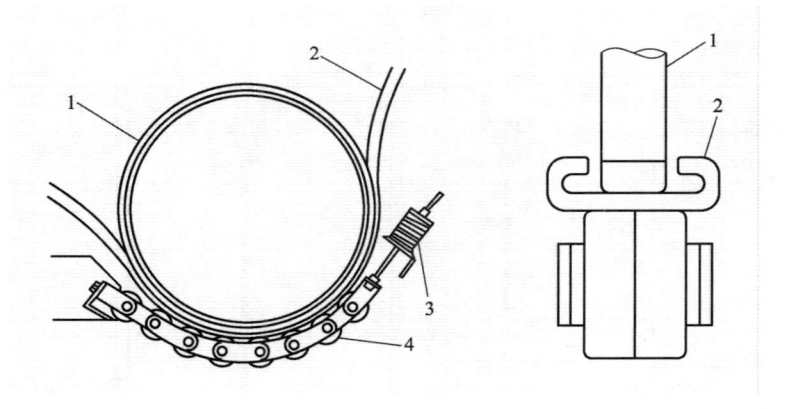

图 10-26 压带链式压紧装置
1—摩擦轮 2—扶手带 3—张紧弹簧 4—压带链

2. 压滚式扶手驱动装置　压滚式扶手驱动系统由扶手胶带的上下两组压滚组成。上压滚组通过自动扶梯的驱动主轴获得动力驱动扶手胶带,下压滚组从动并压紧扶手胶带。与摩擦轮驱动型的相比,这种结构的扶手胶带弯曲次数大大减少,基本上是顺向弯曲,反向弯曲较少,从而降低了扶手带的僵性阻力。扶手带不再需要启动时的初张力,只需装一调整装置以校正扶手胶带长度的制造误差,因而可以大幅度减少运行阻力并增加扶手胶带的使用寿命。

压滚式扶手驱动装置最大的优点是节省空间,缺点是不易于安装维保,如图 10-27 所示。

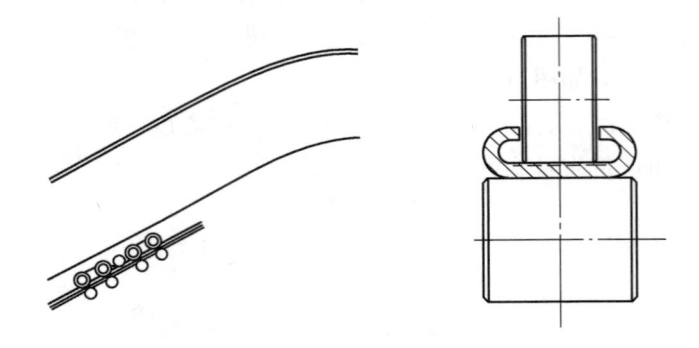

图 10-27 压滚式扶手驱动装置

(十) 扶手支架部件

扶手装置主要供站立在梯路中的乘客扶手之用,是重要的安全设备,在乘客出入自动扶梯或自动人行道的瞬间,扶手的作用显得更加重要。

扶手支架由扶手导轨、扶手带、护壁板及内外盖板等组成。根据 GB 16899—2011 的要求,扶手支架的高度不得低于 900mm,也不应大于 1100mm。

1. 垂直扶手 如图 10-28 所示。

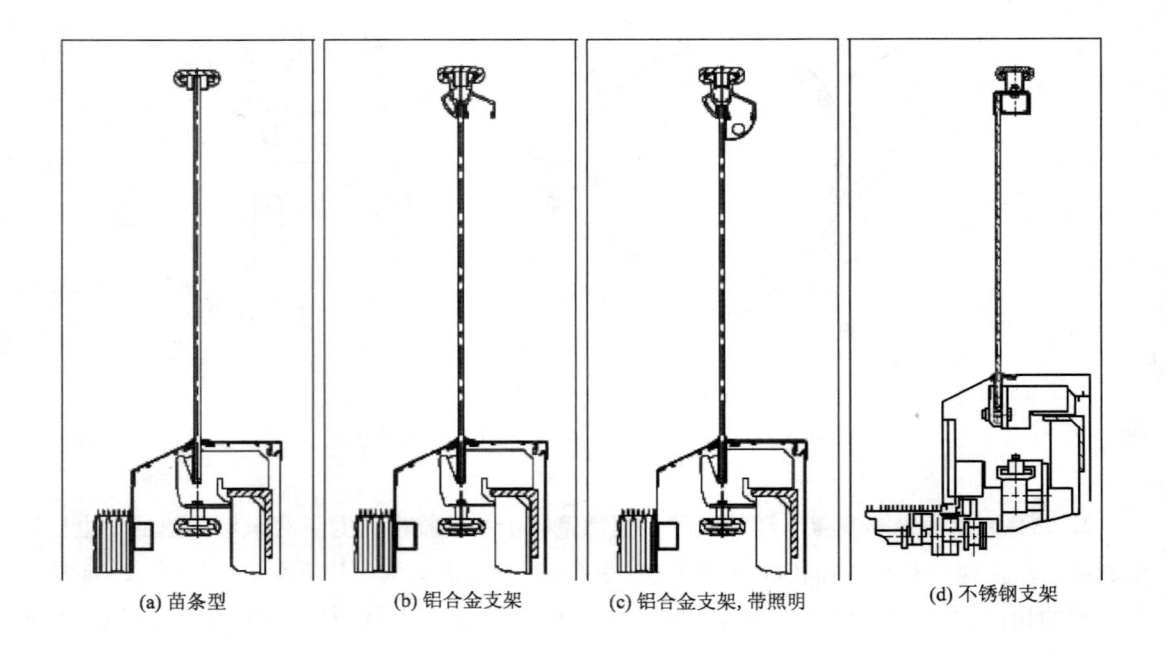

(a) 苗条型　　(b) 铝合金支架　　(c) 铝合金支架,带照明　　(d) 不锈钢支架

图 10-28 垂直扶手

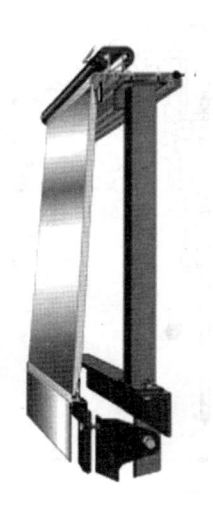

2. 倾斜扶手 如图 10-29 所示。

图 10-29 倾斜扶手

3. 扶手支架

(1) 苗条型扶手支架。如表 10-3 和图 10-30 所示。特点为垂直扶手,隐形扶手型材,扶手呈流线形外观,无扶手照明。

表 10-3 苗条型扶手支架

部件描述	说 明
护壁板	钢化安全玻璃≥6mm 磨边,无色
型材	不锈钢
护壁板—接头	与扶手带成直角
扶手带	黑色
扶手端部型材组件	扶手带回转,通过配有密封滚轴承的滚链

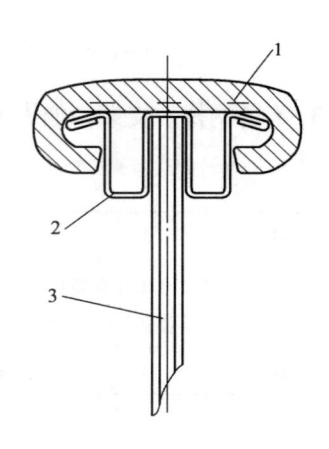

图 10-30 苗条型扶手支架
1—扶手带 2—扶手带/扶手型材
3—扶手栏板

(2) 铝合金扶手支架。如表 10-4 和图 10-31 所示。该扶手具有圆边轮廓,扶手表面彩色设计多样化。该扶手设计可按要求配置扶手高密灯光照明。

表 10-4 铝合金扶手支架

部件描述	说 明	部件描述	说 明
护壁板	钢化安全玻璃≥6mm 磨边,无色	护壁板—接头	与扶手带成直角
扶手型材	铝合金	扶手带	黑色
扶手导轨	镀锌钢板或不锈钢	扶手端部型材组件	扶手带回转,通过配有密封滚轴承的滚链

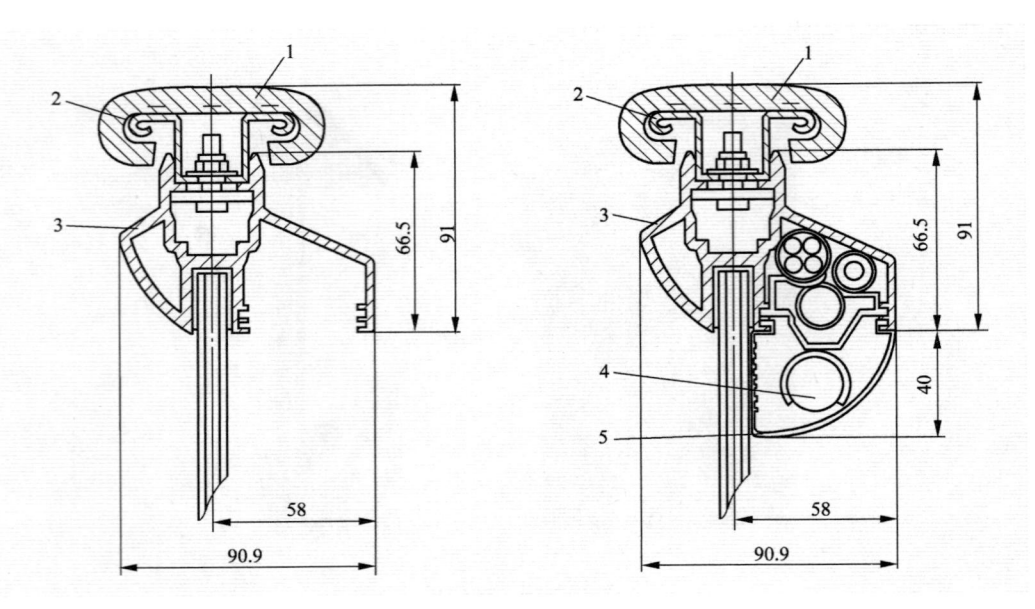

图 10-31　铝合金扶手支架

1—扶手带　2—扶手带导向型材　3—扶手型材　4—照明灯　5—灯罩

（3）不锈钢扶手支架。如表 10-5 和图 10-32 所示。

表 10-5　不锈钢扶手支架

部件描述	说　　明	部件描述	说　　明
护壁板	钢化安全玻璃≥6mm 磨边，无色，或不锈钢贴面三明治板，厚度 12mm	护壁板—接头	与扶手带成直角
扶手型材	发纹不锈钢	扶手带	黑色
扶手导轨	镀锌钢板或不锈钢	扶手端部型材组件	扶手带回转，通过配有密封滚轴承的滚链

（4）倾斜扶手。如表 10-6 和图 10-33 所示。倾斜形扶手护壁板采用复合夹层板或不锈钢板。扶手内侧以斜角度安装复合夹板，因其异常坚固，可有效地提供防护以防故意损坏。

表 10-6　倾斜扶手支架

部件描述	说　　明	部件描述	说　　明
护壁板	可视面为发纹不锈钢贴面三明治板，厚度 12mm 或不锈钢板	护壁板—接头	与扶手带成直角
扶手型材	发纹不锈钢	扶手带	黑色
扶手导轨	镀锌钢板或不锈钢	扶手端部型材组件	扶手带回转通过回转轮

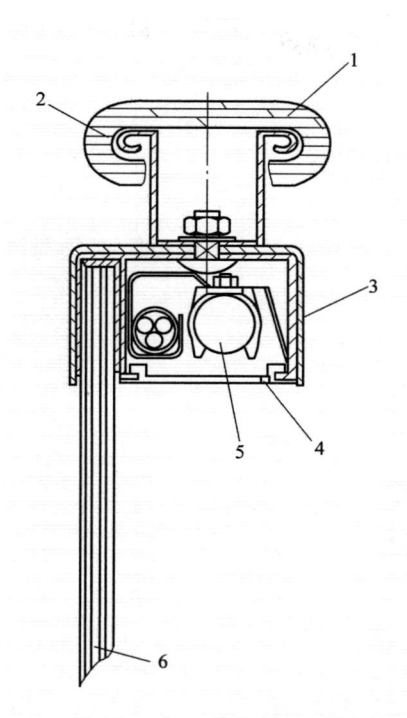

图 10-32　不锈钢扶手支架
1—扶手带　2—扶手带导向型材　3—扶手型材
4—灯罩　5—日光灯　6—扶手栏板

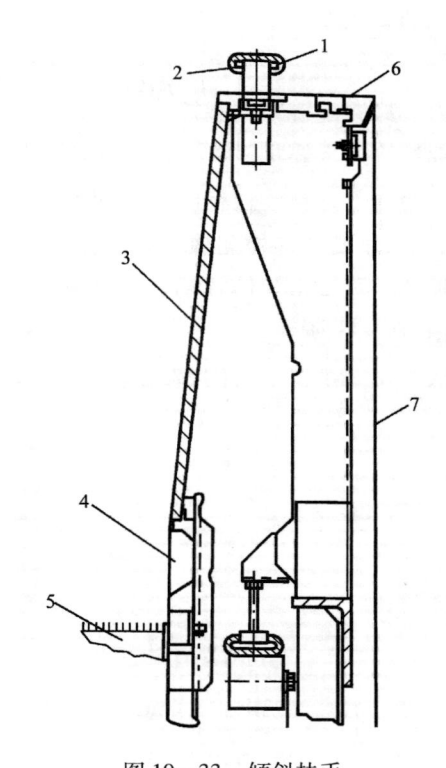

图 10-33　倾斜扶手
1—扶手带　2—扶手带导向型材　3—扶手栏板（内盖板）
4—裙板　5—梯级　6—扶手型材　7—侧面装饰板

（十一）扶手带

扶手带是一种边缘向内弯曲的胶带，由外层、纤维衬、钢丝、滑动层组成。外层颜色一般为黑色，由橡胶制成，也可选用聚乙烯合成材料制成的彩色外层。钢丝预埋在纤维衬中，起承受拉力的作用。滑动层与导轨接触，起导向作用。

扶手带与梯级（或踏板）由同一驱动装置驱动，扶手带围绕若干托辊组及特殊形式的导轨构成闭合环路。

扶手带的截面形状可分为标准型及 V 型扶手带，常用于大提升高度或公共交通项目，如图 10-34 所示。

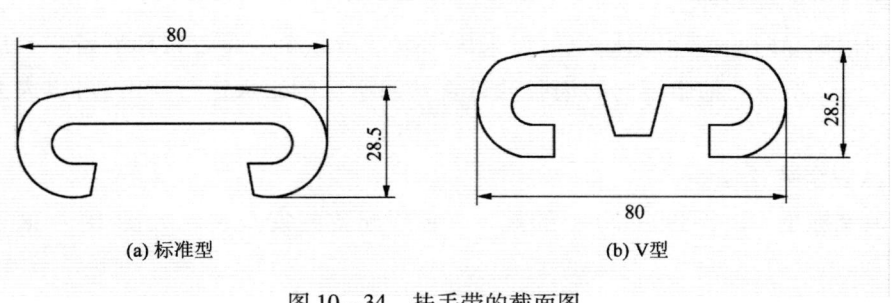

(a) 标准型　　(b) V型

图 10-34　扶手带的截面图

(十二) 扶手照明

如图 10-32 所示,扶手带下部可以增设照明灯具。增设照明时,冷阴极灯管(白色)装入扶手型材内。灯管配置采用头接头连续排列式,以防灯管之间产生黑暗区域并保证连续线条式照明。全部灯管线上要加设护盖以防触碰。

扶手照明并不是自动扶梯的标准配置,其取决于客户的需求。

(十三) 扶手支架内外盖板部件

内盖板和外盖板由整体式铝合金材料或用不锈钢型材组成。内盖板的安装必须与围裙板齐平。如图 10-35 所示。

倾斜扶手支架不要求有内、外盖板。

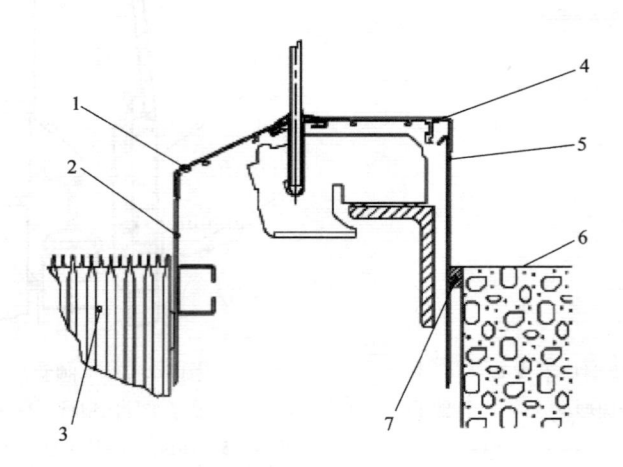

图 10-35 内外盖板
1—内盖板 2—裙板 3—梯级 4—外盖板 5—侧面装饰盖板
6—装修后的地面 7—硅胶(客户提供)

(十四) 自动润滑系统

为保证自动扶梯及自动人行道的正常运行,有必要对自动扶梯的运动部件连接副进行润滑,特别是对驱动链、扶手带驱动链及梯级链进行润滑。对于室外布置的扶梯,自动润滑系统是必配的部件。如图 10-36 所示。

由泵向所有的链条输送润滑油。分配到不同种链条上的油量及润滑的间隔时间由控制系统控制器进行分配和处理。

对于围裙板导向的扶梯设计,也可以采用梯级润滑系统。每台扶梯配备一个润滑梯级即可,如图 10-37 所示。油脂罐内的油脂通过管及油刷对围裙板进行润滑,可以大大缩短维保时间。

(十五) 安全装置

根据国家标准 GB 16899—2011 的规定,必须配备的安全装置如图 10-38 和表 10-7 所示。

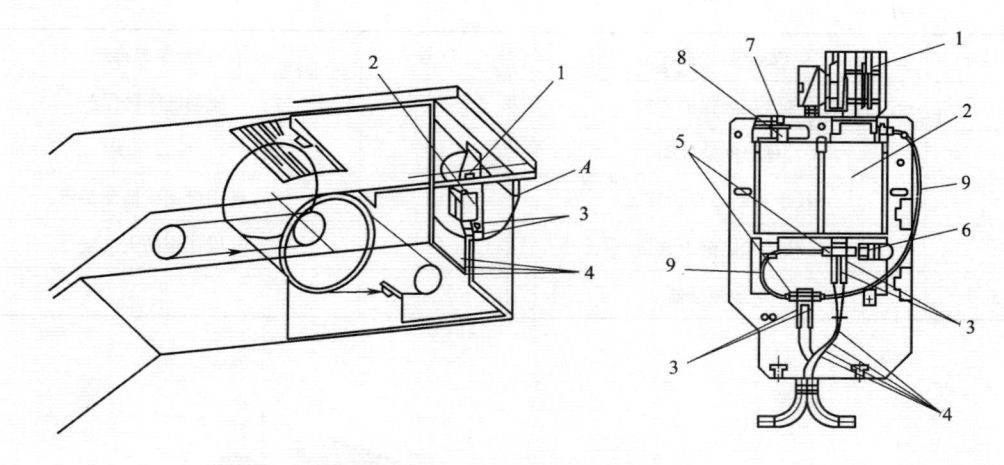

图 10-36 自动润滑系统

1—泵 2—油盒 3—定量给油装置 4—油管 5—分配器
6—压力开关 7—加油孔 8—油位开关 9—主油路

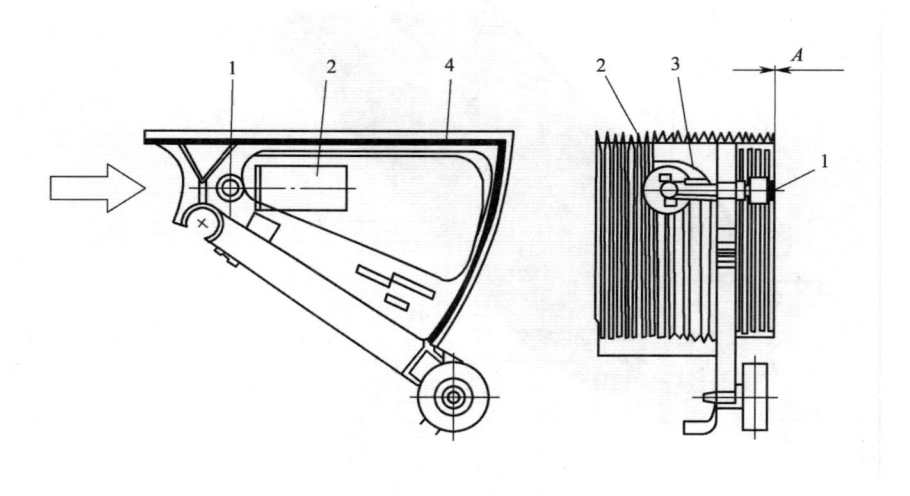

图 10-37 梯级润滑系统

1—油刷 2—油脂罐 3—管 4—梯级

A—标准梯级 $4.5^{+0.5}$ mm，带黄色塑料边框的梯级 $4.0^{+0.5}$ mm。

表 10-7 自动扶梯上的安全装置

序号	安全装置描述	序号	安全装置描述
1	停止开关(急停按钮)	5	速度监控
2	梳齿板安全开关	6	非操纵防逆转保护
3	扶手入口保护开关	7	梯级断链保护开关
4	相位保护	8	围裙板安全开关

续表

序号	安全装置描述	序号	安全装置描述
9	梯级塌陷保护开关	14	驱动链断链保护
10	梯级间隙照明	15	梳齿照明
11	扶手带断带保护装置	16	扶手带速度监测装置
12	扶手带防静电装置	17	围裙板防夹装置
13	附加制动器		

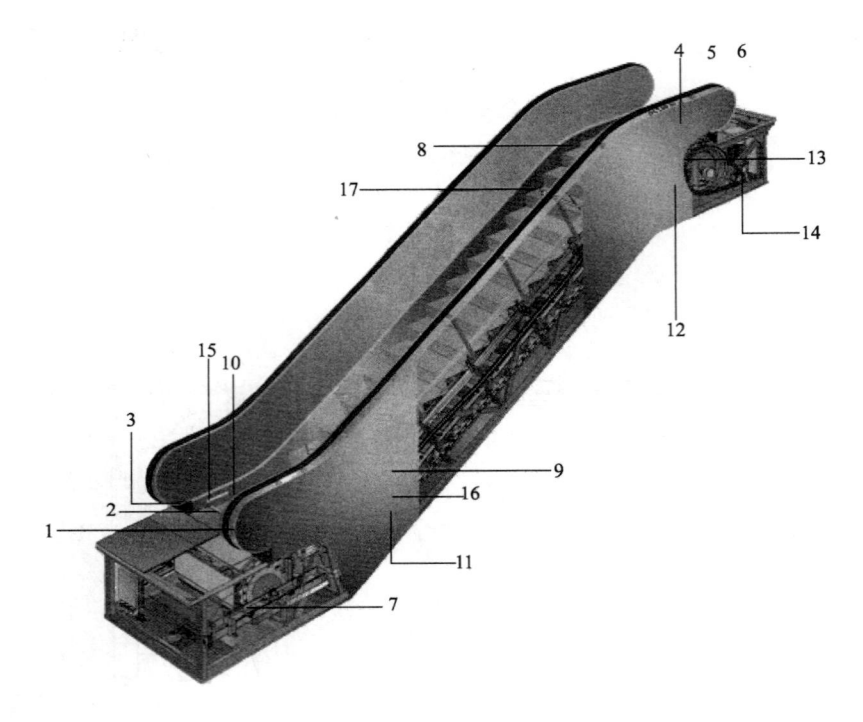

图 10-38 安全装置

1. 急停按钮 上、下端入口处需各设一手工操作的红色紧急停止按钮,在紧急情况下操作此按钮,扶梯将立即停止运行,如图10-39所示。

2. 梳齿板安全开关 梳齿板安全开关安装于扶梯上、下端入口处的梳齿板后,梳齿板采用活动安装方式,当梯级/踏板和梳齿板之间受到外力时,梳齿板既可作水平运动,亦可作垂直运动。当此运动触发触点时,立即

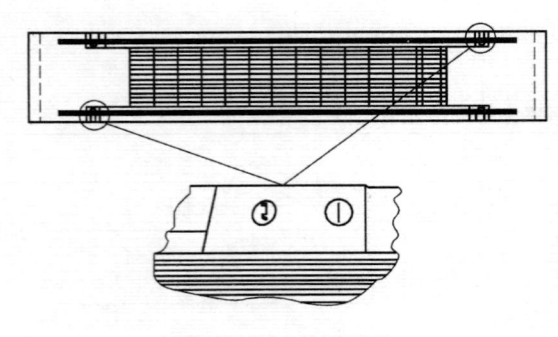

图 10-39 急停按钮

停止运行。如图 10-40 所示。

3. 扶手入口保护开关 在每一个扶手带出入口处,均装有一套扶手带入口保护装置。当有手或异物进入扶手带入口中时,安全触点动作,使扶梯停止运行。如图 10-41 所示。

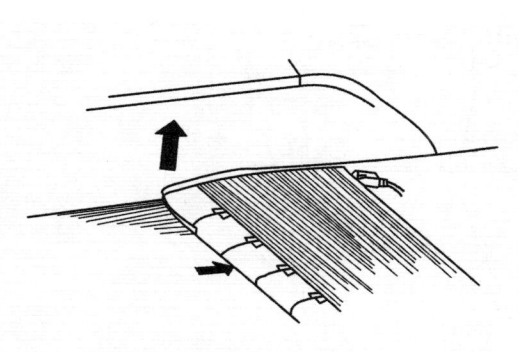

图 10-40 梳齿板安全开关

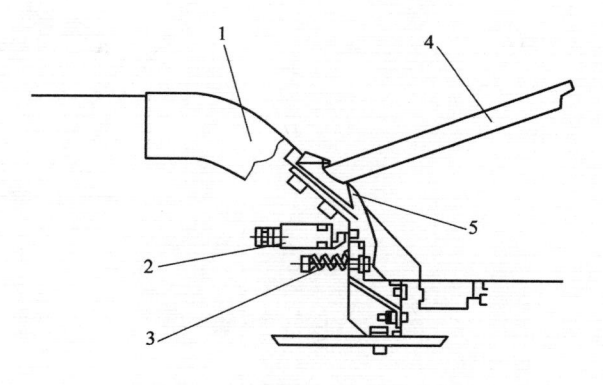

图 10-41 扶手入口保护开关
1—盖板 2—安全触点 3—弹簧 4—扶手带 5—橡胶导向

4. 相位保护 控制柜内应设置相位监控继电器,实时监控主电源的供电情况。当供电电源错(断)相时,扶梯应不能启动;若正在运行,则立即停止。

5. 速度监控 扶梯配备了一个感应接近开关,其可直接对梯级的运行状态进行监控,如图 10-42 所示。

速度监控会进行运行检查、梯级丢失检查、超速检查、欠速检查、运行方向改变。因此,可以实现如下功能:

(1) 超速保护。当扶梯速度超过名义速度的 20% 之前,附加制动器动作,停止运行。

(2) 欠速保护。当扶梯在有载情况下,速度降低至额定速度的 50% 时,工作制动器和附加制动器动作,停止运行。

(3) 任意变换运行方向。扶梯改变了其规定的运行方向时,工作制动器和附加制动器动作,使扶梯停止运行。

图 10-42 速度监控

速度监控装置也可安装在驱动电机飞轮下方,通过监控电机的转速,达到速度监控的目的。

6. 非操纵逆转保护 详见前述"任意变换运行方向"。

7. 梯级断链保护开关 链条应能连续地张紧,在张紧装置的移动超过 ±20mm 之前,保护装置动作使扶梯停止运行;当梯级链破断时,保护装置动作使扶梯停止运行。详见图 10-43。

8. 围裙板安全开关 按一定的直线间隔距离(≤10m)安装于裙板后面,其数量不少于两

308　电梯——原理·安装·维修

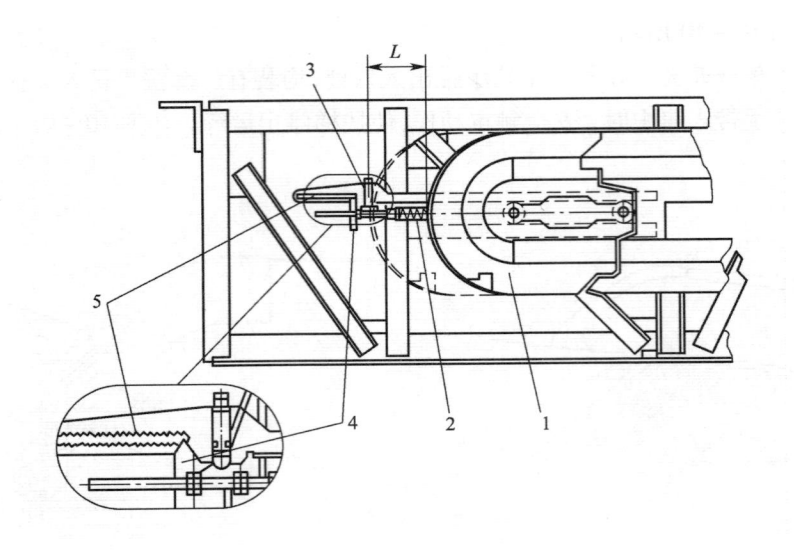

图10-43　梯级断链保护
1—带导轨的张紧架　2—张紧弹簧　3—链监控触点　4—指针　5—标尺　L—张紧范围

对。当有不适当的压力或物体进入梯级与围裙板之间时，开关动作，扶梯停止运行。详见图10-44。

9. 梯级塌陷保护开关　在扶梯两端近出入口处各装有一套梯级塌陷保护装置。如果梯级断裂或因变形下陷超过3mm，该装置将立即动作，停车制动。详见图10-45。

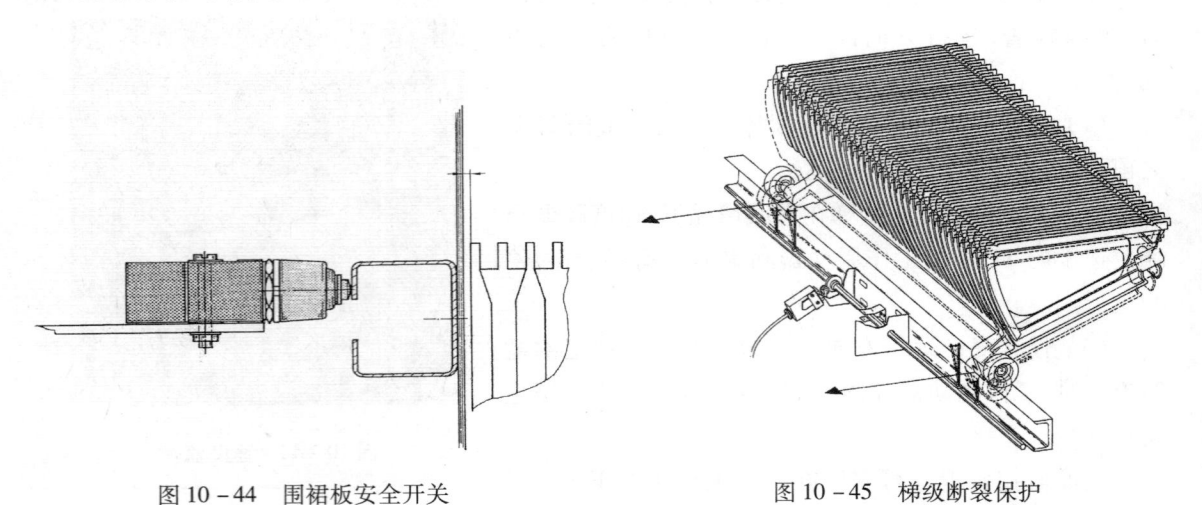

图10-44　围裙板安全开关

图10-45　梯级断裂保护

10. 梯级间隙照明　在梯级/踏板路段上的梳齿板区域内可以设置绿色日光灯，从而清晰地勾画出梳齿区域的各个梯级/踏板的轮廓，使之一目了然，提醒乘客留意安全。如图10-46所示。

11. 扶手带断带保护装置　在扶手带下方可以安放扶手带断带保护开关。当扶手带发生断裂后，扶手带会向下垂落，并触发安全开关动作，使扶梯停止运行。如图10-47所示。

梯级间隙照明

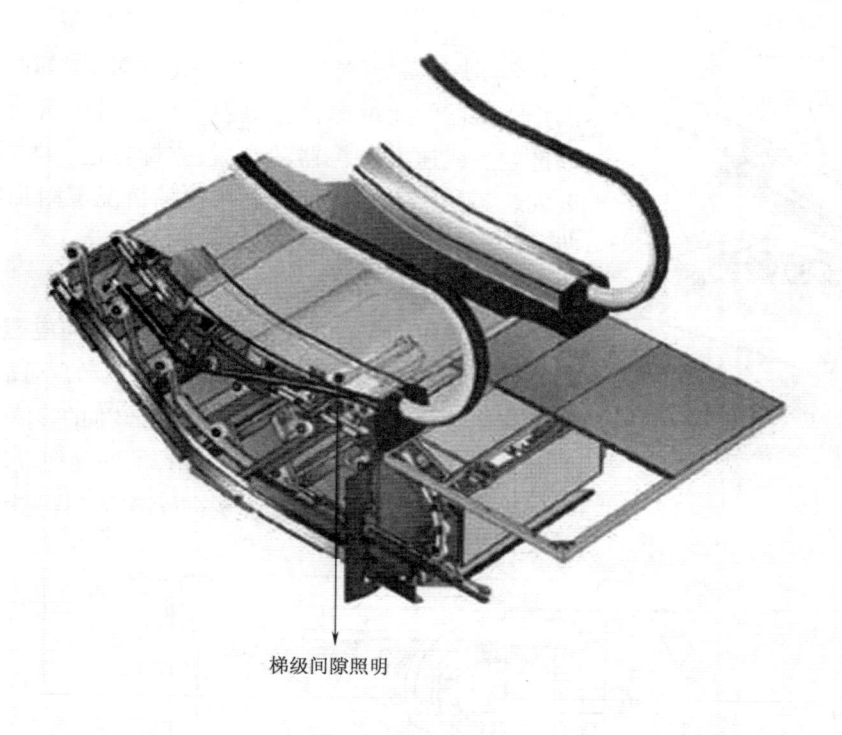

图 10-46 梯级间隙照明

图 10-47 扶手带断带保护

12. 扶手带防静电装置 在扶手带张紧装置的托滚部件中,可以安装一个金属材料的托滚,可以达到消除扶手带静电的目的。如图 10-48 所示。

13. 附加制动器 根据国家标准或客户要求,除工作制动器外,亦可安装直接作用于主驱动轴的附加制动器。

国家标准规定,提升高度大于 6m 时,必须配备主轴上的附加制动器。对于提升高度不大于 6m 的公共交通型自动扶梯,也应安装附加制动器。

附加制动器更是一种主动式制动器,即它与工作制动器同时打开,但却延时抱闸。速度≥

0.6m/s 时,在断电时为减少可能的急冲,附加制动器会延时动作。必需的能量储存在电容器中。附加制动器在驱动链断链触点或速度监控器动作后,立即抱闸。大提升高度时,要安装第二个附加制动器。在这种情况下附加制动器位于驱动主轴的两侧。

（1）附加制动器的类型。

①盘式附加制动器。一旦启动后,单向电磁铁动作并促动止动爪。止动爪立即拦住制动盘,因制动盘通常是与驱动链轮一起运转的。减震件吸收对止动爪产生的峰值负荷,驱动轴的制动衬片在被锁定的制动盘上滑动,并使驱动轴减速,直至停转为止,制动力通过碟型弹簧进行调节。详见图 10-49。

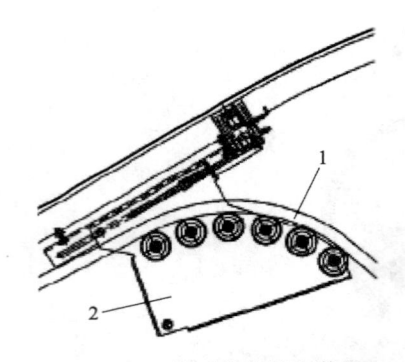

图 10-48 扶手带防静电装置
1—扶手带 2—张紧滚轮组件

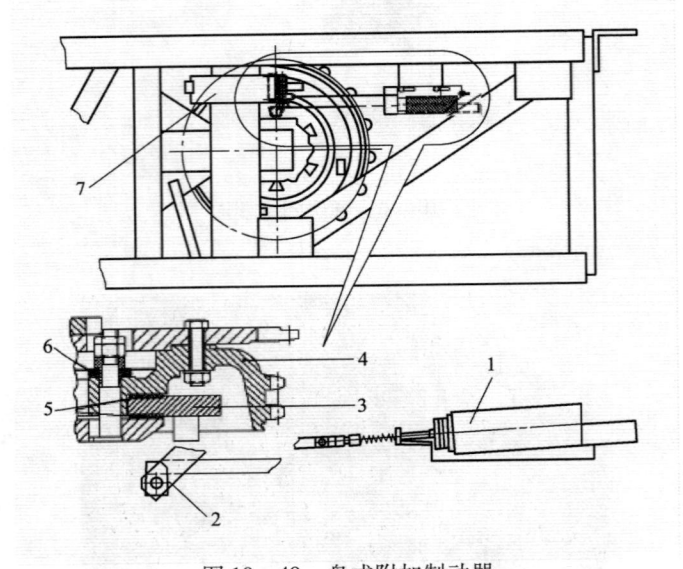

图 10-49 盘式附加制动器
1—单向电磁铁 2—止动爪 3—制动盘 4—驱动链轮 5—制动衬
6—盘簧组件 7—配置减震件的止动爪

盘式附加制动器的优点为:

a. 凡可能损坏自动扶梯或自动人行道机械部件的撞击,均被减至最低程度。

b. 利用非互锁接触面,完成制动。这就使得有一个恒等的制动转矩,因此,产生线性制动。

②棘轮式附加制动器。止动爪通常靠驱动链接触来驱动。但是,它也可由一个插入的电磁阀启动,当速度监控或防逆转装置被驱动时,止动爪就进入。如图 10-50 所示。

因为该种类型的附加制动器不可能滑动,制动是突然进行的,是一种连锁制动的,其制动距离等于零。这就增加了损伤的危险。

自动扶梯或自动人行道受剧烈的、突然的负荷改变的影响,可能引起制动爪安装区里制动

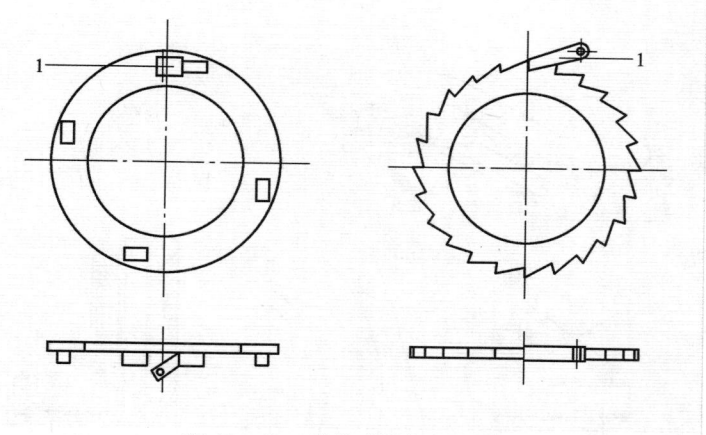

图 10 - 50　棘轮式附加制动器

爪本身的断裂或桁架的弯曲。

③带 V 型皮带传动轮的楔形制动器。与制动爪相反,因为用了楔形制动器,制动距离可以调整。如图 10 - 51 所示。该种制动器的减速是突然的,因而产生了一种强烈的振动,这就增加了发生事故的危险。

制动器的几何形状和正在产生的摩擦热会使楔形制动器变得压紧在 V 型皮带传动轮里。此制动器再也不能松开,这种情况在一旦碰上事故发生时,就会造成严重后果。

14. 驱动链断链保护开关　当驱动链伸长或断链时,附加制动器通过驱动链断链触点立即响应。驱动链断链触点总是和主轴上的附加制动器并联安装使用。如图 10 - 52 所示。

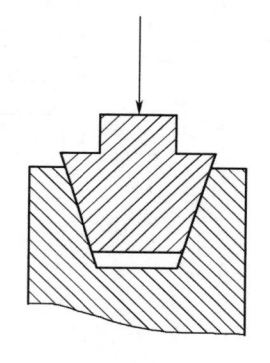

图 10 - 51　楔形制动器

15. 梳齿照明　自动扶梯或自动人行道的进出口部位可增设照明(各个部位的照明度为 50lx),照明灯具安装在梳齿板两侧的扶手裙板内。详见图 10 - 53。梳齿照明的种类如表 10 - 8 所示。

表 10 - 8　梳齿照明

照明类型	颜色	运行模式	保护等级	电压
LED	黄	常亮	IP54	24V
LED	黄	闪烁	IP54	24V
荧光灯管	白	常亮	IP21	110V

在配备围裙板照明的情况下,可以不考虑安装梳齿照明。

16. 扶手带速度监测装置　当扶手带速度偏离梯级实际速度大于 -15%,且持续时间大于 15s 时,应使自动扶梯停止运行。监测是由一只感应接近开关来完成的。

另外,作为选配件,可提供蜂鸣器。如图 10 - 54 所示。

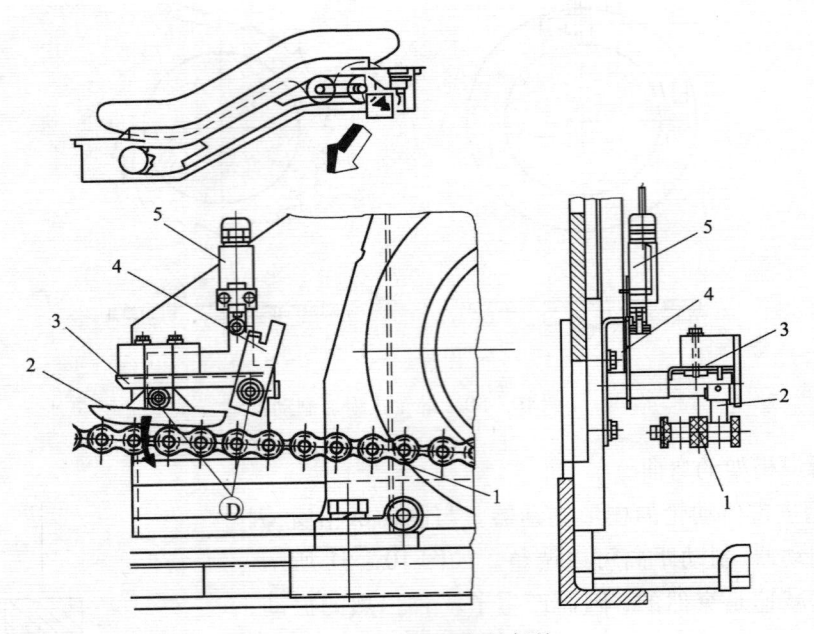

图 10-52　驱动链断链保护
1—驱动链　2—链滑块　3—杆　4—触发壁　5—安全触点

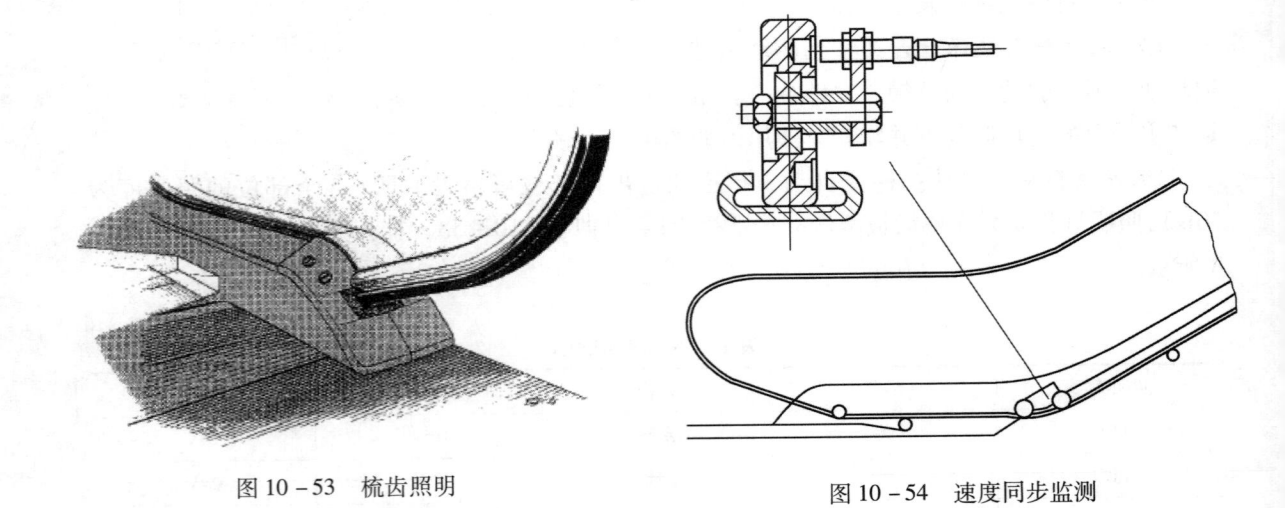

图 10-53　梳齿照明

图 10-54　速度同步监测

17. 围裙板防夹装置　围裙板防夹装置可以减少被夹在裙板和梯级之间的危险。该装置的功能如同导向装置，确保自动扶梯的乘客拥有相对围裙板来说更大的安全系数。防夹装置的设计应符合 GB 16899—2011 中 5.5.3.4 中的相关规定，如图 10-55 所示。

18. 梯级或踏板缺失监测装置　自动扶梯应能通过该监测装置检测梯级的缺失，并应在缺口从梳齿板位置出现之前停止。

图 10-55 围裙板防夹装置

第二节 自动人行道

自动人行道是带有循环运行(板式或带式)的走道,用于水平或倾斜角不大于12°运输乘客的固定电力驱动设备。

自动人行道能在一定方向上大量而连续地输送乘客,并且具有结构紧凑、便于输送较大物件与购物车、安全可靠、安装维修简单等特点。自动人行道在机场、购物中心、商场等人流量大的场合得到了广泛应用。如图10-56所示。

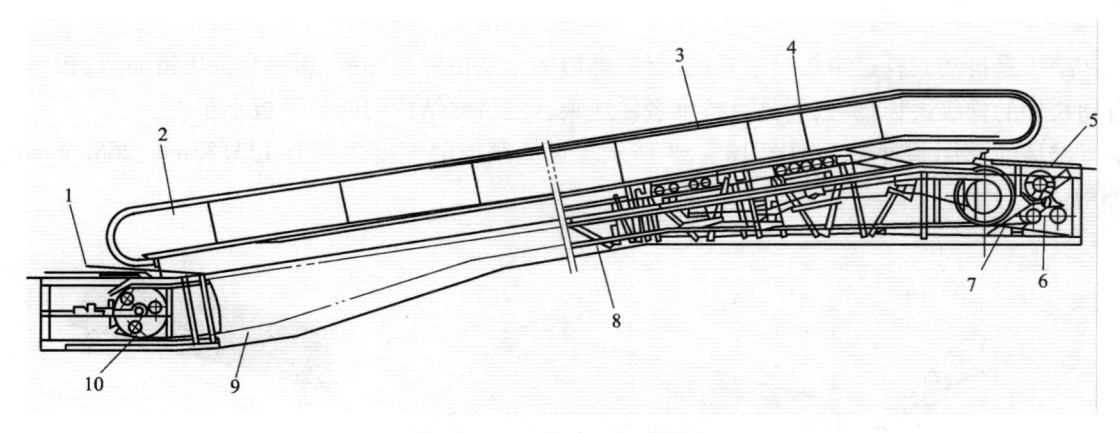

图 10-56 自动人行道构造
1—入口安全装置 2—内侧板 3—扶手带 4—扶手驱动装置 5—前沿板
6—驱动装置 7—驱动链 8—桁架 9—牵引链条 10—踏板

一、基本构造

自动人行道与自动扶梯的主体结构比较类似,自动人行道的驱动系统以及扶手装置等与自动扶梯相同。

上述两者的主要区别在于自动扶梯在运行时,其倾斜区段呈台阶状,与平常的楼梯一样,供乘客站立的部件称梯级;自动人行道承载用的部件称为踏板,踏板之间没有高度差,是整条平坦的通道。如图 10-57 所示。

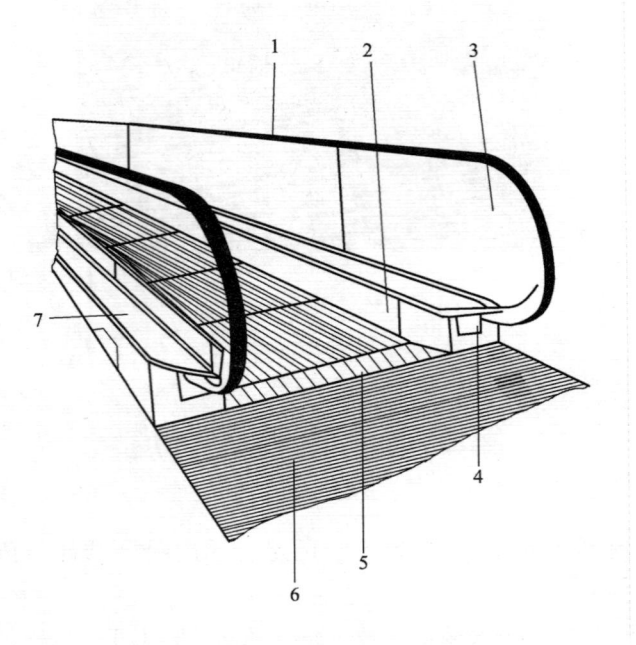

图 10-57 自动人行道入口构造
1—扶手带 2—裙板 3—内侧板 4—扶手带入口处
5—梳齿 6—前沿板 7—盖板

踏板是自动人行道中数量最多的部件,类似于自动扶梯的梯级,用铝合金压铸而成,相当于自动扶梯的梯级去掉踢板,它是直接承载输送乘客的特殊结构的四轮平板小车。

踏板的其中一种型式如图 10-58 所示。目前踏板的深度主要有 133.33mm、266.66mm、400mm 3 种规格。

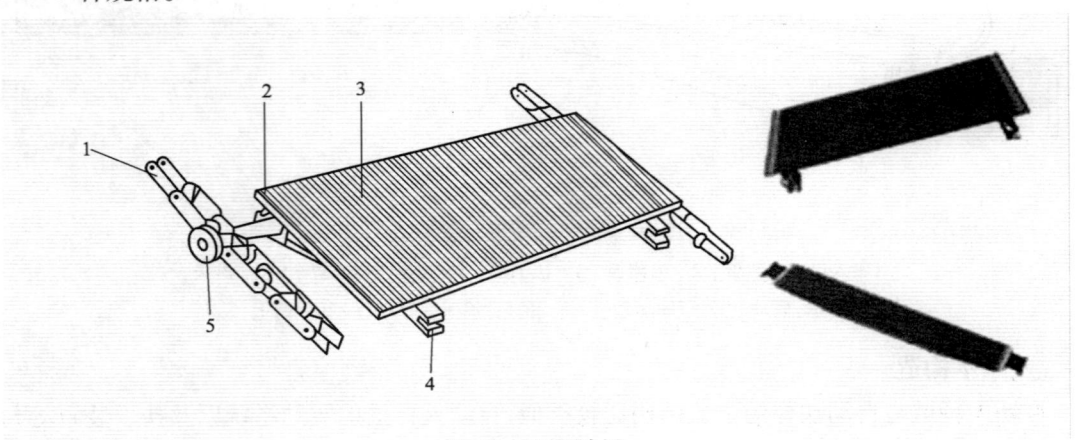

图 10-58 踏板
1—牵引链条 2—装饰嵌条 3—踏板 4—托架 5—驱动滚轮

不同规格的踏板的安装方式有较大区别。133.33mm 的踏板直接固定在踏板链条上，中间没有连接轴。266.66mm 的踏板直接安装在踏板链连接轴上。

400mm 的踏板两种安装方式，踏板不带滚轮，固定在踏板链短轴上；踏板带两个副轮，并类似梯级安装方法，直接固定在踏板链连接轴上。

从结构上看，在踏板之下装有两根支撑主轴，端部分别装有滚轮，滚轮与牵引链条相连。在牵引链条的拖动下，踏板在导轨上运行。由于各踏板之间无高低之差，从而形成了平坦的通道。踏板上的两根支撑轴，一根是固定的，另一根则处于游动状态，该轴又是另一个踏板的固定轴，由此而使踏板与踏板之间既相互牵制又相互游动。

由于自动人行道是平坦的通道，因此其导轨系统远比自动扶梯简单。

二、主要参数

1. 倾斜角 GB 16899—2011《自动扶梯和自动人行道的制造与安装安全规范》规定：自动人行道的倾斜角不应超过 12°。

2. 名义速度 GB 16899—2011《自动扶梯和自动人行道的制造与安装安全规范》规定：自动人行道的名义速度不应超过 0.75m/s。

如果踏板或胶带的宽度不超过 1.1m 时，自动人行道的名义速度最大允许达到 0.9m/s。同时规定在两端出入口踏板或胶带在进入梳齿板之前的水平距离应至少为 1.6m。

3. 制动载荷 根据踏板或胶带的名义宽度，每 0.4m 长度上制动载荷的确定见表 10-9。

表 10-9 自动人行道的制动载荷

名义宽度(m)	制动载荷(kg)	名义宽度(m)	制动载荷(kg)
$Z_1 \leq 0.6$	50	$0.8 < Z_1 \leq 1.1$	100
$0.6 < Z_1 \leq 0.8$	75	$1.10 \leq Z_1 \leq 1.40$	125

对于其长度范围内有多个不同倾斜角度（高度不同）的自动人行道，在确定载荷时，应只考虑向下运行的区段。

4. 制停距离 空载和有载水平运行或有载向下运行自动人行道的制停距离见表 10-10。

表 10-10 自动人行道的制停距离

额定速度(m/s)	制停距离(m)	额定速度(m/s)	制停距离(m)
0.5	0.20~1.00	0.75	0.40~1.50
0.65	0.30~1.30	0.90	0.55~1.70

若额定速度在上述数值之间，制停距离用插入法计算。制停距离应从电气制动装置动作时开始测量。制停过程中沿运行方向上的减速度不应大于 $1m/s^2$。

自动人行道长度较大时，可以采用自动扶梯中的中间驱动方式，实现多级驱动，并设法降低扶手弯曲段的阻力和直线段的摩擦阻力。

需要强调的是，对于倾斜角≥6°的自动人行道，也应设置一个装置，使其在踏板改变规定运行方向时自动停止运行。倾斜式自动人行道也应安装附加制动器。自动人行道的桁架结构及安全装置的设置与自动扶梯基本相同。自动人行道的安装调试及检验程序与自动扶梯相同。

第三节　自动扶梯安装技术

当自动扶梯的提升高度小于6m时，一般是整体运输至安装现场，按照规定的精确位置直接定位。但当提升高度超过6m或安装现场运输通道不能使整体通过时，可分段运送到现场后进行安装。分段装运时，应将已装配好的扶梯梯级沿牵引链条可拆卸处临时拆开几级，并将梯级与牵引链条临时固定在该分段的金属桁架上。

自动扶梯的安装过程一般分为熟悉自动扶梯平面布置图、土建勘查记录资料、电气原理图等，检查产品合格证和产品检验报告等资料；机械结构起吊和安装、电气部件安装、自动扶梯试运行及验收几个方面。

一、安装准备与吊装

安装前应检查底坑和工作环境，仔细核对土建图上所有的尺寸。特别注意检查土建提供的中间支撑（M）是否到位。

1. 结构分为两段送达安装工地　如图10-59所示。

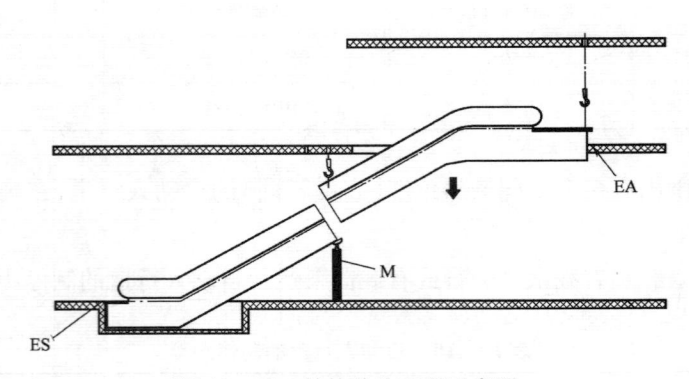

图10-59　结构分为两段示意图

2. 结构分为四段送达安装工地　如图10-60所示。

自动扶梯与自动人行道的现场吊装必须由具有起重资质的专业单位实施。

（一）确定设备进入现场路线

1. 地面负载　必须注意确保现场运输路线整个地面或临时地面能够承受负载要求。否则由土建方稳妥解决，采取可靠的加固措施，如图10-61所示。

2. 进入大楼的路线　确定现场的卸载点及进入大楼的完整路线。

图 10-60 结构分为四段示意图

图 10-61 地面加固

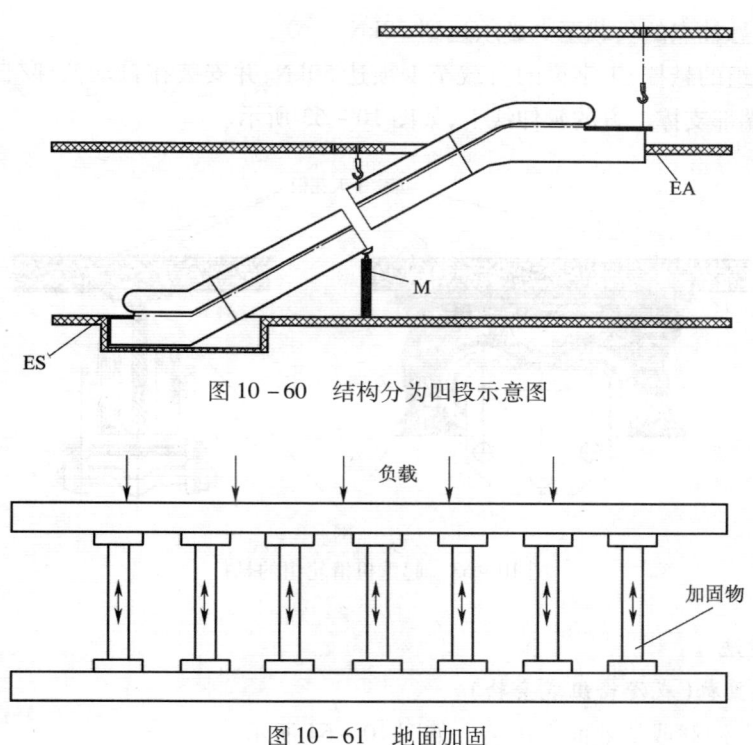

3. 入口高度 整个运输路线的净高不得低于土建图上规定的最小尺寸。另外,还需考虑建筑结构上已安装的悬挂管线以及运输车轮的高度。

4. 入口宽度 入口宽度的要求取决于自动扶梯或自动人行道的宽度、所运货物的长度(曲率半径)和运输车轮。如图 10-62 所示。必要时,建议采用 1:1 纸模型沿整个运输路线走一遍或用 CAD 软件进行模拟。

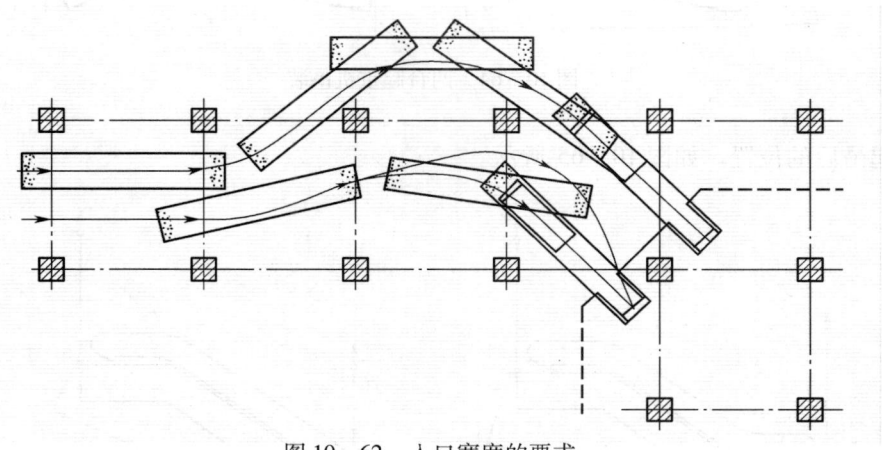

图 10-62 入口宽度的要求

(二) 滑轮组的悬挂

悬挂点应精确地定位于端部支撑的中点上方。若有几个支撑,则在中间支撑的上方必须增加悬挂点。所有悬挂点的负载至少必须达到 50kN。

起重机滑轮组的悬挂,工字梁的负载至少须达 50kN,并安装在自动扶梯/自动人行道轴线上方的中央,在端部支撑上方的延伸线上,如图 10-63 所示。

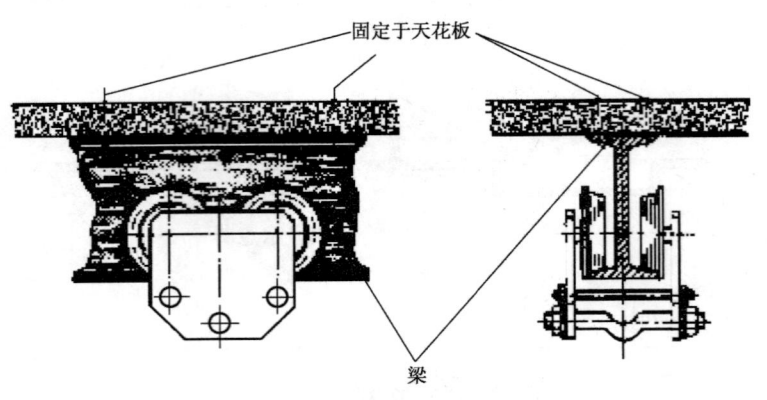

图 10-63　起重机滑轮组的悬挂

(三)起吊方法

1. 用两台起重机(或滑轮组或索轮)

(1)从卡车上卸载或从地面上吊装。如图 10-64 所示。

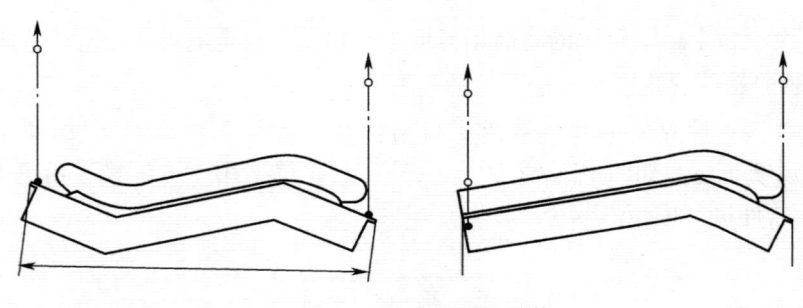

图 10-64　两台起重机吊装

(2)起吊后的位置。如图 10-65 所示。

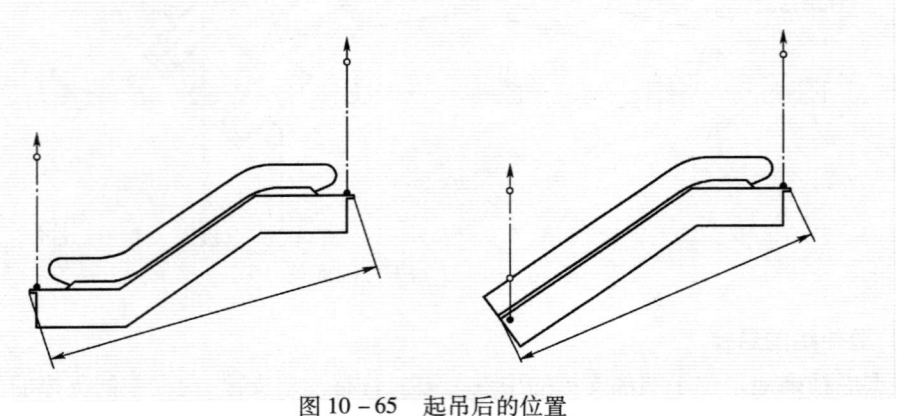

图 10-65　起吊后的位置

2. 用一台起重机 如图 10-66 所示。

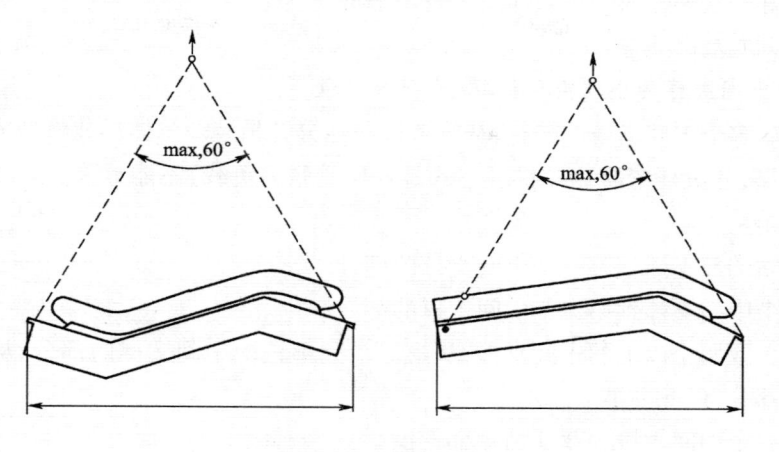

图 10-66 用一台起重机

二、自动扶梯的安装

（一）分段自动扶梯的安装方法（不带/带中间支撑）

1. 安装不带中间支撑的分段自动扶梯/自动人行道

（1）对接。把各个扶梯分段（两段或更多）运至现场，放置于端部支撑前。因不带中间支撑，按图 10-67 将扶梯各段可在地面对接。

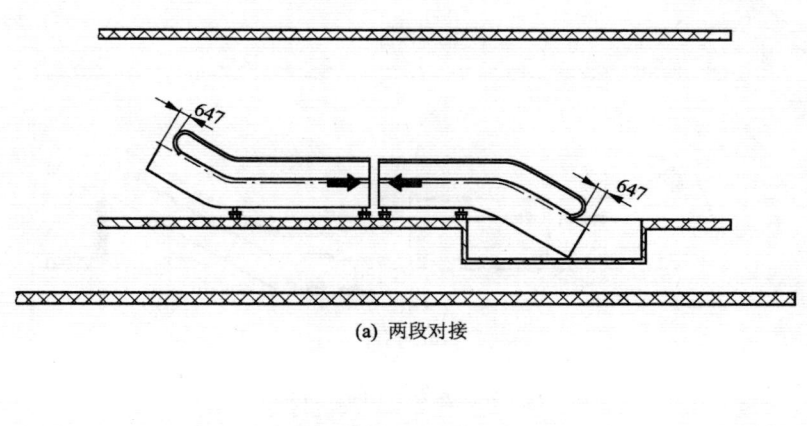

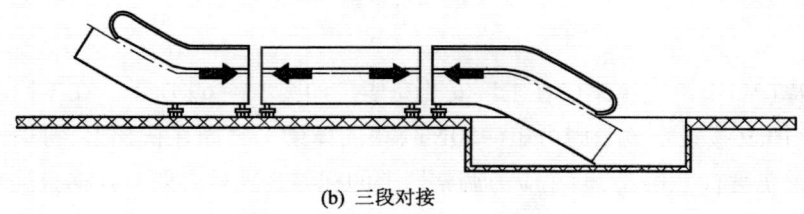

(a) 两段对接

(b) 三段对接

图 10-67 分段无中间支撑的对接

(2)对接后定位与调整。

①把拼接好的扶梯作为一个整体吊装置于端部支撑上。

②安装与调整端部支撑。

2. 安装带中间支撑的分段自动扶梯/自动人行道

带有一个或多个中间支撑的扶梯,扶梯各段只能分开吊装。整体吊装将造成超出扶梯最大跨距,桁架(变形,各弦杆弯曲)和对接接头(螺栓所受张力负载)不能承受由此产生的负载。

(1)安装顺序。

①从张紧站端部支撑到第一个中间支撑的部分。

②从第一个中间支撑到第二个中间支撑的部分。

③带有两个或两个以上的中间支撑:从第二个到第三个中间支撑的部分,从第三个到第四个中间支撑的部分,以此类推。

④从最后一个中间支撑到驱动站端部支撑。

(2)安装带一个中间支撑的扶梯。在中间支撑处的桁架接头。从张紧站端部支撑到中间支撑的扶梯分段定位。如图10-68所示。

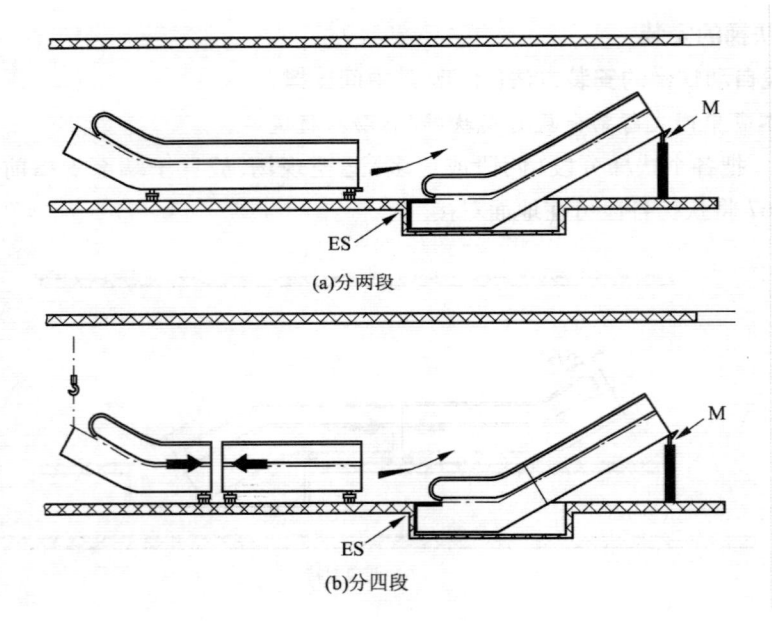

图 10-68 分段有中间支撑的对接

M—中间支撑

在中间支撑(M)上的支撑梁已在工厂安装完毕。如图10-69所示。在工厂已用高强度螺栓2M20*60-10.9按设定的紧固力矩(450Nm)将支撑梁1紧固在扶梯上,将应力调整器紧固在支撑梁1上。需要注意的是,贴在应力调整器上的标签合同号必须与扶梯合同号匹配。

3. 精确调整端部支撑 在完成了上述调整后,应用水平尺精确调整端部支撑,并矫正扶梯(人行道)的水平度,直至达到精度要求。

图 10 – 69　支撑梁

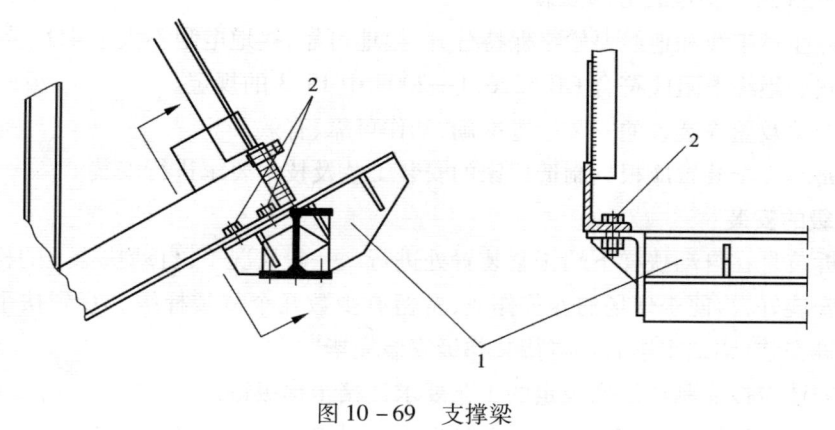

1—支撑梁　2—高强度螺栓

（二）扶手的安装

自动扶梯与自动人行道的扶手装置通常是在现场进行安装的，安装工艺基本类似。整个安装过程包括护壁板（玻璃或金属板材）、扶手支架、扶手带导轨、扶手带以及内外盖板部件的安装。

1. 安装护壁板（玻璃板）　按照由下至上的顺序安装玻璃板。将玻璃夹衬放入玻璃夹紧型材靠近夹紧座处。之后用玻璃吸盘将玻璃板慢慢插入预先放好的夹衬中。调整玻璃板的位置。紧固夹紧座。

应注意，正确调整每两块相邻玻璃之间的间隙为 2mm，之间装入填充材料。玻璃板要保持垂直。当全部玻璃均插入支撑型材并调整后，应谨慎地将全部夹紧螺母拧紧。在玻璃板的安装调整过程中，应注意只能使用橡胶材质的锤子。若要扶正玻璃的偏斜，必须先松开夹紧螺母，然后再调整，以免损坏玻璃。安装金属护壁板应注意护壁板之间的间隙不大于 4mm，且边缘应呈圆角或倒角状。

2. 安装扶手导轨　在安装扶手导轨时，应注意接头处要平直对齐，且光滑无毛刺。若存在毛刺，应作修正，以免划伤在上面运行的扶手带。

3. 安装扶手带　展开扶手带并置于梯级上，设法将扶手带安装在上端部扶手导轨上。将返程区域内的扶手带安置稳妥，防止脱落。将扶手带安置在下端部扶手导轨上，自上而下地将扶手带安装在扶手导轨上。调整扶手带张紧度。当所有扶手导轨安装到位并检查合格、导轨擦净后，即可将扶手胶带自上而下装上导轨。

4. 测试扶手运行状态　对扶手运行状态进行测试，观察其运行轨迹，观察扶手带宽度的中心与扶手导轨中心的一致性。在改变运行方向时基本不应有跑偏的情况。

5. 根据 GB 16899—2011 要求　扶手带的运行速度与梯级（踏板）速度误差应在 0 ~ +2% 范围内。必要时通过扶手带张紧装置对扶手带的张紧度进行适当的调整，使之符合要求。

（三）围裙板的安装

围裙板应保持垂直。接缝处要平滑过渡。先安装上、下平台及转弯处，再安装中间。围裙板与梯级之间的间隙不应超过 4mm，在两侧对称位置处测得的间隙总和不应大于 7mm。

(四)电气线路与安全装置的安装

安装时应注意零线和地线要始终保持分开,接地可靠,接地电阻不大于4Ω。导体之间以及导体与地之间的绝缘电阻应符合 GB 5226.1—2008 中 18.3 的规定。

各安全开关及监控装置的安装位置准确,动作可靠、有效。

电气线路与安全装置应根据制造厂家的安装工艺及技术要求进行安装。

(五)梯级的安装

梯级的拆装是在自动扶梯下端张紧装置处进行。一般情况下,自动扶梯上的梯级绝大部分已在出厂时安装好,为便于现场的安装作业,常留有少数几个待装梯级。直到扶手系统及相关的安全装置等安装、调试完毕后再将待装梯级安装完毕。

梯级的安装应按照制造厂家规定的工艺要求连接至梯级链。

先将需要安装梯级的空隙部位运行至转向壁上装卸口,如图 10 - 70 所示。然后将梯级缓缓送入安装位置。将待装梯级的两个轴承座推向梯级主轴轴套,盖上轴承盖,拧紧螺钉即可,如图 10 - 71 所示。

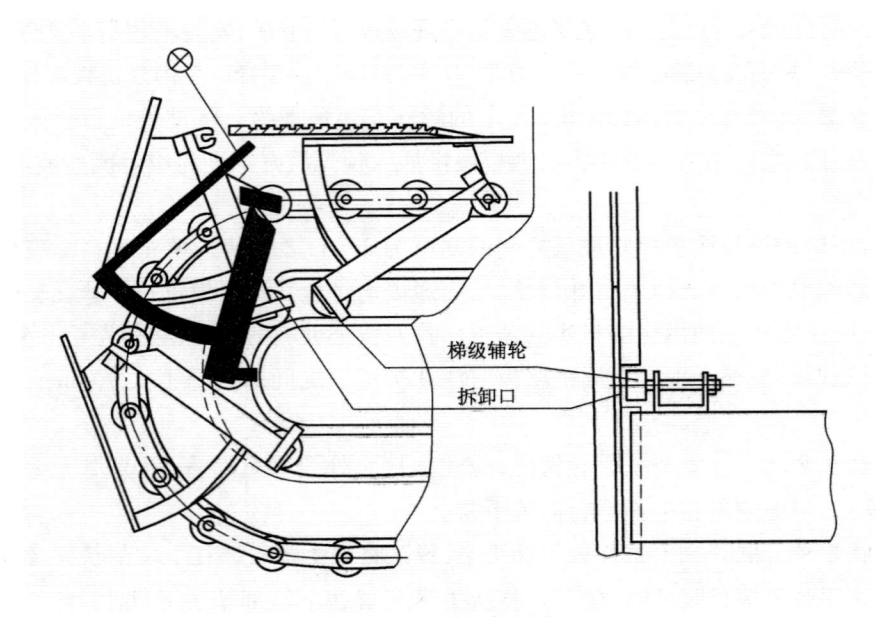

图 10 - 70 梯级装拆位置

(六)内、外盖板的安装

内、外盖板的安装在电气线路、安全装置均安装调试完善后进行。在转角处扶手装置安装后,先装转角部盖板和弯曲部盖板,然后装中部盖板,所有盖板的连接必须光滑平整。内盖板和护壁板与水平面的倾斜角均不应小于 25°。

(七)前沿板的安装

前沿板是乘客的出入口。为了保证乘客的安全,其高低不能有差异。安装时应注意其表面与地平面平齐,并用水平尺进行校正。由于前沿板还是上平台、下平台维修间(机房)的盖板,因此,前沿板安全开关的安装位置应准确,动作可靠,打开前沿板时,扶梯应无法运行。

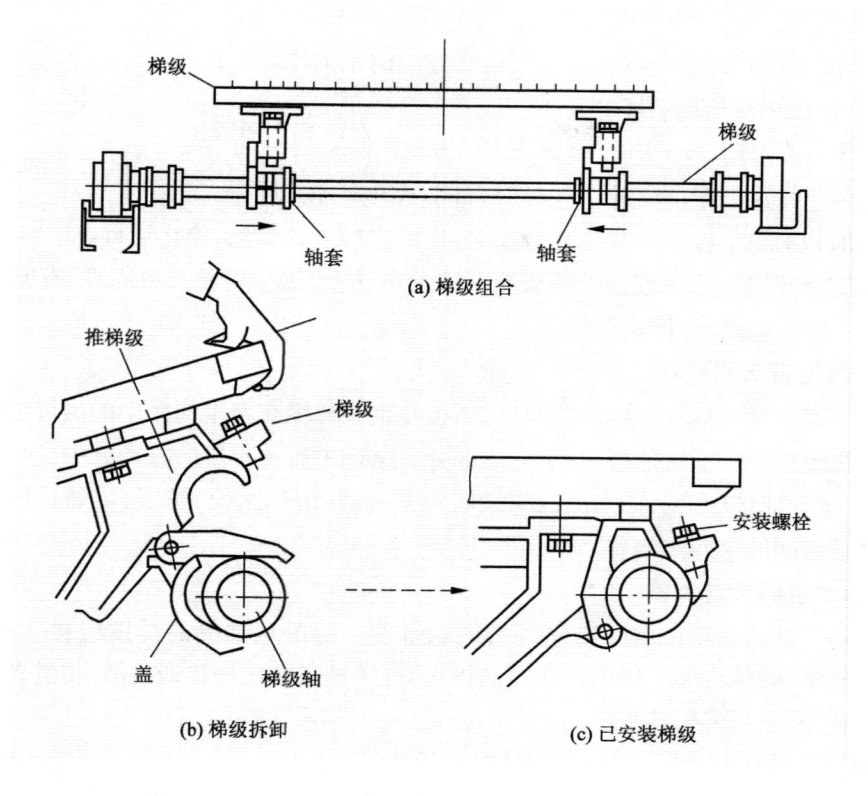

图 10-71　梯级安装方法

三、自动扶梯整机调试
(一)准备工作
自动扶梯在正式试车前,应该做好充分、细致的准备工作。主要包括以下内容:
(1)对现场相关区域实施围护,做好安全防护工作,禁止无关人员进入作业区。
(2)用专用工具提起楼面盖板。
(3)拆除3级连续的梯级或一定数量的踏板(自动人行道)。
(4)清除梯级上的杂物。
(5)清除扶手带上的污物。

(二)检查电气系统
(1)检查总电源的三相线、零线及接地线应紧固、可靠。测量电压应在规定的范围内。
(2)检查电气线路的接线应符合电气布线图的要求。
(3)分别测量主电路、控制电路、安全、照明灯电路的电压应符合要求。
(4)合上各电源开关。

(三)运行及安全保护装置检查
(1)将检修操纵盒与控制屏连接
①检查自动扶梯应无法用钥匙开关启动。

②用上行(下行)按钮点动运行,检查运行方向的正确性。

(2)将检修操纵盒与控制屏分离

①用钥匙开关启动自动扶梯,检查选定的方向应与运行方向一致。

②将钥匙开关置于停止位置(零位)时,自动扶梯应停止运行。

(3)启动自动扶梯,按下任一急停按钮时,应能立即紧急制动,停止运行。

(4)启动自动扶梯,人为使各处的安全开关分别动作,逐一检验其可靠性、有效性。任一开关动作应能立即紧急制动,停止运行。

(四)梯路检查与调整

梯级安装完毕后,应以点动方式进行试运行。检查梯级在整个梯路中的运行情况。

所有的梯级均能平稳地通过上、下转向部分。运行中有无异常的振动或噪音。检查所有梯级轮,每个轮子都应该转动。如果出现梯级偏向于一侧(俗称跑偏)情况,可通过调整梯级轴承与梯级主轴轴肩间的垫圈来调整。

(五)驱动链的检查调整

检查驱动主轴与驱动机组间传动链条的悬垂度。链条从动侧的垂度应在 5~10mm 范围内。若需要调整,则可将固定机组的四只螺栓松开,通过张紧螺栓移动机组,将链条的悬垂度调整到合适的范围,之后将螺栓紧固。

(六)机械部件的润滑

1. 梯级衬套　在自动扶梯下机房处检查梯级衬套,必要时进行润滑。

2. 驱动主机减速箱油位检查　若油位下降异常,应及时查找原因予以解决,并尽快给予补充。

3. 牵引链条润滑　在自动扶梯下机房处,使扶梯持续向上方向运行。用油壶或油枪将油注入链节之间。注意,梯级轮应保持无油状态或利用自动润滑装置注油。

(七)间隙检查与调整

在 GB 16899—2011 规范中,对部件之间间隙的要求较多,并且都有量化的规定。应对相关之处认真测量,必要时进行调整,使之符合要求。

(八)制停距离检查与调整

按照 GB 16899—2011 规范中对制停距离的要求,对自动扶梯的制动性能进行试验,检查其制停距离是否在规定的范围内。必要时可通过调整制动器的制动力矩来控制制停距离。

第四节　自动扶梯的验收

根据《自动扶梯和自动人行道的制造与安装安全规范》的要求,自动扶梯和自动人行道在第一次使用前或经重大改造,以及正常运行一段时间后,应进行检验。这种检验和试验由政府主管部门认可的机构进行。

因此,自动扶梯在安装调试竣工后,首先要由安装人员进行自检,然后应经过安装单位专职人员的检验,在检验合格的基础上,再向政府相关主管部门申请验收。自动扶梯只有通过验收合格后方能投入运行。

一、资料准备

(1) 金属结构架的静应力分析资料。

(2) 牵引链条的破断强度的计算。

(3) 按规定载荷对制停距离的计算资料。制停距离和减速度值的证明文件。

(4) 梯级或踏板的证明文件。

(5) 对于公共交通型自动扶梯和自动人行道扶手带的断裂强度证明。

(6) 总体土建布置图。

(7) 设备说明书。

(8) 电气布线图。

(9) 产品合格证书。

(10) 产品使用维护说明书。

(11) 安装说明书。

(12) 安装质量自检报告等。

二、验收项目

1. 整体外观检查

(1) 自动扶梯整体结构与建筑结构之间的相关距离。

(2) 查看扶梯设备的护壁、扶手带、梯级等处外观的完好情况。

(3) 检查制动器安装调整的合适度等。

2. 功能试验

(1) 测量空载和有载时向下运行的制动距离。

(2) 辅助制动器(若有)动作试验。

(3) 驱动电机空载上、下运行的电流。

(4) 检查梯级、扶手带的运行情况。

(5) 观察运行中有无异常声响或噪音等。

3. 电气安全保护装置动作的有效性试验

(1) 紧急停止开关。

(2) 牵引链断链保护装置。

(3) 驱动链断链保护装置。

(4) 扶手带入口保护装置。

(5) 非操纵逆转保护装置。

(6) 梳齿板保护开关。

(7) 工作制动器。

(8)超速保护开关。

(9)梯级塌陷保护开关。

(10)围裙板开关。

(11)扶手带断裂保护开关。

(12)错、断相保护装置。

(13)电动机过载保护等。

4. 接地与电气绝缘

(1)零线和地线应始终分开。

(2)所有电气装置的金属外壳必须有可靠的接地。

(3)动力电路、安全装置电路以及控制、照明、信号电路的绝缘电阻均应符合要求。

三、安全间隙的检测

(1)梯级、踏板与围裙板之间任何一侧的水平间隙不应大于4mm,在两侧对称位置处测得的间隙总和不应大于7mm。

(2)若自动人行道的围裙板设置在踏板上时,则踏板表面与围裙板下端之间所测得的垂直间隙不应超过4mm。

(3)梳齿板梳齿与踏面齿槽啮合深度≥4mm。

(4)为了防止扶手带夹手,扶手带开口处与导轨或扶手支架之间的距离在任何情况下均不超过8mm。

(5)扶手带外缘与周边障碍物之间的水平距离,在任何情况下不得小于80mm,这个距离应保持至梯级上方至少2.1m高度处。对相互邻近平行或交错设置的自动扶梯,扶手带的外缘间距离至少为160mm。

(6)扶手带在扶手转向端的入口处最低点与地板之间的距离不应小于0.1m,且不大于0.25m。扶手转向端顶点至扶手带入口处之间的水平距离应至少为0.3m。

(7)护壁板之间的间隙不应大于4mm,其边缘应呈圆角和倒角状。

(8)内盖板和护壁板与水平面的倾斜角均不应小于25°。

(9)在工作区段内的任何位置,两个相邻梯级之间的间隙不应超过6mm。

四、其他项目的检测

(1)速度。在额定的频率和额定电压下,梯级或踏板沿运动方向空载时所测得的速度与名义速度之间的最大允许偏差为±5%。

(2)超速保护。当实际速度超过名义速度1.2倍之前应自动停车。

(3)扶手带速度。扶手带的运行速度相对于梯级、踏板或胶带的速度允许误差为0~+2%。

(4)标志。所有的标志、说明和使用须知的牌子应由经久耐用的材料制成,放在醒目的位置。如图10-72所示。

| 小孩必须拉住 | 宠物必须抱着 | 握住扶手带 | 禁止使用手推车 |

图 10-72　自动扶梯安全标志

本章小结

本章从自动扶梯与自动人行道的定义出发，全面且较为深入地叙述了整体结构、基本参数，以及主要零部件、安全装置的作用及工作原理，并对扶梯与人行道的基本运行原理作了介绍。

现场吊装就位是自动扶梯安装首要的关键环节，也一直为现场工程技术人员所关注，本文对此作了重点介绍，其中包含了不少独到的见解。此外，对验收工作应提交的资料以及具体的检验内容作了具有实用性的叙述。文中配以了大量的实物或示意图片，更方便了读者的学习和理解。

思考题

1. 自动扶梯主要哪些部件组成？
2. 如何确定扶梯进入安装现场的路线？
3. 自动扶梯上有哪些安全装置？各设置在何处？
4. 自动扶梯验收要准备哪些资料？
5. 常见的安全间隙有哪些？讲出具体尺寸。

■参考文献

[1] 李秧耕,等.电梯基本原理及安装维修全书[M].北京:机械工业出版社,2003.

[2] 陈伯时.电力拖动自动控制系统[M].北京:机械工业出版社,1997.

[3] 陈国呈.PWM 变频调速及软开关电力变换技术[M].北京:机械工业出版社,2001.

[4] 黄立培,等.变频器应用技术及电动机调速[M].北京:人民邮电出版社,1998.

[5] 万忠培.浅述电梯的节能[J].中国电梯,2008,19(16):37-38.

[6] 毛怀新.电梯与自动扶梯技术检验[M].北京:学苑出版社,2001.

[7] 朱昌明,等.电梯与自动扶梯原理 结构 安装 测试[M].上海:上海交通大学出版社,1995.

[8] 张琦.现代电梯构造与使用[M].北京:清华大学出版社,2004.

[9] 柴效增.电梯工程施工工艺标准[M].北京:中国建筑工业出版社,2003.

■附录

附录 A　曳引力计算

一、预备知识

为了正式推导过程的清晰简明,我们不妨先复习一下有关的数学及物理公式。

$$1^2 + 2^2 + \cdots\cdots + n^2 = \frac{n(n+1)(2n+1)}{6} \quad (A-1)$$

图 A-1 所示为最简单的钢丝绳滑轮系统。其各部分的速度关系为:

$$\begin{aligned} \omega R - v_A &= v_B \\ v_C - \omega R &= v_B \\ v_B &= \frac{v_C - v_A}{2} \end{aligned} \quad (A-2)$$

显然,公式(A-2)既适用于动滑轮系统,也适用于定滑轮系统。另外,滑轮的转动角速度为:

$$\omega = \frac{v_A + v_B}{R} = \frac{v_C - v_B}{R} = \frac{v_A + v_C}{2R} \quad (A-3)$$

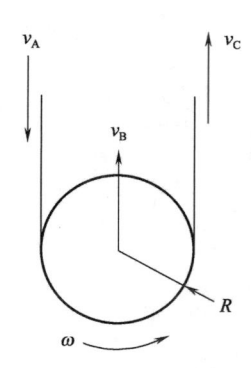

图 A-1　滑轮运动学　　　图 A-2　滑轮动力学

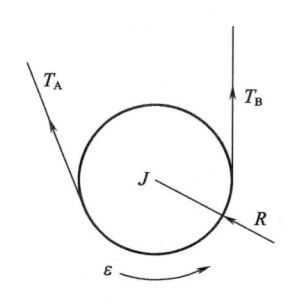

图 A-2 所示为滑轮的动力学关系,其中各变量之间的关系为:

$$\varepsilon = \frac{d\omega}{dt}; a = \frac{dv}{dt}; v = \omega R$$

$$J\varepsilon = \frac{J}{R} \cdot \frac{dv}{dt} = (T_B - T_A) \cdot R \quad (A-4)$$

$$T_B - T_A = \frac{J}{R^2} \cdot \frac{dv}{dt} = m_{\text{conv}} a$$

式中：ε ——角加速度；

ω ——角速度；

a ——半径 R 处的线加速度；

v ——半径 R 处的线速度；

J ——转动惯量；

T_A、T_B ——半径 R 处的切向力；

m_{conv} ——转动惯量对半径 R 的折算质量。

二、公式推导

（一）奇数倍率情况

当 r 为奇数时，不妨假设 $r = 2n - 1$，其中 $n = 1,2,3,\cdots$ 图 A-3 为此时的悬挂情况。在图 A-3 中并未规定被悬挂物是轿厢还是对重，两者均完全适用。另外计算动态力时仅需考虑加速度的方向，而不必考虑速度的方向，速度方向仅在计算井道摩擦力时考虑。且假设加速度向上时为正，反之加速度方向向下为负。

根据式（A-2）容易得到各滑轮的速度系数以及各处钢丝绳的速度系数，如图 A-3 中各滑轮中心的数字所示，很显然，速度系数同时也就是加速度系数。另外，假设各个滑轮的折算质量相等，这样我们根据图 A-3 可以计算并列出钢丝绳张力如表 A-1 所示。

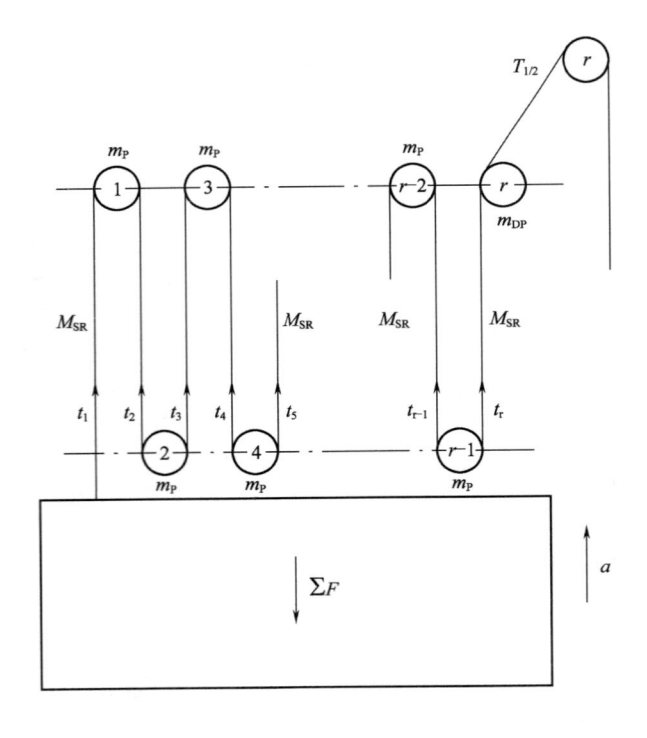

图 A-3　倍率为奇数

根据表 A-1 最后一行得到：

$$t_r = t_1 + 2[1+3+5+\cdots+(r-2)]M_{SR}a + [1+2+3+\cdots+(r-1)]m_p a$$

$$= t_1 + 2M_{SR}a \times \sum_{n=1}^{(r-1)/2}(2n-1) + m_p a \times \sum_{n=1}^{r-1} n$$

表 A-1 钢丝绳倍率为奇数时的钢丝绳张力

t_1	t_1
t_2	$t_1 + 2M_{SR}a + m_p a$
t_3	$t_1 + 2M_{SR}a + (m_p a + 2m_p a)$
t_4	$t_1 + (2M_{SR}a + 2 \cdot 3M_{SR}a) + (m_p a + 2m_p a + 3m_p a)$
t_5	$t_1 + (2M_{SR}a + 2 \cdot 3M_{SR}a) + (m_p a + 2m_p a + 3m_p a + 4m_p a)$
t_6	$t_1 + (2M_{SR}a + 2 \cdot 3M_{SR}a + 2 \cdot 5M_{SR}a) + (1+2+3+4+5)m_p a$
t_7	$t_1 + (2M_{SR}a + 2 \cdot 3M_{SR}a + 2 \cdot 5M_{SR}a) + (1+2+3+4+5+6)m_p a$
	……
t_{r-1}	$t_1 + 2[1+3+5+\cdots+(r-2)]M_{SR}a + [1+2+3+\cdots+(r-2)]m_p a$
t_r	$t_1 + 2[1+3+5+\cdots+(r-2)]M_{SR}a + [1+2+3+\cdots+(r-1)]m_p a$

注 表中各张力的表达式可以认为由 3 项组成，其中第一项永远不变，第二项每 2 行改变，而第三项每行都改变。

将上面式子求和得出：

$$t_r = t_1 + \frac{(r-1)^2}{2}M_{SR}a + \frac{(r-1)r}{2}m_p a \tag{A-5}$$

由式(A-5)可见，只要知道了 t_1，就可以求出 t_r，进而就可以很容易求出曳引轮处的钢丝绳张力如下：

$$T_{1/2} = t_r + M_{SR}(g_n + ra) + m_{DP} \cdot ra \tag{A-6}$$

问题是如何求得 t_1 呢？我们可以根据垂直方向的力平衡得到，即：

$$t_1 + t_2 + t_3 + \cdots + t_r = \sum F$$

其中 $\sum F$ 为被钢丝绳滑轮系统悬吊的物体上所有垂直方向静态力和动态力的总和。因此，可以将表 A-1 中各行相加得到，同时注意参考式(A-5)：

$$rt_1 + M_{SR}a[2^2 + 4^2 + \cdots + (r-3)^2 + (r-1)^2] + \frac{m_p a}{2}\left(\sum_{n=1}^{r} n^2 - \sum_{n=1}^{r} n\right) = \sum F$$

而根据式(A-1)可以得到：

$$2^2 + 4^2 + \cdots + (r-3)^2 + (r-1)^2 = \sum_{n=1}^{(r-1)/2}(2n)^2 = \frac{4\left(\frac{r-1}{2}\right)\left(\frac{r+1}{2}\right)r}{6} = \frac{r(r^2-1)}{6}$$

因此：$rt_1 = \sum F - \frac{r(r^2-1)}{6}M_{SR}a - \left[\frac{r(r+1)(2r+1)}{6} - \frac{r(r+1)}{2}\right] \times \frac{m_p a}{2}$

两边除以钢丝绳倍率 r，即：

$$t_1 = \frac{\sum F}{r} - \frac{(r^2-1)}{6}M_{SR}a - \left[\frac{(r+1)(2r+1)}{6} - \frac{(r+1)}{2}\right] \times \frac{m_p a}{2}$$

化简后得到：

$$t_1 = \frac{\sum F}{r} - \frac{r^2-1}{6}M_{SR}a - \frac{r^2-1}{6}m_p a \tag{A-7}$$

至此，我们得到了 t_1，但很遗憾的是 $t_1 \neq \dfrac{\sum F}{r}$，而是增加了两项分别由于钢丝绳惯量和滑轮惯量引起的影响项，将式（A-7）代入前面的式（A-6）和式（A-5）中得到：

$$T_{1/2} = \frac{\sum F}{r} - \frac{r^2-1}{6}M_{SR}a - \frac{r^2-1}{6}m_p a + M_{SR}a\frac{(r-1)^2}{2} + m_p\frac{(r-1)r}{2} +$$

$$M_{SR}(g_n + ra) + m_{DP} \cdot ra$$

仿照 EN 81-1:1998 附录 M，进行化简得到：

$$T_{1/2} = \frac{\sum F}{r} + \left[M_{SR}a \cdot \left(\frac{r^2-3r+2}{3}\right) + m_p a \cdot \left(\frac{2r^2-3r+1}{6}\right)\right] +$$

$$M_{SR}(g_n + ra) + m_{DP} \cdot ra \tag{A-8}$$

（二）偶数倍率情况

下面我们推导钢丝绳倍率为偶数时的情形。当 r 为偶数时，不妨假设 $r = 2n$，其中 $n = 1, 2, 3, \cdots$ 根据图 A-4 可以计算并列出钢丝绳张力，如表 A-2 所示。

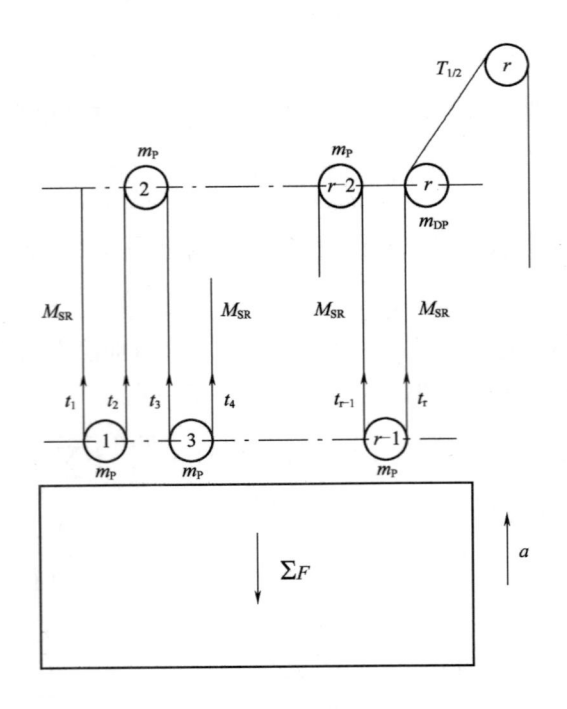

图 A-4　倍率为偶数

根据表 A-2 最后一行得到：

$$t_r = t_1 + 2M_{SR}a \cdot [2+4+6+\cdots+(r-2)] + [1+2+3+\cdots+(r-1)]m_p a$$

$$= t_1 + 2M_{SR}a \cdot \frac{r \cdot \frac{r-2}{2}}{2} + m_p a \frac{(r-1)r}{2}$$

即：

$$t_r = t_1 + \frac{r^2-2r}{2}M_{SR}a + \frac{(r-1)r}{2}m_p a \tag{A-9}$$

表 A-2　钢丝绳为偶数时的钢丝绳张力

t_i	t_1
t_2	$t_1 + m_p a$
t_3	$t_1 + 2M_{SR} \cdot 2a + (m_p a + 2m_p a)$
t_4	$t_1 + 2M_{SR} \cdot 2a + (m_p a + 2m_p a + 3m_p a)$
t_5	$t_1 + (2M_{SR} \cdot 2a + 2M_{SR} \cdot 4a) + (m_p a + 2m_p a + 3m_p a + 4m_p a)$
t_6	$t_1 + (2M_{SR} \cdot 2a + 2M_{SR} \cdot 4a) + (m_p a + 2m_p a + 3m_p a + 4m_p a + 5m_p a)$
	……
t_{r-1}	$t_1 + 2M_{SR}a \cdot [2+4+6+\cdots+(r-2)] + [1+2+3+\cdots+(r-2)]m_p a$
t_r	$t_1 + 2M_{SR}a \cdot [2+4+6+\cdots+(r-2)] + [1+2+3+\cdots+(r-1)]m_p a$

同样的，只要知道了 t_1，就可以根据式（A-9）求出 t_r，进而就可以根据式（A-6）求出曳引轮处的钢丝绳张力。将表 A-2 中各行相加，同时注意参考式（A-9）：

$$rt_1 + M_{SR}a \cdot \sum_{n=1}^{r/2}(4n^2-4n) + \frac{m_p a}{2} \cdot \left(\sum_{n=1}^{r}n^2 - \sum_{n=1}^{r}n\right) = \sum F$$

根据式（A-1）：

$$\sum_{n=1}^{r/2}(4n^2-4n) = \frac{4\left(\frac{r}{2}\right)\left(\frac{r+2}{2}\right)(r+1)}{6} - \frac{4\left(1+\frac{r}{2}\right) \cdot \frac{r}{2}}{2}$$

$$= \frac{r(r+2)(r+1)}{6} - \frac{r(r+2)}{2}$$

所以得到：

$$t_1 = \frac{\sum F}{r} - \frac{r^2-4}{6}M_{SR}a - \frac{r^2-1}{6}m_p a \tag{A-10}$$

将式（A-7）代入式（A-6），再代入式（A-3），可以得到：

$$T_{1/2} = \frac{\sum F}{r} - \frac{r^2-4}{6}M_{SR}a - \frac{r^2-1}{6}m_p a + M_{SR}a\frac{r^2-2r}{2} + m_p a\frac{(r-1)r}{2} +$$

$$M_{SR}(g_n + ra) + m_{DP} \cdot ra$$

仿照附录 M,进行化简得到:

$$T_{1/2} = \frac{\sum F}{r} + \left[M_{SR} a \cdot \left(\frac{r^2 - 3r + 2}{3} \right) + m_p a \cdot \left(\frac{2r^2 - 3r + 1}{6} \right) \right] + M_{SR}(g_n + ra) + m_{DP} \cdot ra \tag{A-11}$$

从推导结果可以看出式(A-8)和式(A-11)竟然一模一样。这就是说不管钢丝绳倍率为奇数还是偶数,其最终公式是一样的。容易验证,这一公式也适用于倍率为 1 和 2 的情形,因此它就是我们需要的普适公式。

为了简明起见,也为了大家核对有关公式时方便,可将上述结果汇总成表 A-3。

表 A-3 钢丝绳张力计算公式汇总

	钢 丝 绳 张 力	公式编号
奇数倍率	$t_1 = \frac{\sum F}{r} - \frac{r^2-1}{6} M_{SR} a - \frac{r^2-1}{6} m_p a$	(A-7)
	$t_r = t_1 + \frac{r^2-2r+1}{2} M_{SR} a + \frac{r^2-r}{2} m_p a$	(A-5)
偶数倍率	$t_1 = \frac{\sum F}{r} - \frac{r^2-4}{6} M_{SR} a - \frac{r^2-1}{6} m_p a$	(A-10)
	$t_r = t_1 + \frac{r^2-2r}{2} M_{SR} a + \frac{r^2-r}{2} m_p a$	(A-9)
曳引轮处	$T_{1/2} = \frac{\sum F}{r} + \left[M_{SR} a \cdot \left(\frac{r^2-3r+2}{3} \right) + m_p a \cdot \left(\frac{2r^2-3r+1}{6} \right) \right] +$ $M_{SR}(g_n + ra) + m_{DP} \cdot ra$	(A-8) (A-11)

(三) $\sum F$ 的计算

很显然,计算 $\sum F$ 的难点也在于补偿钢丝绳和其滑轮系统,为此我们先计算这一部分内容。容易根据图 A-5 列出的动力学方程组如式(A-12)。

$$\begin{cases} t_A - t_B = M_{CR}(g_n + a) \\ t_B - t_C = a \times \sum m_{PTD} \\ t_B + t_C = M_{Comp} g_n \end{cases} \tag{A-12}$$

式(A-12)中:

$\sum m_{PTD} = m_{PTD\_1} + m_{PTD\_2} + m_{PTD\_3}$ 为所有任意一个滑轮的折算质量之和。

因此:

$$\begin{cases} t_B = \dfrac{1}{2}M_{\text{Comp}}g_n + \dfrac{a}{2}\sum m_{\text{PTD}} \\ t_C = \dfrac{1}{2}M_{\text{Comp}}g_n - \dfrac{a}{2}\sum m_{\text{PTD}} \end{cases} \quad (\text{A}-13)$$

最后得到：

$$t_A = \dfrac{1}{2}M_{\text{Comp}}g_n + \dfrac{a}{2}\sum m_{\text{PTD}} + M_{\text{CR}}(g_n + a) \quad (\text{A}-14)$$

显然，如果要计算水平段钢丝绳的质量，则仅需将其直接加到 $\sum m_{\text{PTD}}$ 即可，对于补偿绳的另外一头，求其张力 t_D 时仅需将加速度取负值，同时将相应的钢丝绳质量代入即可，因此式（A-14）也是一个通用公式。

$\sum F$ 的其他内容都很好计算，无需推导。在此我们给出综合的系统图 A-6，并可直接写出曳引力计算的完整公式如式（A-15）所示。

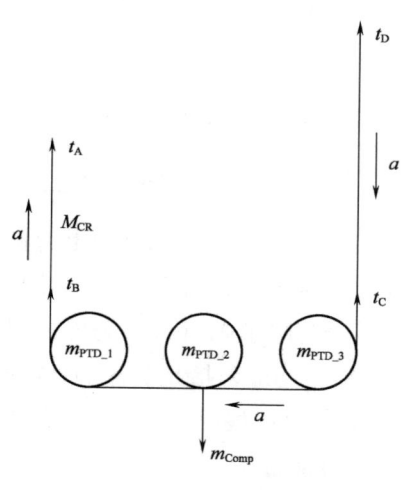

图 A-5 补偿系统动力学

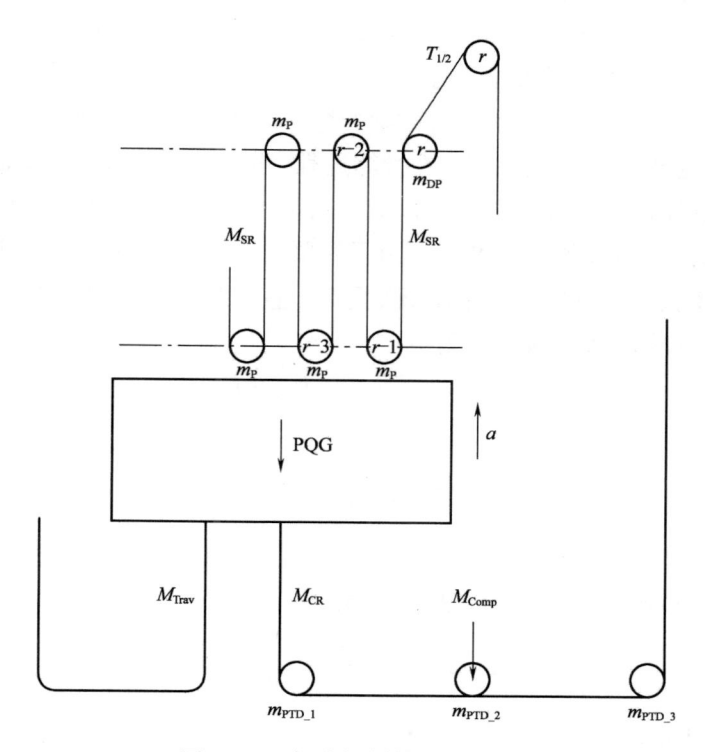

图 A-6 曳引力计算（通常情况）

$$T_{1/2} = \dfrac{(\text{PQG} + M_{\text{Trav}} + M_{\text{CR}})(g_n + a) + \dfrac{1}{2}M_{\text{Comp}}g_n + \dfrac{a}{2}\sum m_{\text{PTD}} \pm FR}{r} +$$

$$\left[\left(\frac{r^2-3r+2}{3}\right)M_{SR}a+\left(\frac{2r^2-3r+1}{6}\right)m_p a\right]+M_{SR}(g_n+ra)+m_{DP}\cdot ra$$

(A-15)

很显然,式(A-15)中第一项的分子部分就是我们前面提到的 $\sum F$,即:

$$\sum F=(PQG+M_{Trav}+M_{CR})(g_n+a)+\frac{1}{2}M_{Comp}g_n+\frac{a}{2}\sum m_{PTD}\pm FR$$

式(A-15)中,加速度向上为正,FR 为井道摩擦力,其方向取决于速度并且总是与速度方向相反。对于空轿厢 $PQG=P$,对于满载轿厢 $PQG=P+Q$,对于对重 $PQG=G$,未经特别说明的其余符号与附录 M 相同。另外,在此应特别注意的是,轿厢质量、对重质量、补偿装置质量,即 P、G、M_{Comp} 均应包括其上各个滑轮本身的质量。

这样,可以根据图 A-6 应用式(A-15)进行曳引力计算。

(四)能量法

上述推导过程比较复杂。尤其当各个滑轮惯量的折算质量不相等时,计算过程将更加繁复。若从宏观上着手则能更简洁地推导出上述结果。现在用能量法重新进行推导。能量法的简单原理为,在复杂机械系统中,为便于动力学分析,常常需要进行力的折算和惯量的折算,力的折算要符合功率相等的原则,而惯量的折算要符合能量相等的原则,实际上不管功率相等还是能量相等其表现的核心规律都是能量守恒。

例如,减速箱惯量折算时,可以将某任意轴的惯量折算到另一任意轴,也可将直线运动的惯量折算到减速箱任意轴,当然反之亦可。在折算过程中遵循动能守恒原则,而且惯量的折算仅影响动态力,不影响静态力,因为静态力可以通过功率相等的原则折算。折算法的显著优点是过程简洁明了,尤其适用于最普遍的情形。为了简单明了起见,我们先来说明将图 A-6 的悬挂物(轿厢或者对重)折算到曳引轮上的情况,先折算静态力,然后折算动态力。

静态力的折算,根据功率相等的原则:

$$PQG\cdot g_n\cdot v=F_{con}\cdot rv$$

所以,

$$F_{con}=\frac{PQG\cdot g_n}{r}$$

这一结果是很容易验证的。

动态力的折算,根据能量相等的原则,先折算惯量:

$$\frac{1}{2}PQG\cdot v^2=\frac{1}{2}m_{con}\cdot(rv)^2$$

所以,$m_{con}=\frac{1}{r^2}PQG$

动态力是折算质量乘以加速度,因此:

$F_{dyna}=m_{con}\cdot ra=\frac{1}{r^2}PQG\cdot ra=\frac{PQG\cdot a}{r}$,这一结果也是显然的。

动态力和静态力相加,就是由于悬挂物而作用在曳引轮上的总效果。

由于滑轮部分不存在静态力（已经在悬挂物总重量中计算进去），因此下面先将滑轮部分的惯量折算到曳引轮部分，再乘以加速度得到滑轮惯量在曳引轮处引起的动态力，参见图 A-6，因为速度 v 在等式两边相消故省略不必写出，得到：

$$\begin{cases} \dfrac{1}{2}m_p(r-1)^2 = \dfrac{1}{2}m_{\text{con\_1}}r^2 \\ \dfrac{1}{2}m_p(r-2)^2 = \dfrac{1}{2}m_{\text{con\_2}}r^2 \\ \dfrac{1}{2}m_p(r-3)^2 = \dfrac{1}{2}m_{\text{con\_3}}r^2 \\ \cdots\cdots \\ \dfrac{1}{2}m_p \times 1^2 = \dfrac{1}{2}m_{\text{con\_r-1}}r^2 \end{cases}$$

所以总的折算质量 $\sum m_{\text{cnov}}$ 为：

$$\sum m_{\text{conv}} = \dfrac{1}{r^2}m_p[1^2 + 2^2 + 3^2 + \cdots + (r-1)^2]$$

总的动态力 $\sum F_{\text{dyna}}$：

$$\sum F_{\text{dyna}} = ra \cdot \dfrac{1}{r^2}m_p[1^2 + 2^2 + 3^2 + \cdots + (r-1)^2] = \dfrac{2r^2 - 3r + 1}{6}m_p a \quad (\text{A}-16)$$

核对式（A-16）和式（A-15）的滑轮惯量部分可见，两者是完全一致的。

对于钢丝绳的惯量，仍然要区分奇数和偶数倍率的情况，而且应注意的是，有一段导向轮与第一个滑轮之间的钢丝绳，是计算其实际质量，而且该段钢丝绳还包含静态力的影响，下面先不考虑这段钢丝绳，也即仅考虑要折算的动态力，分析如下：

当倍率为奇数时：

$$\begin{cases} 2 \times \dfrac{1}{2}M_{\text{SR}} \times 1^2 = \dfrac{1}{2}m_{\text{conv\_1}}r^2 \\ 2 \times \dfrac{1}{2}M_{\text{SR}} \times 3^2 = \dfrac{1}{2}m_{\text{conv\_3}}r^2 \\ 2 \times \dfrac{1}{2}M_{\text{SR}} \times 5^2 = \dfrac{1}{2}m_{\text{conv\_5}}r^2 \\ \cdots\cdots \\ 2 \times \dfrac{1}{2}M_{\text{SR}}(r-2)^2 = \dfrac{1}{2}m_{\text{conv\_r-2}}r^2 \end{cases}$$

所以动态力为：

$$\sum F_{\text{dyna}}^{\text{odd}} = ra \cdot \sum m_{\text{conv}}^{\text{odd}} = ra \cdot \dfrac{2M_{\text{SR}}}{r^2}[1^2 + 3^2 + 5^2 + \cdots + (r-2)^2]$$

也即得到：

$$\sum F_{\text{dyna}}^{\text{odd}} = \frac{2M_{\text{SR}}a}{r} \sum_{n=1}^{(r-1)/2} (2n-1)^2 = \frac{2M_{\text{SR}}a}{r} \sum_{n=1}^{(r-1)/2} (4n^2 - 4n + 1)$$

故

$$\sum F_{\text{dyna}}^{\text{odd}} = \frac{2M_{\text{SR}}a}{r} \left[\frac{4\left(\frac{r-1}{2}\right)\left(\frac{r+1}{2}\right)r}{6} - \frac{4\left(1 + \frac{r-1}{2}\right)\frac{r-1}{2}}{2} + \frac{r-1}{2} \right]$$

化简后得到：

$$\sum F_{\text{dyna}}^{\text{odd}} = \frac{r^2 - 3r + 2}{3} M_{\text{SR}} a \qquad (\text{A}-17)$$

当倍率为偶数时：

$$\begin{cases} 2 \times \frac{1}{2} M_{\text{SR}} \times 2^2 = \frac{1}{2} m_{\text{conv\_2}} r^2 \\ 2 \times \frac{1}{2} M_{\text{SR}} \times 4^2 = \frac{1}{2} m_{\text{conv\_4}} r^2 \\ 2 \times \frac{1}{2} M_{\text{SR}} \times 6^2 = \frac{1}{2} m_{\text{conv\_6}} r^2 \\ \cdots\cdots \\ 2 \times \frac{1}{2} M_{\text{SR}} (r-2)^2 = \frac{1}{2} m_{\text{conv\_r-2}} r^2 \end{cases}$$

所以动态力为：

$$\sum F_{\text{dyna}}^{\text{even}} = ra \cdot \sum m_{\text{conv}}^{\text{even}} = ra \cdot \frac{2M_{\text{SR}}}{r^2} \left[2^2 + 4^2 + 6^2 + \cdots + (r-2)^2 \right]$$

也即：

$$\sum F_{\text{dyna}}^{\text{even}} = \frac{2M_{\text{SR}}a}{r} \sum_{n=1}^{(r-2)/2} (2n)^2 = \frac{2M_{\text{SR}}a}{r} \times \frac{4\left(\frac{r-2}{2}\right)\frac{r}{2}(r-1)}{6}$$

化简后得到：

$$\sum F_{\text{dyna}}^{\text{even}} = \frac{r^2 - 3r + 2}{3} M_{\text{SR}} a \qquad (\text{A}-18)$$

把上述折算过程的结果总结成表 A-4，便于大家核对。比较式（A-17）和式（A-18）发现它们也是一样的，也就是说倍率为奇数和偶数均适用，容易验证倍率为 1 和 2 时公式照样正确。

表 A-4 折算到曳引轮处的动态力

项 目	折算到曳引轮处的动态力	公式编号
滑轮	$\sum F_{\text{dyna}} = ra \cdot \sum m_{\text{conv}} = ra \cdot \frac{m_{\text{p}}}{r^2} \left[1^2 + 2^2 + 3^2 + \cdots + (r-1)^2 \right]$ 化简结果：$\sum F_{\text{dyna}} = \frac{2r^2 - 3r + 1}{6} m_{\text{p}} a$	(A-16)

续表

项 目	折算到曳引轮处的动态力	公式编号
钢丝绳奇数 r	$\sum F_{\text{dyna}}^{\text{odd}} = ra \cdot \sum m_{\text{conv}}^{\text{odd}} = ra \cdot \dfrac{2M_{\text{SR}}}{r^2}[1^2 + 3^2 + 5^2 + \cdots + (r-2)^2]$ 化简结果：$\sum F_{\text{dyna}}^{\text{odd}} = \dfrac{r^2 - 3r + 2}{3}M_{\text{SR}}a$	(A-17)
钢丝绳偶数 r	$\sum F_{\text{dyna}}^{\text{even}} = ra \cdot \sum m_{\text{conv}}^{\text{even}} = ra \cdot \dfrac{2M_{\text{SR}}}{r^2}[2^2 + 4^2 + 6^2 + \cdots + (r-2)^2]$ 化简结果：$\sum F_{\text{dyna}}^{\text{even}} = \dfrac{r^2 - 3r + 2}{3}M_{\text{SR}}a$	(A-18)

同时，可以发现式(A-17)和式(A-18)的结果与前面得到的式(A-8)或式(A-11)的钢丝绳惯量部分完全相同，这就再一次证明了上述推导过程的正确性。

（五）结论

（1）从微观上取隔离体列动力学方程组联立求解，以及宏观上用能量法进行折算，得到了相同的结果，一致证明附录 M 的公式是不正确的——不适用于任何钢丝绳倍率的情形。

（2）从表达形式上附录 M 也同样乏善可陈，如" ± "号的使用，"∑"的使用，甚至" + $\left(-\dfrac{2m_{\text{PTD}}}{r}a\right)$ "这样的表述，还有 III 项、V 项的中括号内第二项前面的" ± "号，实际上却是永远也不可能取" - "号，否则就会产生错误。

（3）计算实例中的工况，是满载轿厢向上制动运行，众所周知，这一工况恰恰是电梯工程师从来不会考虑的，也从来不会去计算的。

（4）与标准中错误公式的计算结果相比较，可以发现根据本文推导出的正确公式进行计算，钢丝绳的张力在 a 为正值时减小，而在 a 为负值时增大，这样就导致 T_1/T_2 将会变小。也就是说，实际上钢丝绳以及滑轮惯量的影响并没有那么大，标准中原公式的错误将会加大曳引力计算通过的难度，然而幸运的是，这种错误的后果却是偏于安全的。

（5）对轿厢质量 P 的解释，应该特别强调包括滑轮的质量，就像对对重和补偿张紧装置的解释那样。

（6）既然 y 是坐标值，本身就有正负，计算悬挂绳、补偿绳、随行电缆的质量时，就不应该再用" ± "号了。

（7）对于加速度 a 而言，与其定义为绝对值，不如定义为矢量更便于理解和计算。

（8）对于 i_{Pcar}、i_{Pcwt} 其解释中的英文单词"Number"不是滑轮"数量"，应该是滑轮"序号"，才可自圆其说，而且其中 III 和 V 项内的求和 $\sum\limits_{i=1}^{r-1}$ 要改成 $\sum\limits_{i_{\text{Pcar}}=1}^{r-1}$、$\sum\limits_{i_{\text{Pcwt}}=1}^{r-1}$ 才更加规范正确，当然最好的方案是统一化成简洁明了的多项式。

（9）摩擦系数 f 最好进一步指明是指钢丝绳与曳引轮之间的当量摩擦系数。

(10) 图 M-4 没有必要同时表示出轿厢和对重，徒增公式符号的复杂错漏而已。

(11) 鉴于上述理由，有必要对 EN 81-1:1998 附录 M 进行全面而彻底的修正，考虑到式 (A-8)、式 (A-11) 和式 (A-15) 并非最简公式，还可继续合并同类项。

因此，下面仿照标准 GB 7588—2003 附录 M 的体例，给出可直接覆盖原标准内容的最终完整修正结果。

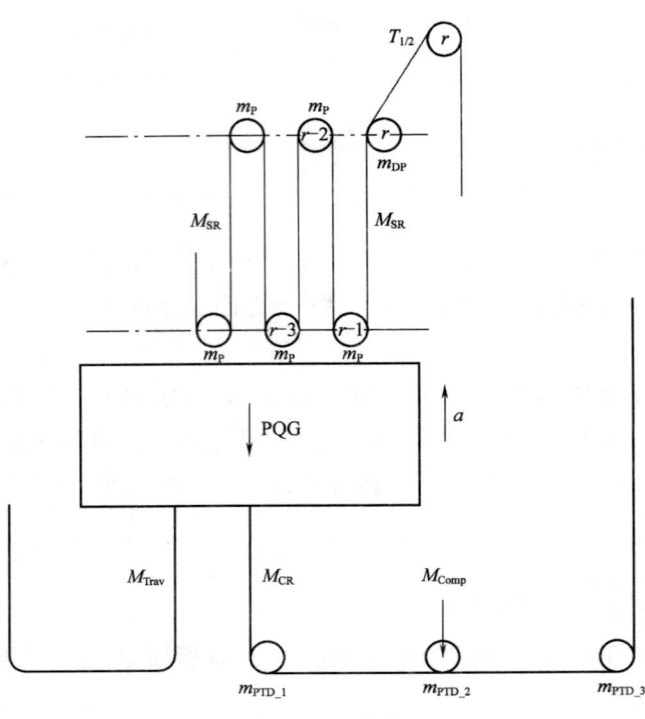

图 A-7 通常情况

计算公式如下：

$$T_{1/2} = \frac{(PQG + M_{Trav} + M_{CR})(g_n + a) + \frac{1}{2}M_{Comp}g_n + \frac{a}{2}\sum m_{PTD} \pm FR}{r} +$$

$$M_{SR}\left[g_n + \left(\frac{r^2+2}{3}\right)a\right] + \frac{2r^2-3r+1}{6}m_p a + m_{DP} \cdot ra$$

对于空轿厢：$PQG = P$

对于满载轿厢：$PQG = P + Q$

对于对重：$PQG = G$

$$\frac{T_1}{T_2} \leq e^{f\alpha}$$

式中：m_p——悬挂滑轮惯量的折算质量，$m_p = J_P/R^2$，kg；

$\sum m_{PTD}$——补偿张紧装置各滑轮惯量的折算质量之和，$\sum m_{PTD} = \sum \frac{J_{PTD}}{R^2}$，kg；

m_{DP} ——导向滑轮惯量的折算质量，$m_{DP} = J_{DP}/R^2$，kg；

n_s ——悬挂绳的数量；

n_c ——补偿绳（链）的数量；

n_t ——随行电缆的数量；

P ——空载轿厢及其支撑的其他部件的质量之和，如部分随行电缆、补偿绳（链）、滑轮等，kg；

Q ——额定载重量，kg；

G ——对重包括滑轮的质量，kg；

M_{SR} ——悬挂绳的实际质量，$M_{SR} = (0.5H - y) \times n_s \times$ 悬挂绳单位长度质量，kg；

M_{CR} ——补偿绳（链）的实际质量，$M_{CR} = (0.5H + y) \times n_c \times$ 补偿绳单位长度质量，kg；

M_{Trav} ——随行电缆的实际质量，$M_{Trav} = (0.5H + y) \times n_t \times$ 随行电缆单位长度质量，kg；

M_{Comp} ——补偿张紧装置（包括滑轮的质量），kg；

FR——井道上的摩擦力（轴承的效率和导轨摩擦力等，与速度相反），N；

H ——提升高度，m；

y ——以 $H/2$ 处为原点的坐标（向上为正），m；

$T_{1/2}$、T_1、T_2 ——曳引轮两侧钢丝绳的拉力（大者为 T_1，小者为 T_2），N；

r ——钢丝绳倍率；

a ——加速度（向上为正），m/s²；

g_n ——标准重力加速度，9.81m/s²；

f ——钢丝绳与曳引轮之间的当量摩擦系数；

α ——钢丝绳在曳引轮上的包角。

附录 B 导轨应力计算实例

一、电梯主参数（液压电梯）

额定速度：0.5 m/s

额定载重量：1000kg

轿厢质量：1350kg

提升高度：3.5m

顶升方式：单缸侧顶背包架 1∶2 悬挂

二、电梯安装尺寸

轿厢中心至导轨水平距离：900mm

导靴垂直距离：2710mm

导轨型号：T114/B

顶面之间的距离:1080mm

三、导轨应力计算

导轨计算时,要验算在不同工况下导轨的应力和变形情况,分别应满足标准规定的要求,根据 EN81—1:1998 的规定,应计算的基本工况有安全钳动作时、破裂阀动作时、正常运行时。

而在上述工况下,导轨的应力和挠度要满足的要求分别见表 B-1 和表 B-2。

B-1 许用应力　　　　　　　　单位:MPa

载荷情况	R_m		
	370	440	520
正常运行	165	195	230
安全钳动作	205	244	290

B-2 许用挠度　　　　　　　　单位:mm

导轨使用场合	方向	
	X	Y
安全钳动作时	5	5
无安全钳的导轨	10	10

现导轨选用 T114,其截面特性参数见表 B-3。

B-3 截面特性参数

名称	符号	数值	名称	符号	数值
面积	A	2080mm²	Y 轴惯性矩	I_{yy}	1080000mm⁴
X 轴惯性矩	I_{xx}	1790000mm⁴	Y 轴抗弯模量	W_{yy}	19100mm³
X 轴抗弯模量	W_{xx}	29700mm³	Y 轴惯性半径	i_{yy}	22.8mm
X 轴惯性半径	i_{xx}	29.3mm	翼缘厚度	c	10mm

假设导轨支架之间的距离为 2500mm,则长细比的最大值为:

$$\lambda_{max} = \frac{L_k}{i_{yy}} = \frac{2500}{22.8} \approx 110$$

在上述长细比下可以查得弯曲系数 $\omega = 2.11$。

(一)安全钳动作工况

因为是瞬时式安全钳,故在安全钳动作时的冲击系数为 $k_1 = 5$:

1. Y 向弯曲应力

$$F_x = \frac{k_1 g_n (Q x_Q + P x_P)}{nh} = \frac{5 \times 9.81 \times (1000 \times 1150 + 1350 \times 900)}{2 \times 2710} = 21402.8(\text{N})$$

$$M_y = \frac{3 F_x l}{16} = \frac{3 \times 21402.8 \times 2500}{16} = 10032569(\text{N} \cdot \text{mm})$$

$$\sigma_y = \frac{M_y}{W_y} = \frac{10032569}{19100} = 525.3(\text{MPa})$$

2. X 向弯曲应力

$$F_y = \frac{k_1 g_n (Qy_Q + Py_P)}{\frac{n}{2}h} = \frac{5 \times 9.81 \times (1000 \times 125 + 1350 \times 0)}{2710} = 2262.5(\text{N})$$

$$M_x = \frac{3F_y l}{16} = \frac{3 \times 2262.5 \times 2500}{16} = 1060525.3(\text{N} \cdot \text{mm})$$

$$\sigma_x = \frac{M_x}{W_x} = \frac{1060525.3}{29700} = 35.7(\text{MPa})$$

3. 压弯应力（屈曲应力）

$$F_k = \frac{k_1 g_n (P+Q)}{n} = \frac{5 \times 9.81 \times (1000+1350)}{2} = 57633.75(\text{N})$$

$$\sigma_k = \frac{F_k \times \omega}{A} = \frac{57633.75 \times 2.11}{2080} = 58.5(\text{N/mm}^2)$$

4. 复合应力

$$\sigma_m = \sigma_x + \sigma_y = 561(\text{MPa})$$

$$\sigma = \sigma_m + \frac{F_k}{A} = 588.7(\text{MPa})$$

$$\sigma_c = \sigma_k + 0.9\sigma_m = 563.4(\text{MPa})$$

根据标准要求，Q235 导轨的许用应力值为 205MPa，因此导轨在安全钳作用下第一类复合应力超过了许用应力。

然而，上述第一类复合应力的计算方法是将 X、Y 向的最大应力相加，实际上这种情况是不可能产生的，也就是说，两个最大应力不可能同时在一个点上产生。为此，根据 EN81—1:1998 中附录 G.5.2.3 条的规定，为了尽量减小导轨的尺寸，允许改为计算导轨断面实际最大拉伸应力点的应力值，显然导轨最大拉伸应力发生在导轨底面外侧的点上：

$$\sigma_{\text{拉伸}} = \sigma_y + \frac{M_x}{I_{xx}} \times 28.7 = 525.3 + \frac{1060525.3}{1790000} \times 28.7 = 542.3(\text{MPa})$$

上述拉伸应力仍然不能满足要求，为此给出改进设计方案如下：
(1) 选用渐进式安全钳，这样冲击系数 k_1 将由 5 下降到 2，可以大大减小应力值。
(2) 导轨固定支架的垂直间距应该控制在 1500mm 以内，这样长细比为：

$$\lambda_{\max} = \frac{L_k}{i_{yy}} = \frac{1500}{22.8} \approx 65.8$$

弯曲系数为 1.36，根据上述改进措施，重新计算安全钳动作时导轨的应力值。

5. Y 向弯曲应力

$$F_x = \frac{k_1 g_n (Qx_Q + Px_P)}{nh} = \frac{2 \times 9.81 \times (1000 \times 1150 + 1350 \times 900)}{2 \times 2710} = 8561(\text{N})$$

$$M_y = \frac{3F_x l}{16} = \frac{3 \times 8561 \times 1500}{16} = 2407816.5(\text{N} \cdot \text{mm})$$

$$\sigma_y = \frac{M_y}{W_y} = \frac{2407816.5}{19100} = 126.1(\text{MPa})$$

6. X 向弯曲应力

$$F_y = \frac{k_1 g_n (Q y_Q + P y_P)}{\frac{n}{2} h} = \frac{2 \times 9.81 \times (1000 \times 125 + 1350 \times 0)}{2710} = 905(\text{N})$$

$$M_x = \frac{3 F_y l}{16} = \frac{3 \times 905 \times 1500}{16} = 254526(\text{N} \cdot \text{mm})$$

$$\sigma_x = \frac{M_x}{W_x} = \frac{254526}{29700} = 8.6(\text{MPa})$$

7. 压弯应力（屈曲应力）

$$F_k = \frac{k_1 g_n (P + Q)}{n} = \frac{2 \times 9.81 \times (1000 + 1350)}{2} = 23053.5(\text{N})$$

$$\sigma_k = \frac{F_k \times \omega}{A} = \frac{23053.5 \times 1.36}{2080} = 15.1(\text{N/mm}^2)$$

8. 同样计算复合应力

$$\sigma_m = \sigma_x + \sigma_y = 134.7(\text{MPa})$$

$$\sigma = \sigma_m + \frac{F_k}{A} = 145.8(\text{MPa})$$

$$\sigma_c = \sigma_k + 0.9 \sigma_m = 136.3(\text{MPa})$$

由此可见，三类复合应力均小于导轨的许用应力 205MPa，因此导轨在安全钳作用下强度符合标准要求。

下面再计算导轨在安全钳动作时的翼缘弯曲和挠度情况，以及在其他工况下导轨的受力情况。

9. 翼缘弯曲应力

$$\sigma_F = \frac{1.85 F_x}{c^2} = \frac{1.85 \times 8561}{10^2} = 158.4(\text{MPa})$$

可见翼缘弯曲应力小于导轨许用应力 205MPa，因此翼缘弯曲强度符合要求。

10. 挠度计算

$$\delta_x = 0.7 \frac{F_x l^3}{48 E I_{yy}} = \frac{0.7 \times 8561 \times 1500^3}{48 \times 205000 \times 1080000} = 1.9(\text{mm})$$

$$\delta_y = 0.7 \frac{F_y l^3}{48 E I_{xx}} = \frac{0.7 \times 905 \times 1500^3}{48 \times 205000 \times 1790000} = 0.12(\text{mm})$$

而导轨的许用挠度为 5mm，因此导轨挠度为合格。

（二）破裂阀动作工况

因为破裂阀动作时的冲击系数（$k_1 = 2$）与渐进式安全钳动作的冲击系数（$k_1 = 2$）一样，因此破裂阀动作时的导轨应力等于渐进式安全钳动作时，现安全钳动作时导轨应力满足要求，因此破裂阀动作时导轨应力也满足要求。

(三) 正常使用，运行中工况

因为在正常运行时，冲击系数为1.2，小于安全钳和破裂阀动作时的冲击系数，而且轿厢的悬挂点在两根导轨的中心，因此在这种工况下导轨的应力也必然小于安全钳动作时的应力，计算忽略。

(四) 结论

通过计算我们可以看到，对于偏心导向和悬挂的液压电梯，如果使用瞬时式安全钳，由于其冲击系数很大（$k_1=5$），在安全钳动作时导轨上将产生很大的弯曲应力，而且这种弯曲应力往往不能通过增大导轨截面型号来明显地减小，而且增大导轨的截面也会导致电梯成本的较大提升。此时选用渐进式安全钳是一个很好的方案，因为渐进式安全钳动作时的冲击系数远远小于瞬时式安全钳（$k_1=2$），从而能大大减小安全钳动作时在导轨上产生的应力。

计算导轨的应力时，应注意的一点是不同的导向和悬挂方式，导轨应力的主要矛盾会有显著的差异。如果导轨是中心导向和悬挂，此时弯曲应力往往较小，控制导轨应力的主要因素是压弯——屈曲应力；反之，对于偏心导向和悬挂的电梯，压弯——屈曲应力不是主要矛盾，此时起决定作用的是弯曲应力。另外，对于偏心导向和悬挂的电梯，翼缘弯曲应力也是不容忽视的。